中国轻工业"十四五"规划教材

高等学校动物生产类专业教材

动物营养与饲料学

张卫宪 主编

中国轻工业出版社

图书在版编目（CIP）数据

动物营养与饲料学 / 张卫宪主编. -- 北京：中国轻工业出版社, 2025. 4. -- ISBN 978-7-5184-5176-0

Ⅰ. S816

中国国家版本馆 CIP 数据核字第 2024F9U475 号

责任编辑：巩孟悦
策划编辑：马　妍　　　责任终审：李建华　　　封面设计：锋尚设计
版式设计：砚祥志远　　　责任校对：吴大朋　　　责任监印：张　可

出版发行：中国轻工业出版社（北京鲁谷东街 5 号，邮编：100040）
印　　刷：三河市万龙印装有限公司
经　　销：各地新华书店
版　　次：2025 年 4 月第 1 版第 1 次印刷
开　　本：787×1092　1/16　印张：24.75
字　　数：617 千字
书　　号：ISBN 978-7-5184-5176-0　定价：55.00 元
邮购电话：010-85119873
发行电话：010-85119832　010-85119912
网　　址：http://www.chlip.com.cn
Email：club@ chlip.com.cn
版权所有　侵权必究
如发现图书残缺请与我社邮购联系调换
220454J1X101ZBW

本书编写人员

主　　编　张卫宪　河南牧业经济学院
副 主 编　李　勇　河南农业职业学院
　　　　　王清龙　河南牧业经济学院
　　　　　霍文颖　河南牧业经济学院
　　　　　江青东　河南牧业经济学院

参编人员（按姓氏笔画排序）
　　　　　韦尚丽　甘肃农业职业技术学院
　　　　　朱平军　周口职业技术学院
　　　　　刘　昆　河南牧业经济学院
　　　　　张雅祺　河南牧业经济学院
　　　　　郑　立　河南牧业经济学院
　　　　　皇甫和平　河南牧业经济学院

主　　审　潘春梅　河南牧业经济学院
　　　　　邓红雨　河南牧业经济学院

前言 | Preface

农林牧同属第一产业，是国民经济的基础产业，关系到国家的食品安全。2019年9月5日，习近平总书记在给全国涉农高校的书记校长和专家代表的回信中指出："中国现代化离不开农业农村现代化，农业农村现代化关键在科技、在人才。新时代，农村是充满希望的田野，是干事创业的广阔舞台，我国高等农林教育大有可为。希望你们继续以立德树人为根本，以强农兴农为己任，拿出更多科技成果，培养更多知农爱农新型人才，为推进农业农村现代化、确保国家粮食安全、提高亿万农民生活水平和思想道德素质、促进山水林田湖草系统治理，为打赢脱贫攻坚战、推进乡村全面振兴不断作出新的更大的贡献。"

这让我们看到，农林院校大学生在未来国家的发展中，具有十分重要的作用，重任在肩，大有可为！

随着我国经济、科技和社会的不断进步，高等教育取得了较快的发展，一大批应用型本科院校应运而生。国家对应用型本科人才的培养提出了明确的要求，即要培养同时具备深厚的理论基础、掌握科学的研究方法、具有跨学科或行业的视野或思维、精通某一行业的专业知识，并能解决该行业的具体生产实际问题的复合应用型技术人才。

本教材按照应用型本科人才培养要求编写，以理论深厚、方法科学、精通行业、解决问题为目的，以讲清概念、强化应用、重在实用为重点，融入课程思政元素，按照"实际、实用、足用"的原则，以培养从事服务经济社会发展的应用型人才为目标，突出综合能力培养，融专业教育与应用型教育为一体。

和品种繁育一样，动物营养与饲料也是解决畜牧业快速发展的"卡脖子"问题。动物营养与饲料学是高等学校动物生产类专业的主干课程，本书科学论述动物营养的基本原理、基本知识以及饲料生产加工及配方设计中的基础理论和饲料加工的先进工艺及技术，强化解决生产实际问题，适合于高等学校动物科学、经济动物学、饲料工程、智慧牧业科学与工程等专业使用。

近几年来，农林院校的大学生也积极参加全国各类技能大赛，在大赛中涌现出许多与专业相关的优秀产品和项目，这令人感到欣慰和振奋。农林院校大学生的创新不仅需要有坚实的专业优势，而且要立足于解决当今社会发展需求，有解决实际问题的"动手"能力，在创新中增强自己的自信。让我们师生一起学习这本教材，让我们共同进步！

全书共四篇二十六章，由张卫宪担任主编，李勇、王清龙、霍文颖、江青东担任副主编。具体编写分工如下：绪论、第一章、第九章由朱平军老师编写（6.1万字），第二章、第三章和第十章由江青东老师编写（6.1万字），第四章、第八章第一节由郑立老师编写（2.3万字），第五章至第七章由霍文颖老师编写（6.2万字）；第八章第二节、第三节由张卫宪老师编写（2.7万字），第十一章至第十三章以及第十九章第三节、第四节由刘昆老师编写（6.2万字),第十四章至第十五章由韦尚丽与郑立老师编写(4.1万字,其中韦尚丽3万字、郑立1.1万字),第十六章、第十七章由王清龙老师编写(6.6万字),第十八章和第十九章第一节、第二节由皇甫和平老师编写(6.3万字),第二十章至第二十二章由李勇与郑立老师编写(6.6万字,其中李勇4.6万字、郑立2万字),第二十三章至第二十六章由郑立与张雅祺老师编写(6.8万字,其中郑立1万字、张雅祺5.8万字)。全书由张卫宪教授统稿,潘春梅教授和邓红雨教授主审。

  本教材在编写和课件制作过程中,除撰稿人员外,其他成员也都付出大量心血和劳动,还有大量的在校生和毕业校友给予了帮助和支持,在此,对他们表示诚挚的感谢。

  由于编者水平有限,书中难免有疏漏欠妥之处,恳请广大读者不吝指正、赐教。

编者

2024 年 11 月

| 目录 | Contents

绪 论 ········· 1

第一篇　动物营养

第一章 概　述 ········· 7
第一节　动物与饲料 ········· 7
第二节　动植物体的化学组成 ········· 11
第三节　各类营养物质的相互关系 ········· 15
第四节　营养需要及饲料营养价值评定的研究方法 ········· 20
第五节　动物对饲料的消化吸收 ········· 24

第二章 水的营养 ········· 33
第一节　水的性质和作用 ········· 33
第二节　动物体内水的平衡及调节 ········· 34
第三节　各种动物的需水量及饮水品质 ········· 38

第三章 蛋白质营养 ········· 43
第一节　蛋白质的组成和作用 ········· 43
第二节　蛋白质、氨基酸的代谢 ········· 49
第三节　蛋白质、氨基酸的质量与利用 ········· 51
第四节　非蛋白氮的利用 ········· 58

第四章 碳水化合物营养 ········· 61
第一节　碳水化合物及其营养生理作用 ········· 61
第二节　碳水化合物的消化、吸收和代谢 ········· 64
第三节　纤维的利用 ········· 71

第五章 脂类营养 … 73
第一节 脂类的组成与功能 … 73
第二节 脂类的消化吸收 … 78
第三节 必需脂肪酸 … 81

第六章 能量代谢 … 85
第一节 能量来源与能量单位 … 85
第二节 饲料能量在动物体内的转化 … 86
第三节 能量的作用和利用效率 … 91

第七章 矿物元素营养 … 95
第一节 概述 … 95
第二节 常量矿物元素 … 98
第三节 微量矿物元素 … 105

第八章 维生素营养 … 113
第一节 概述 … 113
第二节 脂溶性维生素 … 115
第三节 水溶性维生素 … 122

第二篇 营养需要与饲养标准

第九章 维持营养需要 … 133
第一节 动物维持状态下的营养需要 … 133
第二节 影响动物维持需要的因素 … 138

第十章 生长肥育的营养需要 … 139
第一节 生长肥育的生理基础 … 139
第二节 生长肥育的营养需要 … 141

第十一章 繁殖的营养需要 … 151
第一节 营养对动物繁殖的影响 … 151
第二节 妊娠母畜的营养需要 … 153
第三节 泌乳的营养需要 … 156
第四节 繁殖公畜的营养需要 … 163

第十二章 产蛋与产毛的营养需要 ········· 167
第一节 产蛋的营养需要 ········· 167
第二节 产毛的营养需要 ········· 173

第十三章 饲养标准 ········· 177
第一节 饲养标准 ········· 177
第二节 饲养标准的应用 ········· 179

第三篇 饲料学

第十四章 饲料分类 ········· 185
第一节 国际饲料分类法 ········· 185
第二节 中国饲料分类法 ········· 187

第十五章 青绿饲料 ········· 193
第一节 青绿饲料的营养特性及影响因素 ········· 193
第二节 主要青绿饲料 ········· 197

第十六章 青贮饲料 ········· 211
第一节 青贮饲料的特点及青贮原理 ········· 211
第二节 青贮饲料制作 ········· 220
第三节 青贮饲料质量评定和利用 ········· 229

第十七章 粗饲料及其加工 ········· 237
第一节 青干草与草粉及其加工调制 ········· 237
第二节 藁秕与饲用林产品饲料 ········· 243
第三节 粗饲料的加工调制及品质鉴定 ········· 245

第十八章 能量饲料 ········· 253
第一节 能量饲料概念及营养特性 ········· 253
第二节 谷实类饲料 ········· 254
第三节 糠麸类饲料 ········· 261
第四节 块根、块茎及其加工副产品 ········· 265
第五节 其他能量饲料 ········· 268

| 第十九章 | 蛋白质饲料 | 275 |

第一节 植物性蛋白质饲料 275
第二节 动物性蛋白质饲料 287
第三节 单细胞蛋白饲料 292
第四节 非蛋白氮饲料 295

| 第二十章 | 矿物质饲料 | 299 |

第一节 常量矿物质饲料 299
第二节 天然矿物质饲料 306

| 第二十一章 | 饲料添加剂 | 311 |

第一节 营养性添加剂 312
第二节 非营养性添加剂 317
第三节 饲料添加剂的科学合理应用 326

第四篇　饲料配方设计

| 第二十二章 | 饲料配方设计的基础知识 | 331 |

第一节 配合饲料概述 331
第二节 饲料配方设计的原则与步骤 334

| 第二十三章 | 全价饲料配方设计 | 341 |

| 第二十四章 | 浓缩饲料配方设计 | 367 |

| 第二十五章 | 精料补充料配方设计 | 373 |

| 第二十六章 | 添加剂预混料配方设计 | 377 |

| 参考文献 | | 385 |

绪 论

INTRODUCTION

[学习目标]

1. 了解动物营养与饲料学的概念和任务。
2. 了解动物营养与饲料学在现代动物生产中的作用和地位。
3. 了解动物营养与饲料学的历史现状和未来发展趋势。
4. 理解动物营养与饲料学同其他学科之间的关系。

动物生产作为人类其他一切活动（政治、科学、艺术等）前提的物质资料生产的一部分，对人们生产、生活质量的提高，健康的保障，经济的发展乃至社会的稳定等都有着极其重要的地位和作用。

动物营养与饲料学对动物生产的发展至关重要。它不仅为培养动物生产方面的人才提供了必需的基本知识、基本理论和基本方法，而且也是推动动物生产不断发展的重要理论指南和技术基础。

一、动物营养与饲料学的概念和任务

营养是一切生命活动（生存、生长、繁殖、产奶、产蛋、免疫等）的基础。整个生命过程都离不开营养。不同种类动物在营养上存在差异，这是动物适应生存环境的结果。

动物营养是指动物摄取、消化、吸收、利用饲料中营养物质的全过程，是一系列化学、物理及生理变化过程的总称。

动物营养与饲料学是研究和阐明动物摄入、利用营养物质过程与生命活动的关系的科学。通过研究营养物质对生命活动的影响，揭示动物利用营养物质的量变质变规律，为动物生产提供理论根据和饲养指南。动物营养与饲料学的原理、方法和技术不仅是经营养殖业成败的关键，而且与人类的生活、健康关系密切。动物营养与饲料学是现代动物生产和人类生活、健康必不可少的直接应用科学原理和方法指导实践的一门学科，其主要任务在于：

第一，揭示和阐明动物生存、生产或做功所需要的营养物质及其生理或生物学功能。迄今为止，已证明各种动物均不同程度地需要 50 种以上的必需营养物质。未知的营养物质或生长因子尚有待于发现和证实。

第二，研究并确定各种营养物质的适宜需要量。阐明需要的营养生理基础和营养素缺乏或过量对动物生产和健康的影响。

第三，研究营养素供给与动物体内代谢速度、代谢特点、动态平衡、动物生产效率及动物生产特性之间的关系。揭示营养物质进入体内的定量转化规律及作用调节机制，阐明动物机体与饲料营养物质间的内在联系。

第四，评定各类动物对饲料中营养物质的利用效率。阐明影响营养物质利用效率的因素及提高营养物质利用效率的措施和途径。

第五，研究营养与动物体内外环境之间的关系。

第六，寻求和改进动物营养研究的新方法和手段，开拓动物营养研究的新领域。

二、动物营养与饲料学在现代动物生产中的重要作用

动物生产是人类获取优质营养食品和某些生活用品的重要社会生产活动。现代动物生产，实际上是把动物作为生物转换器，将饲料，特别是营养质量比较差的饲料转化成优质的动物产品（肉、奶、蛋、皮、毛等）。转化利用程度是动物生产效率的具体体现。从本质上说，动物转化的是其所需要的并含于饲料中的可利用营养物质。转化效率固然是动物自身遗传特性的体现，但营养仍是挖掘动物最佳生产效率或最大生产潜力的主要决定因素。即动物品种确定以后，饲养、营养是决定生产效率高低、生产潜力发挥程度的关键因素。

提高动物生产效率，除了合理选用品种外，在很大程度上依赖于营养物质利用效率的提高，后者则取决于动物营养研究的发展。20世纪，特别是近半个世纪以来，随着动物营养、动态营养、营养需要研究的深入发展和动物营养学边缘学科领域不断扩展，动物生产得到了突飞猛进的发展，动物生产水平显著提高。目前全世界猪的生长速度和饲料利用效率比1971年提高了1倍以上，出栏时间缩短6个月以下，以前肉猪增重1kg消耗5kg饲料，而今仅需2.5~3.0kg，肉鸡由每增重1.0kg需饲料4.0kg降到只需1.8~2.0kg；淡水鱼已达摄入饲料1.0kg增重1.0kg的水平；奶牛年产奶量已从1000kg上升到5000kg，不少牛群平均达9000kg，世界纪录已刷新到23000kg；肉牛长到500kg体重，由原来的5~6岁，现已缩短到1周岁左右，每增重1kg耗料已从过去的8kg以上，下降到5~6kg；高产蛋鸡群，年平均每只产蛋量可达250~270枚。

我国动物生产效率从1978年以来有了极大提高，生猪平均出栏率达到125%以上，每头存栏肉猪平均产肉量达到96kg，耗料增重比已经下降到3.5左右，产蛋鸡和肉鸡的生产已基本达到国际水平，整体动物生产与国际先进水平的差距显著缩小。

但是，世界动物生产的饲料成本仍占总生产成本的50%~80%，动物生产效率的进一步提高，仍有待动物营养研究的新突破。

饲料工业是动物营养学发展到一定阶段的必然产物，它有力地推动了集约化养殖业的蓬勃发展，促进了动物生产效率的提高。以动物营养学为重要科技支柱的饲料工业已发展成为一项重要产业，为动物生产产业化发展打下了坚实的基础。

三、动物营养与饲料学的历史、现状和未来

动物营养学是在生产实践和科学实验中产生并在实践中得到不断检验、修正、丰富和发展的。人类在长期生产、生活实践中逐渐认识了食物与机体之间的关系，不断获得新的营养知

识。动物营养学就是这些知识不断积累和升华的必然结晶。

在18世纪前，人类对营养经历了长期朦胧的感性认识阶段。远古时期的人们已发现食物与机体健康之间存在某些联系。公元前3000年中国已有了关于甲状腺肿的记载，并推荐患者食用海带。公元前2600年中国人发现了糙大米可以治疗脚气病。公元前1000年中国人已经知道用鱼肝油预防和治疗佝偻症。古希腊医学之父Hippocrates在公元前460~公元前364年就建议用动物肝脏治疗夜盲症，并描述了坏血病的症状。1564年，荷兰医生Ronssens首次推荐用柑橘预防坏血病。玉米传入欧洲不久，西班牙一位内科医生便描述了癞皮病的症状。但是，当时的人们并不知道为什么特定的疾病与特定的食物有关系。

在长期生产实践活动中，人类很早以前就有了朴素的食物、饲料营养价值的认识。公元23~97年，罗马时代的Pliny就认识到了"适时收割的干草要比成熟时收割的要好"，并指出"改进饲养才能获得良好家畜生产效益"。中国在春秋战国时代就提出了"五谷为养，五果为助，五畜为益，五菜为充"（"五"为"多种"之意）的朴素的膳食平衡观点。这些建立在直观、感觉基础上的认识，为动物营养学形成独立的学科提供了宝贵的材料。

人类社会进入18世纪后，随着实验科学的产生，研究动物和生命有机体的科学得到迅速发展，在物理、化学、生物学发展的推动下，动物营养知识的积累也大大加速，并且有着质的飞跃。

被誉为动物营养学奠基人的法国化学家Lavoisier（1743—1794年），在1783年用豚鼠进行呼吸代谢实验，提出"生命是一个化学过程"的论断，从而奠定了动物营养学的理论基础。自此，化学和生理学成了构建营养学大厦的基石。随后经过大约100年的探索，确定了蛋白质、脂肪和碳水化合物为动物机体的能源。1807年，英国的Fordyce通过实验证明产蛋鸡需要补充钙，由此揭开了矿物质营养研究的序幕。1810年，德国科学家Thaer提出了以干草为标准（干草价）衡量其他饲料营养价值的评定方法，并提出了饲喂动物的饲料定额，这就是饲养标准的雏形，由此启动了制定饲养标准的研究。1864年，德国的Hanneberg提出了饲料概略养分分析方案，大大加快了动物营养的研究步伐。1898年，美国的Henry提出了以可消化总养分（TDN）为基础的饲养标准，此后以淀粉价、饲料单位为基础的饲养标准也相继提出。这些建立在科学实验基础上的探索和研究成果，使动物营养知识在深度和广度上均有了较大发展，为动物营养学奠定了坚实的科学基础。

20世纪初至20世纪70年代，在分析化学、生物化学、生理学等发展的推动下，动物营养研究十分活跃，发展迅速。1912年，波兰化学家Funk在谷壳中发现了一种能防治人类脚气病、鸡多发性神经炎的有机物质（后来被命名为维生素B_1），并创用了"维生素"一词。1913年美国学者在鱼肝油和奶油中发现了维生素A，上述研究掀起了20世纪三四十年代维生素鉴定分离和合成的热潮。1925年，美国学者Hart及其同事发现，单是补铁不能治愈大鼠的缺铁性贫血，还必须同时补铜。1930年，美国威斯康星大学Rose及其同事通过对大鼠的研究，确定了正常生长需要的10种必需氨基酸。1937年，美国Maynard所著的《动物营养学》出版，标志着动物营养学正式成为一门独立的学科。

20世纪80年代以来，动物营养研究继续快速发展。猪、家禽、反刍动物理想氨基酸模式、饲料营养物质生物学价值评定的研究日益深入；反刍动物饲养标准开始采用蛋白质新体系；以可消化氨基酸为基础配制猪、鸡饲粮已用于实践；营养物质动态代谢研究已成为揭示营养物质转化过程量变规律的重要手段。营养与免疫、营养与动物体内外环境、营养与遗传等领域里的研究已明显突破了传统营养学的范围。

动物营养与饲料学研究已经开始从以静态为主描述营养物质的转化利用规律转向动态营养研究。饲养标准的研究、制定和营养定额的表达方式也开始发生相应变化。今后的饲养标准不仅应是符合动物营养生理特点的动态标准，还应具有准确预测生产性能和优化饲养决策的功能。制定饲养标准走向计算机化、模型化的道路已成为必然的发展趋势。

动物营养与饲料学研究不仅要弄清楚动物自身的自我调控稳恒机制及外界环境对营养代谢规律的制约，还要使进入动物体内的营养物质，按照人们的意愿进行分流，按照人们对动物产品质和量的要求生产优质动物产品，达到通过营养、饲养调控动物产品质和量的目的。反过来，也能够根据一定的动物产品的质和量，准确预测饲料、营养物质的供给量和适宜的饲养技术及适宜的环境条件，使动物生产以最少的投入、最大的产出为人类服务。

四、动物营养与饲料学同其他学科的关系

动物营养与饲料学是生命科学中理论性、应用性均较强的学科，与自然科学中三十多门学科，特别是与生命有关的学科相互联系，也和哲学、自然辩证法、经济学和法律等人文学科相互联系。掌握这些门类的知识将有助于推动动物营养研究的发展，更全面深入地了解动物营养学。

饲料和饲养是动物营养学的姊妹学科。动物营养与饲料学研究营养需要的发展历史，实际上是饲料营养价值评定和饲养技术研究发展的历史。饲料科学已发展成为适宜满足动物营养需要必不可少的一门学科。动物营养离不开饲料和饲养。

动物生理学和生物化学与动物营养学紧密相关，是动物营养学阐述营养物质在体内代谢转化以及评定动物对营养物质需要量的理论根据。生理、生化的发展对动物营养研究具有特别重要的推动作用。这两门学科是学好动物营养学和从事动物营养研究揭示营养作用机制必备的基础学科。

物理学特别是同位素示踪技术、射线照相技术、色谱技术，数学特别是应用数学以及计算机技术是动物营养学的基础知识和重要的研究手段与工具。

微生物学是动物营养学研究消化道营养，特别是反刍动物和单胃草食动物营养的重要理论基础。

分子生物学的理论和实验技术将有助于动物营养学从根本上阐明营养物质的摄入与生命活动之间的关系。

🔍 思考题

1. 简述动物营养与饲料学在生命科学中的地位及发展趋势。
2. 简述动物营养与饲料学的研究目标和任务。

第一篇

动物营养

第一章 概述

CHAPTER 1

[学习目标]

1. 了解动物与植物之间的关系。
2. 了解饲料中营养物质组成以及概略养分分析方法。
3. 了解饲料营养价值评定方法。
4. 了解各种动物对饲料的消化方式。

动物为了维持自身的生命活动和生产,必须从外界环境中摄取所需要的各种营养物质或含有这些营养物质的饲料。植物及其产品是动物饲料的主要来源,因此,了解动物与饲料,特别是植物性饲料的化学组成与动物之间的相互关系,是学习动物营养学的重要基础。

第一节 动物与饲料

一、动物与植物

动物与植物是自然界生态系统中两个重要组成部分,植物和大多数微生物能利用土壤和大气中的无机物合成自身所需要的有机物,属自养生物,动物则直接从外界环境中获得所需要的有机物,属异养生物。自养生物与异养生物是生物界生态系统内物质循环的两大主要生物群落,二者相互制约,相互依存,共同保持着生态系统内的物质平衡。

高等动物的食物直接或间接来源于植物。高等动物在生命活动过程中的排泄物和死后尸体,经微生物分解,最后转化为无机物还原于自然界。绿色植物及少数具有光合作用的微生物是自然界有机营养物质的生产者,它们利用二氧化碳、水及各种无机物,通过光合作用生产各种有机物。同时也储存能量,释放氧气,为动物生存提供条件。由此看出,生物界中动物和植物,以营养为纽带,构成各种不同的食物链,把生物与生物、生物与环境紧密地联系在一起。

经过人类长期驯化的家养动物,无论杂食动物、草食动物或肉食动物,都是不同食物链中的主要消费者。这种以营养为纽带的生态系统，不停地进行能量和物质的交换，从而构成了自然界的物质循环。动物与植物则是物质循环的两个主要方面。

生产领域中，动物生产与植物生产是农业生产的两大支柱。植物生产除了为人类生存提供食物外，也为动物生产提供饲料，特别是人类不能直接利用的农作物副产物，可以通过动物转化成优质的动物产品，供人类食用。而动物生产又为植物生产提供有机肥料，有利于农作物增产。因此，动物生产和植物生产，不仅是人类生存的条件，而且它们之间也是相互依存、相互促进的。

二、饲料中的营养物质

动物为了生存、生长、繁衍后代和生产，必须从外界摄取食物，动物的食物称为饲料。一切能被动物采食、消化、利用，并对动物无毒无害的物质，皆可作为动物的饲料。饲料中凡能被动物用以维持生命、生产产品的物质，称为营养物质，简称养分。饲料中的养分可以是简单的化学元素，如 Ca、P、Mg、Na、Cl、K、S、Fe、Cu、Mn、Zn、Se、I、Co 等，也可以是复杂的化合物，如蛋白质、脂肪、碳水化合物和各种维生素。国际上通常采用 1864 年德国 Hanneberg 提出的常规饲料分析方案，即概略养分分析方案（feed proximate analysis）分析饲料的组成成分（图 1-1）。该分析方案概括性强，简单、实用，尽管分析中存在一些不足，特别是粗纤维分析方法尚待改进，目前世界各国仍在采用。具体分析项目介绍如下。

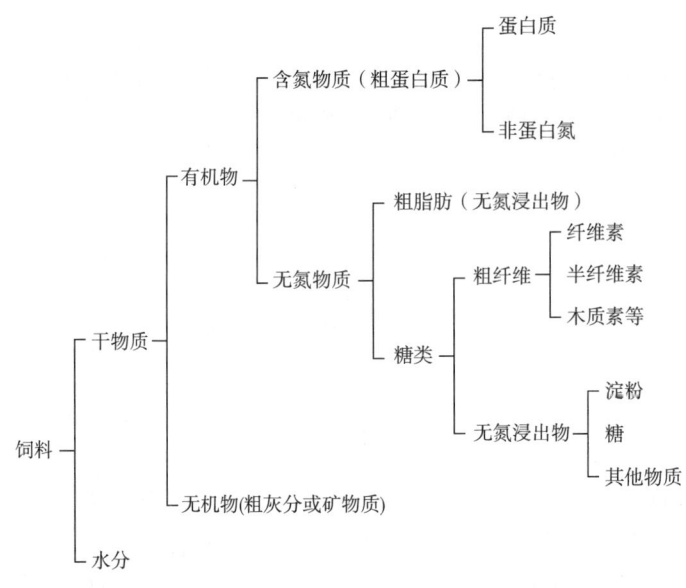

图 1-1 概略养分与饲料组成的关系

（一）水分

各种饲料均含有水分，其含量差异很大，最高可达 95% 以上，最低可低于 5%。水分含量越多的饲料，干物质含量越少，营养越低，相对而言，营养价值也越低。同一种饲料植物，收割期不同，部位不同，水分含量也不一样。幼嫩时水分含量较多，成熟后水分含量减少；枝叶中水分含量较多，茎秆中水分含量较少。青绿多汁饲料和各类鲜糟渣饲料中水分含量较多，谷物籽实和糠麸类饲料中水分含量较少。水分含量多不利于饲料的储存和运输，一般保存饲料的水分含量以不高于14%为宜。

饲料中的水分常以两种状态存在。一种是含于动植物体细胞间、与细胞结合不紧密、容易挥发的水，称为游离水或自由水；另一种是与细胞内胶体物质紧密结合在一起、形成胶体水膜、难以挥发的水，称为结合水或束缚水。构成动植物体的这两种水分之和，称为总水分。常规饲料分析将饲料中总水分分为初水和吸附水。

1. 初水

初水即自由水、游离水或原始水分。将新鲜饲料样品切细，放置于饲料盘中，在60~70℃烘箱中烘3~4h，取出在空气中冷却30min，再重复烘干1h，取出，待两次称重差值小于0.05g时，所失质量即为初水。各种新鲜的青绿多汁饲料，含有较多的初水。

$$初水（\%）=\frac{鲜饲料重（g）-风干饲料重（g）}{鲜饲料重（g）}\times100 \tag{1-1}$$

2. 吸附水

吸附水即结合水或束缚水。测定初水后的饲料、经自然风干的饲料或谷物饲料（一般含14%左右的吸附水），放入称量皿中，在100~105℃烘箱中烘干2~3h后取出，放入干燥器中冷却30min，再重复烘干1h，待两次称重差值小于0.002g时，即为恒重，失去的质量为吸附水。

$$吸附水（\%）=\frac{风干饲料重（g）-烘干后饲料重（g）}{风干饲料重（g）}\times100 \tag{1-2}$$

除去初水和吸附水的部分为绝干物质（dry matter，DM）。绝干物质是比较各种饲料所含养分多少的基础。

（二）粗灰分

$$粗灰分（\%）=\frac{灰分重（g）}{饲料样品重（g）}\times100 \tag{1-3}$$

粗灰分是饲料、动物组织和动物排泄物样品在550~600℃高温炉中将所有有机物质全部氧化后剩余的残渣。主要为矿物质氧化物或盐类等无机物质，有时还含有少量泥沙，故称粗灰分。

（三）粗蛋白质

粗蛋白质是常规饲料分析中用以估计饲料、动物组织或动物排泄物中一切含氮物质的指标，它包括真蛋白质和非蛋白氮（non-protein nitrogen，NPN）两部分。NPN包括游离氨基酸、硝酸盐、氨等。

常规饲料分析测定粗蛋白质，是用凯氏定氮法测出饲料样品中的氮含量（N）后，用N×6.25计算所得。6.25为蛋白质换算系数，代表饲料样品中粗蛋白质的平均含氮量为16%（100/16=6.25）。

$$粗蛋白质（\%）=\frac{饲料样品含N（g）\times6.25}{饲料样品重（g）}\times100 \tag{1-4}$$

（四）粗脂肪

粗脂肪是饲料、动物组织、动物排泄物中脂溶性物质的总称。常规饲料分析是用乙醚浸提样品所得的浸出物。粗脂肪中除真脂肪外，还含有其他溶于乙醚的有机物质，如叶绿素、胡萝卜素、有机酸、树脂、脂溶性维生素等，故称粗脂肪或乙醚浸出物。

$$粗脂肪（\%）=\frac{乙醚浸出物重（g）}{饲料样品重（g）}\times 100 \tag{1-5}$$

（五）粗纤维

粗纤维是植物细胞壁的主要成分，包括纤维素、半纤维素、木质素及角质等。常规饲料分析方法测定的粗纤维，是将饲料样品经1.25%稀酸、稀碱各煮沸30min后，所剩余的不溶性碳水化合物。其中纤维素是由β-1,4葡萄糖聚合而成的同质多糖；半纤维素是葡萄糖、果糖、木糖、甘露糖和阿拉伯糖等聚合而成的异质多糖；木质素则是一种苯丙基衍生物的聚合物，它是动物利用各种养分的主要限制因子。该方法在分析过程中，有部分半纤维素、纤维素和木质素溶解于酸、碱中，使测定的粗纤维含量偏低，同时又增加了无氮浸出物的计算误差。为了改进粗纤维分析方案，Van Soest（1976）提出了用中性洗涤纤维（neutral detergent fiber，NDF）、酸性洗涤纤维（acid detergent fiber，ADF）、酸性洗涤木质素（acid detergent lignin，ADL）作为评定饲草中纤维类物质的指标。同时将饲料粗纤维中的半纤维素、纤维素和木质素全部分离出来，能更好地评定饲料粗纤维的营养价值。

粗饲料中粗纤维含量较高，粗纤维中的木质素对动物没有营养价值。反刍动物能较好地利用粗纤维中的纤维素和半纤维素，非反刍动物借助盲肠和大肠微生物的发酵作用，也可利用部分纤维素和半纤维素。

（六）无氮浸出物

无氮浸出物主要由易被动物利用的淀粉、菊糖、双糖、单糖等可溶性碳水化合物组成。

常规饲料分析不能直接分析饲料中的无氮浸出物含量，而是通过计算求得：

$$无氮浸出物（\%）=100\%-（水分+灰分+粗蛋白质+粗脂肪+粗纤维）\% \tag{1-6}$$

常用饲料中无氮浸出物含量一般在50%以上，特别是植物籽实和块根块茎饲料中无氮浸出物含量高达70%~85%。植物性饲料中无氮浸出物含量高，适口性好，消化率高，是动物能量的主要来源。动物性饲料中无氮浸出物含量很少。

无氮浸出物中除碳水化合物外，还包括水溶性维生素等其他成分，随着营养科学的发展，饲料养分分析方法不断改进，分析手段越来越先进，如氨基酸自动分析仪、原子吸收光谱仪、气相色谱分析仪等的使用，使饲料分析的劳动强度大大减轻，效率提高，各种纯养分皆可进行分析，促使动物营养研究更加深入细致，饲料营养价值评定也更加精确可靠。常用饲料干物质中各种化学成分如图1-2所示。

三、饲料中各种营养物质的基本功能

（一）作为动物体的结构物质

营养物质是动物机体每一个细胞和组织的构成物质，如骨骼、肌肉、皮肤、结缔组织、牙齿、羽毛、角、爪等组织器官。所以，营养物质是动物维持生命和正常生产过程中不可缺少的物质。

（二）作为动物生存和生产的能量来源

在动物生命和生产过程中，维持体温、随意活动和生产产品，所需能量皆来源于营养物质。碳水化合物、脂肪和蛋白质都可以为动物提供能量，但以碳水化合物供能最经济。脂肪除供能外还是动物体储存能量的最好形式。

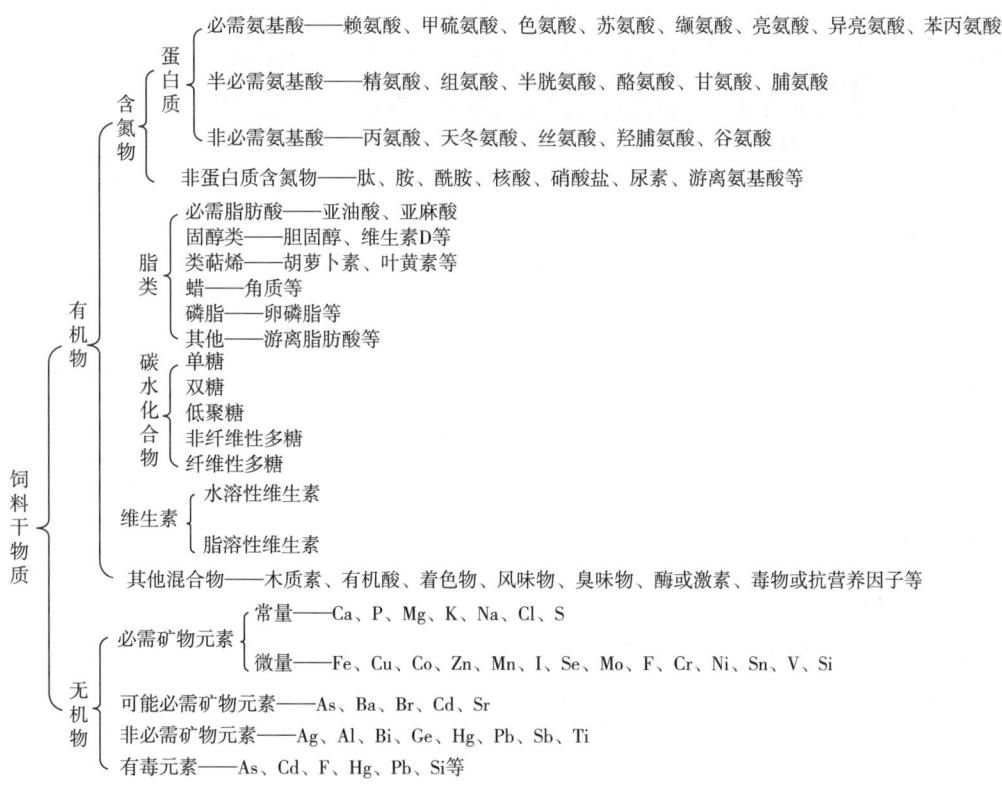

图 1-2 常用饲料干物质中各种化学成分

(三) 作为动物机体正常机能活动的调节物质

营养物质中的维生素、矿物质以及某些氨基酸、脂肪酸等，在动物机体内起着不可缺少的调节作用。如果缺乏，动物机体正常生理活动将出现紊乱，甚至死亡。

除以上功能外，营养物质在动物机体内，经一系列代谢过程后，还可以形成各式各样的动物产品。

第二节　动植物体的化学组成

动物与植物虽然营养方式不同，但在化学组成上却十分相近。目前已知的109种化学元素中，动植物体内已发现60多种，其中绝大多数元素分布于元素周期表中第Ⅰ族和第Ⅷ族，多数处于第1~4周期内，原子序数较小，是比较轻的元素。这些元素中，以C、H、O、N含量最多，占总量的95%以上。矿物元素的含量较少，约占5%。

构成动植物体的化学元素并非都游离存在，绝大部分构成复杂的有机和无机化合物。

一、动物体的化学成分

动物体的化学成分依动物种类、年龄、体重、营养状况不同而不同，见表1-1。

表 1-1　　　　　　　　　　　　动物体的化学成分*　　　　　　　　　　　单位:%

动物种类	水分	蛋白质	脂肪	灰分	无脂样本			无脂干物质	
					水分	蛋白质	灰分	蛋白质	灰分
犊牛（初生）	74	19	3	4.1	76.2	19.6	4.2	82.2	17.8
幼牛（肥）	68	18	10	4	75.6	20	4.4	81.6	18.4
阉牛（瘦）	64	19	12	5.1	72.6	21.6	5.8	79.1	20.9
阉牛（肥）	43	13	41	3.3	72.5	21.9	5.6	79.5	20.5
绵羊（瘦）	74	16	5	4.4	78.4	17	4.6	78.2	21.8
绵羊（肥）	40	11	46	2.8	74.3	20.5	5.2	79.3	20.7
猪（体重 8kg）	73	17	6	3.4	78.2	18.2	3.6	83.3	16.7
猪（体重 30kg）	60	13	24	2.5	79.5	17.2	3.3	84.3	15.7
猪（体重 100kg）	49	12	36	2.6	77	18.9	4.1	82.4	17.6
母鸡	57	21	19	3.2	70.2	25.9	3.9	86.8	13.2
兔子	69	18	8	4.8	75.2	19.6	5.2	79.1	20.9
马	61	17	17	4.5	73.9	20.6	5.5	79.2	20.8
人	60	18	18	4.3	72.9	21.9	5.2	80.7	19.3
小鼠	66	17	13	4.5	75.4	19.4	5.2	79.1	20.9

注：*除去消化道内容物。

（一）水分

动物体内水分含量随年龄的增加而大幅度降低。以牛为例，胚胎期水分含量高达95%，初生犊牛水分含量65%~80%，5月龄幼牛水分含量66%~72%，成年牛体内水分含量仅40%~65%，相对稳定。主要原因是体脂肪的增加。由表1-1可知：瘦阉牛体内含脂肪12%，水分含量64%；肥阉牛体内含脂肪41%，水分含量43%。又如猪从体重8kg至100kg，水分含量从73%下降到49%，脂肪则从6%上升到36%。由此可见动物体内水分和脂肪的消长关系十分明显。

水分是动物体成分之一，不同器官和组织因机能不同，水分含量也不同。血液水分含量90%~92%，肌肉水分含量72%~78%，骨骼组织水分含量约45%，牙齿珐琅质水分含量仅5%。

（二）有机物质

蛋白质和脂肪是动物体内两种重要的有机物质。动物体内碳水化合物含量极少。

蛋白质是构成动物体各组织器官的重要组成成分。动物体内各种酶、抗体、内外分泌物、色素以及对动物有机体起消化、代谢、保护作用的一些特殊物质多为蛋白质。动物体内的蛋白质是由各种氨基酸按一定顺序排列构成的真蛋白质。

动物种类不同，体内脂肪含量不同。一般猪体内脂肪储量最多，牛、羊次之，鸡、兔、鱼等动物体内脂肪储量较少。脂肪的含量与营养水平、采食量密切相关。同一种动物用高营养水平,特别是高能量水平饲喂,体脂的储量则高。动物随年龄和体重的增加,体脂肪和水分含量呈显著负相关($r=-0.89$)。动物生产上分割脂肪组织含脂肪30%~90%。分割肌肉组织含脂肪较少。如猪的肌肉组织含脂肪约20%,鸡的胸肌组织含脂肪不足20%,大理石状的牛腰肉含脂肪15%~20%。

动物体内碳水化合物含量少于1%,主要以肝糖原和肌糖原形式存在。肝糖原占肝鲜重2%~8%,总糖原的15%。肌糖原占肌肉鲜重的0.5%~1%,总糖原的80%。其他组织中糖原约占5%。葡萄糖是重要的营养性单糖,肝、肾是体内葡萄糖的储存库。

(三)灰分(矿物质)

动物体内灰分主要由各种矿物质组成,其中Ca、P占65%~75%。90%以上的Ca,约80%的P和70%的Mg分布在骨骼和牙齿中,其余Ca、P、Mg则分布于软组织和体液中。据对18头不同年龄的阉牛空体成分(除去消化道内容物)分析,主要矿物元素平均百分含量为:Ca 1.33%、P 0.74%、Mg 0.04%、Na 0.16%、K 0.19%、Cl 0.11%、S 0.15%。

除以上矿物元素外,含量仅为动物体十万分之几至千万分之几的Fe、Cu、Zn、Mn、I、Co、Se、Mo、F、Cr、Ni、V、Sn、Si、As 15种元素,是动物必需的微量元素。Ba、Cd、Sr、Br等元素是否必需,尚无定论。另外还有一些元素在动物体内存在,但对其生理作用不了解,它们是动物所必需的还是因环境污染而进入动物体内的,尚待进一步研究。

(四)动物活体成分估计

动物活体成分的分析,是研究动物营养经常要进行的一项工作。鉴于动物活体成分分析耗费大量人力、物力,不少学者进行了大量研究,简化了分析程序,获得了一定成效。

根据动物活体成分构成规律,动物总体重=水分重+脂肪重+脱脂干物质重。水分与脂肪含量呈显著负相关。脱水和脱脂干物质中,蛋白质和灰分含量又相对稳定。因此估计动物的活体成分只需要测出体脂肪或水分含量,即可估测活体其他成分。有人认为用比重法可测定动物活体脂肪含量;用各种染料(如evans蓝染料)或氧化氘(deuterium oxide)或氚(tritium)等作标记物静脉注射,然后测定该化合物在动物体内的稀释量,由此估计动物体内水分含量。以牛为例,经测定,水分和脂肪存在如下关系:

$$y=355.9+0.36x-202.9\lg x \tag{1-7}$$

式中 y——脂肪含量,%;

  x——水分含量,%。

蛋白质和灰分含量分别可按占无脂干物质的80.3%和19.7%计算。

其他动物活体成分的估计,也有类似的推算公式。

二、植物体的化学成分

植物性饲料及其化学成分见表1-2。植物不同部位,化学成分相对比例差异较大。植物整体水分含量随植物从幼龄至老熟,逐渐减少。碳水化合物是植物的主要组成成分。碳水化合物分为粗纤维和无氮浸出物。粗纤维是植物细胞壁的构成物质,在植物茎秆中含量较高。蛋白质、脂肪、灰分的含量随植物种类不同而差异很大。如豆科植物含蛋白质较多,牧草特别是豆科牧草含灰分相对较多。一般动物体内蛋白质含量较高,植物体内碳水化合物含量较高。

表 1-2　　　　　　　　　　植物性饲料及其化学成分　　　　　　　　　　单位:%

种类	水分	蛋白质	脂肪	碳水化合物	灰分	钙	磷
植株（新鲜）							
玉米	66.4	2.6	0.9	28.7	1.4	0.09	0.08
苜蓿	74.1	5.7	1.1	16.8	2.4	0.44	0.07
猫尾草	72.4	3.5	1.2	20.7	2.2	0.16	0.10
植物产品（风干）							
苜蓿叶	10.6	22.5	2.4	55.6	8.9	0.22	0.24
苜蓿茎	10.9	9.7	1.1	74.6	3.7	0.82	0.17
玉米籽实	14.6	8.9	3.9	71.3	1.3	0.02	0.27
玉米秸	15.6	5.7	1.1	71.4	6.2	0.50	0.08
大豆籽实	9.1	37.9	17.4	30.7	4.9	0.24	0.58
猫尾干草	11.4	6.3	2.3	75.6	4.5	0.36	0.15

植物不同部位的化学成分差异较大。植物成熟后，将大量营养物质输送到籽实中储存，因而籽实中蛋白质、脂肪和无氮浸出物含量皆高于茎叶，粗纤维含量则低于茎叶。如玉米籽实和玉米秸的成分差异较大。植物叶片是制造养分的主要器官，叶片中蛋白质、脂肪、无氮浸出物含量比茎秆高，粗纤维则比茎秆低。如表 1-2 中苜蓿叶与苜蓿茎相比，成分差异较大。动物生产上，叶片保存完整的植物饲料营养价值也相对较高。

三、动植物体组成成分的比较

19 世纪初期，科学工作者利用化学分析方法对动植物体化学成分进行研究，并作了比较，发现二者所含化学元素种类基本相同，数量略有差异。植物因种类不同，化学元素含量差异很大。不同种类动物体化学元素含量差异不显著。无论植物或动物所含化学元素，皆以 O 为最多，C 和 H 次之，Ca 和 P 较少。动物体内的 Ca、P、Na 含量大大超过植物，K 含量则低于植物，其他微量元素的含量，相对较稳定。植物则受土壤、肥料、气候条件和收、贮时间等因素影响而变化。

动物从饲料中摄取由各种化学元素组成的化合物后，在体内代谢过程中，经一系列化学变化合成特定的无机和有机化合物。这些化合物可分为三类：第一类是构成机体组织的成分，如蛋白质、脂肪、碳水化合物、水和矿物质；第二类是合成或分解的中间产物，如氨基酸、脂肪酸、甘油、氨、尿素、肌酸等；第三类是生物活性物质，如酶、激素、维生素和抗体等。比较这些化合物可以看出，植物性饲料与动物体化学成分间的差异如下。

（一）碳水化合物

碳水化合物是植物体的结构物质和贮备物质。植物体中可溶性碳水化合物分布比较集中，如芸薹属植物根的液泡中葡萄糖含量较高。甘蔗、甜菜等茎中蔗糖含量特别高。豆科籽实中棉子糖和水苏糖含量高。块根块茎和禾谷类籽实干物质中淀粉等营养性多糖含量高达 80% 以上。一些木质化程度很高的茎叶、秕壳中，可溶性碳水化合物含量很低。动物体内的碳水化合物含量少于1%，主要为糖原和葡萄糖。

结构性多糖主要分布于根茎叶和种皮中，包括纤维素、半纤维素、木质素和果胶等，是植物细胞壁的主要组成物质。不同种类、不同生长阶段的植物，细胞壁组成物质的种类和含量不同。纤维素含量占20%~40%，也可高达60%；半纤维素含量10%~20%；果胶1%~10%；木质素是植物生长成熟后才出现在细胞壁中的物质，占5%~10%。动物体内完全不含这类物质。

（二）蛋白质

蛋白质是动物体的结构物质。构成动植物体蛋白质的氨基酸种类相同，但植物体能自身合成全部的氨基酸，动物体则不能全部合成，一部分氨基酸必须从饲料中获得。用饲料常规分析法获得的饲料粗蛋白质还含有部分非蛋白质的含氮物。而动物体内的蛋白质主要是真蛋白质和少量游离氨基酸、激素和酶。

（三）脂类

脂类是动物体的储备物质。动物体内的脂类主要是结构性复合脂类，如磷脂、糖脂、鞘脂、脂蛋白和储存的简单脂类等。动物因种类、品种、肥育程度等不同，其含脂肪量差异大。植物种子中的脂类主要是简单的甘油三酯，复合脂类是细胞中的结构物质，平均占细胞膜干物质一半或一半以上。此外，还含有蜡质、色素等。油料植物中脂类含量较多，一般植物脂类含量较少。

此外，植物体内水分含量变异范围很大，成年动物体内水分含量相对稳定。动物体内矿物质含量比植物体内多（以干物质计）。特别是Ca、P、Mg、K、Na、Cl、S等常量矿物元素的含量远高于植物体。

第三节　各类营养物质的相互关系

一、能量与有机营养物质的关系

饲料中的有机物质，特别是三大养分都是能量之源，在有机营养物质代谢的同时必然伴随着能量代谢。饲料中有机营养物质种类及含量与能量高低相关。

（一）能量与蛋白质、氨基酸的关系

饲粮中的能量与蛋白质应保持适宜的比例，比例不当会影响营养物质利用效率并导致营养障碍。如奶牛饲喂高能量低蛋白质或低能量高蛋白质饲粮均能使奶牛体重减轻、产奶量下降以及卵巢机能异常。育肥猪饲粮能量水平正常而蛋白质水平过高时，其增重比适量蛋白质时差。家禽有根据饲粮能量浓度调节采食量的能力，饲喂高能量饲粮时，由于采食量减少，虽满足了能量需要，却降低了蛋白质及其他营养物质的绝对食入量而影响生长速度和产蛋量。实践证明，由于蛋白质的热增耗较高，蛋白质供给量高时，能量利用率就会下降。相反，如果蛋白质不能满足动物体最低需要，单纯提高能量供给，机体就会出现负氮平衡，能量利用率同样会下降。因此，为保证能量利用率的提高和避免饲粮蛋白质的浪费，必须使饲粮的能量及蛋白质保持合理的比例。

饲粮氨基酸种类和水平对能量利用率有明显影响。一方面，饲粮中苏氨酸、亮氨酸和缬氨

酸缺乏时，会引起能量代谢水平下降。用缺乏赖氨酸的饲粮喂生长育肥猪时，每单位增重的能量消耗增加。另一方面，当氨基酸供给量超过实际需要时，也会使代谢能降低。原因是未参与体蛋白质合成的氨基酸被氧化而释放出能量，氮则以尿素形式排出体外，导致能量损失。现已证明，畜禽对氨基酸的需要量随能量浓度的提高而增加，保持氨基酸与能量的适宜比例对提高饲料利用效率十分重要。

（二）能量与粗纤维、脂肪的关系

1. 粗纤维

饲粮中粗纤维含量高会影响有机物质消化率，降低饲粮消化能值。这在生长猪中表现突出。饲粮有机物质的消化率和粗纤维水平间通常呈负相关。据报道，饲粮中纤维素每增加1%，总能量消化率约下降3.5%。成年反刍动物则需要较多粗纤维，当饲粮中粗纤维比例适度时，瘤胃细菌活动增强，粗纤维及其他有机物的消化利用率就能提高。相反，粗纤维水平过低可导致瘤胃消化功能紊乱，降低有机物及能量的消化利用率。因此，适宜的粗纤维水平对各种动物均很重要。但动物种类不同，所需粗纤维水平明显不同。

2. 脂肪

在正常条件下，脂肪作为能源的利用效率高于其他有机物。饲粮中添加脂肪可增加动物的有效能摄入量，提高饲料和能量转化效率。饲粮中每增加1%脂肪，代谢能的随意采食量增加0.2%~0.6%，这在高温环境下有利于提高动物的生产性能。当动物处于免疫应激状态时，脂肪作为能源不如碳水化合物好。

二、能量与其他营养物质的关系

（一）矿物质

在矿物质中，P对能量的有效利用起着重要作用，因其在机体代谢过程中释放的能量能以高能磷酸键形式储存在腺苷三磷酸（ATP）及磷酸肌酸中，需用时再释放出来。Mg也是能量代谢所必需的矿物元素，因Mg是焦磷酸酶、ATP酶等的活化剂，能促使ATP的高能键断裂而释放出能量。此外，还有较多的微量元素（如Mn）间接地与能量代谢有关。

（二）维生素

B族维生素中几乎所有维生素都与能量代谢直接或间接有关，因为它们作为辅酶的组成成分参与动物体内三大有机物的代谢。其中，硫胺素与能量代谢的关系最为密切。硫胺素不足，能量代谢效率明显下降；饲粮能量水平增加时，硫胺素需要量也会提高。此外，烟酸、核黄素、泛酸、叶酸等都与能量代谢有关。肉鸡和火鸡饲粮含能量越高，烟酸的需要量也越高。在产蛋鸡每千克饲粮中添加75mg烟酸，可使肝中脂肪含量大大降低。

三、蛋白质与氨基酸的关系

一般认为，动物蛋白质的营养实质上是氨基酸的营养。只有当组成蛋白质的各种氨基酸同时存在且按需求比例供给时，动物才能有效地合成蛋白质。当饲粮中缺乏任何一种氨基酸时，即使其他必需氨基酸含量充足，体蛋白质合成也不能正常进行。同样，体蛋白质合成潜力越大的动物（如高瘦肉型猪），对氨基酸的需求量就越大。

一方面，畜禽饲粮中必需氨基酸的需要量取决于饲粮中的粗蛋白质水平。例如，仔猪饲粮中蛋白含量由10%增至22%时，饲粮赖氨酸的需要量则从0.6%增至1.2%。另一方面，饲粮粗蛋白质需要量取决于氨基酸的平衡状况。一般而言，依次平衡第一至第四限制性氨基酸后，饲粮的粗蛋白质需要量可降低 2%~4%。

四、氨基酸间的相互关系

组成蛋白质的各种氨基酸在机体代谢过程中，也存在协同、转化、替代和拮抗等关系。

甲硫氨酸可转化为胱氨酸，也可能转化为半胱氨酸，但其逆反应均不能进行。因此，甲硫氨酸能满足总含硫氨基酸的需要，但是甲硫氨酸本身的需要量只能由甲硫氨酸满足。半胱氨酸和胱氨酸间则可以互变。苯丙氨酸能满足酪氨酸的需要，因为它能转化为酪氨酸，但酪氨酸不能转化为苯丙氨酸。因此，在考虑必需氨基酸需要时，可将甲硫氨酸与胱氨酸、苯丙氨酸与酪氨酸合并计算。

氨基酸间的拮抗作用发生在结构相似的氨基酸间，因它们在吸收过程中共用同一转移系统，存在相互竞争。最典型的具有拮抗作用的氨基酸是赖氨酸和精氨酸。饲粮中赖氨酸过量会增加精氨酸的需要量。当雏鸡饲粮中赖氨酸过量时，添加精氨酸可缓解因赖氨酸过量所引起的失衡现象。亮氨酸与异亮氨酸因化学结构相似，也具有拮抗作用。亮氨酸过多可降低异亮氨酸吸收率，使尿中异亮氨酸排出量增加。此外，精氨酸和甘氨酸可消除因其他氨基酸过量所造成的有害作用，此作用可能与它们参加尿酸的形成有关。

五、蛋白质、氨基酸与其他营养物质的关系

（一）蛋白质与碳水化合物及脂肪的关系

蛋白质可在动物体内转变成碳水化合物。组成蛋白质的各种氨基酸除亮氨酸外，均可经脱氨基作用生成 α-酮酸，然后沿糖的异生途径合成糖；糖在代谢过程中可生成 α-酮酸，然后通过转氨基作用转变成非必需氨基酸。

组成蛋白质的各种氨基酸，均可在动物体内转变成脂肪。生酮氨基酸可以转变为脂肪，生糖氨基酸也可先转变为糖，然后转变成脂肪。脂肪组成中的甘油可转变为丙酮酸和一些酮酸，然后经转氨基作用而转变为非必需氨基酸。

对哺乳动物和禽类，碳水化合物和脂肪对蛋白质具有"庇护作用"。充分供给碳水化合物或脂肪，就可保证动物体对能量的需要，避免或减少蛋白质作为供能物质的分解代谢，有利于机体的氮平衡，增加氮储留量。

（二）蛋白质、氨基酸与矿物元素的关系

在半胱氨酸和组氨酸存在情况下，肠道中 Zn 的吸收增加。在雏鸡的缺 Zn 大豆饲粮中添加半胱氨酸和组氨酸，可减少缺锌症的发病率。苏氨酸、赖氨酸、色氨酸和甲硫氨酸等能促进 Zn 吸收，但作用极小。

饲粮中含硫氨基酸不足会使家禽需 Se 量增高，而提高饲粮中含硫氨基酸含量可减轻因缺 Se 所引起的症状。Se 也与含硫氨基酸的代谢有关。在动物体内由甲硫氨酸转变为半胱氨酸过程中，Se 起着关键性作用。研究表明，将来航母鸡的 Se 排空后，所产的蛋由于缺 Se，影响孵出雏鸡体内的甲硫氨酸向胱氨酸的转化过程。

高蛋白质和某些氨基酸，特别是赖氨酸，可促进 Ca、P 的吸收。研究表明，当赖氨酸供给量从正常需要水平降为需要量的 85% 时，Ca 吸收率从 71.32% 降为 54.33%，P 吸收率从 57.8% 降到 38.6%。此外，半胱氨酸可促进 Fe 的吸收，全价蛋白质有利于 Fe 的吸收。精氨酸

与 Zn 有拮抗作用，如用含大量精氨酸的大豆喂猪，Zn 的需要量提高。

S、P、Fe 等元素作为蛋白质的组成成分，直接参与蛋白质代谢。某些微量元素是蛋白质代谢酶系的辅助因子，缺乏这些元素将影响蛋白质代谢。由于 Zn 参与细胞分裂及蛋白质合成过程，给动物补 Zn 有助于促进蛋白质合成。

（三）蛋白质与维生素的关系

1. 与维生素 A 的关系

饲粮中蛋白质不足时，可影响维生素 A 载体蛋白质的形成，使维生素 A 的利用率降低。例如，用含 5%蛋白质水平的饲粮喂雏鸡时，雏鸡血清中维生素 A 浓度显著减少。蛋白质的生物学价值也可影响维生素 A 的利用和贮备。例如，在禾本科籽实饲粮中加入生物学价值高的动物性蛋白质，可提高肝脏中维生素 A 的贮备。反之，维生素 A 也可影响动物体蛋白质的生物合成。如患维生素 A 缺乏症的实验动物，标记 35S 的甲硫氨酸在组织蛋白质中的沉积量减少。

2. 与维生素 D 的关系

维生素 D 的需要量与所喂蛋白质品质有关。当饲喂未经热处理的大豆蛋白质时，可使雏鸡维生素 D 的需要量提高 10 倍。乳猪喂未经热处理的大豆蛋白质时，维生素 D 的需要量为喂酪蛋白时的 2.5~5 倍，其原因是生大豆中含有抗维生素 D 的物质。

3. 与其他维生素的关系

核黄素是黄素酶的构成成分，参与氨基酸代谢，缺乏时会影响动物体蛋白质的沉积。当用含核黄素水平不同的饲粮喂肉用仔鸡时，仔鸡的氮沉积可随核黄素水平的提高而增加。同样，蛋白质的进食量会影响核黄素需要量。喂低蛋白质饲粮时，实验动物的核黄素需要量比饲喂高蛋白质时高一倍，而且使体内核黄素的存留量减少。动物体内所需的烟酸可由色氨酸转化而来，但转化效率低，在猪体内为（50~60）：1，缺乏维生素 B_6 时，此过程效率更低。

甲硫氨酸通过甲基的供给，可部分补偿胆碱和维生素 B_{12} 的不足。胆碱在体内参与许多甲基移换反应，是甲基供体，故胆碱不足会使蛋白质合成减弱。维生素 B_6 以磷酸吡哆醛形式组成多种酶的辅酶，参与蛋白质、氨基酸的代谢。维生素 B_6 不足，引起各种氨基转移酶活性降低，影响氨基酸合成蛋白质的效率。如维生素 B_6 不足时，动物对色氨酸的需要量会增加。

维生素 B_{12} 对甲硫氨酸和核酸代谢有重要作用。研究证明，维生素 B_{12} 参与甲硫氨酸的合成，还能提高植物性蛋白质的利用率。

生大豆中含有维生素 A、维生素 E、维生素 B_6 和维生素 B_{12} 的拮抗物质，因此饲喂生大豆时会影响这些维生素的需要量。

六、矿物元素间的相互关系

矿物元素之间的基本关系为协同和拮抗关系，如图 1-3 所示。

（一）常量元素间的关系

饲粮中 Ca、P 含量和比例是影响动物体内包括 Ca、P 本身在内的矿物质正常代谢的重要因素。Ca、P 比失调是胫骨软骨营养不良的主要原因。饲粮中高 Ca 或 Ca、P 含量同时增加会影响 Mg 的吸收。Na、K、Cl 在维持体内离子平衡和渗透压平衡方面具有协同作用。

（二）常量元素与微量元素间的关系

Ca、Zn 间存在拮抗作用，猪饲粮中 Ca 量过多会引起 Zn 摄入不足，使生长猪易发生皮肤不全角化症。雏鸡饲粮中 P 含量增至 0.8%~1%时，会降低 Zn 的吸收，若 Ca 也过量，更会降

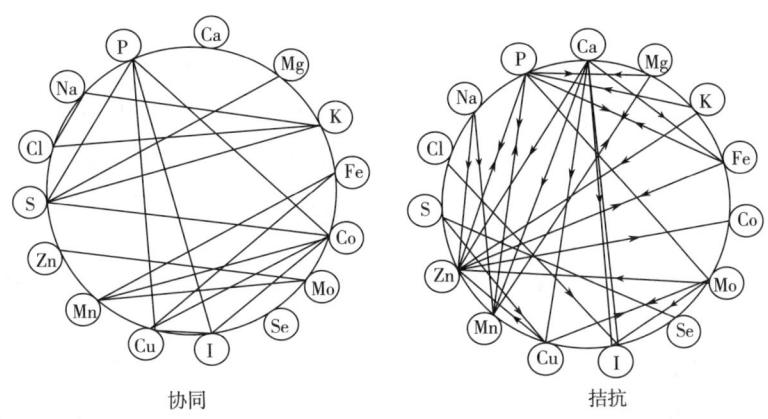

图 1-3 矿物元素间的相互关系

低 Zn 的有效性。饲粮中 Ca、P 过量可加剧家禽溜腱症（缺锰症）的发生，而过量 Mn 也会影响 Ca、P 的利用。据报道，摄入过量 Mn 可引起实验动物患佝偻病，牛、猪出现齿质损害。饲粮中含 Fe 量高时可减少 P 在胃肠道内的吸收，含 Fe 量超过 0.5% 时，呈现明显缺 P 现象。Cu 的利用与饲粮中 Ca 量有关，含 Ca 越高，对动物体内 Cu 的平衡越不利。每千克饲料含 Ca 达 11g 时，需 Cu 量约比正常时高 1 倍。饲粮 P 水平可影响幼猪的 Se 代谢。V 离子能置换 P 离子，促进钙盐沉着而提高齿质羟基磷灰石的稳定性，V 还与 Ca 离子交换且以羟基碳酸盐形式将磷酸盐运到羟基磷灰石栅中。

饲粮中 S 不足时，反刍动物对 Cu 的吸收增加，易引起 Cu 中毒。S 能加重饲粮中 Cu、Mo 的拮抗。S 和 Cu 在消化道中能结合成不易吸收的硫酸铜而影响 Cu 的吸收。S 和 Mo 也能结合成难溶的硫化钼，增加 Mo 的排出。S 与化学结构类似的硒化物有拮抗作用。实验表明，饲粮中硫酸盐可减轻硒酸盐的毒性，但对亚硒酸盐或有机硒化合物无效。

（三）微量元素间的关系

Mn 含量高时可引起动物体内 Fe 贮备下降。Fe 的利用中必须有 Cu 的存在。饲粮中 Fe 过高会降低 Cu 的吸收。Mo 过量会增加尿铜排出量。Zn 和 Cd 可干扰 Cu 的吸收，饲粮中 Zn、Cd 过多时会降低动物体内血浆含 Cu 量。饲粮高铜所引起的肝损伤，可通过加 Zn 缓解，但高 Zn 又会抑制 Fe 代谢。实验证明，猪饲粮中 Zn 过量可引起动物 Cu 代谢扰乱，降低肝、肾及血液中含 Cu 量，导致贫血；而 Cu 不足可引起过量 Zn 的中毒。Cd 是 Zn 的拮抗物，可影响 Zn 的吸收。Cu 和 Cd 可降低 Se 对鸡的毒性。由于 Co 能代替羧基肽酶中的全部 Zn 和碱性磷酸酶中部分 Zn，因而在饲粮中补充 Co 能防止 Zn 缺乏所造成的机体损害。

七、矿物质与维生素的相互关系

维生素 D 及其激素代谢物作用于小肠黏膜细胞，形成钙结合蛋白质，该结合蛋白质可促进 Ca、Mg、P 的吸收。维生素 D 对维持动物体内的 Ca、P 平衡起重要作用。在一定条件下，维生素 E 可代替部分 Se，但 Se 不能代替维生素 E。缺乏维生素 E 的母猪所生仔猪对 Fe 敏感。Zn 能促进家禽更有效地将胡萝卜素转化为维生素 A，饲粮中 Zn 水平提高时家禽体内维生素 A 蓄积强度增加，因此提高 Zn 水平可增强酯酶活性进而促进维生素 A 的吸收。补饲锰盐可治疗雏鸡溜腱症，但饲粮中必须含有足够的烟酸。烟酸不足时，即使添加锰盐也不能完全治愈溜腱症。

维生素 C 能促进肠道内 Fe 的吸收,并使 Fe 传递蛋白质中的三价 Fe 还原成二价 Fe,从而被释放出来再与铁蛋白结合,这对缺铁性贫血有一定治疗作用。饲粮中 Cu 过量时,补饲维生素 C 能消除因 Cu 过量造成的影响。但是,铜盐有促进维生素 C 氧化的作用。

八、维生素之间的相互关系

维生素 E 有利于维生素 A 和胡萝卜素的吸收以及在肝脏中的储存。实验表明,维生素 E 在肠道内可保护维生素 A 和胡萝卜素不被氧化。近年研究认为,对鸡而言,在维生素 E 和维生素 A 间存在拮抗作用,即饲粮中高水平维生素 A 可降低血浆和体脂中维生素 E 的水平。维生素 E 对胡萝卜素转化为维生素 A 具有促进作用。维生素 E 不足也可影响体内维生素 C 的合成。而维生素 C 能减轻因维生素 A、维生素 E、硫胺素、核黄素、维生素 B_{12} 及泛酸不足所出现的症状。叶酸能促进动物肠道微生物合成维生素 C。大鼠体内维生素 A 可促进维生素 C 的合成。

大鼠缺乏硫胺素时,会影响体内核黄素的利用而增加其在尿中的排出量;而缺乏核黄素时,体组织中硫胺素含量下降,但不影响在尿中排出量。缺乏核黄素时,色氨酸形成烟酸过程受阻,出现烟酸不足症。维生素 B_{12} 能提高叶酸利用率,还能促进胆碱的合成。种鸡饲粮中维生素 B_{12} 不足时,泛酸的需要量增加。而泛酸不足时,会加重维生素 B_{12} 缺乏症。维生素 B_6 不足,影响维生素 B_{12} 的吸收并增高维生素 B_{12} 在粪中的排出量。此外,还存在生物素与维生素 C 以及其他维生素之间的相互作用。

第四节 营养需要及饲料营养价值评定的研究方法

一、化学分析法

营养学研究常需对饲料、动物组织及动物排泄物的某些成分进行定性、定量分析。常用的有 pH、光谱、色谱、电泳等物理和化学分析方法。应用最多的是各种比色法、光谱分析法及色谱分析法。

通过有关化学成分的测定,可为动物营养物质需要量的确定和饲料营养价值的评定提供基础数据,为机体营养缺乏症的早期诊断提供重要参数。在确定营养需要和评定饲料营养价值时,几乎没有不经过化学成分分析的。动物营养研究中常进行化学成分分析的对象有饲料、动物各种组织以及粪尿。

二、饲料成分分析

Hanneberg 1864 年提出的常规饲料分析方案在营养学中仍然应用最广。随着营养学的发展,除了常规分析的粗蛋白质、粗脂肪、粗纤维、无氮浸出物、粗灰分及干物质,此外,有时还要测定真蛋白质、非蛋白氮、α-氨基氮、氨基酸、各种脂肪酸、中性洗涤纤维、酸性洗涤纤维、酸性洗涤木质素、纤维素、半纤维素、木质素、糖、淀粉、矿物质、维生素、真菌及霉菌产物、生物碱、酶以及其他有毒、有害物质等。通过上述分析可对饲料的营养价值作出初步的估计。

三、粪便成分分析

分析粪便成分是消化实验和平衡实验必需的步骤。测定粪便中粗蛋白质、粗纤维和粗脂肪等养分的含量，可用于饲料可消化养分及消化能的估计。研究矿物元素的代谢，由于每日内源矿物质的排泄量大，粪样分析用于测定矿物元素的吸收率有较大误差，若与同位素示踪法相结合，结果更可靠。

四、尿成分分析

尿中含有各种无机及有机成分，它们大都是动物体新陈代谢的产物。虽然尿成分的量受许多因素影响，但正常情况下各种成分都有一定的含量范围，所以通过某些尿成分分析可了解体内代谢和机体营养状况是否正常。有些维生素是以辅酶的形式参与体内物质代谢，它们的缺乏可导致这些有关反应的中断，使尿中一些代谢的中间产物积累和尾产物减少，所以检查这些物质在尿中的排泄量可反映机体的营养状况。例如，叶酸缺乏，尿中亚胺甲基谷氨酸（FIGLV）排泄增加；烟酸缺乏，尿中 N-甲基烟酰胺减少；维生素 B_6 缺乏，尿中黄尿酸或犬尿酸的含量增加。

五、动物组织和血液成分的分析

常用于测定的组织有肝、肾、心、骨骼肌、骨（胫骨）、毛发以及全血、血浆、血清和红细胞，甚至整个机体样品，包括组织中各种营养物质及其代谢产物和相关酶（活力）的测定。它是确定各种营养物质需要量的重要依据，也是评价机体维生素、微量元素等营养状况常采用的标识。结合饲养实验、平衡实验和屠宰实验，可确定动物对各种营养物质的需要。

常用作标识的功能酶及相应的微量元素和维生素有：血浆谷胱甘肽过氧化物酶—硒，血清碱性磷酸酶—锌，血浆铜蓝蛋白氧化酶—铜，血浆黄嘌呤氧化酶—钼，血浆中以焦磷酸硫胺素为辅酶的酶—硫胺素，红细胞中含黄素二核苷酸（FAD）的谷胱甘肽还原酶—核黄素，红细胞或血浆中酪氨酸和天门冬氨酸转氨酶—维生素 B_6，血浆丙铜酸羧化酶—生物素等。用酶活力作为评价机体某些微量元素和维生素的营养状况是较灵敏的指标，缺点是有些酶活力的准确测定较困难，主要是样品的保存和测定条件要求严格。

有关动物组织、血液和尿中维生素及微量元素含量、相关酶活力及代谢产物的水平大多数都不是鉴别缺乏症或确定需要量唯一的指标，对某一种或某些动物敏感的指标，不一定适用于另一种或另一些动物。因此，常常根据组织、血液或尿中的含量，结合酶活力以及生长反应进行综合评定。

六、体内消化实验

饲料化学成分分析只能说明饲料中各种养分的含量，而不能表明它们能被动物消化利用的程度。动物采食的饲料经消化后，从理论上讲，凡是被消化吸收进入体内的养分，只要数量和比例与动物所需完全一致，其利用率应当为 100%。但实际上总有一部分营养物质（一般占食入总量的 20%~30%）不能被吸收，随同消化道分泌物和脱落的肠壁细胞以粪便的形式排出体外。因此，准确测定饲料或饲粮中可消化（可利用）养分的含量具有重要意义，也是评定饲料营养价值的重要方法。

一般将被吸收的养分占食入养分的百分比定为消化率。养分及能量消化率的测定是通过消化实验来实现的。目前消化实验的内容可用图1-4剖析说明。考虑营养物质或能量吸收后，一部分经过体内代谢时，从尿中排出。因此，在消化实验的基础上，再增加尿液的收集，测定尿液中排泄的养分和能量，即称代谢实验，一般用于饲料的代谢能或养分的代谢率的测定。

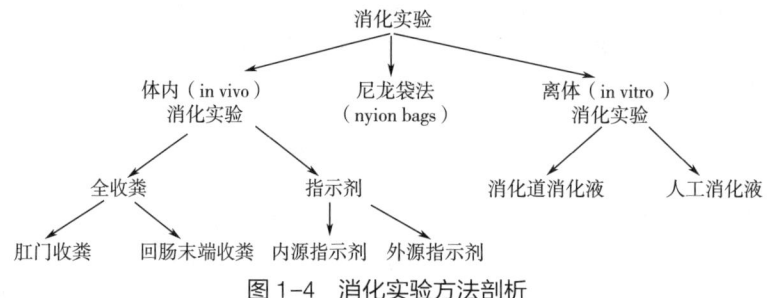

图1-4 消化实验方法剖析

用动物测定饲料养分经过其消化道后的消化率常称体内（in vivo）消化实验。体内消化实验通常分为全收粪法（常规法）和指示剂法。因收粪的部位不同，全收粪法又可分为肛门收粪法和回肠末端收粪法。指示剂法也可分为内源指示剂法和外源指示剂法。

（一）全收粪法

1. 肛门收粪法

传统消化实验都是从肛门收集动物的全部粪便。

（1）实验动物准备和要求　一般选择健康有代表性的动物，如对性别无特殊要求，常选用公畜，便于粪尿分开。一般可采用拉丁方设计，每测一种饲料，实验动物不得少于3头，一般以4~5头为宜。动物数量过少，测值代表性差；动物数量过多，测值准确性虽略有提高，但费用和工作量都增加。测定禽饲料氨基酸的消化率，由于个体间差异大，一般要求16~24只，但为减少测定氨基酸的样品数，可3~4只为一组，测其混合粪样的氨基酸。

（2）测试饲料和饲粮的准备　用于测试的饲料要一次备齐，按每日每头饲喂量称重分装，并取样供分析干物质和养分含量用。按消化实验的目的配制全价的待测饲粮。日饲喂量以动物能全部摄入为原则，一般为体重的3%~5%。体重越大，饲喂量占体重的比例越小。

（3）实验步骤　实验分预饲期和实验期两个阶段（表1-3）。预备期目的是让动物适应实验饲粮，排空肠道原有的内容物，同时也熟悉动物的排粪规律，了解采食量。一般成年体重较小的动物以及幼龄动物的消化道排空快，实验时间较短。实验期收集粪便的天数以偶数为好，可避免动物排粪一天多一天少带来的误差。

表1-3　　　　　　　　　　　　不同种类动物的实验期规定

动物	预饲期	实验期
牛、羊	10~14d	10~14d
马	7~10d	8~10d
猪	5~10d	6~10d
家禽*	3~5d	4~5d

注：*一般是进行代谢实验，采用强饲法，实验期为1~2d。

(4) 粪的收集和处理　一般用公畜进行实验，可在动物尾部系一集粪袋收集粪便。对于不宜采用集粪袋的动物可用消化柜或消化栏，实验动物的位置相对固定，使排出的粪能落在集粪盘或清洁的地面上，再收入粪桶。每天定时收集粪便并称重，混匀后按总重的1/50~1/10取样，然后每100g鲜粪加10%的盐酸（或硫酸）10mL，以避免粪中氨氮的损失。

2. 回肠末端取样法

回肠末端取样法是通过外科手术在回肠末端安装一瘘管收集食糜，或施以回肠-直肠吻合术，在肛门收集回肠食糜，主要用于猪饲料氨基酸消化率的测定。由于受大肠和盲肠微生物的干扰，从肛门收取粪便所测得饲料氨基酸的消化率偏高（5%~10%）。经大量实验证明，此法比肛门收粪法准确，目前在很多国家已用于猪饲料氨基酸消化率测定。

因家禽消化道短，大肠和盲肠微生物影响较小，一般仍采用全收粪法。另一改进的方法是模仿真代谢能的测定，即将动物饥饿36~40h，强饲相当于体重3%~5%的饲料，然后收取36~40h的粪便。因尿中所含氨基酸很微量，一般不超过尿中含氮总量的2%，测氨基酸消化率时可忽略不计。目前也有将鸡、鸭的盲肠切除后，测定饲料氨基酸的利用率。但盲肠切除与否对大多数饲料氨基酸消化率的测值无明显影响，切除盲肠的必要性仍有待进一步证明。

（二）指示剂法

指示剂法优点在于减少收集全部粪便带来的麻烦，省时省力，尤其是在收集全部粪便较困难的情况下，采用指示剂法更具优越性。用作指示剂的物质必须是不为动物所消化吸收，而且能均匀分布并有很高的回收率。根据指示剂的来源又分外源指示剂和内源指示剂。三氧化二铬（Cr_2O_3）是常采用的外源指示剂。内源指示剂一般采用2mol/L HCl 或4mol/L HCl 不溶灰分，故又称为盐酸不溶灰分法。

1. 外源指示剂法

外源指示剂法是指加入饲粮中的指示物质。如用 Cr_2O_3 作指示剂，从预备期开始就将 Cr_2O_3 加入饲粮中混匀饲喂。指示剂法除每日只收集部分粪样外，其他与全收粪法相同。粪样收集期完后将所有收集的粪样混匀，再取样分析粪中营养成分和 Cr_2O_3 含量。营养物质的消化率用下式计算：

$$饲粮营养物质消化率（\%）= 100-\left[\frac{饲粮中指示剂含量（\%）}{粪中指示剂含量（\%）}\times\frac{粪中养分含量（\%）}{饲粮中养分含量（\%）}\right]\times100 \quad (1-8)$$

粪的干湿对计算无影响，但 Cr_2O_3 和营养物质含量必须来自同一粪样。外源指示剂法的缺点是很难找到回收率很理想的指示剂物质。Cr_2O_3 的回收率一般在90%以上。为了达到一定的可靠程度，要求指示剂的回收率在85%以上才有效。

2. 内源指示剂法

内源指示剂法是指用饲粮或饲料自身所含有的不可消化吸收的物质作指示剂，如盐酸不溶灰分。其可减少将指示剂混入饲粮（饲料）的麻烦，而用此法测定饲料消化能和蛋白质消化率与全收粪法无显著差异。但是，由于此方法是测定饲料和粪中的盐酸不溶灰分，粪的收集绝不可污染含有不溶灰分的砂粒等杂质。

七、尼龙袋法

近年来提出的反刍动物蛋白质营养新体系，如美国的可代谢蛋白体系与英国的降解和未降解蛋白体系，都需测定饲料蛋白质在瘤胃的降解率。如采用十二指肠瘘管法测定其内容物的非氨氮和微生物氮，需用同位素进行双重标记以区分瘤胃微生物氮和过瘤胃饲料蛋白氮，难度较大。因此，一些研究者提出了"尼龙袋法"。此法是将被测饲料装入一特制尼龙袋，经瘤胃瘘管放入瘤胃中，48h后取出，冲洗干净，烘干称重，与放入前的饲料蛋白质含量相比，差值即为饲料可降解蛋白量。目前国际上已普遍采用此法测定饲料蛋白质的降解率。其优点是简单易行，重现性好，实验期短，便于大批样品的研究。需注意的是，尼龙袋的通透性要好，网眼大小要恰当，样品要有一定细度，便于瘤胃液作用而充分发酵。由于饲料的降解速率并不一致，而且受外排速率的影响，在实际测定中，为掌握不同时间的降解情况，往往要测定多个时间点，以分析降解程度与时间的关系。

八、离体消化实验

离体消化实验是指模拟消化道的环境，在体外（实验室内）进行饲料的消化。常规消化实验和指示剂法都要耗费大量人力、物力和时间。尼龙袋法虽有不少优点，但安装瘘管以及操作仍较麻烦，所以近年来离体消化实验发展迅速。按照消化液的来源，离体消化实验可分为消化道消化液法和人工消化液法。这两类方法也经常混合使用。

九、平衡实验

研究营养物质食入量与排泄、沉积或产品间的数量平衡关系的实验称平衡实验。平衡实验一般用于估计动物对营养物质的需要和饲料营养物质的利用率。但矿物元素因受内源干扰大，B族维生素受肠道微生物合成的干扰，平衡实验一般难以达到目的。平衡实验主要包括氮平衡实验、能量平衡实验和碳、氮平衡实验。

十、生长实验

生长实验也常称饲养实验，是通过饲予动物已知营养物质含量的饲粮或饲料，对其增重、产蛋、产奶、耗料、每千克增重耗料、组织及血液生化指标等进行测定，有时也包括观察缺乏症状出现的程度，确定动物对养分的需要量或比较饲料或饲粮的优劣。生长实验是动物营养研究中应用最广泛、使用最多的综合实验方法，但由于影响实验结果的因素很多，实验条件难以控制得很理想，实验准确实施较困难。

第五节 动物对饲料的消化吸收

一、饲料的可消化性

动物种类不同，消化道结构和功能也不同，但是对饲料中营养物质的消化却具有许多共同的规律。

（一）各种动物对饲料的消化方式

1. 物理性消化

物理性消化主要靠动物口腔内牙齿和消化道管壁的肌肉运动把饲料撕碎、磨烂、压扁，有利于在消化道内形成多水的食糜,为胃肠中的化学性消化(主要是酶的消化)、微生物消化做好准备。同时,通过消化道管壁的运动,把食糜研磨、搅拌并从一个部位运送到另一个部位。

猪、牛、羊等哺乳动物,口腔是主要的物理消化器官,对改变饲料粒度起着十分重要的作用。鸡、鸭、鹅等禽类对饲料的物理消化主要是通过肌胃收缩的压力和饲料中的硬质物料的切磋,达到改变饲料粒度的目的。这也是禽类在笼养条件下,配合饲料中适量添加硬质沙石的依据。

2. 化学性消化

动物对饲料的化学性消化,主要是酶的消化。酶的消化是高等动物主要的消化方式,是饲料变成动物能吸收的营养物质的一个过程,反刍与非反刍动物都存在着酶的消化,但是非反刍动物酶的消化具有特别重要的作用。不同种类动物酶消化的特点明显不同。

原生动物酶的消化主要是细胞内消化。变形虫和草履虫吞噬食物后形成食物泡,再由溶酶体分泌的酶对食物进行化学性消化。随着动物的进化,细胞内消化逐渐分化为细胞外消化。细胞外消化的动物,消化管各部位已发生分化,有的部位(如口腔、肌胃)以物理性消化为主,有的部位(如嗉囊和瘤胃)用来储存食物,有的部位(如真胃和小肠)主要分泌消化液进行酶的消化,有的部位(如小肠)主要用来吸收。

高等动物消化系统分化更完全,消化液分泌较多。比较不同动物各部位消化酶分泌的特点可以看出,口腔分泌唾液通常用来润湿食物,便于吞咽。人的唾液中含有淀粉酶较多。猪和家禽唾液中含有少量淀粉酶。牛、羊、马唾液中不含淀粉酶或含量极少,但存在其他酶类,如麦芽糖酶、过氧化物酶、脂肪酶和磷酸酶等。唾液淀粉酶在动物口腔内消化活性很弱,在胃内还可以进一步发挥消化作用。反刍动物唾液中所含 $NaHCO_3$ 和磷酸盐对维持瘤胃适宜酸度具有较强的缓冲作用。唾液分泌量对维持瘤胃稳定的流质容积也起重要作用。不同种类的高等动物消化液的来源,消化酶的种类、前体物(酶原)、激活物和分解饲料中营养物质的种类(底物)、终产物见表1-4。

表1-4 消化道的主要酶类

来源	酶	酶原	激活物	底物	终产物
唾液	唾液淀粉酶			淀粉	糊精、麦芽糖
胃液	胃蛋白酶	胃蛋白酶原	盐酸	蛋白质	胨、脒
胃液	凝乳酶	凝乳酶原	盐酸	酪蛋白	酪蛋白钙、胨
胰液	胰蛋白酶	胰蛋白酶原	肠激酶	蛋白质	胨、肽
胰液	糜蛋白酶	糜蛋白酶原	胰蛋白酶	蛋白质	胨、肽
胰液	羧肽酶	羧肽酶原	胰蛋白酶	肽	氨基酸、小肽
胰液	氨基肽酶	氨基肽酶原	胰蛋白酶	肽	氨基酸
胰液	胰脂酶			脂肪	甘油、脂肪酸
胰液	胰麦芽糖酶			麦芽糖	葡萄糖
胰液	蔗糖酶			蔗糖	葡萄糖、果糖
胰液	胰淀粉酶			淀粉	糊精、麦芽糖

续表

来源	酶	酶原	激活物	底物	终产物
胰液	胰核酸酶			核酸	核苷酸
肠液	氨基肽酶			胨、肽、胨	氨基酸
肠液	二肽酶			二胨、肽、胨	氨基酸
肠液	麦芽糖酶			麦芽糖	葡萄糖
肠液	乳糖酶			乳糖	葡萄糖、半乳糖
肠液	蔗糖酶			蔗糖	葡萄糖、果糖
肠液	核酸酶			核酸	嘌呤、嘧啶碱
肠液	核苷酸酶			核苷酸	磷酸、戊糖

3. 微生物消化

消化道微生物在动物消化过程中起着积极的、不可忽视的作用。这种作用对反刍动物和草食单胃动物的消化十分重要，是其能大量利用粗饲料的根本原因。反刍动物的微生物消化场所主要在瘤胃，其次在盲肠和大肠。草食单胃动物的微生物消化主要在盲肠和大肠。

瘤胃微生物能分泌 α-淀粉酶、蔗糖酶、呋喃果聚糖酶、蛋白酶、胱氨酸酶、半纤维素酶和纤维素酶等。这些酶将饲料中糖类和蛋白质分解成挥发性脂肪酸、NH_3 等物质，同时微生物发酵也产生 CH_4、CO_2、H_2、O_2、N_2 等气体，通过嗳气排出体外。实验证明，绵羊由瘤胃转入真胃的蛋白质，约有82%属菌体蛋白质，可见饲料蛋白质在瘤胃中大部分已转化成了菌体蛋白质。

瘤胃微生物不仅与宿主存在共生关系，而且微生物之间彼此存在相互制约、相互共生的关系。纤毛虫能吞食和消化细菌，除了菌体能提供营养来源外，还可利用菌体酶类来消化营养物质。当瘤胃纤毛虫完全消失时，细菌数目就大量增加，维持瘤胃内一定的消化水平。

单胃草食动物盲肠和大肠内的微生物消化与反刍动物瘤胃的微生物消化类似。

（二）各类动物的消化特点

1. 非反刍动物

非反刍动物分为单胃杂食类、草食类和肉食类，主要有猪、马、兔和犬等。除单胃草食类动物外，单胃杂食类动物的消化主要是酶的消化，微生物消化较弱。

猪口腔内牙齿对饲料咀嚼比较细致，咀嚼时间长短与饲料的柔软程度和动物年龄有关。一般粗硬的饲料咀嚼时间长，随年龄的增加咀嚼时间相应缩短。生产上猪饲料宜适当粉碎以减少咀嚼的能量消耗，同时又有助于胃、肠中酶的消化。猪饲粮中的粗纤维主要靠大肠和盲肠中微生物发酵消化，消化能力较弱。

马和兔主要靠上唇和门齿采食饲料，靠臼齿磨碎饲料，咀嚼比猪更细致。咀嚼时间越长，唾液分泌越多；饲料的湿润、膨胀、松软就越好，越有利于胃内酶的消化。该类动物的饲料喂前适当切短，有助于采食和磨碎。

马胃的容积较小，盲肠和结肠却十分发达。盲肠容积可达 32~37L，约占消化道容积的 16%，而猪和牛仅占 7%。盲肠中的微生物种类与反刍动物瘤胃类似。食糜在马盲肠和结肠中滞留时间在72h以上，饲草中粗纤维40%~50%被微生物发酵分解为挥发性脂肪酸、氨和二氧化碳。消化能力与瘤胃类似。兔的盲肠和结肠有明显的蠕动与逆蠕动，从而保证了盲肠和结肠内微生物对食物残渣中粗纤维进行充分消化。

2. 反刍动物

牛羊的消化特点是前胃（瘤胃、网胃、瓣胃）以微生物消化为主，主要在瘤胃内进行。皱胃和小肠的消化与非反刍动物类似，主要是酶的消化。

反刍动物采食饲料不经充分咀嚼就匆匆咽入瘤胃，被唾液和瘤胃水分浸润软化后，在休息时又返回到口腔仔细咀嚼，再吞咽入瘤胃。这是反刍动物消化过程中特有的反刍现象。饲料在瘤胃经微生物充分发酵，其中70%~85%干物质和50%的粗纤维在瘤胃内消化。

食糜由瘤胃、网胃、瓣胃进入皱胃和小肠，进行酶的消化。当食糜进入盲肠和大肠时又进行第二次微生物发酵消化。饲料中粗纤维经两次发酵，消化率显著提高，这也是反刍动物能大量利用粗饲料的营养学基础。

3. 禽类

禽类对饲料中养分的消化类似于非反刍动物猪的消化。不同的是禽类口腔中没有牙齿，靠喙采食饲料，喙也能撕碎大块食物。鸭和鹅呈扁平状的喙，边缘粗糙面具有很多小型的角质齿，也有切断饲料的功能。饲料与口腔内的唾液混合，吞入食管膨大部——嗉囊中储存并将饲料湿润和软化，再进入腺胃。食物在腺胃停留时间很短，消化作用不强。禽类的肌胃壁肌肉坚厚，可对饲料进行机械性磨碎，肌胃内的砂粒更有助于饲料的磨碎和消化。禽类的肠道较短，饲料在肠道中停留时间不长，所以酶的消化和微生物的发酵消化都比猪的弱。未消化的食物残渣和尿液，通过泄殖腔排出。

（三）消化后营养物质的吸收

饲料中营养物质在动物消化道内经物理的、化学的、微生物的消化后，经消化道上皮细胞进入血液或淋巴的过程称为吸收。动物营养研究中，把消化吸收了的营养物质视为可消化营养物质。

各种动物口腔和食道内均不吸收营养物质。非反刍动物，胃可以吸收少量葡萄糖、小肽和水。各种动物营养物质的主要吸收场所在小肠。反刍动物不同于非反刍动物的是瘤胃可吸收氨和挥发性脂肪酸，其余三个胃主要是吸收水和无机盐。

1. 胞饮吸收

胞饮吸收是细胞通过伸出伪足或与物质接触处的膜内陷，将这些物质包入细胞内的吸收方式，可以是分子形式，也可以是团块或聚集物形式。初生哺乳动物对初乳中免疫球蛋白的吸收就是胞饮吸收方式，这对其获取抗体具有十分重要的意义。

2. 被动吸收

被动吸收是通过滤过、渗透、简单扩散和易化扩散（需要载体）等几种形式，将消化了的营养物质吸收进入血液和淋巴系统，不需要消耗机体能量。一些分子质量低的物质，如简单多肽、各种离子、电解质和水等的吸收即为被动吸收。

3. 主动吸收

主动吸收与被动吸收相反，必须通过机体消耗能量，是依靠细胞壁"泵蛋白"来完成的一种逆电化学梯度的物质转运形式，它是高等动物吸收营养物质的主要方式。

二、动物的消化力与饲料的可消化性

（一）消化力与可消化性

饲料被动物消化的性质或程度称为饲料的可消化性；动物消化饲料中营养物质的能力称为动物的消化力。饲料的可消化性和动物的消化力是营养物质消化过程不可分割的两个方面。消化率是衡量饲料可消化性和动物消化力这两个方面的统一指标，它是饲料中可消化养分占食入饲料养分的百分率，计算公式如下：

$$饲料中可消化养分 = 食入饲料中养分 - 粪中养分 \qquad (1-9)$$

$$饲料某养分消化率（\%）= \frac{食入饲料中某养分 - 粪中某养分}{食入饲料中某养分} \times 100 \qquad (1-10)$$

因粪中所含各种养分并非全部来自饲料，有少量来自消化道分泌的消化液、肠道脱落细胞、肠道微生物等内源性产物，故上述公式计算的消化率为表观消化率。

分析动物对饲料中各种养分的消化过程及其产物表明，饲料中蛋白质的表观消化率小于真消化率，因为表观消化率计算中把来源于消化道的代谢蛋白质、消化酶和肠道微生物等视为未消化的饲料蛋白质，造成计算粪中排出蛋白质的量与真实情况不符；饲料脂肪含量少，测定表观消化率易受代谢来源的脂肪和分析误差掩盖，测定值有波动；饲料矿物质的消化率，更易受消化道来源的代谢矿物质循环利用的影响，所以，矿物质应采用真消化率。计算公式如下：

$$饲料中某养分的真消化率（\%）= \frac{食入饲料中某养分 -（粪中某养分 - 消化道来源物中某养分）}{食入饲料中某养分} \times 100 \qquad (1-11)$$

不同动物因消化力不同，对同一种饲料的消化率也不同；不同种类的饲料，因可消化性不同，同一种动物对其消化率也不同（表 1-5）。

表 1-5　　　　　　　　　　不同动物消化力的差别　　　　　　　　　　单位：%

动物	有机物质	粗蛋白质	粗脂肪	粗纤维	无氮浸出物
青苜蓿					
牛	65	78	46	44	74
绵羊	63	75	35	44	72
马	60	79	23	35	73
猪	66	71	0	43	76
玉米籽实					
牛	87	75	87	19	91
绵羊	94	78	87	30	99
马	94	87	81	65	97
猪	88	56	46	21	69

（二）影响消化率的因素

1. 动物

（1）动物种类　不同种类动物，因消化道结构、功能、长度和容积不同，其消化力也不一样。一般来说,牛对粗饲料的消化率最高,羊稍次,猪较低,家禽几乎不能消化粗饲料中的粗纤维。精料、块根茎类饲料的消化率,动物种类间差异较小。

(2)年龄及个体差异 动物从幼年到成年,消化器官和机能发育的完善程度不同,则消化力强弱不同,对饲料养分的消化率也不一样。蛋白质、脂肪、粗纤维的消化率有随动物年龄的增加而呈上升的趋势,尤以粗纤维最明显,无氮浸出物和有机物质的消化率变化不大。老年动物因牙齿衰残,不能很好地磨碎食物,消化率逐渐降低(表1-6)。

表1-6 不同月龄猪对各种养分的消化率 单位:%

月龄	有机物	粗蛋白质	粗脂肪	粗纤维	无氮浸出物
2.5	80.2	68.2	63.6	11.0	89.4
4.0	82.1	72.0	45.4	39.4	90.5
6.0	80.9	73.6	65.0	36.9	88.1
8.0	82.8	76.5	67.9	36.4	89.8
10.0	83.4	77.6	72.6	35.1	90.2
12.0	84.5	81.2	74.5	46.2	90.1

同年龄、同品种的不同个体,因培育条件、体况、神经类型等的不同,对同一种饲料养分的消化率仍有差异。一般对混合料差异可达6%,谷实类差异可达4%,粗饲料差异可达12%~14%。

2. 饲料

(1)种类 不同种类和来源的饲料因养分含量及性质的不同,可消化性也不同。一般幼嫩青绿饲料的可消化性较高,干粗饲料的可消化性较低;作物籽实的可消化性较高,而茎秆的可消化性较低。

(2)化学成分 饲料的化学成分以粗蛋白质和粗纤维对消化率影响最大。饲料中粗蛋白质越多,消化率越高;粗纤维越多,则消化率越低。

①蛋白质含量:饲料或饲粮中粗蛋白质含量高,碳水化合物含量则相对较低,有利于动物消化液的分泌和养分的充分消化。就反刍动物而言,各种养分的消化率随饲料或饲粮蛋白质水平的升高而升高(表1-7),而有机物质和粗蛋白质本身消化率的变化最明显。猪和家禽的饲料或饲粮蛋白质水平对养分消化率的影响也存在同样趋势,但没有反刍动物明显。

表1-7 粗蛋白质水平对各种养分消化率的影响 单位:%

饲料粗蛋白质水平	有机物	粗蛋白质	粗脂肪	粗纤维	无氮浸出物
8.8	60.7	54.5	52.5	59.6	62.8
12.5	65.4	64.0	56.0	61.4	68.9
17.2	66.3	72.7	61.3	56.5	70.9
21.9	69.6	79.0	55.4	55.1	74.2

续表

饲料粗蛋白质水平	有机物	粗蛋白质	粗脂肪	粗纤维	无氮浸出物
26.7	69.7	82.7	54.5	61.7	67.2
32.2	77.5	84.6	71.8	72.1	73.9

②粗纤维：实验证明，随饲料中粗纤维含量增加，有机物质的消化率下降，这在非反刍动物中反应十分明显（表1-8）。

表1-8　粗纤维对饲粮有机物质消化率的影响　　单位：%

粗纤维占饲粮干物质	牛	猪	马
10.1~15.0	76.3	68.9	81.2
15.1~20.0	73.3	65.8	74.9
20.1~25.0	72.4	56.0	68.6
25.1~30.0	66.1	44.5	62.3
30.1~35.0	61.0	37.3	56.0

③饲料中抗营养物质：抗营养物质是指饲料本身含有，或从外界进入饲料中的阻碍养分消化的微量成分。抗营养物质有影响蛋白质消化的抗营养物质或营养抑制因子，如蛋白质酶抑制剂、凝结素、皂素（皂苷）、单宁、胀气因子等；影响矿物质消化利用的抗营养物质，如植酸、草酸、葡萄糖硫苷、棉酚等；影响维生素消化利用的抗营养物质，如存在于大豆中的脂氧化酶，能破坏维生素A、胡萝卜素；双香豆素能影响维生素K的利用；甲基芥子盐吡嘧胺等影响维生素B_1的利用；异咯嗪等影响维生素B_2的利用。各种抗营养物质都不同程度地影响饲料消化率。

3. 饲养管理技术

（1）饲料加工调制　饲料加工调制的方法很多，有物理、化学、微生物等方法。适度的磨碎有利于单胃动物对饲料干物质、能量和氮的消化；适宜的加热、膨化可提高饲料中蛋白质等有机物质的消化率。粗饲料用酸、碱处理有利于反刍动物对纤维性物质的消化；凡有利于瘤胃发酵和微生物繁殖的因素，皆能提高反刍动物对饲料养分的消化率（表1-9、表1-10）。

表1-9　碱化处理对秸秆消化率的影响　　单位：%

营养物质	未经处理	处理时间/h				
		1.5	3	6	12	72
有机物	45.7	59.3	70.3	70.3	71.2	73.1
粗纤维	58.0	69.2	79.8	79.8	80.3	72.3
无氮浸出物	40.2	48.1	57.6	57.3	60.3	78.5

表 1-10　　　　　　　　　不同粉碎程度的大麦对猪消化率的影响　　　　　　　　单位：%

处理	有机物	粗蛋白质	粗脂肪	粗纤维	无氮浸出物
整粒	67.1	60.3	36.7	11.6	75.1
中等粉碎	80.6	80.6	54.6	13.3	87.7
磨细	84.6	84.4	75.5	30.0	89.6

（2）饲养水平　随饲喂量的增加，饲料消化率降低。以维持水平或低于维持水平饲养，养分消化率最高，而超过维持水平后，随饲养水平的增加，消化率逐渐降低（表1-11），饲养水平对猪的影响较小，对草食动物的影响较明显。

表 1-11　　　　　　　　　　不同饲养水平对消化率的影响　　　　　　　　　　单位：%

动物	维持水平	2 倍维持水平	3 倍维持水平
阉牛	69.4	67.0	64.6
绵羊	70.0	67.7	65.5

> 🔍 思考题
>
> 1. 饲料不同组分对动物消化吸收有什么影响？
> 2. 论述动物营养与饲料在提高动物生产效率中的地位和作用。

第二章 水的营养

[学习目标]

1. 了解水的营养作用以及动物缺水的后果。
2. 理解动物体内水分的来源与排出途径。
3. 掌握动物需水量及影响因素。

第一节 水的性质和作用

一、水的性质

水无臭无味,是一种结构不对称而具有偶极离子的极性分子,化学反应活性较差。因此,水在动物营养生理过程中表现出的很多性质和作用都与此密切相关。水与动物营养生理有关的性质如下。

(1) 水有较高的表面张力 水与动物体蛋白质的活性基或碳水化合物的活性基以氢键相结合,形成胶体。胶体具有一定的稳定性,使组织细胞具有一定的形态、硬度和弹性。

(2) 水的比热容大 水的比热容高于其他固体和液体的比热容,如1g水从14.5℃上升到15.5℃需要4.184J即1cal的热,而玻璃比热容为 $0.5J/(g·℃)$ [$0.12cal/(g·℃)$],铁比热容为 $0.46J/(g·℃)$ [$0.11cal/(g·℃)$]。这一特性对动物调节体内热平衡起着十分重要的作用。

(3) 水的蒸发热容高 1g水在37℃时完全蒸发,需吸收2260kJ或549kcal的热量。无汗腺动物在热环境条件下,通过呼吸散热,维持正常体温,实为一种有效方法。

(4) 动物机体内与细胞和组织中蛋白质结合的水,不能自由移动,即使冷却到-40℃~-30℃,也不会结冰,但在特定条件下,遇到强冷过程或解冻不慎,则有细胞破裂和动物死亡的危险。

二、水的生理作用

(1) 水是动物机体的主要组成成分 早期发育的胎儿,含水高达90%以上,初生幼畜含水80%左右，成年动物含水50%~60%。一般规律是水分含量随年龄和体重的增加而减少。水和空气一样，是动物生命绝对不可缺少的物质。

（2）水是一种理想的溶剂　因水有很高的电导率，很多化合物容易在水中电解，以离子形式存在，动物体内水的代谢与电解质的代谢紧密结合。多数细胞质是胶体和晶体的混合物，使得水的溶解性特别重要。此外，水在胃肠道中作为转运半固状食糜的中间媒介，还作为血液、组织液、细胞及分泌物、排泄物等的载体。所以，体内各种营养物质的吸收、转运和代谢废物的排出必须溶于水后才能进行。

（3）水是一切化学反应的介质　水的离解较弱，属于惰性物质。但由于动物体内酶的作用，使水参与很多生物化学反应，如水解、水合、氧化还原、有机化合物的合成和细胞的呼吸过程等。动物体内所有聚合和解聚合作用都伴有水的结合或释放。

（4）调节体温　水的比热容大、导热性好、蒸发热高，所以水能贮蓄热能、迅速传递热能和蒸发散失热能，有利于恒温动物体温的调节。血液循环中血液的快速流动，喘气和出汗，冷应激时限制血液流经体表等都有助于动物保持体温恒定。水的导热性比其他液体好，有助于深部组织热量的散失。如动物肌肉连续活动20min，无水散热，其温度可使蛋白质凝固。水的蒸发散热对具有汗腺的动物更为重要。

（5）润滑作用　动物体关节囊内、体腔内和各器官间的组织液中的水，可以减少关节和器官间的摩擦力，起到润滑作用。

此外，水对神经系统如脑脊髓液的保护性缓冲作用也是非常重要的。

第二节　动物体内水的平衡及调节

一、水的来源

（一）饮水

饮水是动物获得水的重要来源。动物饮水的多少与动物种类、生理状态、生产水平、饲料或饲粮构成成分、环境温度等有关。在环境温度不至于引起热应激的前提下，饮水量随采食量增加而呈直线上升。在热应激时，饮水量大幅度增加。相比较而言，牛的饮水量最大，羊和猪次之，家禽饮水量少，犬和沙漠里的羚羊、骆驼、啮齿类动物一般情况下可不饮水。多数动物在采食过程或稍后都要饮水，天气炎热时，饮水频率和饮水量增加，放牧条件下，如动物不能随时饮水则影响动物的生产力。

（二）饲料水

饲料水是动物获得水的另一个重要来源。动物采食不同性质的饲料，获取水分的多少各异。成熟的牧草或干草，水分可低到5%~7%；幼嫩青绿多汁饲料水分可高到90%以上；配合饲料水分含量一般在10%~14%。动物采食饲料中水分含量越多，饮水越少（表2-1）。

（三）代谢水

代谢水是动物体细胞中有机物质氧化分解或合成过程中产生的水，又称氧化水，其量在大多数动物中占总摄水量的5%~10%。不同营养素产生代谢水的程度不同，表2-2列出了淀粉、蛋白质和脂肪氧化产生的代谢水。表 2-3 是不同种类饲料的代谢水。

表 2-1　　　　　　　　　　饲草水分含量与绵羊饮水之间的关系

水的摄入/（L/kg 干物质)	饲草水分含量/%	水的摄入/（L/kg 干物质)	饲草水分含量/%
3.7	10	2.3	60
3.6	20	2.0	65
3.3	30	1.5	70
3.1	40	0.9	75
2.9	50		

表 2-2　　　　　　　　　　三大有机养分的代谢水

养分	氧化后代谢水/g	产生热量/kJ	代谢水/（g/100kJ)
100g 淀粉	60	1673.6	3.6
100g 蛋白质	42	1673.6	2.5
100g 脂肪	100	3765.6	2.7

表 2-3　　　　　　　　　　不同种类饲料的代谢水　　　　　　　　　　单位:%

种类	水分	粗蛋白质	粗脂肪	碳水化合物	代谢水
谷类	13.0	10	3	69	49
薯芋	73.6	3	0.1	22	15
豆类	12.5	25	11	44	49
叶菜类	93.0	2	0.3	3	3

动物种类不同，代谢水的重要性不同。有汗腺的动物和蛋白质代谢终产物主要以尿素形式排泄的动物，随着三大营养物质的摄入和代谢，产热量增加，水的需要量更大，体内营养素氧化产生的代谢水明显不能满足失水的需要。经计算，干燥环境中（环境温度 26℃，相对湿度 10%），这类动物代谢产生的水仅能满足总失水量的 7% 左右。猪、牛、羊等动物采食蛋白质越多，需水量越大，否则可能因尿素在体内积蓄而引起中毒。蛋白质代谢终产物主要以尿酸或胺形式排泄的动物，排泄这类产物需要的水很少，甚至代谢水已能满足需要。袋鼠仅利用代谢水已能生存和繁殖。鱼类通过鳃排泄胺，需水量也很少。冬眠的动物完全靠代谢水维持正常生存，维持的能量需要也仅靠体内负平衡代谢供给。

二、水的流失

动物体内的水经复杂的代谢过程后，通过粪、尿的排泄，肺脏和皮肤的蒸发，以及离体产品等途径排出体外，保持动物体内水的平衡。

（一）粪和尿的排泄

动物由尿排出的水受总摄水量的影响。摄水量多，尿的排出量则增加。通常随尿液排出的水可占总排水量的一半左右。动物的最低排尿量取决于必须排出溶质的量及肾脏浓缩尿液机制的能力。不同动物由尿排出的水分不同。禽类排出的尿液较浓，水分较少；大多数哺乳动物排出的水分较多。不同动物尿液浓度的近似值（mOSM/L）：人 1.5；牛 1.3；兔 1.9；绵羊 3.2；骆驼 3.1。肾脏对水的排泄有很大的调节能力，一般饮水量越少、环境温度越高、动物的活动量越大，由尿排出的水量就越少。

粪便中的排水量，随动物种类不同而不同。牛粪含水高达 80%，在非热应激期间粪中水分排泄量超过尿中排泄量。绵羊、山羊和鹿粪，要形成黏状粪便，粪中含水仅 65%~70%，从粪中排泄的水占总排泄量的 13%~24%。而奶牛在正常情况下为 30%~32%；所以，反刍动物由粪排出的水相对较多。粪中水分也受饲料性质的影响，如动物采食高纤维饲粮，粪中水分相应增加。

（二）肺脏和皮肤的蒸发

肺脏以水蒸气形式呼出的水量，随环境温度的升高和动物活动量的增加而增加。

由皮肤表面失水的方式有两种。一是血管和皮肤的体液中的水分可简单地扩散到皮肤表面蒸发。这种扩散方式随皮肤的温度和血液循环的变化而变化。通过皮肤扩散作用和呼吸道蒸发而失掉的水，被称为不感觉的失水。母鸡以这种方式失水可占总排水量的 17%~35%；二是通过排汗失水。排汗量也随气温的变化而变化。在适宜的环境条件下，排汗丢失的水不多，但在热应激时，具有汗腺、自由出汗的动物失水较多。人、马经汗排泄的水分量相当大，出汗也是一种有效的散热方式，其效率相当于呼吸散热的 400%，在散热的同时，水分也大量蒸发。

（三）经动物产品排出

泌乳动物除以上几种方式失水外，泌乳也是水排出的重要途径。牛乳平均含水高达 87%。奶牛每产 1kg 牛乳，可排出 0.87kg 水。实验证明，奶牛每形成 1kg 乳，需供水 4~5kg。充分满足奶牛饮水，可保证产乳量。产蛋家禽每产 1g 蛋，排出水 0.7g 左右，一枚 60g 重的蛋，含水 42g 以上，产蛋家禽缺水，产蛋率明显下降。

三、水的平衡及调节

动物体内的水分布于全身各组织器官及体液中，细胞内液约占 2/3，细胞外液约占 1/3，细胞内液和细胞外液的水不断地进行交换，保持体液的动态平衡。

动物体液和消化道中的水合称动物体内的总水。总水量也是经常保持相对恒定的。这种恒定是动物得水和失水之间的平衡。表 2-4 是舍饲绵羊在 20~26℃时饲料消耗和体内水的代谢情况。

表 2-4　　舍饲绵羊 20~26℃时饲料消耗和体内水的代谢情况

项目	资料收集时间	
	6月	9月
饲料消耗		
干物质/(g/d)	795	789
粗蛋白质/(g/d)	122	50
代谢能/(Mcal/d)	2.00	1.39

续表

项目	资料收集时间	
	6月	9月
水的摄入		
饮水/(g/d)	2093	1613
占总水/%	87.8	88.1
饲料水/(g/d)	51	50
占总水/%	2.1	2.7
代谢水/(g/d)	240	167
占总水/%	10.1	9.1
总计摄水/(g/d)	2384	1830
水的排泄		
粪水/(g/d)	328	440
占总水/%	13.8	24
尿水/(g/d)	788	551
占总水/%	33	30.1
蒸发水/(g/d)	1268	839
占总水/%	53.2	45.9
总计排水/(g/d)	2384	1830

注：1cal=4.184J

不同动物体内水的周转代谢的速度不同。用同位素氚（tritium）测得牛体内一半的水3.5d更新一次。非反刍动物因胃肠道中含有较少的水分，周转代谢速度较快。沙漠中的骆驼，因耐受失水能力强，水的周转代谢速度慢。各种动物水的周转代谢受环境因素（如温度、湿度）及采食饲料的影响。采食盐类过多，饮水量增加，水的周转代谢也加快。

水的排出主要由肾脏通过排尿量来调节。肾脏排尿量又受脑垂体后叶分泌的抗利尿激素控制。动物失水过多，血浆渗透压上升，刺激下丘脑渗透压感受器，反射性地影响加压素的分泌。加压素促使水分在肾小管内的重吸收，尿液浓缩，尿量减少。相反，在大量饮水后，血浆渗透压下降，加压素分泌减少，水分重吸收减弱，尿量增加。

此外，醛固酮激素在增加对Na^+重吸收的同时，也增加对水的重吸收。醛固酮激素的分泌主要受肾素-血管紧张素-醛固酮系统以及血K^+、血Na^+浓度对肾上腺皮质直接作用的调节。总之，动物体内水的调节是一个综合的生理过程，水的代谢和体内水的周转，维持动物体内水的平衡。

第三节　各种动物的需水量及饮水品质

动物对水的需要比对其他营养物质的需要更重要。一个饥饿动物，失掉几乎全部脂肪、半数以上的蛋白质和体重的40%仍能生存，但失掉体重1%~2%的水，即出现干渴感，食欲减退。继续失水达体重的8%~10%，则引起代谢紊乱。失水达体重的20%，可使动物致死。实验证明，缺乏有机养分的动物，可维持生命100d，如同时缺乏水，仅能维持5~10d。所以水是动物十分重要的营养物质，动物生产上必须注意满足水的需要。

一、动物的需水量

正常情况下，动物的需水量与采食的干物质量呈一定比例关系。一般采食1kg干物质需饮水2~5kg。对于保水能力差和喜欢在潮湿环境生活的动物，需水量要多一些。例如，牛通常采食干物质与饮水之比为1∶4；羊接近于1∶（2.5~3）；鸟类需水量通常低于哺乳动物。初生动物单位体重需水量要比成年动物高。活动会增加动物饮水量，紧张的动物又比安静的动物需要更多的水。动物生理状况不同需水量不同。高产奶牛、高产母鸡、重役马需水量比同类的低产动物多。如日泌乳10kg的奶牛，日需水45~50kg；日泌乳40kg的高产奶牛，日需水高达100~110kg。在适宜环境中，猪每摄入1kg干物质，需饮水2~2.5kg，马和鸡则为2~3kg，牛为3~5kg，犊牛为6~8kg。妊娠也增加对水的需要，产多羔母羊需水比产单羔母羊多。

二、影响动物需水量的因素

（一）动物种类

不同种类动物，由于生理和营养物质，特别是蛋白质代谢终产物不同，机体水分流失和对水的需要量也明显不同（表2-5）。猪、牛、马等哺乳动物，蛋白质代谢终产物主要为尿素，这些物质大量停留在体内对动物有一定的毒害作用，需要大量水分稀释，并使其适时排出体外。牛、羊等反刍动物需要大量水分维持瘤胃微生物的正常代谢，这类动物需水量明显比猪大。

表2-5　适宜环境条件下畜禽对水的需要量

动物	需水量/（L/d）	动物	需水量/（L/d）
肉牛	22~66	猪	11~19
奶牛	38~110	家禽	0.2~0.4
绵羊和山羊	4~15	火鸡	0.4~0.6
马	30~45		

禽类体蛋白质代谢终产物主要是尿酸，经尿中排出的水较少，因此，禽类需水量相对较小。某些动物对水的需要量特别少，甚至不饮水。如骆驼能忍受失去总水量的30%甚至更多，可以较长时间不饮水。袋鼠长期采食干饲料也不饮水。它们主要通过体内水的周转代谢维持水

的平衡和正常生命活动及生长。

（二）饲粮因素

在适宜环境条件下，饲料干物质采食量与饮水量高度相关，食入水分十分丰富的牧草时饲料中水分含量可能大于其需要量，动物可不饮水。食入含粗蛋白质水平高的饲粮，尿素的生成和排泄需一定量的水，动物需水量增加。天气炎热时，尽管动物乳中含水80%～88%，初生哺乳动物以乳为食，仍要额外饮水，原因在于乳中蛋白质含量高，使得尿中排水量增加。饲粮中粗纤维含量增加，因纤维的膨胀、酵解及未消化残渣的排泄，也同样要提高需水量。

大量证据表明，饲粮中食盐或其他盐类增加，需水量和排水量增加。有的盐类还会引起动物腹泻，如果这些盐类被动物吸收，水又不能有效地被利用，则造成组织脱水。

（三）环境因素

高温是造成需水量增加的主要因素，当气温高于30℃，动物需水量明显增加，低于10℃，需水量明显减少。气温在10℃以上，采食1kg干物质需供给2.1kg水；当气温升高到30℃以上时，采食1kg干物质需供给2.8～5.1kg水。奶牛在气温30℃以上时，泌乳的需水量较气温10℃以下提高75%以上。产蛋母鸡当气温从10℃以下升高到30℃以上时，需水量几乎增加两倍。高湿同样会增加需水量，原因在于动物体表或肺蒸发散热也因高温而减少。

三、水的缺乏

为维持正常生理功能，动物不得不通过饮水来弥补；适度的限制饮水，会明显影响采食量和产量，粪、尿水分也显著下降，甚至造成动物脱水，体重下降，肾脏对氮和电解质（Na^+、Cl^-）排泄量增加，脉搏加快，血液浓稠，最后衰竭而死。表2-6是奶牛在18℃或32℃时限制饮水50%的影响。

表2-6　　　　奶牛在18℃或32℃时限制饮水50%的影响

项目	18℃		32℃	
	自由饮水	限制饮水50%	自由饮水	限制饮水50%
体重/kg	641	623	622	596
采食量/(kg/d)	36.3	24.9	25.2	19.1
尿量/(L/d)	17.5	10.1	30.3	9.9
粪水/(kg/d)	21.3	10.5	11.7	8.2
总的蒸发水/(g/h)	1133	583	1174	958
总体水分/%	64.5	50.9	67.9	52.6
血管外液体量/%	59.0	45.5	61.5	46.9
血浆浓度/%	3.9	3.9	4.4	3.9
代谢能/(kcal/d)	798	694	672	557
代谢水/(kg/d)	2.5	2.0	2.1	1.9
直肠温度/℃	38.5	38.5	39.2	39.5

世界上许多地区缺乏地表水或井水,或者水中盐分含量过高不能饮用,造成动物饮水的困难,所以保护水源、节约用水对动物生产也十分重要。

四、水的品质

水的品质直接影响动物的饮水量、饲料消耗、健康和生产水平。天然水中可能含有各种微生物,包括细菌或病毒。细菌中以沙门氏菌属、钩端螺旋体属及埃希氏杆菌属最为常见。GB 5749—2022《生活饮用水卫生标准》建议,家畜饮水中总大肠菌群(MPN/100mL 或 CFU/100mL)、大肠埃希氏菌(MPN/100mL 或 CFU/100mL)均不应检出,菌落总数(MPN/mL 或 CFU/mL)应小于 100。水中主要阴离子是 CO_3^{2-}、SO_4^{2-}、Cl^-、NO_3^-;主要阳离子是 Ca^{2+}、Mg^{2+}、Na^+ 等。一般以水中总可溶性固形物(TDS),即各种溶解盐类含量指标来评价水的品质(表2-7)。动物饮水品质仅用 TDS 为指标是不确切的,还应考虑各种金属离子的具体含量,特别是水中硝酸盐和亚硝酸盐的含量对动物毒害很大,推荐标准见表2-8。

表2-7　　　　　　　　　　畜禽对水中不同浓度盐分的反应

可溶性总盐分/(mg/L)	高级评价	反应
<1000	安全	适于各种动物
1000~2999	满意	不适应的猪可出现轻度腹泻
3000~4999	满意	可能出现暂时性拒绝饮水或短时腹泻,上限水平不适于家禽
5000~6999	可接受	不适于家禽和种猪
7000~10000	不适	成年反刍动物可适应
>10000	危险	任何情况下皆不适宜

表2-8　　　　　　　　　家畜饮用水质量标准(GB 5749—2022)

指标	推荐的最大值/(mg/L)	指标	推荐的最大值/(mg/L)
常量离子		铜	1.0
总硬度(以 $CaCO_3$ 计)	450	锌	1.0
硫酸盐	250	有毒离子	
氯化物	250	砷	0.01
铝	0.2	镉	0.005
氨(以 N 计)	0.5	铬(六价)	0.05
高锰酸盐指数(以 O_2 计)	3	铅	0.01
微量离子		汞	0.001
铝	0.2	氰化物	0.05
铁	0.3	氟化物	1.0
锰	0.1	硝酸盐(以 N 计)	10

在动物饮水质量差的情况下，可采用氯化作用清除和消灭致病微生物，采用软化剂改善水的硬度。

硝酸盐及亚硝酸盐在饮水中广泛分布。尽管 NO_3^- 一般不会对动物健康构成威胁，但是其中还原性产物 NO_2^- 可被胃肠吸收，很快达中毒水平。动物对硝酸盐的耐受力为 1320mg/L（CAST，1974），但亚硝酸盐浓度在 33mg/L 以上便具有毒性。亚硝酸盐可氧化血红蛋白中的铁，使血红蛋白失去携氧能力。同时高浓度的硝酸盐为细菌污染水源提供了有利条件，因为细菌能够把 NO_3^- 转化为 NO_2^-，从而对动物或人的健康造成危害。

思考题

论述水在动物生产过程中的地位和作用。

第三章
蛋白质营养

[学习目标]

1. 了解蛋白质、氨基酸及小肽的生理功能。
2. 了解单胃动物与反刍动物蛋白质的消化代谢特点。
3. 掌握理想蛋白质模型与饲料的氨基酸平衡技术。
4. 掌握提高饲料蛋白质转化效率的措施。

第一节 蛋白质的组成和作用

一、蛋白质的组成结构

(一) 组成蛋白质的元素

蛋白质的主要组成元素是碳、氢、氧、氮,大多数的蛋白质还含有硫,少数含有磷、铁、铜和碘等元素。各种蛋白质的含氮量虽不完全相等,但差异不大。一般蛋白质的含氮量按 16% 计。动物组织和饲料中真蛋白质含氮量的测定比较困难,通常只测定其中的总含氮量,并以粗蛋白质表示。

(二) 氨基酸

蛋白质是氨基酸的聚合物。由于构成蛋白质的氨基酸的数量、种类和排列顺序不同而形成了各种各样的蛋白质。因此可以说蛋白质的营养实际上是氨基酸的营养。目前,各种生物体中发现的氨基酸已有 180 多种,但常见的构成动植物体蛋白质的氨基酸只有 20 种。几种动物产品和饲料蛋白质的氨基酸含量见表 3-1。植物能合成自己全部的氨基酸,动物蛋白质虽然含有与植物蛋白质同样的氨基酸,但动物不能全部自己合成。

氨基酸的通式可表示为一个短链羧酸的 α-碳原子上结合一个氨基,通常根据氨基酸所含 R 基团的种类以及氨基、羧基的数目,按酸碱性进行分类。R 基团无环状结构,一般称脂肪族氨基酸,其中有分支的称为支链氨基酸,如缬氨酸、亮氨酸和异亮氨酸。

表 3-1　　　　　　　　几种动物产品和饲料蛋白质的氨基酸含量　　　　　　　　单位:%

氨基酸	酪蛋白	乳清粉	牛奶乳糖	鱼粉	大豆蛋白	玉米蛋白	小麦蛋白
丙氨酸（Ala）	—	—	—	—	—	—	—
精氨酸（Arg）	3.26	0.40	0.29	3.86	2.57	0.38	0.58
天冬氨酸（Asp）	—	—	—	—	—	—	—
半胱氨酸（Cysteine）	—	—	—	—	—	—	—
胱氨酸（Cys）	0.41	0.30	0.04	0.55	0.70	0.22	0.24
谷氨酸（Glu）	—	—	—	—	—	—	—
甘氨酸（Gly）	—	—	—	—	—	—	—
组氨酸（His）	2.82	0.20	0.10	1.83	0.59	0.23	0.27
异亮氨酸（Ile）	4.66	0.90	0.10	2.79	1.28	0.26	0.44
亮氨酸（Leu）	8.79	1.20	0.18	5.06	2.72	1.03	0.80
赖氨酸（Lys）	7.35	1.10	0.16	5.12	2.20	0.26	0.30
甲硫氨酸（Met）	1.70	0.20	0.03	1.66	0.56	0.19	0.25
苯丙氨酸（Phe）	4.79	0.40	0.10	2.67	1.42	0.43	0.58
脯氨酸（Pro）	—	—	—	—	—	—	—
丝氨酸（Ser）	—	—	—	—	—	—	—
苏氨酸（Thr）	3.98	0.80	0.10	2.78	1.41	0.31	0.33
色氨酸（Trp）	1.14	0.20	0.10	0.75	0.45	0.08	0.15
酪氨酸（Tyr）	4.77	—	0.02	2.01	0.64	0.34	37.00
缬氨酸（Val）	6.10	0.70	0.10	3.14	1.50	0.40	0.56

氨基酸有 L 型和 D 型两种构型。除甲硫氨酸外，L 型的氨基酸生物学价值比 D 型高，而且大多数 D 型氨基酸不能被动物利用或利用率很低。天然饲料中仅含易被利用的 L 型氨基酸。微生物能合成 L 型和 D 型两种氨基酸。化学合成的氨基酸多为 D、L 型混合物。

二、蛋白质的性质和分类

（一）蛋白质的性质

蛋白质凭借游离的氨基和羧基而具有两性特征，在等电点易生成沉淀。不同的蛋白质等电点不同，该特性常用作蛋白质的分离提纯。生成的沉淀按其有机结构和化学性质，通过 pH 的细微变化可复溶。蛋白质的两性特征使其成为很好的缓冲剂，而且由于其分子质量大和离解度低，在维持蛋白质溶液形成的渗透压中也起着重要作用。这种缓冲和渗透作用对于维持内环境的稳定和平衡具有非常重要的意义。

在紫外线照射、加热煮沸以及用强酸、强碱、重金属盐或有机溶剂处理蛋白质时，可使其若干理化和生物学性质发生改变，该现象称为蛋白质的变性。酶的灭活，食物蛋白质经烹调加工有助于消化等，就是利用了这一特性。

（二）蛋白质的分类

1. 纤维蛋白

纤维蛋白包括胶原蛋白、弹性蛋白和角蛋白。

（1）胶原蛋白　胶原蛋白是软骨和结缔组织的主要蛋白质，一般占哺乳动物体蛋白质总量的30%左右。胶原蛋白不溶于水，对动物消化酶有抗性，但在水或稀酸、稀碱中煮沸易变成可溶的、易消化的白明胶。胶原蛋白含有大量的羟脯氨酸和少量羟赖氨酸，缺乏半胱氨酸、胱氨酸和色氨酸。

（2）弹性蛋白　弹性蛋白是弹性组织，如腱和动脉的蛋白质。弹性蛋白不能转变成白明胶。

（3）角蛋白　角蛋白是羽毛、毛发、爪、喙、蹄、角以及脑灰质、脊髓和视网膜神经的蛋白质。它们不易溶解和消化，含较多的胱氨酸（14%~15%）。粉碎的羽毛和猪毛，在6.8~9.1MPa蒸汽压力下加热处理1h，其消化率可提高到70%~80%，胱氨酸含量则减少5%~6%。

2. 球状蛋白

（1）清蛋白　清蛋白主要有卵清蛋白、血清清蛋白、豆清蛋白、乳清蛋白等，溶于水，加热凝固。

（2）球蛋白　球蛋白可用50~100g/L的NaCl溶液从动、植物组织中提取；其不溶或微溶于水，可溶于中性盐的稀溶液中，加热凝固。血清球蛋白、血浆纤维蛋白原、肌浆蛋白、豌豆的豆球蛋白等都属于此类蛋白。

（3）谷蛋白　麦谷蛋白、玉米谷蛋白、大米的米精蛋白属于此类蛋白。不溶于水或中性溶液，而溶于稀酸或稀碱。

（4）醇溶蛋白　玉米醇溶蛋白、小麦和黑麦的麦醇溶蛋白、大麦的大麦醇溶蛋白属于此类蛋白。不溶于水、无水乙醇或中性溶液，而溶于70%~80%的乙醇。

（5）组蛋白　组蛋白属于碱性蛋白，溶于水。组蛋白含碱性氨基酸特别多。大多数组蛋白在活细胞中与核酸结合，如血红蛋白的珠蛋白和鲭鱼精子中的鲭组蛋白。

（6）鱼精蛋白　鱼精蛋白是低分子蛋白，含碱性氨基酸多，溶于水。如鲑鱼精子中的鲑精蛋白、鲟鱼的鲟精蛋白、鲱鱼的鲱精蛋白等。鱼精蛋白在鱼的精子细胞中与核酸结合。球状蛋白比纤维蛋白易于消化，从营养学的角度看，氨基酸含量和比例也较纤维蛋白更理想。

3. 结合蛋白

结合蛋白是蛋白质部分再结合一个非氨基酸的基团（辅基）。如核蛋白（脱氧核糖核蛋白、核糖体），磷蛋白（酪蛋白、胃蛋白酶），金属蛋白（细胞色素氧化酶、铜蓝蛋白、黄嘌呤氧化酶），脂蛋白（卵黄球蛋白、血中β_1-脂蛋白），色蛋白（血红蛋白、细胞色素C、黄素蛋白、视网膜中与视紫质结合的水溶性蛋白）及糖蛋白（γ-球蛋白、半乳糖蛋白、甘露糖蛋白、氨基糖蛋白）。

三、蛋白质的营养生理作用

（一）蛋白质是构建机体组织细胞的主要原料

动物的肌肉、神经、结缔组织、腺体、精液、皮肤、血液、毛发、角、喙等都以蛋白质为主要成分，起着传导、运输、支持、保护、连接、运动等多种功能。肌肉、肝、脾等组织器官的干物质含蛋白质80%以上。蛋白质也是乳、蛋、毛的主要组成成分。除反刍动物外，食物蛋白质几乎是唯一可用于形成动物体蛋白质的氮来源。

（二）蛋白质是机体内功能物质的主要成分

在动物的生命和代谢活动中起催化作用的酶、某些起调节作用的激素、具有免疫和防御机能的抗体（免疫球蛋白）都是以蛋白质为主要成分。另外，蛋白质对维持体内的渗透压和水分的正常分布，也起着重要的作用。

（三）蛋白质是组织更新、修补的主要原料

在动物的新陈代谢过程中，组织和器官的蛋白质的更新、损伤组织的修补都需要蛋白质。据同位素测定，全身蛋白质6~7个月可更新一半。

（四）蛋白质可供能或转化为糖、脂肪

在机体能量供应不足时，蛋白质也可分解供能，维持机体的代谢活动。当摄入蛋白质过多或氨基酸不平衡时，多余的部分也可能转化成糖、脂肪或分解产热。正常条件下，鱼等水生动物体内也有相当数量的蛋白质参与供能作用。

四、非反刍动物蛋白质的消化吸收

（一）消化吸收

非反刍动物蛋白质的消化起始于胃。首先盐酸使之变性，蛋白质立体的三维结构被分解，肽键暴露；接着在胃蛋白酶、十二指肠胰蛋白酶和糜蛋白酶等内切酶的作用下，蛋白质分子降解为含氨基酸数目不等的各种多肽。随后在小肠中，多肽经胰腺分泌的羧基肽酶和氨基肽酶等外切酶的作用，进一步降解为游离氨基酸（占食入蛋白质的60%以上）和寡肽。2~3个肽键的寡肽能被肠黏膜直接吸收或经二肽酶等水解为氨基酸后被吸收。这类酶的作用需要 Mg^{2+}、Zn^{2+}、Mn^{2+}等金属离子参与。

吸收主要在小肠上2/3的部位进行。实验证明，各种氨基酸的吸收速度是不同的。部分氨基酸吸收速度的顺序：半胱氨酸>甲硫氨酸>色氨酸>亮氨酸>苯丙氨酸>赖氨酸≈丙氨酸>丝氨酸>天冬氨酸>谷氨酸。被吸收的氨基酸主要经门脉运送到肝脏，只有少量的氨基酸经淋巴系统转运。但新生的哺乳动物，在出生后24~36h内，能直接吸收免疫球蛋白。因此，给新生幼畜及时吃上初乳，可保证其获得足够的抗体，对幼畜的健康非常重要。

（二）影响蛋白质消化吸收的因素

1. 动物因素

（1）动物种类　对同一种饲料蛋白质的消化吸收，不同的动物之间存在着一定的差异，这是由于不同种类动物各自消化生理特点的不同所致。

（2）年龄　随着动物年龄的增加，其消化道功能不断完善，对食入蛋白质的消化率也相应提高。如仔猪胃内盐酸、胃蛋白酶及胰蛋白酶的分泌，2~3月龄才能达到成年猪的水平。

2. 饲粮因素

饲粮纤维水平、蛋白酶抑制因子等均影响蛋白质的消化和吸收。

(1) 纤维水平　纤维物质对饲粮蛋白质消化和吸收都有阻碍作用，随着纤维水平增加，蛋白质在消化道中的排空速度增加，这无疑降低了其被酶作用的时间以及被肠道吸收的概率。研究表明，饲粮粗纤维含量在2%~20%时，每增加1个百分点，粗蛋白质消化率降低1.4个百分点。

(2) 蛋白酶抑制因子　一些饲料，尤其是未经处理或热处理不够的大豆及其饼粕和其他豆科籽实，含有多种蛋白酶抑制因子，其中最主要的是胰蛋白酶抑制剂，其能降低胰蛋白酶的活性，从而降低蛋白质的消化率，并引起胰腺肿大。蛋白酶抑制因子对热敏感，适当热处理（蒸、煮、炒或膨化）可使这些因子失活。但初乳中的抗胰蛋白酶因子却是一个例外，它可以保护免疫球蛋白不被分解，使其以完整的大分子形式被吸收。

3. 热损害

对大豆等饲料进行适当热处理，能消除其中的抗营养因子，也能使蛋白质初步变性，有利于消化吸收。但温度过高或时间过长，则有损蛋白质营养价值，其原因是发生了美拉德反应（Maillard反应）。在这个反应中，肽链上的某些游离氨基，特别是赖氨酸的ε-氨基，与还原糖（葡萄糖、乳糖）的醛基发生反应，生成一种棕褐色氨基-糖复合物，使胰蛋白酶不能切断与还原糖结合的氨基酸相应肽键，导致赖氨酸等不能被动物消化、吸收。

五、反刍动物含氮化合物的消化吸收

（一）消化吸收

反刍动物真胃和小肠中蛋白质的消化、吸收与非反刍动物类似。但由于瘤胃微生物的作用，使反刍动物对蛋白质和其他含氮化合物的消化、利用与非反刍动物又有很大的差异。

1. 饲料蛋白质在瘤胃中的降解

进入瘤胃的饲料蛋白质，经微生物的作用降解成肽和氨基酸，其中多数氨基酸又进一步降解为有机酸、氨和二氧化碳。瘤胃液中的各种支链酸，大多是由支链氨基酸衍生而来，如缬氨酸转变为异丁酸和氨。微生物降解所产生的氨与一些简单的肽类和游离氨基酸，又被用于合成微生物蛋白质。

瘤胃液中氨是蛋白质在微生物降解和合成过程中的重要中间产物。饲粮蛋白质不足或当饲粮蛋白质难以降解时，瘤胃内氨浓度很低（<50mg/L）。瘤胃微生物生长缓慢，碳水化合物的分解利用也受阻。反之，如果蛋白质降解速度比合成速度快，则氨就会在瘤胃内积聚并超过微生物所能利用的最大氨浓度。此时，多余的氨就会被瘤胃壁吸收，经血液输送到肝脏，并在肝中转变成尿素（图3-1）。虽然生成的尿素一部分可经唾液和血液返回瘤胃，但大部分却随尿排出而浪费掉。这种氨和尿素的生成和不断循环，称瘤胃中氮素循环。瘤胃液中氨的最适浓度范围较宽（85~300mg/L），其变异主要与瘤胃内微生物群能量及碳架供给有关。因此，用氨与发酵有机物质间的关系来表示瘤胃内环境比用最适氨浓度表示更切合实际，瘤胃内1kg有机物质发酵，微生物可利用近30g以上蛋白质或核酸形式存在的氮。

饲料供给蛋白质少，瘤胃液中氨浓度就低，经血液和唾液以尿素形式返回瘤胃的氮的数量可能超过以氨的形式从瘤胃吸收的氨量。这种进入瘤胃的"再循环氮"转变为微生物蛋白质，就意味着转移到后段胃肠道的蛋白质数量可能比饲料蛋白质多。这样，瘤胃微生物对反刍动物

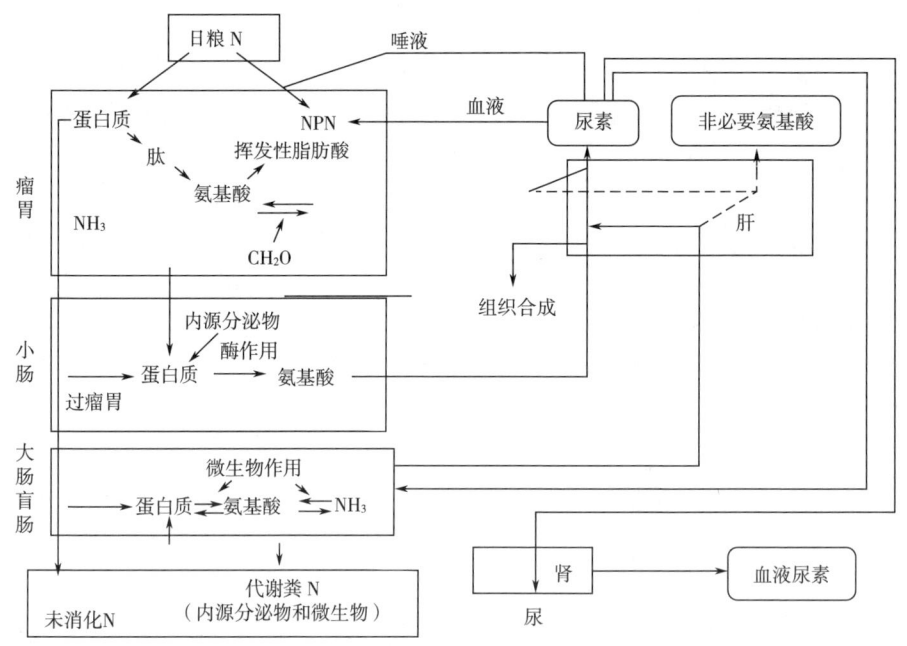

图 3-1 反刍动物氮的消化、吸收和代谢

蛋白质的供给具有一种"调节"作用，能使劣质蛋白质品质改善，优质蛋白质生物学价值降低。因此，通过给反刍动物饲粮添加尿素，以提高瘤胃细菌蛋白质合成量已成为一项实用措施；对优质饲料蛋白质进行适当的处理（甲醛处理、包被等），以降低其溶解度，使其在瘤胃中的降解率降低，也是必要的办法。

瘤胃降解生成的肽，除部分被用于合成微生物蛋白质外，也可直接通过瘤胃壁或瓣胃壁吸收，尤其是分子质量较小的2~3肽，逃脱微生物利用和直接吸收的肽，则又可在后胃肠道被进一步消化吸收。

2. 微生物蛋白质的产量和质量

瘤胃中80%的微生物能利用氨，其中26%只能利用氨，55%可利用氨和氨基酸，少数的微生物能利用肽。原生动物不能利用氨，但能通过吞食细菌和其他含氮物质而获得氮。

在氮源和可发酵有机物比例适当、数量充足的情况下，瘤胃微生物能合成足以维持正常生长和一定产奶量的蛋白质。例如，用近于无氮的饲粮加尿素，羔羊能合成维持正常生长所需的10种必需氨基酸，其粪、尿中排出的氨基酸是摄入饲粮氨基酸的3~10倍，瘤胃中的氨基酸是食入氨基酸的9~20倍。用无氮饲粮加尿素饲喂奶牛12个月，产奶4271kg；当饲粮中20%的氮来自蛋白质时，产奶量有所提高。在一般情况下，瘤胃中每1kg可发酵有机物质，微生物能合成90~230g菌体蛋白质，可供100kg左右体重的反刍动物维持正常生长或日产奶10kg的蛋白质需要。

瘤胃微生物能合成宿主所需的必需氨基酸。瘤胃微生物蛋白质的品质一般略次于优质的动物蛋白质，与豆饼和苜蓿叶蛋白质大约相当，优于大多数谷物蛋白质。原生动物和细菌蛋白质的生物学价值平均为70~80。原生动物蛋白质的消化率（88%~91%）高于细菌蛋白质（66%~74%）。采食较多的粗饲料，有利于瘤胃原生动物的繁殖。微生物蛋白质中约20%的核酸对宿主动物意义不大。

（二）影响反刍动物对含氮化合物消化吸收的因素

1. 饲粮组成及降解速率

瘤胃微生物合成氨基酸和蛋白质是通过氨与饲粮成分所提供的碳架相结合而实现的。因此，反刍动物对氮的利用效率不仅取决于饲粮中含氮组分的降解速率，而且也取决于饲粮中以碳水化合物形式存在的碳架的同步供给情况。

微生物对饲料蛋白质及含氮化合物的降解速度取决于被微生物侵袭的表面积大小、物质密度、蛋白质的化学性质以及其他物质的保护作用等多种因素。蛋白质的溶解度越高，则降解速度越快。饲料真蛋白质一般较非蛋白氮化合物降解慢。如尿素降解率为100%，降解速度很快；酪蛋白降解率为90%，降解速度稍慢。植物性饲料蛋白质的降解率变化较大，玉米约为40%，少数植物蛋白质可达80%。因此，要使瘤胃微生物很好地利用饲粮氮源，提高饲粮粗蛋白质利用率，必须对饲粮组成作全面考虑，既要保证真蛋白氮与非蛋白氮的适当比例，也要考虑饲粮总氮含量与可利用碳水化合物的适宜比例。

2. 蛋白质的热损害

反刍动物与单胃动物饲粮蛋白质热损害有一定的差异，这与饲粮的组成结构不同有关。反刍动物饲粮蛋白质的热损害是指饲料中蛋白质肽链上的氨基酸残基与碳水化合物中的半纤维素结合生成聚合物的反应（纤维素基本上不发生此反应），该反应生成的聚合物含有11%的氮，类似于木质素，完全不能被宿主或瘤胃微生物消化。因此，这种聚合物也称为人造木质素，其分析与酸性洗涤纤维相同，所含氮称为酸性洗涤不溶氮。

酸性洗涤不溶氮产生的最适环境是相对湿度70%和温度60℃，时间越长，则情况越严重。在饲料的干燥和青贮过程中，特别是低水分青贮时，常存在热损害的条件。在反刍动物饲料中，酸性洗涤不溶氮低于10%被认为是正常的。目前，一些国家在评定反刍动物饲料蛋白质质量时，常扣除其中的酸性洗涤不溶氮。

第二节　蛋白质、氨基酸的代谢

一、氨基酸代谢

经肠道吸收的氨基酸在体内可用于蛋白质的合成（包括体蛋白质和产品蛋白质），分解供能或转化为其他物质。在氨基酸的代谢中主要有转氨基、脱氨基及脱羧基反应。参与转氨基反应的酶主要有谷氨酸转氨酶、α-酮戊二酸转氨酶、谷氨酸丙酮酸转氨酶（GDT）和谷氨酸草酰乙酸转氨酶（GOT）；参与脱氨基反应的主要是 L-谷氨酸脱氢酶；氨基酸脱羧酶也有多种，且大多数氨基酸脱羧酶的辅酶是磷酸吡哆醛。通过上述代谢反应使氨基酸转变成酮酸、氨、胺化物和非必需氨基酸。酮酸可用于合成葡萄糖和脂肪，也可进入三羧酸循环氧化供能。氨可在肝脏中形成尿素或尿酸。胺则可用于核蛋白体、激素及辅酶的合成。

肠道吸收的氨基酸，有一半左右是机体进入肠道的内源物含氮物质的消化产物。吸收的氨基酸、体蛋白质降解和体内合成的氨基酸均可用于蛋白质的合成。体内的氨基酸库汇合了来自各方面的氨基酸，氨基酸不断地进入，也不断输出。

二、蛋白质合成

蛋白质合成的场所在核糖体内，合成的基本原料为氨基酸，合成反应所需的能量由ATP和鸟苷三磷酸（GTP）提供。

蛋白质的生物合成可描述为以携带细胞核内DNA遗传信息的mRNA为模板，以tRNA为运载工具，在核糖体内，按mRNA特定的核苷酸序列（遗传密码）将各种氨基酸连接形成多肽链的过程。肽链形成包括活化、起始、延长和终止几个阶段。新合成的多肽链多数没有生物活性，需经一定的加工修饰，才能成为各种各样有生物活性的蛋白质分子。体内蛋白质的合成受多种因素调控。各组织蛋白质的氨基酸比例不同（表3-2），既是这种调控的结果，也是生物进化过程中各组织、器官分工合作的体现。

表3-2　　　　　　　　　猪不同组织蛋白质的氨基酸组成　　　　　　　　单位：%

名称	骨骼肌	骨	皮毛	脂肪组织	肝	血液	消化道	整体
赖氨酸	8.4	4.2	4.3	5.5	7.4	9.5	6.4	7.2
甲硫氨酸	2.7	1.0	1.1	1.5	2.3	0.8	2.1	2.1
半胱氨酸	1.3	0.6	2.1	1.1	2.1	1.4	1.5	1.3
精氨酸	6.5	7.4	7.6	6.8	6.2	4.5	6.4	6.6
组氨酸	3.6	1.2	1.1	1.9	2.6	7.2	2.0	3.1
异亮氨酸	4.9	1.3	2.1	2.9	4.8	1.4	3.9	3.8
亮氨酸	8.4	4.4	4.6	5.9	9.5	14.2	7.5	7.6
苯丙氨酸	3.9	2.7	2.6	3.3	5.1	7.3	3.9	3.8
酪氨酸	3.3	1.3	1.6	2.3	3.7	2.9	3.4	2.8
苏氨酸	4.6	2.5	2.7	3.1	4.7	3.7	4.2	4.0
缬氨酸	4.9	3.1	3.3	4.2	5.8	9.1	4.8	4.7
丙氨酸	6.3	7.9	8.0	7.6	6.1	8.4	6.5	6.9
谷氨酰胺	15.7	19.4	11.4	11.8	13.1	9.7	13.0	13.8
甘氨酸	5.9	20.1	18.6	14.3	6.2	5.0	9.2	9.7
脯氨酸	4.8	10.9	11.3	8.7	5.1	3.8	6.3	6.5
丝氨酸	4.0	3.4	4.3	3.8	4.5	4.7	4.3	4.0
天冬氨酸	8.8	6.1	6.4	7.3	9.4	12.1	8.0	8.2
组织N占整体N	56	12	10	8	3	5	4	100

机体蛋白质是一个动态平衡体系，体蛋白质沉积是其合成和降解的结果，生长猪平均沉积1g蛋白质需要合成5~6g。生长动物蛋白质合成率大于降解率，成年动物两个过程的速率相等，蛋白质摄入严重不足的动物，体蛋白质降解率则大于合成率。不同组织器官，蛋白质合成和降

解速率不一样。用同位素标记氨基酸测得生长猪一些组织器官蛋白质合成速率见表3-3。

表3-3　　　　　　　　　　　　生长猪一些组织器官蛋白质合成速率*

示踪氨基酸	肝脏	胰脏	十二指肠	空肠	回肠	结肠	肾脏	肌肉	心脏	皮肤
L-[^{14}C] 亮氨酸	103	141	71	45	35	34	37	8	9	13
L-[^{14}C] 赖氨酸	123	81	44	68	39	32	17	9	7	20

注：*每日合成量占组织器官蛋白质总量的百分比。

蛋白质代谢的动态平衡中，肝脏和胰腺合成速率最快，小肠次之，大肠和肾较慢，肌肉和心脏最慢。蛋白质、氨基酸在体内的储存是很有限的，且主要是在肝脏。肝脏蛋白质含量随进食而增加，在短时间内可储存食入蛋白质总量的50%，但这个量也只占构成机体蛋白质总量的5%左右。因此，过量蛋白质只能转化为碳水化合物和脂肪，或分解产热。饲喂氨基酸不平衡的饲粮，在24h以后补给所缺氨基酸，已不能发挥其互补作用来提高饲粮蛋白质的利用率。对于猪，这个期限可放宽到36h。蛋白质的储存还有一些特殊情况，如强力工作，肌肉增多、妊娠期和康复期内储存蛋白质的增加。在合成机体组织新的蛋白质的同时，老组织的蛋白质也在不断更新，使动物能很好地适应内、外环境的变化。被更新的组织蛋白质降解成氨基酸进入机体氨基酸代谢库，相当一部分又可重新用于合成蛋白质，只有少部分转化为其他物质。这种老组织不断更新，被更新的组织蛋白质降解为氨基酸，而又重新用于合成组织蛋白质的过程称为蛋白质周转代谢（turn-over）。据测定，每天机体合成的蛋白质总量远远超过消化吸收的饲粮蛋白质，为吸收蛋白质的5~10倍。

蛋白质周转受年龄的影响，随着年龄的增长，单位体重蛋白质的周转率降低。机体每日被更新的蛋白质占总合成量的60%。

蛋白质的合成、分解也受激素的调控。胰岛素和生长激素促进氨基酸的摄入和蛋白质的合成，儿茶酚胺、胰高血糖素和糖皮质激素基本上是促进蛋白质的分解（表3-4）。

表3-4　　　　　　　　　　　　激素对骨骼肌蛋白质合成的影响

激素	刺激氨基酸摄入	蛋白质合成	蛋白质分解
儿茶酚胺	↓	无影响	↑
胰高血糖素	↑	↓	↑
糖皮质激素	↓	↓	↑
胰岛素	↑	↑	↓
生长激素	↑	↑	无影响

注："↓"表示降低，"↑"表示增加。

第三节　蛋白质、氨基酸的质量与利用

蛋白质质量是指饲料蛋白质被消化吸收后，能满足动物新陈代谢和生产对氮和氨基酸需要

的程度。饲料蛋白质越能满足动物的需要，其质量就越高。其实质是指氨基酸的组成比例（模式）和数量，特别是必需氨基酸的比例和数量，越与动物所需一致，其质量越高。因此，准确评定、了解饲料蛋白质的质量具有重要的意义，长期以来其一直是动物营养研究的热点。

一、必需氨基酸、非必需氨基酸及限制性氨基酸

（一）必需氨基酸、半必需氨基酸及条件性必需氨基酸

1. 必需氨基酸

必需氨基酸是指动物自身不能合成或合成的量不能满足动物的需要，必须由饲粮提供的氨基酸。各种动物所需必需氨基酸的种类大致相同，但因各自遗传特性的不同，也存在一定的差异。美国国家研究委员会（National Research Council，NRC）标准中列出了几种动物的必需氨基酸种类及其需要量（表3-5）。

表3-5　　几种动物的必需氨基酸种类及其需要量

氨基酸	猪[1]	鸡[2]	火鸡[3]	鸭[4]	鹌鹑[5]	鲤鱼[6]
精氨酸	0.37	1.25	1.6	1.10	1.25	1.31
甘氨酸+丝氨酸	—	1.25	1.0	—	1.15	—
组氨酸	0.30	0.35	0.58	—	0.36	0.64
异亮氨酸	0.51	0.80	1.10	0.63	0.98	0.76
亮氨酸	0.90	1.20	1.90	1.26	1.69	1.00
赖氨酸	0.95	1.10	1.60	0.90	1.30	1.74
甲硫氨酸	0.25	0.50	0.55	0.40	0.50	—
甲硫氨酸+胱氨酸	0.54	0.90	1.05	0.70	0.75	0.94
苯丙氨酸	0.55	0.72	1.00	—	0.96	—
苯丙氨酸+酪氨酸	0.87	1.34	1.80	—	1.80	1.98
脯氨酸	—	0.60	—	—	—	—
苏氨酸	0.61	0.80	1.0	—	1.02	1.19
色氨酸	0.17	0.20	0.26	0.23	0.22	0.24
缬氨酸	0.64	0.90	1.20	0.78	0.95	1.10

注：[1]NRC（2012），20~50kg，真回肠可消化氨基酸（%），中上水平肌肉沉积率（325g/d无脂肌肉），DM90%。

[2]NRC（2012），0~3周龄肉鸡，总氨基酸（%），能量3200kcal MEn（氮代谢校正能）/kg，1kcal=4.184kJ，DM90%。

[3]NRC（2012），0~4周龄，总氨基酸（%），能量2800kcal MEn/kg，DM90%。

[4]NRC（2012），0~2周龄北京白鸭，总氨基酸（%），能量2900kcal MEn/kg，DM90%。

[5]NRC（2012），幼龄及生长期，总氨基酸（%），能量2900kcal MEn/kg，DM90%。

[6]NRC（2012），总氨基酸（%），能量3200kcalDE/kg，CP35%。

2. 半必需氨基酸

半必需氨基酸是指在一定条件下能代替或节省部分必需氨基酸的氨基酸。半胱氨酸或胱氨

酸、酪氨酸及丝氨酸，在体内可分别由甲硫氨酸、苯丙氨酸和甘氨酸转化而来，其需要可完全由甲硫氨酸、苯丙氨酸及甘氨酸满足，但动物对甲硫氨酸和苯丙氨酸的特定需要却不能由半胱氨酸或胱氨酸及酪氨酸满足，营养学上把这几种氨基酸称作半必需氨基酸。目前已证明，非反刍动物总含硫氨基酸（Met+Cys）需要量的50%可由胱氨酸（或半胱氨酸）替代。芳香族氨基酸（Phe+Tyr）至少50%的需要量可由酪氨酸满足。

3. 条件性必需氨基酸

条件性必需氨基酸是指在特定的情况下，必须由饲粮提供的氨基酸。猪能合成部分精氨酸，可满足任何时期的维持需要；生长早期，精氨酸合成量却不能满足需要；而性成熟后及妊娠母猪均能合成足够的精氨酸，不需饲粮提供。妊娠母猪必须由饲粮提供一定的组氨酸，但妊娠母猪能通过体内合成满足维持需要。猪整个生命周期的许多阶段都不需饲粮提供脯氨酸，但幼仔猪（1~5kg）却需要饲粮提供。因此，在上述生理情况下，需对这些氨基酸加以考虑。

（二）非必需氨基酸

非必需氨基酸是指可不由饲粮提供，动物体内的合成完全可以满足需要的氨基酸，并不是指动物在生长和维持生命的过程中不需要这些氨基酸。实际情况下，动物饲粮（纯合氨基酸饲粮除外）在提供必需氨基酸的同时，也提供了大量非必需氨基酸，不足部分才由体内合成，但一般都能满足需要。

反刍动物自身同样不能合成必需氨基酸，但瘤胃微生物能合成宿主所需的几乎全部必需和非必需氨基酸。对于产奶量高或生长快速的反刍动物，瘤胃合成氨基酸的数量和质量则不能完全满足需要，必须以过瘤胃蛋白的形式由饲粮补充。

（三）限制性氨基酸

限制性氨基酸是指一定饲料或饲粮所含必需氨基酸的量与动物所需的必需氨基酸的量相比，比值偏低的氨基酸。由于这些氨基酸的不足，限制了动物对其他必需和非必需氨基酸的利用。其中比值最低的称第一限制性氨基酸，以后依次为第二、第三、第四……限制性氨基酸。非反刍动物饲料或饲粮限制性氨基酸的顺序容易确定。反刍动物由于瘤胃微生物的作用，只有讨论过瘤胃饲料蛋白和微生物蛋白混合物的限制性氨基酸才有意义。瘤胃微生物提供的甲硫氨酸相对较少，此氨基酸可能是反刍动物的主要限制性氨基酸。不同的饲料，对不同的动物，限制性氨基酸的顺序不完全相同。

以饲粮所含可消化（可利用）氨基酸的量与动物可消化（可利用）氨基酸的需要量相比，确定限制性氨基酸的顺序更准确，与生长实验结果也更接近。在生产实践中，饲料或饲粮限制性氨基酸的顺序可以指导饲粮氨基酸的平衡和合成氨基酸的添加，常用禾谷类及其他植物性饲料。对于猪，赖氨酸一般为第一限制性氨基酸；对于家禽，甲硫氨酸一般为第一限制性氨基酸。

二、蛋白质质量的评定方法

（一）粗蛋白质

粗蛋白质（crude protein，CP）是使用较早的蛋白质质量评定指标，仅能反映饲料或饲粮总含氮物的多少。

（二）可消化粗蛋白质

饲料可消化粗蛋白质（digestible crude protein，DCP）可由其粗蛋白质含量乘以粗蛋白质消化率而得。同一种动物对不同饲料蛋白质的消化率不同，不同的动物对同一饲料蛋白质的消化率也不完全相同。饲料可消化蛋白质可粗略地反映饲料蛋白质的质量。

（三）蛋白质的生物学价值

生物学价值（biological value，BV）指动物利用的氮占吸收氮的百分比，即：

$$BV = \frac{食入氮 - （粪氮 + 尿氮）}{食入氮 - 粪氮} \times 100\% \tag{3-1}$$

式（3-1）中 BV 值称表观生物学价值。从粪氮中扣除来自内源的代谢粪氮（MFN），从尿氮中扣除非饲料来源的内源尿氮（EUN），则可计算出真生物学价值（TBV）：

$$TBV = \frac{食入氮 - （粪氮 - MFN） - （尿氮 - EUN）}{食入氮 - （粪氮 - MFN）} \times 100\% \tag{3-2}$$

蛋白质 BV 值越高，其质量越好。饲料蛋白质 BV 值一般在 50%~80%（表 3-6）。

表 3-6　　　　　　　　几种饲料的表观生物学价值（猪）　　　　　　　　单位:%

饲料	BV	饲料	BV
鸡蛋	96	小麦麸	64
牛奶	92	大豆（生）	64
鱼粉	96~90	棉籽饼	64
肌肉	75	玉米	54~60
大豆（经热处理）	75	豌豆	48
马铃薯	71	玉米谷蛋白	40
燕麦	70	蚕豆	38
谷类	64~67	明胶	35

（四）净蛋白利用率

净蛋白利用率（net protein utilization，NPU）是指动物体内沉积的蛋白质或氮占食入的蛋白质或氮的百分比，即：

$$NPU = \frac{沉积氮（CP）}{食入氮（CP）} \times 100\% \tag{3-3}$$

或

$$NPU = BV \times 氮（CP）的消化率 \tag{3-4}$$

最初，NPU 是用食入含氮饲粮（或饲料）时机体的含氮量减去食入无氮饲粮（或饲料）时机体含氮量的差，再除以食入氮而得。NPU 以某种饲料或饲粮蛋白质被利用的程度来表示其质量的好坏，同时它也可用于研究动物对蛋白质的需要量。

（五）蛋白质效率比

蛋白质效率比（protein efficiency ratio，PER）是动物食入单位蛋白质或氮的体增重，公式如下：

$$PER = \frac{体增重}{蛋白质或氮的食入量} \tag{3-5}$$

显然，PER 越大，其蛋白质品质越好。

（六）化学比分

待测蛋白质的必需氨基酸含量与某种标准蛋白质（常用鸡蛋蛋白质）的必需氨基酸含量相比，最低的那种必需氨基酸的比值，则为该待测蛋白质相对于标准蛋白质的化学比分。显然，化学比分没有考虑其他必需氨基酸的缺乏，只能说明与标准蛋白质相比较，各种蛋白质第一限制性氨基酸缺乏的程度。例如，小麦与鸡蛋蛋白质相比，赖氨酸的比值最低，小麦蛋白质赖氨酸含量为2.1%，鸡蛋蛋白质的赖氨酸为7.0%，小麦相对于鸡蛋蛋白质的化学比分为：$(2.1/7.0) \times 100 = 30$。

（七）必需氨基酸指数

必需氨基酸指数（essential amino acid index，EAAI）是指饲料蛋白质中必需氨基酸含量与标准蛋白质（常用鸡蛋蛋白质）中相应必需氨基酸含量之比的几何平均数。可表示为：

$$EAAI = \sqrt[n]{\frac{b_1}{a_1} \times \frac{b_2}{a_2} \times \frac{b_3}{a_3} \times \cdots \times \frac{b_n}{a_n}} \tag{3-6}$$

其中b_1，b_2，…，b_n为被考查蛋白质中各种必需氨基酸的含量（g/kg）；a_1，a_2，…，a_n为标准蛋白质中相应必需氨基酸的含量（g/kg）；n为参与计算的必需氨基酸的个数。

EAAI只能说明必需氨基酸总量与标准蛋白质相比接近的程度，没有考虑限制性氨基酸这一因素。它可粗略预测几种饲料配合饲用时氨基酸互补的总效果，但几种饲料氨基酸组成差异很大时可能会有相同或接近的EAAI。

三、理想蛋白质

（一）理想蛋白质概念

理想蛋白质是指这种蛋白质的氨基酸在组成和比例上与动物所需蛋白质的氨基酸的组成和比例一致，包括必需氨基酸之间以及必需氨基酸与非必需氨基酸之间的组成和比例，动物对该种蛋白质的利用率应为100%。

理想蛋白质的构想源于20世纪40年代，但将理想蛋白质正式与单胃动物氨基酸需要量的确定及饲料蛋白质营养价值的评定联系起来，则是1981年美国农业研究委员会（Agricultural Research Council，ARC）《猪的营养需要》。理想蛋白质实质是将动物所需蛋白质氨基酸的组成和比例作为评定饲料蛋白质质量的标准，并将其用于评定动物对蛋白质和氨基酸的需要。按照理想蛋白质的定义，也只有可消化或可利用氨基酸才能真正与之相匹配。NRC（1998）猪的营养需要就是先确定维持、沉积及乳蛋白质的理想氨基酸模式，然后直接与饲料的真回肠可消化氨基酸结合，确定动物的氨基酸需要，充分体现了理想蛋白质和可消化氨基酸的真正意义和实际价值。

（二）理想蛋白质的必需氨基酸模式

多年来对猪、禽理想蛋白质氨基酸模式进行了大量研究，并提出了一些模式（表3-7）。

由于对理想蛋白质和可消化氨基酸的认识和研究有一个逐渐完善的过程，因此，所报道的一些有关猪、禽理想蛋白质模式的确定并非都是采用NRC（1998）《猪营养需要》所介绍的方法。对理想蛋白质模式的研究，早期大都是参照机体蛋白质的氨基酸组成，因未考虑维持需要和氨基酸的再利用，部分氨基酸与其他的需要模式差异较大。后来采用拼凑法，即由确定的单个氨基酸需要组合而成。一般认为部分扣除氨基酸的氮沉积法相对较为理想，用此法的研究结果也是NRC（1998）标准确定维持和沉积蛋白质的理想模式的重要基础。显然，现有的多数模式并不是基于真可消化或真可利用氨基酸，而是总氨基酸。

表 3-7 　　　　　　　猪、禽理想蛋白质氨基酸模式①（占 Lys）　　　　　　单位：%

氨基酸	生长肥育猪					肉鸡		肉鸭	
	ARC[1] (1981)	INRA (1984)	日本[2] (1993)	SCA (1990)	NRC[3] (2012)	SCA (1987)	NRC[4] (1994)	ARC (1985)	NRC[5] (2012)
赖氨酸	100	100	100	100	100	100	100	100	100
精氨酸	-	29	-	-	39	100	114	94	122
甘氨酸+丝氨酸	-	-	-	-	-	-	114	127	-
组氨酸	33	25	33	33	32	39	32	44	-
异亮氨酸	55	59	55	54	54	60	73	78	70
亮氨酸	100	71	100	100	95	136	109	133	140
甲硫氨酸	-	-	-	-	26	45	45	44	44
甲硫氨酸+胱氨酸	50	59	51	50	57	-	82	83	78
苯丙氨酸	-	-	-	-	58	70	65	-	-
苯丙氨酸+酪氨酸	96	98	96	96	92	120	122	128	-
脯氨酸	-	-	-	-	-	-	55	-	-
苏氨酸	60	59	60	60	64	78	73	66	-
色氨酸	15	18	15	14	18	19	18	19	26
缬氨酸	70	70	71	70	67	81	82	89	87

注：①表中除 NRC（2012）以回肠真可消化氨基酸为基础外，其余均是以总氨基酸为基础；②30~70kg 生长猪；③20~50kg 生长猪；④0~3 周龄肉鸡；⑤0~2 周龄肉鸭。

NRC（2012）猪的营养需要吸纳了有关猪理想蛋白质氨基酸模式研究的最新成果，提出以回肠真可消化氨基酸为基础表述氨基酸的需要及理想蛋白质氨基酸模式，并直接与猪维持和沉积蛋白质氨基酸模式相结合，将除体重以外的多种影响氨基酸需要和模式的因素，巧妙地用每日胴体平均沉积无脂肌肉量这一综合指标来代替，分别按沉积蛋白质和维持的理想氨基酸模式，确定不同生产水平和体重情况下生产和维持的氨基酸需要，两者之和即为特定生长动物的氨基酸总需要量（表 3-8）。

表 3-8 　　　维持、蛋白质沉积、泌乳和体组织蛋白质氨基酸模式（占 Lys）　　　单位：%

氨基酸	维持	蛋白质沉积	泌乳	体组织
赖氨酸	100	100	100	100
精氨酸	-200	48	66	105
组氨酸	32	32	40	45
异亮氨酸	75	54	55	50

续表

氨基酸	维持	蛋白质沉积	泌乳	体组织
亮氨酸	70	102	115	109
甲硫氨酸	28	27	26	27
甲硫氨酸+胱氨酸	123	55	45	45
苯丙氨酸	50	60	55	60
苯丙氨酸+酪氨酸	121	93	112	103
苏氨酸	151	60	58	58
色氨酸	26	18	18	10
缬氨酸	67	68	85	69

四、饲粮氨基酸平衡

蛋白质的质量问题实质上是必需氨基酸的数量和比例是否恰当的问题。而在实际生产中，常用饲料的蛋白质及必需氨基酸含量和比例与动物需要相比，大多不够理想，有的还相差甚远。因此，如何平衡饲粮氨基酸是一个重要的问题，它直接涉及饲粮蛋白质的质量和利用率。

（一）饲粮氨基酸含量表示法

1. 氨基酸占饲粮的百分比

氨基酸占饲粮的百分比指整个饲粮中各种氨基酸占饲粮风干物质或干物质的百分比。在营养需要和饲养标准中多采用此表示方法，便于配合饲粮。

2. 氨基酸占粗蛋白质的百分比

氨基酸占粗蛋白质的百分比指饲粮中各种氨基酸含量占饲粮粗蛋白质的百分比。此种表示法常用于比较蛋白质的品质，以便于了解饲粮各种氨基酸与理想蛋白质的差距。

（二）氨基酸缺乏

一般在低蛋白质饲粮情况下，可能有一种或几种必需氨基酸含量不能满足动物的需要。氨基酸缺乏不完全等于蛋白质缺乏。某些情况下，如我国南方常使用机榨菜籽饼作为猪的主要蛋白质饲料，有可能饲粮蛋白质水平超过标准，而个别氨基酸（如赖氨酸）含量仍不能满足需要；或者蛋白质不足，但个别氨基酸并不缺乏。

（三）氨基酸不平衡

氨基酸不平衡主要指饲粮氨基酸的比例与动物所需氨基酸的比例不一致。一般不会出现饲粮中氨基酸的比例都超过需要的情况，往往是大部分氨基酸符合需要的比例，而个别氨基酸偏低。不平衡主要是比例问题，缺乏主要是量不足。在实际生产中，饲粮氨基酸不平衡一般都同时存在氨基酸的缺乏。

（四）氨基酸互补

氨基酸的互补是指在饲粮配合中，利用各种饲料氨基酸含量和比例的不同，通过两种或两种以上饲料蛋白质配合，相互取长补短，弥补氨基酸的缺陷，使饲粮氨基酸比例达到较理想状态。

(五）氨基酸拮抗

某些氨基酸在过量情况下，有可能在肠道和肾小管吸收时与另一种或几种氨基酸产生竞争，增加机体对这种（些）氨基酸的需要，该现象称为氨基酸拮抗。例如，赖氨酸可干扰精氨酸在肾小管的重吸收而增加精氨酸的需要；缬氨酸与亮氨酸、异亮氨酸之间存在拮抗作用；苯丙氨酸与缬氨酸、苏氨酸，亮氨酸与甘氨酸，苏氨酸与色氨酸之间也存在拮抗作用。存在拮抗作用的氨基酸之间，相差比例越大拮抗作用越明显。拮抗往往伴随着氨基酸的不平衡。

（六）氨基酸中毒

在自然条件下几乎不存在氨基酸中毒，只有在过量使用合成氨基酸时才有可能发生。如在含酪蛋白的正常饲粮中加入 5%赖氨酸或甲硫氨酸、色氨酸、亮氨酸、谷氨酸，都可导致动物采食量下降和严重生长障碍。就过量氨基酸不良影响而言，甲硫氨酸毒性大于其他氨基酸。

（七）饲粮氨基酸平衡

生产中，畜禽饲粮常以植物性饲料为主，而植物性饲料蛋白质的质量一般都比动物性饲料蛋白质差，禾谷类饲料必需氨基酸的含量远远低于动物的需要。以赖氨酸为例，动物性蛋白质赖氨酸含量占粗蛋白质的比例都在 6%以上，而禾谷类通常只有 4%左右。饲粮必需氨基酸不足或比例不当，将严重影响动物对蛋白质的利用、生长速度或其他生产成绩（表 3-9）。

表 3-9　　饲粮必需氨基酸不足对生长鸡的影响

处理	粗蛋白质/%	日增重/g	饲料摄入/(g/d)	蛋白质效率比（PER）
1. 玉米+豆饼	14.7	49	102	3.3
2. 处理 1+最缺乏的氨基酸	15.7	65	110	3.8
3. 处理 1 补充全部氨基酸至适量	13.7	66	112	4.5

为便于平衡饲粮氨基酸，生产中常添加合成氨基酸，如合成赖氨酸、甲硫氨酸等。这些氨基酸一般是猪禽饲粮的前几种限制性氨基酸。通过添加合成氨基酸，可降低饲粮粗蛋白质水平，改善饲粮蛋白质品质，提高其利用率，从而减少氮的排泄。当赖氨酸缺乏较严重时，仅添加合成赖氨酸就能使饲粮粗蛋白质水平降低 3~4 个百分点。如当用菜籽饼作为育肥猪的主要蛋白质饲料时，一般需添加 0.2%~0.3%的合成赖氨酸。以可消化（可利用）氨基酸为基础，按畜禽理想蛋白质氨基酸模式平衡饲粮配方，是保证饲粮氨基酸平衡的有效途径。

第四节　非蛋白氮的利用

一、动植物体中非蛋白氮化合物（NPN）

动植物体中的 NPN 包括游离氨基酸、酰胺类、含氮的糖苷和脂肪、生物碱、铵盐、硝酸盐、甜菜碱、胆碱、嘧啶和嘌呤等。迅速生长牧草、嫩干草的 NPN 含量约占总氮的 1/3。青贮饲料 50%的氮是 NPN。因为青贮过程中，大量蛋白质被水解为氨基酸。如新鲜的饲用玉米只含

10%~20%的NPN，青贮后上升到50%。种子在成熟早期，NPN的含量也很高，成熟后不到5%。干草、籽实及加工副产物含NPN都较少。块根、块茎含NPN可高达50%。由于肽、氨基酸与真蛋白质的营养意义一致，所以有时不把它包括在NPN中。除氨基酸外，酰胺类也有较大的营养意义，天冬酰胺和谷氨酰胺在动物的代谢中都能被利用。嘌呤和嘧啶是遗传物质DNA和RNA的重要组成成分。NPN能被反刍动物瘤胃微生物很好地利用。几种饲料中NPN化合物和游离氨基酸的含量见表3-10。

表3-10　　　　　　　　饲料中NPN化合物和游离氨基酸的含量　　　　　　　单位：%

项目	牧草	苜蓿	玉米（籽粒）
总氮/(mg/100gDM)	2998	2842	1390
相对含氮量			
总氮	100	100	100
肽	—	—	0.17
游离氨基酸	13.9	18.5	0.99
氨	1.0	0.6	0.07
酰氨	2.9	2.6	—
胆碱	0.5	0.1	0.12
甜菜碱	0.6	1.1	0.01
嘌呤等	2.2	1.3	0.05
硝酸盐	2.4	1.3	—
其他NPN化合物	6.4	3.5	0.59

二、反刍动物对NPN的利用

NPN在反刍动物营养中具有重要的意义。NPN中的尿素由于成本低、效果好，作为反刍动物饲粮氮源已有较长的历史，至今仍被广泛使用。有关尿素利用的研究也是反刍动物营养中的重要内容。尿素含有碳、氢、氧、氮，动物本身无法直接利用。尿素溶解度很高，在瘤胃中能迅速转化成氨，若大剂量饲喂，在瘤胃中可能积聚大量的氨而引起致命性的氨中毒；若饲喂恰当，则是反刍动物很好的氮源。

反刍动物饲粮中使用尿素应注意以下几点：①瘤胃微生物对尿素的利用有一个逐渐适应的过程，一般需2~4周适应期。②用尿素提供氮源时，应补充硫、磷、铁、锰、钴等的不足，因尿素不含这些元素，且氮与硫之比以（10~14）：1为宜。③当日粮已满足瘤胃微生物正常生长对氮的需要时，添加尿素等NPN效果不佳。至于多高的日粮蛋白质水平可满足微生物的正常生长并非定值，常随着日粮能量水平、采食量和日粮蛋白质本身的降解率而变，一般高能或高采食量情况下，微生物生长旺盛，对NPN的利用能力较高。④反刍动物饲粮中添加尿素还需注意氨的中毒，当瘤胃氨水平上升到800mg/L，血氨浓度超过50mg/L就可能出现中毒。

氨中毒一般表现为神经症状及强直性痉挛，0.5~2.5h可发生死亡。灌服冰醋酸中和氨或用冷水使瘤胃降温可防止死亡。一般奶牛饲粮中尿素用量不能超过饲粮干物质1%，才能保证既安全，又有良好效果。如果饲粮本身含NPN较高，如青贮料，尿素用量则应酌减。

三、非反刍动物对NPN的利用能力

NPN对猪、禽等非反刍动物基本上没有利用价值。对于猪，NPN基本无效，仅成年公猪在饲喂低蛋白质饲粮时有一定作用。母鸡在饲予必需氨基酸平衡很好的饲粮基础上，能够用NPN合成一些非必需氨基酸，以补充非必需氨基酸的不足。微生物从肠道释放的氨，也是没有利用价值的。

对后肠微生物比较发达的非反刍草食动物，如马属动物、兔等，NPN的作用则介于反刍动物与猪禽之间。非反刍草食动物因其微生物的作用部位所限，尿素等NPN很难直接到达后肠（盲肠或结肠），通常是在小肠被降解成NH_3而吸收入血，在肝脏重新转化为尿素，少数经血液循环到达盲肠或结肠，而大部分则随尿排出体外，非反刍草食动物对NPN的利用还与其能否接触微生物合成物有关。兔等具有食粪癖的非反刍草食动物，能有效地利用NPN，马接触粪便的机会不多，因而对NPN利用的可能性小，但在采食低蛋白质日粮情况下，也可通过食粪而增加体内氮贮留。

思考题

1. 饲料中蛋白质在动物饲养和生产过程中的作用是什么？
2. 何谓限制性氨基酸？在养殖生产中有何意义？
3. 提高饲料蛋白质转化效率的措施有哪些？

第四章 碳水化合物营养

[学习目标]

1. 了解碳水化合物的组成和分类。
2. 掌握碳水化合物的营养生理功能。
3. 区分单胃动物与反刍动物碳水化合物的消化代谢特点。
4. 掌握影响动物碳水化合物消化率的因素。

碳水化合物（carbohydrates）是多羟基的醛、酮或其简单衍生物以及能水解产生上述产物的化合物的总称。它是一类重要的营养素，在动物饲粮中占一半以上。因其来源丰富、成本低而成为动物生产中的主要能源。

第一节 碳水化合物及其营养生理作用

一、碳水化合物的组成、分类

目前常用糖类（saccharides）作为碳水化合物的同义语。在常规营养分析中碳水化合物包括无氮浸出物和粗纤维。无氮浸出物主要由易被动物利用的淀粉、菊糖、双糖、单糖等可溶性碳水化合物组成，粗纤维是植物细胞壁的主要组成成分，包括纤维素、半纤维素、木质素和角质等。

随着营养研究的不断深入，植物性饲料中的多糖又从化学结构上分为两类，即储存多糖和结构多糖。储存多糖主要是淀粉，而结构多糖通常称为非淀粉多糖（NSP）。NSP主要由纤维素、半纤维素、果胶和抗性淀粉（阿拉伯木聚糖、β-葡聚糖、甘露聚糖、葡糖甘露聚糖等）组成。NSP分为不溶性NSP（如纤维素）和可溶性NSP（如β-葡聚糖和阿拉伯木聚糖）。可溶性NSP的抗营养作用日益受到关注。大麦中可溶性NSP主要是β-葡聚糖，同时含部分阿拉伯木聚糖，猪、鸡消化道缺乏相应的内源酶而难以将其降解。它们与水分子直接作用增加溶液的黏度，且随多糖浓度的增加而增加；多糖分子本身互相作用，缠绕成网状结构，该作用过程能引起溶液黏度大大增加，甚至形成凝胶。因此，可溶性 NSP 在动物消化道内能使食糜变黏，进而阻止养分接近肠黏膜表面，最终降低养分消化率。

动植物体内的碳水化合物在种类和数量上不尽相同，但植物体中有些碳水化合物在动物体内可转化为六碳糖被利用。碳水化合物的这种异构变化特性在营养中具有重要意义。它是动物消化吸收不同种类碳水化合物后，能经共同代谢途径利用的基础，也是阐明动物利用多种糖类作为营养的理论依据。一些重要碳水化合物的分类及基本结构单位或举例见表 4-1。

表 4-1　　　　　一些重要碳水化合物的分类及基本结构单位或举例

分类		基本结构单位或举例
单糖	丙糖	甘油醛、二羟丙酮
	丁糖	赤藓糖、苏阿糖等
	戊糖	核糖、核酮糖、木糖、木酮糖、阿拉伯糖等
	己糖	葡萄糖、果糖、半乳糖、甘露糖等
	庚糖	景天庚酮糖、葡萄庚酮糖、半乳庚酮糖等
	衍生糖	脱氧糖、氨基糖、糖醇、糖醛酸、磷酸糖酯等
低聚糖	双糖	蔗糖、乳糖、麦芽糖、纤维二糖、蜜二糖
	三糖	棉子糖、龙胆三糖、松三糖、洋槐三糖
	四糖	水苏糖
	五塘	毛蕊草糖
	六糖	乳六糖
多糖	均多糖	戊聚糖　　阿拉伯树胶、木糖
		葡聚糖　　淀粉、糊精、糖原、纤维素
		果聚糖　　菊糖、左聚糖
		半乳聚糖
		甘露聚糖
	杂多糖	果胶、树胶、半纤维素、黏多糖、透明质酸等
其他化合物：几丁质、硫酸软骨素、糖蛋白质、糖脂、木质素等		

二、碳水化合物的营养生理作用

（一）供能贮能作用

碳水化合物特别是葡萄糖，是供给动物代谢活动快速应变所需能量最有效的营养素。葡萄糖是大脑神经系统、肌肉、脂肪组织、胎儿生长发育、乳腺等代谢的主要能源。葡萄糖供给不足，小猪出现低血糖症，牛产生酮血病，妊娠母羊产生妊娠毒血症，严重时会致死亡。体内代谢活动需要的葡萄糖来源一是从胃肠道吸收，二是由体内生糖物质转化。非反刍动物主要靠前者，也是最经济最有效的能量来源。反刍动物主要靠后者。其中肝是主要生糖器官，约占总生糖量的85%；其次是肾，约占15%。在所有可生糖物质中，最有效的是丙酸和生糖氨基酸，其次是乙酸、丁酸和其他生糖物质。核糖、柠檬酸等生糖化合物转变成葡萄糖的量较小。

碳水化合物除了直接氧化供能外，也可以转变成糖原和脂肪储存。胎儿在妊娠后期能贮积大量糖原和脂肪供出生后作能源利用，但不同种类动物差异较大（表4-2）。

表4-2　　　　　　　　　妊娠后期胎儿体内贮能物质含量　　　　　　　　　单位：%

类别	总糖原	肝糖原（占总糖原）	总脂肪
猪	2.0	9	1.1
鼠	0.8	76	1.1
兔	0.5	54	5.8
羊	1.1	20	3.0
人	1.1	33	16.1

（二）在动物产品形成中的作用

高产奶牛平均每天大约需要1.2kg葡萄糖用于乳腺合成乳糖。产双羔的绵羊每天约需200g葡萄糖合成乳糖。反刍动物产奶期体内50%~85%的葡萄糖用于合成乳糖。基于乳成分相对稳定性，血糖进入乳腺中的量明显是产奶量的限制因素。葡萄糖也参与部分羊奶蛋白质非必需氨基酸的形成。碳水化合物进入非反刍动物乳腺主要用以合成奶中必要的脂肪酸，母猪乳腺可利用葡萄糖合成肉豆蔻酸和一些其他脂肪酸，也可利用葡萄糖作为合成部分非必需氨基酸的原料。

（三）其他作用

1. 某些寡糖的生理作用

近年来，人们对于寡糖的研究和应用具有特别的兴趣，已合成了一些寡糖产品，如甘露寡糖（MOS，酵母细胞壁的衍生物）、果寡糖（FOS，由蔗糖通过转果糖酶反应合成）等。研究表明，当含有上述寡糖的饲料进入动物体内后，胃肠道中的致病菌就会与之结合，从而不能在肠壁表面定植，这样它们就会随食糜一道排出体外，从而保护了动物免遭这些致病菌的侵害。

某些寡糖不能被动物分泌的酶消化。在胃肠道内，寡糖可以选择性地作为某些细菌生长的底物。FOS能够作为乳酸杆菌和双歧杆菌生长的底物，但沙门氏菌、大肠埃希氏菌和其他革兰氏阴性菌发酵FOS的效率很低，因而它们的生长将会受到抑制。MOS可以防止沙门氏菌、大肠埃希氏菌和霍乱弧菌在动物肠道黏膜上皮上的黏附。由于合成寡糖具有上述调整胃肠道微生物区系平衡的效应，现已将其称为益生元。

2. 动物体内糖苷的生理作用

糖苷是指具有环状结构的醛糖或酮糖的半缩醛羟基上的氢，被烷基或芳香基团所取代的缩醛衍生物。糖苷经完全水解，糖苷键分裂，产生的糖部分称为糖基（glycone），非糖部分称为配基（aglycone）。现已确定动物体内代谢产生的许多糖苷具有解毒作用。哺乳类、鱼类及一些两栖类动物的许多毒素、药物或废物，包括固醇类激素的降解产物可能是通过与D-葡萄糖醛酸形成葡萄糖苷酸而排出体外的。

3. 结构性碳水化合物的营养生理作用

结构性碳水化合物在体内有多种营养生理功能，饲粮中适宜水平的纤维对动物生产性能和健康有积极的作用。黏多糖是保证多种生理功能实现的重要物质。透明质酸具有高度黏性，在润滑关节、保护机体在受到强烈振动时，不致影响正常功能方面起重要作用。硫酸软骨素在软骨中起结构支持作用。几丁质（又名甲壳素、壳多糖）是许多低等动物尤其是节肢动物外壳的重要组成部分。虾、蟹是在不断蜕壳和再生壳的过程中生长，而甲壳素的分解产物2-氨基葡萄糖对于虾、蟹壳的形成具有重要作用。因此，在饲料中添加甲壳素（生产中添加虾糠或虾头粉）可促进虾、蟹类的生长。

4. 糖蛋白质、糖脂的生理作用

糖蛋白质是指由比较短、往往是分支的寡糖链与多肽共价相连所构成的复合糖。糖蛋白质种类繁多，在体内物质运输、血液凝固、生物催化、润滑保护、结构支持、黏着细胞、降低冰点、卵子受精、免疫和激素发挥活性等方面有极其重要的作用。

糖脂是神经细胞的组成成分，对突轴传导刺激冲动起着重要作用。

第二节 碳水化合物的消化、吸收和代谢

一、消化吸收

（一）非反刍动物的消化吸收

营养性碳水化合物主要在消化道前段（口腔到回肠末端）消化吸收，而结构性碳水化合物主要在消化道后段（回肠末端以后）消化吸收。总的来看，猪、禽对碳水化合物的消化吸收特点是以淀粉形成葡萄糖为主，以粗纤维形成挥发性脂肪酸（volatile fatty acids，VFA）为辅，主要消化部位在小肠。所以，在猪、禽的饲养实践中，其饲粮粗纤维水平不宜过高，对生长育肥猪应控制在8%以下，对母猪可在10%~12%。马、兔对粗纤维则有较强的利用能力，它们对碳水化合物的消化吸收是以粗纤维形成VFA为主，以淀粉形成葡萄糖为辅。

1. 碳水化合物在消化道前段的消化吸收

唾液与饲料在口腔中的接触是碳水化合物进入消化道进行化学消化的开始，但不是所有动物的唾液对饲料中碳水化合物都有化学消化作用。猪、兔、灵长目和人等哺乳动物唾液中含有α-淀粉酶，在微碱性条件下能将淀粉分解成糊精和麦芽糖。因时间较短，消化很不彻底。禽类唾液分泌量少，α-淀粉酶的作用甚微。产蛋鸡嗉囊中存在有淀粉酶的消化作用，但因饲料粒度限制，消化不具明显营养意义。

饲料未与胃液混合之前，唾液含有淀粉酶的动物可继续消化淀粉，唾液不含淀粉酶的动物，胃中碳水化合物的消化甚微。胃内无淀粉酶，在胃内酸性条件下仅有部分淀粉和部分半纤维素酸降解。非反刍草食动物，如马由于饲料在胃中停留时间较长，饲料本身所含的碳水化合物酶或细菌产生的酶对淀粉有一定程度的消化。

十二指肠是碳水化合物消化吸收的主要部位。饲料在十二指肠与胰液、肠液、胆汁混合。α-淀粉酶继续把尚未消化的淀粉分解成为麦芽糖和糊精。低聚α-1,6-糖苷酶分解淀粉和糊精

中 α-1,6-糖苷键。这样，饲料中营养性多糖基本上都分解成了双糖，然后由肠黏膜产生的双糖酶——麦芽糖酶、蔗糖酶、乳糖酶等彻底分解成单糖被吸收。小肠吸收的单糖主要是葡萄糖和少量的果糖和半乳糖。果糖在肠黏膜细胞内可转化为葡萄糖，葡萄糖吸收入血后，供全身组织细胞利用。

禽类消化道中不含乳糖酶，不能消化吸收乳糖，饲粮中乳糖水平过高可能导致禽类腹泻。

正常情况下，回肠中乳酸发酵不影响酶活力；病理条件下，可能因发酵增加，pH下降，影响酶的作用。

碳水化合物吸收主要在十二指肠，以单糖形式经载体主动转运通过小肠壁吸收。随食糜向回肠移动，吸收率逐渐下降。单糖吸收受激素控制，也需要Ca^{2+}和维生素参加。不同单糖吸收速度不同；鼠的实验证明，半乳糖吸收最快，然后依次是葡萄糖、果糖、戊糖。研究表明，葡萄糖的吸收也可能存在自由扩散。

2. 碳水化合物在消化道后段的消化吸收

进入肠后段的碳水化合物以结构性多糖为主，包括部分在肠前段未被消化吸收的营养性碳水化合物。因肠后段黏膜分泌物不含消化酶，这些物质由微生物发酵分解，主要产物为VFA、二氧化碳和甲烷。部分VFA通过肠壁扩散进入体内，而气体则主要由肛门逸出体外。不同动物后肠（主要指大肠，包括盲肠、结肠等）碳水化合物发酵产生的各种VFA比例不同（表4-3）。

表4-3　　　　　不同动物盲肠碳水化合物发酵产生的各种VFA比例　　　　　单位:%

动物	乙酸	丙酸	丁酸
猪	40~75	15~36	5~10
人	45~70	19~38	5~14
兔	75~82	8~11	8~17
马	67	14	14
牛	65~75	18~23	4~6

非反刍草食动物马、兔的盲肠和结肠发达，未被小肠消化吸收的淀粉、双糖、单糖和大量的粗纤维在其中被微生物分泌的酶分解，生成大量的挥发性脂肪酸，由大肠吸收，参与体内代谢。猪对苜蓿干草中纤维物质的消化率仅为18%，而马却高达39%。

碳水化合物在猪、禽后肠发酵分解受年龄和饲粮结构影响较大，低纤维饲粮发酵产生的乳酸量相对较大。正常情况下，乳酸，包括来自回肠的乳酸都很快转变成丙酸。乳酸菌发酵产生的乳酸、乙醇等物质也能被迅速吸收。

（二）反刍动物的消化吸收

幼年反刍动物以及成年反刍动物除前胃外，消化道各部分的消化吸收均与非反刍动物类似。总的来看，反刍动物对碳水化合物的消化吸收（图4-1）是以形成VFA为主，形成葡萄糖为辅，消化的部位以瘤胃为主，小肠、盲肠、结肠为辅。

1. 碳水化合物在前胃的消化

前胃是反刍动物消化粗饲料的主要场所，其微生物每天消化的碳水化合物占采食粗纤维和无氮浸出物的70%~90%，其中瘤胃相对容积大，是微生物寄生的主要场所，每天消化碳水化

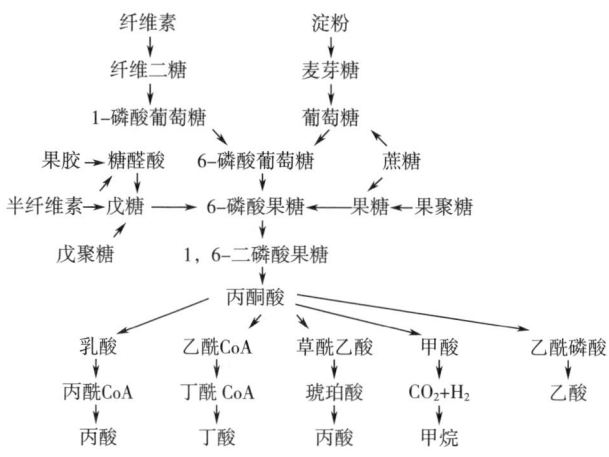

图 4-1　碳水化合物在瘤胃中的代谢

合物的量占总采食量的 50%~55%，具有重要营养意义。

前胃碳水化合物的消化，实际上是微生物消耗可溶性碳水化合物，不断产生纤维分解酶分解粗纤维的一个连续循环过程。微生物附着在植物细胞壁上，不断利用可溶性碳水化合物和其他物质作为营养物质，使其自身生长繁殖，与此同时不断产生低级脂肪酸、甲烷、氢、CO_2 等代谢产物，也不断产生纤维分解酶，把植物细胞壁物质分解成单糖或其衍生物。在纤维酶作用下，粗饲料中纤维素和半纤维素大部分能被分解。果胶在细菌和原生动物作用下可迅速分解，部分果胶能用于合成微生物体内多糖。木质素是一种特殊结构物质，基本上不能分解。半纤维素-木质素复合程度越高，消化效果越差。植物细胞壁物质分解成单糖后，在各种微生物体内的继续代谢过程基本相同。

2. 瘤胃中挥发性脂肪酸的形成

第一步，复杂碳水化合物（纤维素、半纤维素、果胶）被微生物分泌的酶水解为短链低聚糖，主要是双糖（纤维二糖、麦芽糖、木二糖），部分糖继续水解为单糖。第二步，双糖和单糖被瘤胃微生物摄取，在细胞内酶的作用下迅速地被降解为挥发性脂肪酸——乙酸、丙酸、丁酸。第一步中产生的单糖在瘤胃液中很难被检测到，因为它们会立即被微生物吸收代谢。由单糖生成挥发性脂肪酸先要形成丙酮酸，后者按不同的代谢途径生成各种挥发性脂肪酸。在第二步降解过程中，有能量释放产生 ATP，这些 ATP 可被微生物作为能源用于维持和生长，特别是用于微生物蛋白质的合成。在单糖转化为丙酮酸的过程中释放出的质子（H^+）和电子被 NAD 捕获，生成 NADH。NADH 携带质子和电子参与细菌内的还原反应，如不饱和脂肪酸的氢化、硫酸盐还原为亚硫酸盐、硝酸盐还原为亚硝酸盐、甲烷的生成等。不同饲料碳水化合物发酵分解产物比较见表 4-4。

表 4-4　不同饲料碳水化合物发酵分解产物比较

饲料	乙酸	丙酸	丁酸	戊酸
纤维饲料	高	很低	很低	—
淀粉饲料	很低	比较高	比较高	—
富含可溶性糖的饲料	很低	高	高	极低

3. 挥发性脂肪酸的吸收

瘤胃中碳水化合物发酵产生的 VFA 约 95% 通过瘤胃壁扩散进入血液,约 20% 经皱胃和重瓣胃壁吸收,约 5% 经小肠吸收。碳原子含量越多,吸收速度越快。丁酸吸收速度大于丙酸,乙酸吸收最慢。

部分挥发性脂肪酸在通过前胃壁过程中可转化形成酮体,其中丁酸的转化可占吸收量的 90%,乙酸转化量甚微。转化量超过一定限度,会使奶牛发生酮血症,这是高精料饲养反刍动物存在的潜在危险。

4. 瘤胃中挥发性脂肪酸的不同比例对能量利用效率的影响

瘤胃内碳水化合物发酵的化学反应式如下。

$$乙酸发酵:C_6H_{12}O_6+2H_2O \longrightarrow 2CH_3COOH+2CO_2\uparrow+4H_2\uparrow$$

$$丙酸发酵:C_6H_{12}O_6+2H_2 \longrightarrow 2CH_3CH_2COOH+2H_2O$$

$$丁酸发酵:C_6H_{12}O_6 \longrightarrow CH_3CH_2CH_2COOH+2H_2\uparrow+2CO_2\uparrow$$

乙酸、丁酸发酵中产生的 H_2 被甲烷产气菌利用合成甲烷,通过嗳气排出体外。甲烷是一种高能物质,但动物不能利用,它的释放必然造成反刍动物饲料能量的损失。每消化 100g 碳水化合物平均产生 4~5g 甲烷。以甲烷形式损失的能量平均约占反刍动物饲料总能量的 7%。控制甲烷生成是瘤胃发酵调控的重要内容之一。

一般来说,饲粮中粗饲料比例越高,瘤胃液中乙酸比例越高,甲烷的产量也相应高,饲料能量利用效率则降低。而丙酸发酵时可利用 H_2,所以丙酸比例高时,饲料能量利用效率也相应提高。不过,当丙酸比例过高(33%以上),乙酸比例很低时,乳用反刍家畜乳脂率会降低,甚至导致产奶量下降。

5. 前胃碳水化合物发酵的利弊

前胃碳水化合物发酵有利有弊。其好处是对宿主动物有显著的供能作用,微生物发酵产生的挥发性脂肪酸总量中,65%~80% 是由碳水化合物产生;植物细胞壁经微生物分解后,不但纤维物质变得可用,而且使植物细胞内价值高的营养素得到充分利用。但发酵过程中存在碳水化合物损失;宿主体内代谢需要的葡萄糖大部分由发酵产品经糖原异生供给,使碳水化合物供给葡萄糖的效率显著比非反刍动物低。

(三)体内碳水化合物的转运

单糖被吸收入血液后,不管是进入肝细胞、肌肉细胞或其他组织细胞,都存在通过细胞膜转运的问题。葡萄糖通过肌肉细胞膜和脂肪组织细胞膜的转运是不消耗能量的载体转运,胰岛素刺激葡萄糖通过细胞膜是由于胰岛素具有影响细胞膜通透性的效应。肝细胞膜内葡萄糖浓度和细胞外葡萄糖代谢库的浓度发生变化,不需要激素调节,便可很快达到平衡。

二、碳水化合物代谢

(一)非反刍动物的碳水化合物代谢

1. 单糖互变

非反刍动物体内循环的单糖形式主要是葡萄糖。但来自植物饲料中的单糖除了葡萄糖外,还有果糖、半乳糖、甘露糖和一些木糖、核糖等。它们必须通过适当变换才能进一步代谢,或从一种单糖转变成另一种单糖以满足代谢需要。单糖代谢之间的相互关系见图 4-2。

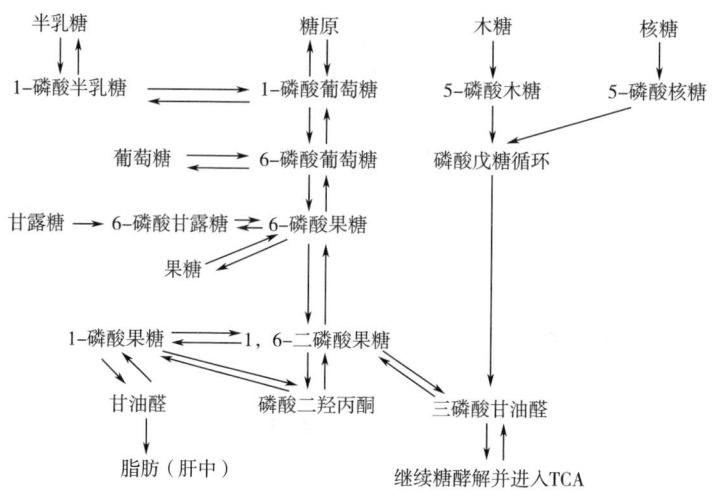

图 4-2 单糖代谢之间的相互关系

果糖主要经 1-磷酸果糖进入代谢。动物采食含果糖多的饲料，很容易经此途径合成较多的甘油三酯。

半乳糖代谢过程中，胎儿和新生动物都能有效地把半乳糖转变成 1-磷酸半乳糖，但可能因磷酸半乳糖尿苷转移酶缺乏，使 1-磷酸半乳糖进一步转变成 1-磷酸葡萄糖受阻而使血液中半乳糖浓度升高。

甘露糖在动物饲粮中含量不高，主要参与体内糖蛋白质合成，若参与分解代谢，很容易经 6-磷酸果糖进入代谢。

体内核糖和木糖一般都与其他物质结合存在，通过磷酸化进入磷酸戊糖循环后可按葡萄糖代谢的通常途径继续代谢。

2. 葡萄糖分解代谢

（1）无氧酵解　无氧酵解在细胞液中进行，若葡萄糖用于供能，75%~90%都要先经此酵解过程。在缺氧条件下酵解产生的丙酮酸还原成乳酸。1mol 葡萄糖经无氧酵解可生成 6~8mol ATP。

（2）有氧氧化　有氧氧化实际上是糖酵解的尾产品在有氧存在条件下，进入线粒体经三羧酸循环彻底氧化。1mol 葡萄糖经有氧氧化可净生成 36~38mol ATP。

（3）磷酸戊糖循环　磷酸戊糖循环的主要功能是为长链脂肪酸（long chain fatty acid, LCFA）的合成提供 NADPH。由 1mol 葡萄糖经磷酸戊糖循环可得到 12mol NADPH。此外，代谢过程中产生的 5-磷酸核糖或 1-磷酸核糖对供给细胞中核糖需要具有重要意义。

葡萄糖分解代谢的三条途径，在肝中受 NAD 和 NADP 浓度调节。NAD 浓度高有利于葡萄糖沿前两条途径代谢，NADP 浓度高则有利于沿第三条途径代谢。

3. 葡萄糖参与的合成代谢

（1）糖原合成　从肠道吸收的单糖转变成葡萄糖后可用于合成肝糖原和肌糖原。肝糖原只有在动物采食后血糖升高条件下才可能合成。肌糖原生成基本上与采食无关。

（2）乳糖合成　乳腺细胞利用血液中的葡萄糖，首先将其磷酸化，然后与 UDP 形成

UDP-葡萄糖，再变构成 UDP-半乳糖，最后与1-磷酸葡萄糖结合形成乳糖。

(3) 合成体脂肪　在供能有余的情况下，葡萄糖经糖酵解生成丙酮酸，继而生成乙酰 CoA，后者可转出线粒体，合成长链脂肪酸，进而合成体脂肪沉积。但动物组织中缺乏将乙酰 CoA 羧化为丙酮酸的酶，故动物组织中不发生上述过程的逆反应。不同种类动物合成体脂肪的能力差异大。任食的动物在合成体脂肪能力上比限食的动物强。

(二) 反刍动物的碳水化合物代谢

1. 糖原异生

反刍动物不能利用葡萄糖合成长链脂肪酸，除此以外，反刍动物体内葡萄糖代谢与非反刍动物类同。

从碳水化合物消化吸收过程可知，反刍动物与非反刍动物不同，不能大量从消化道吸收葡萄糖，但葡萄糖对于反刍动物仍然具有非常重要的生理作用，它仍然是肌糖原、肝糖原合成的前体，充当神经组织（特别是大脑）和红细胞的主要能源，通过磷酸戊糖途径生成 NADPH，促进长链脂肪酸的合成等。

在大量饲喂纤维性饲料的条件下，反刍动物从消化道吸收的葡萄糖几乎等于零，反刍动物体内代谢所需的葡萄糖必须全部由糖异生作用提供。可另一方面，糖异生作用的主要前体物质——丙酸在瘤胃发酵过程中所产生的数量和比例都很小。据报道，在饲喂劣质饲草时，瘤胃液中乙酸与丙酸的比例为 100∶16，而在饲喂精料型饲粮时此比例却为 100∶75。可见在大量饲喂纤维性饲料条件下，一方面对糖异生作用要求加强，以提供机体代谢所必需的葡萄糖；另一方面又因丙酸数量不足，无法满足糖异生作用进行的需要，使其受到限制，由此会产生下列不良后果。

(1) 导致体脂肪合成与沉积量下降　反刍动物体内脂肪合成所需的重要原料 LCFA 的主要来源一是饲料，二是由乙酸和丁酸合成。在冬春季节或大量饲用秸秆饲料时，因饲粮内脂肪含量低（约为干物质的 2%），反刍动物从饲料获得的 LCFA 数量很少，这样，它们只有靠瘤胃发酵所产生的乙酸和丁酸来合成 LCFA，这一反应需要 NADPH 存在：

$$8\text{乙酰 CoA} + 14NADPH + 14H^+ + 7ATP + H_2O \longrightarrow 棕榈酸 + 8CoA + 14NADP + 7ADP + 7 磷酸 \quad (4-1)$$

该反应所必需的 NADPH 主要是通过磷酸戊糖途径由葡萄糖代谢而产生：

$$6\text{-磷酸葡萄糖} + 12NADP + 7H_2O \longrightarrow 6CO_2 + 12NADPH + 12H^+ + 磷酸 \quad (4-2)$$

可是在大量饲喂纤维性饲料条件下，由于丙酸等前体物短缺，使内源葡萄糖合成锐减，无法满足合成 NADPH 的需要。虽然反刍动物还有另外产生 NADPH 的代谢途径，但是 70% 的 NADPH 是由葡萄糖代谢产生。因此，在这样的饲粮条件下，外源和内源葡萄糖的短缺对体内脂肪合成的影响相当严重。

反刍动物体内合成脂肪过程中，葡萄糖又是合成甘油三酯所必需的甘油的主要前体，据推算，每合成 100g 甘油三酯需要 89g 葡萄糖。这是在大量饲喂纤维性饲料条件下由于外源和内源葡萄糖的短缺导致体脂合成和沉积量下降的另一个重要原因。

正是由于上述原因，在大量饲用纤维性饲料条件下，反刍动物体内由瘤胃发酵产生的大量乙酸的代谢利用效率降低，直接影响动物体脂肪合成和沉积，造成无法上膘。

(2) 导致机体蛋白质代谢更加恶化　在大量饲喂纤维性饲料的条件下，由于糖异生作用的主要前体——丙酸不足，所以动物不得不利用饲料来源和体内内源氨基酸去合成葡萄糖。这又使蛋白质沉积下降，氮代谢趋于负平衡，血液中生酮氨基酸的浓度升高，导致整体蛋白质代谢状况更加恶化。这对于冬春季节牧区生长家畜和处于妊娠泌乳阶段母畜的危害十分严重，是目前放牧家畜生产中有待解决的实际问题。

（3）导致母畜泌乳量下降　在母畜泌乳期间，葡萄糖是合成乳糖的主要来源（约为50%）。据报道，奶牛血液中的葡萄糖浓度与产奶量呈直线相关关系，每产1kg奶需要乳腺摄取72g葡萄糖。

可见，在大量摄入纤维性饲料条件下，反刍动物内外源葡萄糖供应短缺是造成母畜泌乳量下降的主要营养限制因素。

综上所述，糖异生对于反刍动物是极其重要的碳水化合物代谢途径。体内所需葡萄糖的90%或更多都是来源于糖异生，最主要的生糖物质是丙酸。丙酸生糖过程比较复杂，先要经过CoA、ATP、生物素、维生素B_{12}的作用先后变成丙酰CoA、甲基丙二酰CoA和琥珀酰CoA，然后进入三羧酸循环转变为苹果酸，最后转出线粒体，在细胞液中变成草酰乙酸，再变成磷烯醇式丙酮酸，经逆糖酵解途径合成葡萄糖。

2. 挥发性脂肪酸的代谢

单胃动物碳水化合物消化产物以葡萄糖为主，而反刍动物则是以挥发性脂肪酸为主。挥发性脂肪酸由瘤胃吸收入血转运至各组织器官，反刍动物组织中有许多促进挥发性脂肪酸利用的酶系。

挥发性脂肪酸可氧化供能，反刍动物由挥发性脂肪酸提供的能量占吸收的营养物质总能量的2/3。奶牛组织中50%的乙酸，2/3的丁酸和25%的丙酸都经氧化提供能量。乙酸可用于体脂肪和乳脂肪的合成，丁酸也可用于脂肪的合成。丙酸可用于葡萄糖和乳糖的合成。丙酸和丁酸在肝脏中代谢，60%的乙酸在外周组织（肌肉和脂肪组织）代谢，只有20%在肝脏代谢，还有少量在乳房中参与乳脂肪合成。

非反刍动物挥发性脂肪酸的代谢途径与反刍动物类同。

（三）体内碳水化合物的代谢效率

体内化学反应经化学计量学的研究表明，不同单糖或碳水化合物发酵产物的能量利用效率均不高。平均50%以上的能量在体内作为热能散失（表4-5）。葡萄糖经磷酸戊糖途径供能效率更低。

表4-5　1mol葡萄糖及挥发性脂肪酸的能量利用效率

项目	总能量/(kJ/mol)	代谢耗能/mol	总能ATP/mol	净获能量/mol	捕获能量/(kJ/mol)	能量利用效率/%
葡萄糖	2816	4	40	36	1206	43
乙酸	876	2	12	10	335	38
丙酸	1536	4	22	18	603	39
丁酸	2194	2	29	27	905	41

第三节 纤维的利用

一、反刍动物

纤维是反刍动物的一种必需营养素。

（一）维持瘤胃的正常功能和动物的健康

淀粉和中性洗涤纤维（NDF）是瘤胃内产生挥发性脂肪酸的主要底物。淀粉在瘤胃内发酵比 NDF 更快，更剧烈。若饲粮中纤维水平过低，淀粉迅速发酵，大量产酸，降低瘤胃液 pH，会抑制纤维分解菌活性，严重时可导致酸中毒。饲粮纤维能结合 H^+，本身就是一种缓冲剂，粗饲料的缓冲能力比籽实高 2~4 倍。此外，饲粮纤维可刺激咀嚼和反刍的加强，促进动物唾液分泌，从而间接提高了瘤胃缓冲能力。研究表明，适宜的饲粮纤维水平对于消除由于大量进食精料所引起的采食量下降，防止酸中毒、瘤胃黏膜溃疡和蹄病是不可或缺的。饲粮纤维低于或高于适宜范围，都不利于能量利用（图 4-3）。NRC（2012）推荐泌乳牛饲粮至少应含 19%~21% 的酸性洗涤纤维（ADF）或 25%~28% 的 NDF，并且饲粮中 NDF 总量的 75% 必须由粗饲料提供。

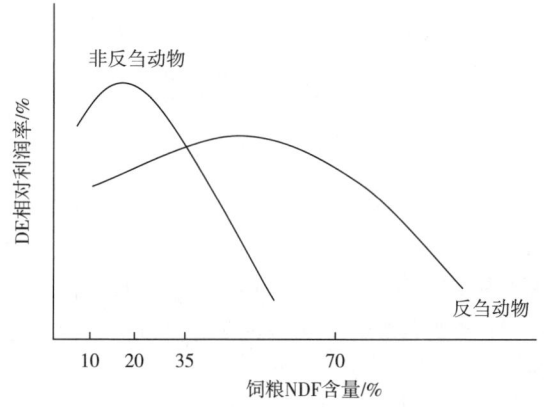

图 4-3 不同动物饲粮中纤维含量与能量利用的关系

（二）维持动物正常的生产性能

饲粮中纤维水平过低，瘤胃液挥发性脂肪酸中乙酸减少，导致乳脂肪合成减少，所以将饲粮纤维控制在适宜的水平，可维持动物较高的乳脂率和产奶量。

（三）为动物提供大量能源

饲粮纤维在瘤胃中发酵所产生的挥发性脂肪酸是反刍动物主要的能源物质。挥发性脂肪酸能为反刍动物提供能量需要的 70%~80%。可见饲粮纤维发酵对反刍动物能量代谢的重要意义。

二、非反刍动物

饲粮纤维对非反刍动物同样具有重要作用。但非反刍动物利用纤维的能力不及反刍动物。

（一）维持肠胃正常蠕动

肠胃正常蠕动是影响养分吸收的重要因素。麦麸对结肠的前进式蠕动有促进作用。饲粮纤维中未发酵的部分通过机械作用影响肠道蠕动和食糜滞留时间，而可发酵部分则可能是通过其发酵产品来影响肠道蠕动和食糜流通速度。繁殖动物常用 NDF 调节胃肠道食糜排空速度，保证胃肠道畅通。

（二）提供能量

纤维经大肠微生物发酵，产生的挥发性脂肪酸，可满足维持能量需要的 10%～30%，其中杂食动物相对低一点，非反刍草食动物相对高一点。研究表明，母猪妊娠期间，饲粮中配入适量的易于发酵的高纤维饲料，如甜菜渣、大豆壳、麦麸、三叶草、燕麦壳等，除可为母猪供能外，还能提高初乳中脂肪含量，有利于初生仔猪的生长和成活。

（三）饲粮纤维的代谢效应

饲粮纤维可刺激胃液、胆汁、胰液分泌。果胶物质及可溶性纤维，如 β-葡聚糖，可使胆固醇随粪的排出增加，降低胆固醇的肠肝再循环，有效地降低血清胆固醇水平，从而降低心血管疾病的发病率。研究表明，不溶性纤维可降低人的结肠癌、直肠癌的发病率，而可溶性纤维则无此效应。

（四）解毒作用

饲粮纤维可吸附饲料和消化道中产生的某些有害物质，使其排出体外。适量的饲粮纤维在后肠发酵，可降低后肠内容物的 pH，抑制大肠埃希氏菌等病原菌的生长，防止仔猪腹泻的发生。

（五）改善胴体品质

猪在肥育后期增加饲粮纤维，可减少脂肪沉积，提高胴体瘦肉率。

（六）刺激胃肠道发育

研究表明，饲喂高水平苜蓿粉饲粮的猪，其胃、肝、心、小肠、盲肠、结肠的重量均显著提高。现代动物生产中常用纤维冲淡饲粮营养浓度的方法以保证种畜禽胃肠道充分发育，以满足以后高产的采食量需要。

思考题

1. 试述碳水化合物的营养生理作用及在提高动物生产过程中的意义。
2. 影响碳水化合物消化率的因素有哪些？在生产中如何改进？

第五章 脂类营养

[学习目标]

1. 掌握脂类的特性。
2. 掌握脂类的营养生理作用。
3. 掌握脂类的消化吸收，比较反刍动物和单胃动物对脂类消化的差异。
4. 掌握必需脂肪酸的生物学作用。

第一节 脂类的组成与功能

一、脂类的概念与分类

脂类是一类不溶于水但溶于苯、乙醚、氯仿等非极性有机溶剂的高度还原性分子，主要存在于动植物组织中。

脂类分类方法较多，根据是否可以皂化分为可皂化脂类和非皂化脂类；根据化学结构分为简单脂类和复合脂类。脂类的分类、组成和来源见表5-1。

表5-1　　脂类的分类、组成和来源

分类		名称	组成	来源
可皂化脂类	1. 简单脂类	甘油三酯	甘油+3脂肪酸	动植物
		蜡质	长链醇+脂肪酸	动植物
	2. 复合脂类			
	（1）磷脂类	磷脂酰胆碱	甘油+2脂肪酸+磷酸+胆碱	动植物
		磷脂酰乙醇胺	甘油+2脂肪酸+磷酸+乙醇胺	动植物
		磷脂酰丝氨酸	甘油+2脂肪酸+丝氨酸+磷酸	动植物
	（2）鞘脂类	神经鞘磷酯	鞘氨醇+脂肪酸+磷酸+胆碱	动物

续表

分类		名称	组成	来源
可皂化脂类	（3）糖脂类	脑苷酯	鞘氨醇+脂肪酸+糖	动物
		半乳糖甘油酯	甘油+2脂肪酸+半乳糖	植物
	（4）脂蛋白质	乳糜微粒等	蛋白质+甘油三酯+胆固醇+磷酯+糖	动物血浆
非皂化脂类	1. 固醇类	胆固醇	环戊烷多氢菲衍生物	动物
		麦角固醇	环戊烷多氢菲衍生物	高等植物、细菌、藻类
	2. 类胡萝卜素	β-胡萝卜素等	萜烯类	植物

简单脂类是动物营养中最重要的脂类物质，它是一类不含氮的有机物质。甘油三酯是最重要的简单脂类，主要存在于植物籽实和动物脂肪组织中；蜡质主要存在于植物表面和动物羽毛表面，某些海洋动物体内也沉积蜡质。

复合脂类属于动植物细胞中的结构物质，平均占细胞膜干物质的一半以上。植物叶中脂类含量占总干物质的3%~10%，其中60%以上是复合脂类。动物肌肉组织中的脂类，60%~70%是磷脂类。

非皂化脂类在动植物体内种类很多，但含量少，常与动物特定生理代谢功能相联系。

二、脂类的主要特性

1. 水解特性

水解指脂类在稀酸或强碱溶液中发生反应，产生甘油和脂肪酸（或脂肪酸盐）的过程。

脂肪在酸的作用下，会迅速水解生成甘油和脂肪酸（图5-1）。脂肪在碱的作用下，会迅速水解生成甘油和脂肪酸盐（图5-2），该脂肪酸盐通常被称为肥皂。因此常把有碱参与的油脂水解反应称为皂化反应。1g油脂完全皂化所消耗的KOH的质量（mg），称为皂化值。皂化值的大小可反映油脂相对平均分子质量的大小，因此可根据皂化值来判断油脂中所含甘油三酯的平均相对分子质量，也可以用来检验油脂的质量，不纯的油脂皂化值低。脂类除了在稀酸和强碱溶液中水解外，微生物产生的脂酶也可催化脂类水解，这类水解对脂类营养价值没有影响，但水解产生的某些脂肪酸有异味或酸败味，可能影响适口性。脂肪酸碳链越短（特别是4~6个碳原子的脂肪酸），异味越浓。这种水解被认为是动物营养中影响脂类利用的因素。

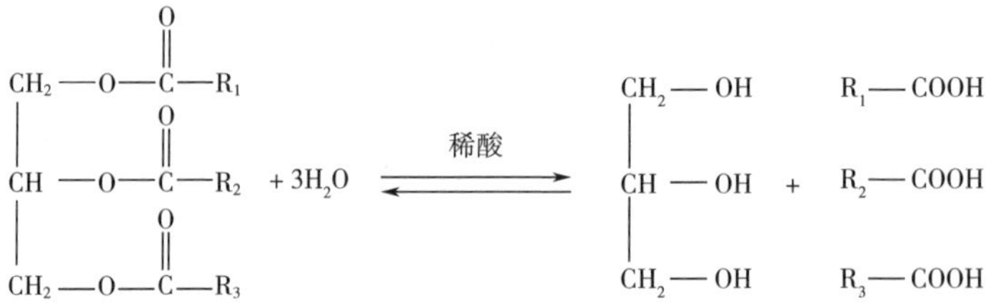

图5-1 酸水解反应

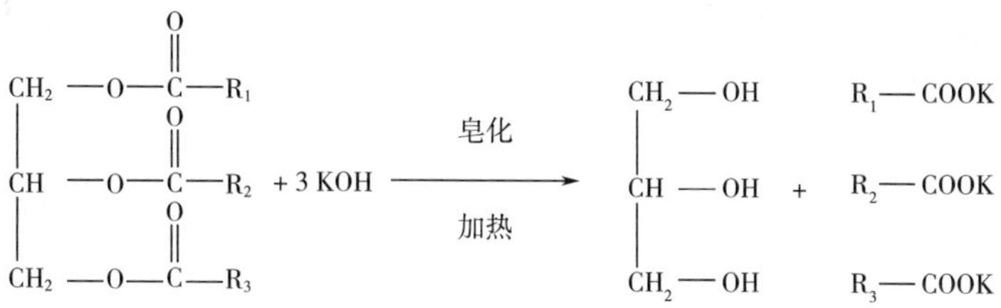

$$\begin{array}{c}CH_2-O-\overset{O}{\underset{\|}{C}}-R_1\\CH-O-\overset{O}{\underset{\|}{C}}-R_2\\CH_2-O-\overset{O}{\underset{\|}{C}}-R_3\end{array}+3KOH\xrightarrow[\text{加热}]{\text{皂化}}\begin{array}{c}CH_2-OH\\CH-OH\\CH_2-OH\end{array}+\begin{array}{c}R_1-COOK\\R_2-COOK\\R_3-COOK\end{array}$$

图 5-2 碱水解（皂化）反应

2. 氧化酸败

不饱和脂肪酸中双键两侧的碳原子在过氧化物酶的催化下很容易被氧化。脂肪的氧化分为自动氧化和微生物氧化。

自动氧化是一种由自由基激发的氧化，先形成脂质过氧化物，这种中间产物并无异味，但脂质"过氧化物价"明显升高，此中间产物再与脂肪分子反应形成氢过氧化物，当氢过氧化物达到一定浓度时则分解形成短链的醛和醇，使脂肪出现不适宜的酸败味，最后经过聚合作用使脂肪变成黏稠、胶状甚至固态物质。

微生物氧化是一个由酶催化的氧化，存在于植物饲料中的脂氧化酶或微生物产生的脂氧化酶最容易使不饱和脂肪酸氧化。不饱和脂肪酸经脂氧化酶作用氧化分解生成挥发性的醛和酮类羰基化合物。不饱和脂肪酸也会在有氧条件下自发地发生氧化反应，生成过氧化物，并进一步氧化成醛、酮、酸等化合物。微生物氧化所形成的过氧化物，在同样温湿度条件下比自动氧化形成得多。脂类氧化酸败不仅降低脂类营养价值，还产生不适宜气味，降低饲料适口性。油脂的氧化酸败与不饱和脂肪酸含量有关，不饱和脂肪酸含量越高，越容易发生氧化酸败。常用油脂中饱和、不饱和脂肪酸的比例见表5-2。由于脂质氧化产物对其他营养物质的不利影响并降低动物的生产性能甚至会影响动物产品的风味，因此在饲料加工过程中，要重视饲料安全与原料选择，选用合格的油脂。慎重考虑含有高不饱和脂肪酸日粮的氧化稳定性。减少日粮在氧环境中的暴露时间，保护其不受紫外线的辐射，降低温度或添加钝化剂和抗氧化剂都可以降低脂质氧化的速率。

表 5-2　　常用油脂中饱和、不饱和脂肪酸的比例　　单位：%

油脂种类	饱和脂肪酸比例	不饱和脂肪酸比例
橄榄油	10.0	90.0
茶油	14.1	85.9
葵花籽油	16.4	83.6
色拉油	17.2	82.8
芝麻油	18.2	81.8
玉米油	19.6	80.4
菜籽油	21.1	79.9

续表

油脂种类	饱和脂肪酸比例	不饱和脂肪酸比例
豆油	21.6	79.4
花生油	24.4	75.6
猪油	45.9	54.1
棕榈油	46.0	54.0
牛油	66.1	33.9

判断油脂氧化酸败的程度，用酸价表示。酸价是衡量饲料油脂品质高低的指标，指中和1g脂肪中游离脂肪酸的KOH的质量（mg）。酸价越高，酸败越严重。

3. 脂肪酸氢化

在催化剂或酶作用下，脂肪中不饱和脂肪酸的双键可以得到氢而变成饱和脂肪酸，这一过程称为脂肪酸的氢化。氢化使脂肪硬度增加，不易氧化酸败，有利于储存，但也损失必需脂肪酸。如油酸转化为硬脂酸。

$$CH_3(CH_2)_7CH=CH(CH_2)_7COOH（油酸）+ H_2 \rightarrow CH_3(CH_2)_{16}COOH（硬脂酸）$$

三、脂类的营养生理作用

（一）脂类是构成动物体组织的重要成分

脂类是动物体各种器官和组织细胞的组成成分，如神经、肌肉、骨骼、皮肤及血液的组成中均含有脂肪。简单脂类如甘油三酯是构成动物脂肪组织的主要成分。磷脂和糖脂是细胞膜的重要组成成分。糖脂可能在细胞膜传递信息的活动中起着载体和受体作用。蜡质则是构成动物羽毛的主要成分。

（二）脂类的供能贮能作用

1. 提供能量

直接来自饲料或体内代谢产生的游离脂肪酸和甘油酯，都是动物维持和生产的重要能量来源。脂类是含能最高的营养物质，1g脂肪在体内完全氧化时可释放出38kJ（9.3kcal）能量，是1g碳水化合物或蛋白质释放能量的2.25倍左右。动物生产中常基于脂肪适口性好、含能量高的特点，用补充脂肪的高能饲粮来提高生产效率。饲粮脂肪作为供能营养素，热增耗最低。消化能或代谢能转化为净能效率比蛋白质和碳水化合物高5%~10%。鱼、虾类等水生动物由于对碳水化合物特别是多糖利用率低，故脂肪作为能源物质的作用显得特别重要。

2. 储备能量

动物采食多余的能量主要以脂肪的形式储存在体内。当动物采食能量不足时，机体会分解这些脂肪进行供能。相同质量的脂肪储存能量的能力是糖原的6倍，且糖原在体内的含量仅为1%左右，因此脂肪是动物储存能量的主要形式。某些动物体中沉积脂肪具有特别的营养生理意义，初生的哺乳动物（猪除外）如初生羔羊、犊牛等颈部、肩部、腹部有一种特殊的脂肪组织，称为褐色脂肪，是颤抖生热的能量来源，这种脂肪含有大量线粒体，其特点是含有大量红褐色细胞色素，能形成热能，由血液输送到机体的其他部位起维持体温的作用。

3. 脂肪的额外能量效应

饲粮添加一定水平的油脂替代等能值的碳水化合物和蛋白质，能提高饲粮代谢能，使消化过程中能量消耗减少，热增耗降低，使饲粮的净能增加，这种效应称为脂肪的额外能量效应或脂肪的增效作用。当植物油和动物脂肪同时添加时效果更加明显。

脂肪额外能量效应的可能机制：①脂肪酸可直接沉积在体脂内，减少由饲粮碳水化合物合成体脂的能量消耗。②脂肪能适当延长食糜在消化道的时间，有助于其中的营养素更好地被消化吸收。③饱和脂肪酸和不饱和脂肪酸间存在协同作用，不饱和脂肪酸键能高于饱和脂肪酸，促进饱和脂肪酸分解代谢。④脂肪的抗饥饿作用使动物用于活动的维持需要减少，用于生产的净能增加。

（三）其他作用

1. 提供必需脂肪酸

动物对脂肪不是必需的，但脂肪提供的一些脂肪酸是动物必需的。有三种脂肪酸动物自身不能合成，必须由饲粮中的脂肪提供，它们是亚油酸、亚麻酸和花生四烯酸。花生四烯酸可由亚油酸合成，但合成过程中 $\Delta-6$ 去饱和步骤为限速反应，合成的量可能很少。

2. 促进脂溶性维生素的吸收

脂类作为溶剂对脂溶性营养素或脂溶性物质的消化吸收极为重要。鸡饲粮含 0.07% 的脂类时，胡萝卜素吸收率仅 20%，饲粮脂类增到 4% 时，吸收率提高到 60%。无脂日粮会产生脂溶性维生素的缺乏症。

3. 脂肪是代谢水的重要来源

生长在沙漠的动物氧化脂肪既能供能又能供水。每克脂肪氧化比碳水化合物多生产水 67%~83%，比蛋白质产生的水多 1.5 倍左右。

4. 磷脂的乳化特性

磷脂分子中既含有亲水的磷酸基团，又含有疏水的脂肪酸链，因而具有乳化特性。可促进消化道内形成适宜的油水乳化环境，并在血液中脂的运输以及营养物质的跨膜转运等方面发挥重要作用。动植物体中最常见的磷脂是卵磷脂，用作幼小哺乳动物代乳料中的乳化剂，有利于提高饲料中脂肪和脂溶性营养物质的消化率，促进其生长。

5. 胆固醇的生理作用

胆固醇对动物机体具有重要作用，是构成细胞膜的重要原料，能维持细胞膜的完整性；促进脂肪类物质消化吸收；是合成雄性和雌性激素的原料；还可以合成肾上腺皮质激素及维生素 D_3；更是血管健康清道夫，有利于血管的健康。但胆固醇对健康具有两面性，胆固醇摄入过多，就会引起高胆固醇血症，进而形成冠状动脉粥样硬化性心脏病等。

6. 防护作用

动物摄入的能量超过需要量时，多余的能量则主要以脂肪的形式储存在体内。动物体内的脂肪具有减少机体热量损失，维持体温恒定，减少内部器官之间摩擦和缓冲外界压力的作用。某些动物体中沉积脂肪具有特殊的营养生理意义。高等哺乳动物皮肤中的脂类还具有抵抗微生物侵袭，保护机体的作用。禽类尤其是水禽，尾脂腺中的脂肪对羽毛的抗湿作用特别重要。沉积于动物皮下的脂肪具有良好绝热作用，在冷环境中可防止体热散失过快，对生活在水中的哺乳动物显得更重要。

第二节 脂类的消化吸收

脂类不溶于水，所以脂类消化吸收与碳水化合物和蛋白质的消化吸收不同。脂类必须先使其形成一种能溶于水的乳糜微粒，才能被吸收。可概述为：脂类水解→水解产物形成可溶的微粒→小肠黏膜摄取这些微粒→在小肠黏膜细胞中重新合成甘油三酯→甘油三酯进入血液循环。单胃动物和反刍动物机体内部都有上述过程，但具体的机制却存在差异。

一、单胃动物脂类的消化与吸收

（一）脂类的消化

单胃动物口腔和胃几乎不消化脂肪。幼小动物在胰液和胆汁分泌机能尚未发育健全以前，口腔的脂肪酶对乳脂具有较好的消化作用，但随年龄增加，此酶分泌减少。饲粮中的脂肪消化主要是在小肠中进行的。进入十二指肠后，在肠蠕动的作用下与大量的胰液和胆汁混合，胆汁中的胆汁酸盐使脂肪乳化并形成水包油的小胶体颗粒，以便脂肪与胰液在油-水界面处充分接触，脂肪被充分的消化。在胰脂酶的作用下甘油三酯水解产生甘油单酯和游离脂肪酸；磷脂由磷脂酶水解成溶血磷脂；胆固醇酯由胆固醇酯水解酶水解成胆固醇和脂肪酸。甘油单酯、脂肪酸和胆固醇均具有极性和非极性基团，三者可聚积在一起形成水溶性的适于吸收的混合乳糜微粒，混合微粒极性向外排列与水紧密接触，非极性基团向内，非极性脂质部分可携带大量非极性化合物如固醇、脂溶性维生素、类胡萝卜素等，否则这些物质不能被吸收。

脂类进入盲肠和结肠后，受微生物的作用，不饱和脂肪酸变成饱和脂肪酸，残留的甘油转变成挥发性脂肪酸，胆固醇变成胆酸。

（二）脂类消化产物的吸收

十二指肠内形成的混合微粒直径仅为 5~100nm，可携带脂类的消化产物到达小肠黏膜细胞供吸收。当混合乳糜微粒与肠绒毛膜接触时即破裂，所释放出的脂类水解产物主要在十二指肠和空肠上段被吸收。其中，甘油和短、中链脂肪酸直接经小肠黏膜细胞吸收入门静脉血液。而长链脂肪酸和甘油单酯以混合微粒到达小肠黏膜细胞被吸收，随后在黏膜细胞中转化为甘油三酯、磷脂、胆固醇酯及少量胆固醇，再与黏膜细胞内合成的载脂蛋白一起形成能溶于水的乳糜微粒（chylomicron，CM）。乳糜微粒经胞饮作用的逆过程逸出黏膜细胞，经细胞间隙进入乳糜管，再经淋巴系统进入血液，然后由血管内皮细胞的脂蛋白酶水解为游离脂肪酸和甘油而被组织利用。家禽淋巴系统发育不健全，所有的脂类由门静脉转运。脂肪水解产物短链脂肪酸和甘油进入吸收细胞是一个不耗能的被动转运过程，长链脂肪酸和甘油单酯进入吸收细胞后重新合成脂肪则需要消耗能量。

胆汁协助脂类消化后，在回肠被重新吸收，经门静脉进入肝脏，储存在胆囊中再分泌入十二指肠，形成胆盐的肠肝循环。不同单胃动物对胆盐的吸收有差异。例如，猪等哺乳动物在回肠以主动方式吸收胆盐，未分解的胆酸则在空肠以被动方式吸收胆盐；禽类空肠和回肠都能以主动吸收的方式吸收胆盐。

二、反刍动物脂类的消化与吸收

(一)脂类的消化

反刍动物和单胃动物对脂肪的消化区别在于瘤胃,但瘤胃尚未发育成熟的幼龄反刍动物,脂肪消化与单胃动物类似。

1. 在瘤胃的消化

瘤胃脂肪的消化实质上是微生物的消化。饲料脂类进入瘤胃后,由瘤胃细菌产生的脂肪酶把甘油三酯分解成脂肪酸和甘油,甘油很快被微生物分解转化成挥发性脂肪酸。细菌分泌的磷脂酶将磷脂水解。饲草中的半乳糖酯也由细菌产生的脂肪酶水解为半乳糖和甘油,二者随后又被细菌转化为挥发性脂肪酸,结果是使脂类的质和量发生明显变化。

(1) 氢化作用 饲料脂肪进入瘤胃后,很快被瘤胃细菌产生的脂肪酶水解,脂肪水解的终产物主要为游离脂肪酸和甘油,其中90%以上的含多个双键的不饱和脂肪酸经微生物酶的作用被氢化变成饱和脂肪酸,不饱和脂肪酸减少。甘油被迅速分解生成丙酸。氢化作用必须在脂类水解释放出不饱和脂肪酸的基础上才能发生。

生物氢化的第一步反应,首先是微生物异构酶将具有多个双键的不饱和脂肪酸 [如亚油酸 ($C18:2$),cis-9 (顺式),cis-12 (顺式)] 的 cis-12 (顺式) 双键转变为 $trans$-11 (反式),随后在还原酶的作用下将 cis-9 (顺式) 双键还原,变成含一个双键的不饱和脂肪酸 [油酸 ($C18:1$),$trans$-11 (反式)],然后在还原酶的继续作用下变成硬脂酸 ($C18:0$)。细菌只对游离脂肪酸进行氢化,亚麻酸常被氢化为硬脂酸,氢化率为 85%~100%;亚油酸的氢化不完全,氢化率平均为 80%。由于微生物异构酶只有在自由羧基存在的条件下才具有活性,因此没有自由羧基的不饱和脂肪酸(如脂肪酸钙盐)能避免瘤胃微生物的氢化作用。

(2) 部分氢化的不饱和脂肪酸发生异构变化 粗饲料和谷物中的脂类主要是甘油三酯、半乳糖甘油酯和磷脂,主要的脂肪酸是 $C18:2$ 和亚麻酸 ($C18:3$)。$C18:2$ 和 $C18:3$ 的生物氢化涉及一个同分异构反应,即将 cis-12 双键转化为 $trans$-11 双键异构体,随后还原为 $trans$-11-$C18:1$,最终进一步还原为 $C18:0$。$C18:0$ 是 $C18:1$、$C18:2$ 和 $C18:3$ 生物氢化后的主要产物,但瘤胃中产生的一些反式异构体随食糜进入小肠被吸收,结合到体脂和乳脂中。

(3) 中性脂肪酸、磷脂和甘油变成挥发性脂肪酸 瘤胃微生物酶主要将甘油三酯水解为游离脂肪酸和甘油,后者被转化为挥发性脂肪酸。半乳糖甘油酯先被水解为半乳糖、脂肪酸和甘油,后者再转化为挥发性脂肪酸。

(4) 微生物合成的支链脂肪酸和奇数碳链脂肪酸增加 瘤胃微生物可利用丙酸、戊酸等合成奇数碳原子链脂肪酸(如 $C15:0$),也可利用异丁酸、异戊酸以及支链氨基酸(缬氨酸、亮氨酸和异亮氨酸)等的碳骨架合成支链脂肪酸。

脂类经过瓣胃和网胃时,基本上不发生变化;在皱胃,饲料脂肪、微生物与胃分泌物混合,脂类逐渐被消化,微生物细胞也被分解。

2. 在小肠的消化

反刍动物小肠对脂类的消化与单胃动物类似,最主要的不同在于从瘤胃中进入十二指肠的脂类有了较大的变化,食糜中的脂类主要由吸附在饲料颗粒表面的脂肪酸、微生物脂类以及瘤胃中少量未消化的饲料脂类构成。由于脂类中的甘油在瘤胃中被大量转化为挥发性脂肪酸,所以反刍动物十二指肠中缺乏甘油单酯，消化过程形成的混合微粒构成与单胃动物不同。成年反刍动物小肠中混合微粒由溶血卵磷脂、脂肪酸及胆酸构成。链长小于或等于 14 个碳原子的脂肪酸可不形成混合乳糜微粒而被直接吸收。混合乳糜微粒中的溶血性卵磷脂由来自胆汁和饲粮的磷脂在胰脂酶作用下形成，此外，由于成年反刍动物小肠中不吸收甘油单酯，其黏膜细胞中甘油三酯通过磷酸甘油途径重新合成。

由于反刍动物消化道对脂类的消化损失较小，加之微生物脂类的合成，所以进入十二指肠的脂肪酸总量可能大于摄入量。此外，瘤胃微生物对不饱和脂肪酸的生物氢化作用，限制了其转化效率，使乳脂肪酸组成的调控难以达到理想的效果。

（二）脂类的吸收

瘤胃中产生的短链脂肪酸在瘤胃中直接被吸收，长链脂肪酸不能被瘤胃吸收。其余脂类的消化产物，进入回肠后均能被吸收。呈酸性环境的空肠前段主要吸收混合微粒中的长链脂肪酸，中、后段空肠主要吸收混合微粒中的其他脂肪酸。溶血磷脂酰胆碱也在中、后段空肠被吸收，胰液分泌不足，磷脂酰胆碱可能会在回肠中积累。反刍动物胰液中含有脂肪酶，与非反刍动物相比，该酶活力较低，最适 pH 为 6.5~7.5。在小肠食糜中脂类物质主要与固体食糜结合。在绵羊空肠段内容物中约 70% 卵磷脂、60% 溶血卵磷脂和 78% 未酯化脂肪酸是与固体食糜结合在一起的。这些物质在吸收之前必须形成可溶性的乳糜微粒，胆汁和胰液在其形成中起重要作用。绵羊在饲喂常规日粮情况下，约 20% 脂类是在空肠上部（pH 3.6~4.2）被吸收，约 60% 是在中部和后部（pH 4.7~7.6）被吸收，在食糜达到回肠时吸收过程基本完成。

在反刍动物体内，饲粮中的脂肪首先被水解产生脂肪酸，不饱和脂肪酸在瘤胃中进一步氢化，产生硬脂酸。加上空肠可以较好地吸收长链脂肪酸及饱和脂肪酸，这也就可以解释为何反刍动物饲料中含有大量不饱和脂肪酸，但是体脂肪却高度饱和。

三、影响脂类消化率的因素

1. 动物种类

油脂的消化率因动物种类的不同而不同。相对来说，消化道较长或发育比较完善的动物对油脂的消化率更高。如肉鸡对同一种油脂的消化率比猪要低，幼龄动物要低于年龄较大的动物。特别是对饱和脂肪酸含量多的油脂，肉鸡要低于蛋鸡和猪。此外，动物在不同生长阶段对油脂的消化率也存在一定差异。

2. 脂肪酸链的长度

甘油三酯中脂肪酸链的长度差异会导致油脂具有不同的消化率。中短链脂肪酸代谢的主要器官在肝脏，在胃肠道内转运的过程中不需要肉碱的作用，并且能被肠道主动吸收而无须形成微胶粒。因此，中短链脂肪酸通过线粒体双层膜的速度很快，中短链脂肪酸比长链脂肪酸更易消化。如含中短链脂肪酸较多的椰子油与棕榈仁油，一般具有较高的消化率。长链脂肪酸代谢的主要部位在体内不同的脂肪组织，需要肉碱的协助才能进入线粒体内进行氧化。相对于长链脂肪酸而言，中短链脂肪酸可以减少能量的损失，有更高的能量利用效率。

3. 脂肪酸链的饱和程度

在长链脂肪酸中，随着饱和程度的提高，其消化率逐渐降低；脂肪酸不饱和程度越高，其消化率随熔点的降低而依次升高。椰子油和棕榈仁油含有高达 78% 的饱和脂肪酸，但是其中短链饱和脂肪酸含量接近 67%，因此椰子油和棕榈仁油仍然有较高的消化率。脂肪酸的消化率与其熔点密切相关，甘油三酯中所连接的三个脂肪酸的平均熔点越低，则其消化率越高。生长猪对硬脂酸难以消化，肉禽对高于自身体温的脂肪酸几乎不能吸收。

反刍动物瘤胃和猪后段肠道的微生物能将单不饱和脂肪酸和多不饱和脂肪酸进行生物氢化作用，生成长链饱和脂肪酸。油酸是经微生物氢化生成硬脂酸的主要底物。长链饱和脂肪酸在胃肠道内容易与钙形成难溶于水的皂化物，使其消化率变得更低。特别是在高钙日粮中不仅会造成脂肪酸利用率下降，还会降低钙的吸收，同时减少脂溶性维生素的吸收。

4. 不饱和脂肪酸与饱和脂肪酸的比例

不饱和脂肪酸分子含有碳碳双键，具有较高的分子势能，在动物胃肠道内更容易形成微胶粒并被消化吸收。同时不饱和脂肪酸的存在会促进饱和脂肪酸的微胶粒化，提高饱和脂肪酸的消化率。不饱和脂肪酸与饱和脂肪酸的比例（the ratio of unsaturated to saturated fatty acid，U：S）较高的油脂有更高的消化率，U：S 比例较低的脂肪，其消化率较低。饲喂添加不同 U：S 比例油脂的日粮，猪的生长性能和饲料转化效率存在一定的差异。

油脂 U：S 比例对油脂消化率存在影响，然而 U：S 比例对油脂消化率的影响并不是线性的，U：S 比例为 4 时油脂的消化率最大，并且幼龄动物和大龄动物之间以及家禽和猪之间对脂肪的消化能力是有差别的。幼龄肉鸡与成年肉鸡相比，U：S 比例对脂肪消化率的影响表现的差异幅度要大，在幼龄肉鸡上 U：S 比例 2.25 时消化率为 85%，U：S 比例为 3.5 时消化率为 91%，而在成年肉鸡上分别为 92% 和 95%。

5. 油脂中游离脂肪酸的含量

油脂中的游离脂肪酸（free fatty acid，FFA）含量与脂肪的消化率有密切关系。含有高比例 FFA 的油脂其甘油单酯的含量相对缺乏，脂肪消化率较低。这是因为甘油单酯具有协助脂肪酸乳化成微胶粒，促进脂肪酸消化和吸收的作用。

此外，一般猪和禽类对植物性脂肪消化率高于动物性脂肪，而在动物性脂肪中猪对猪禽类油脂的消化率要高于牛油；植物性脂肪中豆油高于其他植物性脂肪，这是因为植物油中不饱和脂肪酸的含量较高以及其脂肪酸链较短，易于消化分解。

第三节 必需脂肪酸

一、脂肪酸的分类

脂肪酸是构成脂肪的主要成分，动植物体内存在大量脂肪酸（表 5-3），在这些脂肪酸的大家族中，按照碳链的长短分为短链脂肪酸（short chain fatty acids，SCFA）、中链脂肪酸（midchain fatty acids，MCFA）和长链脂肪酸（long chain fatty acids，LCFA）。短链脂肪酸也称挥发性脂肪酸，常把碳原子数小于 6 的有机脂肪酸称为短链脂肪酸，主要包括乙酸、丙酸、异丁酸、丁酸、异戊酸、戊酸。短链脂肪酸易溶于水，在反刍动物的瘤胃和血液中大量存在，主要由碳水化合物和蛋白质发酵生成。瘤胃发酵产生的短链脂肪酸对于反刍动物营养至关重要。丁酸是结肠细胞主要的能量来源，在大肠健康中起着重要作用。中链脂肪酸指碳链上碳原子数为 6~12 的脂肪酸，主要包括己酸（C6：0）、辛酸（C8：0）、癸酸（C10：0）和月桂酸

(C12∶0)。长链脂肪酸是指碳原子数大于12的脂肪酸。脂肪酸按饱和程度分为饱和脂肪酸（saturated fatty acid，SFA）和不饱和脂肪酸（unsaturated fatty acid，USFA）两大类。在不饱和脂肪酸大类中，根据双键的数量，又分为单不饱和脂肪酸（monounsaturated fatty acid，MUFA）和多不饱和脂肪酸（poly unsaturated fatty acid，PUFA）。按空间结构分为顺式脂肪酸和反式脂肪酸。如果氢原子都位于双键同一侧，称为顺式脂肪酸，室温下为液态（如植物油）；如果氢原子位于双键两侧，称为反式脂肪酸，室温下为固态。

表5-3　　　　　　　　　　植物和动物组织中存在的脂肪酸种类

脂肪酸	碳原子数	双键数	缩写（简称）
乙酸	2	0	C2∶0
丙酸	3	0	C3∶0
丁酸	4	0	C4∶0
己酸	6	0	C6∶0
辛酸	8	0	C8∶0
癸酸	10	0	C10∶0
十二碳酸（月桂酸）	12	0	C12∶0
十四碳酸（肉豆蔻酸）	14	0	C14∶0
十六碳酸（棕榈酸）	16	0	C16∶0
十六碳一烯酸（棕榈油酸）	16	1	C16∶1
十八碳酸（硬脂酸）	18	0	C18∶0
十八碳一烯酸（油酸）	18	1	C18∶1
十八碳二烯酸（亚油酸）	18	2	C18∶2
十八碳三烯酸（亚麻酸）	18	3	C18∶3
二十碳酸	20	0	C20∶0
二十碳五烯酸（EPA）	20	0	C20∶5
二十碳四烯酸（花生四烯酸）	20	4	C20∶4
二十二碳六烯酸（DHA）	22	6	C22∶6
二十四碳酸	24	0	C24∶0

二、脂肪酸的结构与命名

营养学上对于多不饱和脂肪酸的命名多采用 ω 编号系统（或 n 编号系统），即从脂肪酸碳链的甲基端开始计数为碳原子编号。按 ω 编号系统，根据第一个双键所处的位置可将多不饱和脂肪酸分为四个系列，即 ω-3，ω-6，ω-7 和 ω-9 系列，比如油酸（C18∶1 ω-9）、亚油酸（C18∶2 ω-6）和亚麻酸（C18∶3 ω-3）。其中最重要的是 ω-3 和 ω-6 系列。

1. ω-3 系列脂肪酸

该系列多不饱和脂肪酸中第一个双键位于"ω"第3位和第4位碳原子之间。该系列的第

一个成员为 α-亚麻酸，由 α-亚麻酸可合成该系列的其他多不饱和脂肪酸。其大致转化路线为：C18：3ω-3（α-亚麻酸）→ C18：4ω-3 → C20：4ω-3 → C20：5ω-3 → C22：5ω-3 → C22：6ω-3。

2. ω-6 系列脂肪酸

该系列多不饱和脂肪酸中第一个双键位于"ω"第 6 位和第 7 位碳原子之间。该系列的第一个成员为亚油酸，由亚油酸可合成该系列的其他多不饱和脂肪酸。其大致转化路线为：C18：2ω-6（亚油酸）→ C18：3ω-6（γ-亚麻油酸）→ C20：3ω-6 → C20：4ω-6（花生四烯酸）→ C22：4ω-6 → C22：5ω-6。这两个系列中，ω-6 系列对高等哺乳动物和禽最重要。但冷水鱼对 ω-3 系列的需要比 ω-6 系列更重要。红花油和玉米油富含 ω-6 多不饱和脂肪酸，而鱼肝油和鲑鱼油富含 ω-3 多不饱和脂肪酸，菜籽油和豆油中则同时含有大量的 ω-6 和 ω-3 多不饱和脂肪酸（表5-4）。

表5-4　动物日粮中 ω-6 和 ω-3 多不饱和脂肪酸（PUFA）的丰富来源

油脂	ω-6 PUFA	ω-3PUFA
红花油	73% C18：2	0.4% C18：3
玉米油	57% C18：2	0.7% C18：3
鱼肝油	1.4% C18：2；1.6% C20：4	11.2% C20：5；12.6% C22：6
鲑鱼油	1.2% C18：2；0.9% C20：4	12% C20：5；13.8% C22：6
菜籽油	22% C18：2	9.5% C18：3
大豆油	51% C18：2	7% C18：3

三、必需脂肪酸概念及其营养生理功能

（一）概念

凡是体内不能合成或合成的量不能满足需要，必须由饲粮供给，或能通过体内特定先体物形成，在体内有明确的生理功能，对机体正常生长发育和健康具有重要作用的多不饱和脂肪酸称为必需脂肪酸（EFA）。通常认为亚油酸、α-亚麻酸和花生四烯酸为必需脂肪酸。虽然花生四烯酸能够由亚油酸合成，但合成的量不能满足需要，仍然需要由饲粮提供。

（二）营养生理功能

1. 生物膜的构成物质

必需脂肪酸参与磷脂的合成，在线粒体膜、细胞膜和质膜等生物膜的双层磷脂中富含花生四烯酸。磷脂中脂肪酸的浓度，链长和不饱和程度在很大程度上决定了细胞膜流动性、柔韧性等物理特性，这些特性影响生物膜功能的正常发挥。

2. 合成类二十烷的前体物质

类二十烷（eicosanoids）是 ω-3 多不饱和脂肪酸 α-亚麻酸和 ω-6 多不饱和脂肪酸亚油酸以及花生四烯酸的衍生物，包括前列腺素、凝血恶烷、环前列腺素和白三烯等，广泛存在于动物体内各种组织中，具有类似激素的功能但又没有特定的分泌腺，不能储存于组织中，也不随血液循环而转移，几乎所有的组织都可以产生，在局部细胞代谢调控中发挥重要作用，如促进

血管收缩、调节血压、调节血液凝集、促进排卵和分娩等。

3. 调控胆固醇代谢

必需脂肪酸与类脂、胆固醇的代谢有着密切的关系。胆固醇必须与必需脂肪酸结合才能在体内转运，进行正常代谢。如果必需脂肪酸缺乏，胆固醇将与一些饱和脂肪酸进行结合，形成难溶性胆固醇酯，从而影响胆固醇正常转运而导致代谢异常。$\omega-3$ 多不饱和脂肪酸通过抑制肝脏和脂肪组织中脂肪酸和甘油三酯的合成、抑制肝脏中低密度脂蛋白胆固醇的合成和分泌、抑制载脂蛋白 B 的合成、促进肝脏中 β-氧化增强脂肪组织的脂解来调控脂肪的代谢。

4. 维持皮肤和其他组织对水分的不通透性

正常情况下，皮肤对水分和其他许多物质是不通透的，这一特性是由于 $\omega-6$ 必需脂肪酸的存在。必需脂肪酸缺乏时，水分可迅速通过皮肤，使饮水量增加，生成的尿少而浓。许多膜与必需脂肪酸有关，如血脑屏障、胃肠道屏障等。

四、必需脂肪酸的来源与供给

（一）必需脂肪酸的来源

必需脂肪酸广泛存在于植物油脂当中，动物油脂中含量较低。种子胚芽脂肪中必需脂肪酸尤为丰富，这也是面粉和淀粉加工副产物脂肪容易氧化、不易保存的原因。畜禽采食新鲜谷物、大豆等原料，可以满足其对必需脂肪酸的需求。如果使用副产品较多，新鲜植物油则成为饲粮必需脂肪酸的重要补充来源，玉米、豆粕等新鲜植物油饲粮，一般能够满足必需脂肪酸的需要量。幼龄、生长速度较快和妊娠动物需要增加补充量，否则会出现缺乏症。

（二）必需脂肪酸的缺乏

如果机体缺乏必需脂肪酸，动物机体会表现出一系列病理变化。如细胞器膜的损伤，使生物膜的通透性发生改变。鼠、猪、鸡、鱼及幼龄反刍动物可表现为皮肤损害、出现角质鳞片，体内水分经皮肤损失增加，毛细血管变得脆弱，动物免疫力下降，生长出现受阻现象，繁殖力下降，产奶量减少甚至死亡。幼龄阶段以及生长速度较快的动物对必需脂肪酸的缺乏反应更加敏感。

（三）必需脂肪酸的供给

单胃动物和幼龄的反刍动物能从饲粮中获得所需要的必需脂肪酸。一般以玉米、燕麦为主要能量饲料或以谷类籽实及其副产品为主的饲粮都能满足亚油酸需要。反刍动物的瘤胃微生物合成的脂肪能满足宿主动物脂肪需要的 20%，其中细菌合成占 4%，原生动物合成占 16%，后者合成的脂肪中亚油酸含量可高达 20%，加上饲料脂肪在瘤胃中未被氢化部分，以及反刍动物能有效地利用必需脂肪酸，在正常饲养条件下，反刍动物不会产生缺乏症。

思考题

1. 简述脂类的分类和性质。
2. 简述脂类的营养生理功能。
3. 比较单胃动物和反刍动物消化吸收脂类的特点。
4. 试述脂类代谢效率受哪些因素影响。
5. 简述必需脂肪酸的营养生理功能。

CHAPTER 6

第六章

能量代谢

[学习目标]

1. 掌握总能、消化能、代谢能、净能、热增耗的概念。
2. 掌握能量在体内的代谢过程。
3. 掌握影响能量利用率的因素。
4. 理解饲料资源高效利用的生态意义。

动物对饲料能量利用、对有效能需要量及影响饲料能量转化效率的因素是动物营养学的重要研究内容。通过本章学习，在掌握能量来源及能量单位、能量在动物体内的转化、动物有效能体系及影响饲料能量转化效率因素的基础上，深刻理解饲料资源高效利用的意义，提高能量转化效率，节能减排，发展环境友好型畜牧业，践行绿水青山就是金山银山的理念。

第一节 能量来源与能量单位

一、能量来源

动物机体能量主要来源于饲料中碳水化合物、脂肪和蛋白质三大有机物质。动物采食饲料后，三大养分经消化吸收进入体内，在糖酵解、三羧酸循环或氧化磷酸化过程释放能量，最终以 ATP 的形式满足机体需要。动物通过降解三大营养物质获得能量，并利用这些能量进行物质代谢。生物体内物质代谢过程中所伴随的能量释放、转移和利用等，称为能量代谢。

三大营养物质所含能量的差异主要取决于其中碳、氢和氧元素含量及比例，其中碳、氢元素含量与营养物质所含能量呈正相关，氧元素与营养物质所含能量呈负相关，即营养物质碳、氢元素含量越高，氧元素含量越低，能量越高；相反，则能量越低。碳水化合物、脂肪和蛋白质在体外完全燃烧释放的能量依次为 17.50kJ/g、39.54kJ/g 和 23.64kJ/g（表 6-1）。

表 6-1　　　　　　　　　　三种营养物质的化学元素平均组成和平均能量

组成和能量	碳水化合物	脂肪	蛋白质
碳/%	44	77	52
氢/%	6	12	7
氧/%	50	11	22
氮/%	0	0	16
其他/%	0	0	3
平均能量/(kJ/g)	17.50	39.54	23.64

碳水化合物是哺乳动物和家禽饲粮能量的主要来源。因为碳水化合物在常用植物性饲料中含量高，来源丰富。饲粮中的脂肪和脂肪酸，蛋白质和氨基酸在体内代谢也提供能量，但脂肪在饲粮中含量较少，不是主要的能量来源；蛋白质在动物体内不能完全氧化，氨基酸脱氨基生成尿素或尿酸中含有能量，每克蛋白质在体内产热较体内少 5.44kJ。且过多的氨基酸代谢产生的氨，对动物健康不利，因此蛋白质的供能比例不应太高。但鱼类对碳水化合物的利用率较低，其有效供能物质尚属蛋白质，其次是脂肪。

二、能量单位

动物营养学上饲料能量基于养分在氧化过程中释放热量来测定，并以热量单位表示。传统热量单位有卡（cal）和焦耳（J）。国际营养科学协会及国际生理科学协会（1972年）建议用焦耳作为生命科学研究与应用过程中的能量单位。但因习惯，各国使用的单位并不统一。

卡与焦耳可以相互换算，换算关系如下：

$$1cal = 4.184J$$
$$1kcal = 4.184kJ$$
$$1Mcal = 4.184MJ$$

第二节　饲料能量在动物体内的转化

饲料营养物质在体外燃烧释放的能量不能完全转化为能被动物利用的有效能，营养物质在被动物采食、消化、吸收和代谢过程中伴随一部分能量的损失（图6-1）。

一、总能

总能（gross energy，GE）被定义为当物质在氧弹式测热计（图6-2）中被完全氧化时释放的能量。因此，饲料的总能又称燃烧热，是指单位质量的饲料被完全氧化燃烧生成二氧化碳、水和其他氧化物时释放的全部能量。

不同饲料的总能不同，决定饲料能值大小的因素是其所含的碳水化合物、脂肪和蛋白质的比例和数量。而三大有机营养物质氧化释放的能量与其元素的组成有关。1g 氢氧化为水时，放出 144.3kJ 的热量，1g 碳氧化成二氧化碳时，放出 33.81kJ 的热量（表6-2）。

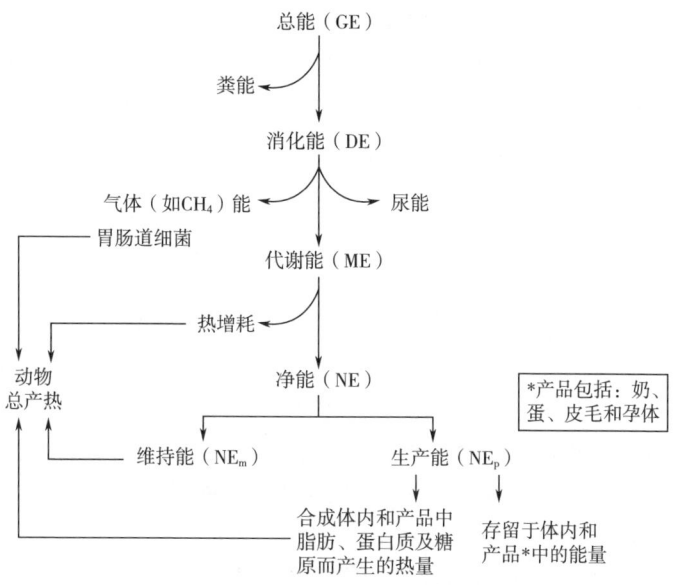

图 6-1 能量在动物体内的转化

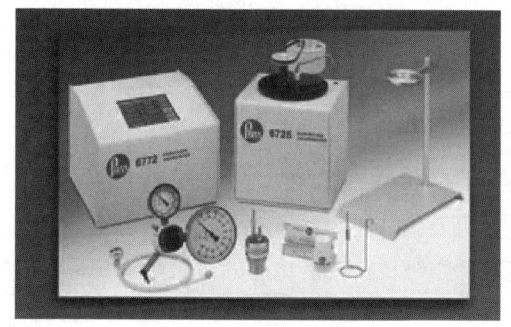

图 6-2 氧弹式测热计

表 6-2 　　　　　部分饲料原料及其成分、动物体组织及发酵产物总能　　　　单位：MJ/kg DM

类别	项目	GE	类别	项目	GE
饲料成分	葡萄糖	15.6	饲料原料	亚麻粕	21.4
	淀粉	17.7		禾本科干草	18.9
	纤维素	17.5	发酵产物	乙酸	14.6
	酪蛋白	24.5		丙酸	20.8
	乳脂	38.5		丁酸	24.9
	菜籽油脂肪	39.0		乳酸	15.2
饲料原料	玉米	18.5		甲烷	55.0
			动物组织	肌肉	23.6
	燕麦	19.6		脂肪	39.3

总能只表明饲料经完全燃烧后化学能转化为热能的多少，而不能说明被动物利用的程度。对于不同成分的饲料来说，低品质的燕麦秸秆和高品质的玉米籽实具有相同的总能值，但二者对动物的营养价值却显然不同。因此，饲料总能不能准确反应饲料能量对动物的营养价值，它只是能量代谢过程中评定其他有效能值的基础。

二、消化能

（一）消化能的概念

消化能（digestible energy，DE）是指饲料可消化养分所含的能量，即动物摄入饲料的总能（GE）减去粪能（fecal energy，FE）后剩余的能量。

$$DE = GE - FE \tag{6-1}$$

动物粪便中除了没有被消化的饲料之外，还包括消化道微生物及其代谢产物、消化道分泌物、消化道黏膜脱落细胞，这些由于动物机体代谢产生的物质称为内源性物质，其所含能量称为代谢粪能（fecal energy from metabolic origin products，FmE）。

FE 中未扣除 FmE，按式（6-1）计算的能值称为表观消化能（apparent digestible energy，ADE）；FE 中扣除 FmE 的称为真消化能（true digestible energy，TDE）。

$$ADE = GE - FE \tag{6-2}$$

$$TDE = GE - (FE - FmE) \tag{6-3}$$

TDE 考虑了 FE 的内源损失，因而用 TDE 反映饲料的能值比 ADE 准确（TDE>ADE）。但由于 TDE 测定相对比较烦琐，故在实际生产中，如果没有特别的说明，一般 DE 指的是 ADE。

（二）消化能的测定

消化能的测定采用消化实验进行。其原理是：准确测定实验动物每日采食饲料所含能量的值及每日排出粪便所含能量的值，它们的差值即为实验动物每日采食消化能的量。如果计算某种饲料的消化能值，把实验动物每日采食消化能的值除以每日采食饲料干物质质量即可。饲料的消化能计算公式如下：

$$ADE(kJ/kg，以干物质计) = \frac{GE(kJ) - FE(kJ)}{饲料干物质采食量(kg)} \tag{6-4}$$

近年来，为降低实验烦琐程度，提高消化能测定效率，人们采用仿生法测定了部分动物对常规饲料的消化能（表6-3）。

表6-3　　　　　　　　猪对部分饲料原料的消化能（仿生法）

饲料名称	干物质/%	粗蛋白/%	样本量/n	DE（仿猪）		标准差 SD/（MJ/kg）
				Mcal/kg	MJ/kg	
玉米	86	7.7	23	3.13	13.09	0.56
小麦麸	87	17	3	2.11	8.82	0.9
大豆粕	89	43.5	5	3	12.57	0.35
大豆粕	89	47.1	5	2.93	12.28	0.43
棉籽粕	90	46.2	3	2.49	10.4	1.17

续表

饲料名称	干物质/%	粗蛋白/%	样本量/n	DE（仿猪）		标准差 SD/（MJ/kg）
				Mcal/kg	MJ/kg	
菜籽粕	88	36.3	4	1.9	7.94	0.6
玉米 DDGS	90	29.2	65	2.72	11.39	1.02

三、代谢能

（一）代谢能概念

代谢能（metabolizable energy，ME）指饲料中能为动物体所吸收和利用的营养物质的能量。即食入饲料总能减去粪能、尿能（urinary energy，UE）及消化道可燃气体能（energy in gaseous products of digestion，Eg）后剩余的能量。

计算公式为：

$$ME = GE-FE-UE-Eg = DE-UE-Eg \tag{6-5}$$

UE 指尿中有机物质所含的能量，主要来源于蛋白质的代谢产物，如尿素、尿酸、肌酐等。尿氮在哺乳动物中主要为尿素，在禽类中主要为尿酸。据测定，每克尿氮的能值为：反刍动物 31kJ，猪 28kJ，禽类 34kJ。

Eg 指消化道发酵产生气体所含能量，主要是甲烷所产生的能量。机体无法有效利用甲烷气体，甲烷所含的能量随甲烷经口腔、鼻腔和肛门排出体外，这一部分损失的能量就是可燃气体能；反刍动物发酵产生的甲烷能占总能的 3%~10%。可燃气体能产生的量除了跟动物种类、饲料因素有关外，还与饲养水平有关。据测定，在维持饲养条件下甲烷能的损失可占总能的 8%，营养充足条件下占总能的 6%~7%。单胃动物发酵所产生的气体较少，可以忽略不计；家禽粪尿不能分开，统称为排泄物，因而不同品种动物 ME 计算不同。

（二）表观代谢能和真代谢能

尿中能量除来自饲料养分吸收后在体内代谢分解的产物外，还有部分来自体内蛋白质分解的产物，后者称为内源氮，其所含能量称为内源尿能（urinary energy from endogenous origin products，UeE）。因而饲料代谢能可分为为表观代谢能（apparent metabolizable energy，AME）和真代谢能（true metabolizable energy，TME）。计算公式如下：

$$AME = GE-FE-UE-Eg = ADE-UE-Eg \tag{6-6}$$

$$TME = GE-(FE-FmE)-(UE-UeE)-Eg = AME+(FmE+UeE) \tag{6-7}$$

TME 考虑了代谢粪能和内源尿能，因而比 AME 能更准确地反映饲料的营养价值。

（三）氮校正代谢能

氮校正代谢能（N-corrected metabolizable energy，MEn）是根据体内氮沉积进行校正后的代谢能，主要用于家禽。家禽粪尿在泄殖腔混合后排出，所以测定代谢能比消化能容易。测定饲料的代谢能时，如果在实验期内有增重，即伴随有氮沉积，饲料种类不同，氮沉积量不同。为便于比较不同饲料的代谢能，应消除氮沉积量对代谢能的影响，即根据氮沉积量对代谢能进行校正，使其成为氮沉积为零时的代谢能。校正公式为：

$$AMEn = AME - RN \times 34.39 \qquad (6-8)$$

$$TMEn = TME - RN \times 34.39 \qquad (6-9)$$

式中：RN（total nitrogen retained）为家禽每日沉积的氮量（g），可为正值、负值和零，计算时将符号代入；34.39 为每克尿氮所对应的能量。

（四）影响饲料代谢能的因素

1. 动物因素

不同种类动物对同一饲料的代谢能存在很大差异，这主要取决于动物对饲料的消化方式。一般来说，反刍动物的甲烷和尿液中的能量损失比单胃动物大。另外，同属于家禽的鸡与鸭在对饲料的代谢能方面也存在较大差异，鸭的代谢能高于鸡；鸭对粗纤维耐受程度高于鸡。同一种类动物不同品种对饲料的代谢能也不一样，肉种鸡对饲料 AMEn 显著低于单冠来航鸡。

2. 饲料因素

动物对不同类型饲料的代谢能存在较大差异。在反刍动物中，青绿饲料经过青贮过程，可以降低采食、消化过程中产生的能量损失。随着日粮营养水平的提高，饲料转化率提高，但同时也增加了粪能损失。甲烷产量的减少可能会部分抵消这一影响。对于细碎粗饲料和混合粗饲料及精料饲粮，代谢能随着饲喂水平的增加而降低。对家禽来说，谷物研磨对代谢能的影响目前还存在争议。从理论上讲，抑制瘤胃产生甲烷，可以降低 8%~12% 摄入总能的损失。

四、净能

（一）净能概念

净能（net energy, NE）是指饲料中用于动物维持生命和生产产品的能量，即饲料的代谢能扣去饲料在体内的热增耗（heat increment, HI）后剩余的那部分能量，也就是饲料中总能减去粪能、尿能、气体能及热增耗后剩余的能量。

$$NE = ME - HI = GE - FE - UE - Eg - HI \qquad (6-10)$$

（二）热增耗

哺乳动物和禽类不断地通过产热和散热来维持体温恒定。绝食动物采食饲料后短时间内产热高于绝食代谢产热，高于绝食代谢的那部分热能又以热的形式散失，这部分热能称为 HI，又称食后增热、体增热。

HI 的来源主要包括：①营养物质的消化、吸收、代谢过程产热，如咀嚼饲料、营养物质的主动吸收、机体的氧化反应、未消化饲料的排出等；②动物消化道的蠕动及饲料在胃肠道中的发酵产热；③机体内非生产性代谢，如尿素和尿酸的合成、肾脏排泄做功等；④与营养物质代谢相关的脏器（如肾、心脏和肌肉）的生理活动产生的热量。在反刍动物咀嚼纤维饲料时，进食所消耗的能量估计占代谢能摄入量的 3%~6%。然而，反刍的能量消耗比进食的能量消耗要少得多，估计约占代谢能摄入量的 0.3%。反刍动物也通过肠道微生物的代谢产生热量，估计占代谢能摄入量的 7%~8%。

动物在冷应激时，热增耗有利于机体维持体温恒定；但在热应激时，动物需要消耗能量将热增耗散失以防止体温升高。因此，冷、热应激时，饲料的利用率降低。

不同能量底物间热增耗存在差异。给哺乳动物和家禽提供能量的各养分的 HI 为：蛋白质>碳水化合物>脂肪。蛋白质的 HI 高于碳水化合物或脂肪。首先，细胞内蛋白质的周转需要大量的能量；其次，哺乳动物与家禽需要大量的能量将氨分别转化为尿素和尿酸。这些代谢途径都需要大量的能量；再次，肾脏需要能量来浓缩并排出含氮化合物；最后，脂质在肠的吸收几乎不需要 ATP。在很大程度上，通过细胞质膜和细胞器（如线粒体）膜的脂肪酸输送不依赖于能量。相比之下，肠和肾对葡萄糖的吸收需要 ATP。这些因素解释了在非反刍动物中脂肪的 HI 远低于葡萄糖或蛋白质的 HI。

热增耗在不同的物种间也存在差异，反刍动物的 HI 比单胃动物更高，原因如下。首先，反刍动物的采食（包括咀嚼和吞咽）比单胃动物要消耗更多的能量；其次，反刍动物的胃肠运动比单胃动物产生更多的能量。鱼类对含氮代谢废物的处理和对脂肪的利用途径与哺乳动物和家禽不同。例如，大多数的鱼类没有肝脏尿素循环，将氨直接排入周围的水域。此外，鱼类氧化氨基酸的能力高于氧化葡萄糖和脂肪酸的能力。因此鱼类利用蛋白质的净能比哺乳动物和家禽高。

（三）维持净能和生产净能

按照净能在体内的作用，净能可以分为维持净能（net energy for maintenance，NEm）和生产净能（net energy for production，NEp）两部分。维持净能主要指用于机体内做功（维持基本的生命活动、体温恒定、适度运动等）且以热的形式散失掉的那部分能量；生产净能是指沉积到产品中的那部分能量，主要用于机体的生长、育肥、泌乳、产蛋、产毛、劳役等，要么储存在机体内，要么以化学能的形式排出体外。主要表现形式为增重净能、产奶净能、产毛净能、产蛋净能和劳役净能等。

第三节 能量的作用和利用效率

一、能量的作用

能量是维持动物生命和生产产品的重要营养物质。只有动物获得能量和蛋白质平衡，才会提高其利用率；能量过多或过少均会影响动物生长和发育。

（一）维持生命和生产产品

1. 维持生命

动物维持生命指动物所进行的所有生命活动，包括营养物质的消化吸收、物质转运、代谢废弃物排泄、各种肌肉活动、呼吸、血液循环、神经活动、腺体分泌等都需要消耗能量。没有能量，生命活动就无法进行。维持生命活动的能量来源于三大有机物的氧化。生物氧化释放出来的能量一部分以热量的形式散发，另一部分以自由能的形式储存在 ATP 中。当 ATP 超过需要时则以稳定的形式如以磷酸肌酸的形式储存起来，但磷酸肌酸也是暂时的能量储存形式。能量的主要储存形式是脂肪，也有少量以糖原形式进行储存。饥饿的动物主要靠储存的能量提供所需的能量，首先是降解糖原，然后是脂肪和蛋白质。

2. 维持体温

体温的维持是由体内的产热和散热两个生理过程来进行调节的，当散热等于产热时则维持体温的恒定。在寒冷的情况下，动物需要通过颤抖和非颤抖产热（代谢产热）增加产热量。这两个过程都消耗能量，同时把化学能转化为热能，用于维持体温。当饲料提供的能量大于维持需要时，多余的能量用于生产。

3. 生产产品

动物生长、繁殖、生产产品等过程主要体现在营养物质在动物体、胎儿和产品（肉、蛋、奶、皮毛）中的沉积，其中蛋白质、脂肪和碳水化合物的沉积需要消耗能量。合成1g蛋白质需消耗85.4kJ的能量，合成1mol棕榈酸甘油酯的总耗能为38 702.1kJ，合成1mol乳糖总耗能5 862.2kJ。幼年动物主要在蛋白质中储存能量；成年动物在脂肪中储存能量；泌乳动物则把饲料中的能量转化为乳中的能量；还有其他的生产形式，如产蛋、产毛、做功等都需要能量沉积到动物产品中或用于做功。

（二）能量缺乏对生产的影响

饲粮的能量水平是影响生产力的重要因素之一。动物只有在能量需要获得满足的前提下，蛋白质、维生素和矿物元素等才能正常发挥其生理作用。能量不足会导致动物体重减轻和生产性能下降。幼龄生长动物若缺少能量，则生长速度减慢、瘦弱、初情期延迟。成年母畜妊娠期缺乏能量会使所产仔畜体重减轻，体质变弱。

（三）能量过量对生产的影响

饲粮能量水平过高同样会对动物健康和生产性能造成不良后果。妊娠家畜摄食大量高能饲粮，会导致其体内脂肪沉积增加，体躯过肥而影响正常的繁殖功能。常出现性周期紊乱、不孕、胎儿吸收、胎儿发育不良、出现弱胎死胎、难产及产弱仔等。有的母畜还出现产后食欲不振和采食量减少，从而造成体质软弱、消瘦和泌乳期采食量降低。能量过量还会影响母畜的正常泌乳，由于乳腺内沉积大量脂肪，妨碍了腺体组织的正常发育，从而使泌乳功能受损和泌乳减少。饲粮能量水平过高，可引起公畜体脂沉积和躯体肥胖，体况不佳，使性机能严重衰退，甚至完全失去种用价值。

二、饲料能量利用效率

饲料的能量利用效率是指摄入的有效能与产品中沉积能量的比值。动物对饲料能量的利用效率分为能量总效率和能量净效率。饲料能量利用效率受动物的种类、性别、生产目的、饲养水平以及环境温度的影响。

（一）能量总效率

能量总效率（gross efficiency）指产品中所含的能量与摄入饲料的有效能（指消化能或代谢能）之比。公式如下：

$$总效率 = \frac{产品能量}{摄入的有效能量（包括用于维持的量）} \times 100\% \qquad (6-11)$$

（二）能量净效率

能量净效率（net efficiency）指产品能量与摄入饲料中扣除用于维持需要后的有效能（指消化能或代谢能）的比值。公式如下：

$$净效率 = \frac{产品能量}{摄入的有效能量 - 维持需要的有效能量} \times 100\% \qquad (6-12)$$

三、影响动物能量利用的因素

（一）动物因素

动物种类、品种、性别及年龄影响同种饲料或饲粮能量利用效率。总能相同的饲粮，猪、牛消化能、代谢能和净能却不相同。猪消化能平均占总能的85%，代谢能占总能的81.5%，净能占总能的65%。鸡消化能几乎均占总能的80%，代谢能占总能的22.5%，净能占总能的57.7%。牛消化能平均占总能的70%，代谢能占总能的60%，净能占总能的25%~40%。从总体看，猪消化能、代谢能和净能占总能的比例高于反刍动物。产蛋鸡能量代谢的效率处于猪和反刍动物之间（表6-4）。

表6-4　　　　　　　　　　　　不同饲料用于不同动物育肥的净效率　　　　　　　　　　　　单位：%

饲料	反刍动物	猪、大鼠、犬	产蛋鸡
大麦	60	77	73
玉米	62	78	74
燕麦	61	68	73
花生饼	54	58	64
黄豆饼	48	57	64

（二）生产目的

大量研究表明，能量用于不同的生产目的，利用效率不同，其顺序为维持>产奶>生长、育肥>妊娠和产毛。例如，代谢能用于反刍动物生长育肥效率为40%~60%，用于妊娠效率为10%~30%；而代谢能用于猪生长的效率为71%，用于妊娠效率为10%~22%。能量用于动物维持的效率较高，主要是由于动物能有效地利用体增热来维持体温。当动物将饲料能量用于生产时，除随着采食量增加，饲料消化率下降外，能量用于产品形成时还需消耗一大部分能量。因此，能量用于生产的效率较低。

（三）饲料因素

饲粮营养物质的模式（即含量和比例）越接近动物对营养物质的需要，饲粮的能量利用效率就越高。动物都有"为能而食"的天性，且营养物质与能量存在相互作用，能量大小和供给调控着动物采食量，进而改变其他营养物质的摄入量。比如母猪饲粮能量水平过高时，蛋白质水平不变，母猪会因采食量降低，从而使得蛋白质摄入量不足，降低蛋白质沉积，最终导致母猪能量相对过剩（能量利用效率降低）。相反，母猪饲粮能量水平严重不足时，母猪会增大采食量以弥补能量摄入不足部分，还导致部分蛋白质脱氨供能，但是蛋白质供能效率明显低于碳水化合物，最终导致母猪对饲粮能量利用效率降低。

维生素作为酶的辅基或辅酶参与碳水化合物、脂类、蛋白质的消化、吸收和代谢。维生素缺乏会导致机体代谢机能紊乱，进而影响多种营养物质的代谢效率，从而降低能量的利用率。日粮中粗纤维含量也会影响其他营养物质在机体的消化，进而也影响能量利用率。饲料中的抗营养因子也影响能量利用率。一般情况下，抗营养因子会直接或间接通过降低营养物质消化率而降低饲料能量利用率。常见的饲料抗营养因子包括非淀粉多糖（non-starch polysaccharides，NSP）、蛋白酶抑制因子（proteinase inhibitor，PI）、凝集素、植酸磷、皂角苷和木质素等。谷物饲料（如小麦和大麦）阿拉伯木聚糖和β-葡聚糖都是典型的具有黏性的非淀粉多糖。

（四）饲养方式

动物在舍饲、放牧和舍饲+放牧条件下，动物机体用于维持净能的需要存在差异，能量利用率也随之变化。如奶山羊在舍饲条件下，维持净能的需要为 0.27MJ/（kg $W^{0.75}$）；舍饲+放牧时为 0.31～0.34MJ/（kg $W^{0.75}$）；完全放牧时为 0.35～0.44MJ/（kg $W^{0.75}$）。其中，$W^{0.75}$ 表示代谢体重。

（五）环境因素

动物处于等热区时，正常代谢产热可降到最低，对能量利用率最高。当外界温度低于等热区温度下限时，动物为了维持体温恒定，机体代谢产热增加，维持需要增加，相同能量摄入量情况下，用于生产的能量降低；相反，外界温度高于等热区上限时，动物自身散热受阻，机体需要通过物理调节和化学调节提高代谢强度来增强散热，维持体温恒定，如心跳加快、出汗、热性喘息等，同样增加了维持能量需要，能量利用率也降低。据 NRC（2012）估计，奶牛处于中、高等热应激状态下，维持能量需要分别增加 7%和 25%。家禽在低温环境中的能量消耗比在适宜温度下增加 20%～30%，外界环境温度每改变 1℃，每千克代谢体重用于维持的代谢能需要改变 8kJ/d。总之，环境温度对能量利用率的影响主要通过改变净能中维持净能和生产净能的比例来影响饲料能量的利用效率。

> 🔍 思考题
>
> 1. 名词解释：表观消化能、真消化能、表观代谢能、真代谢能、净能。
> 2. 简述饲料中的能量在动物体内的代谢过程。
> 3. 目前我国主要畜禽猪、鸡、牛、羊营养需要分别采用哪种有效能体系表示？
> 4. 能量利用率的影响因素包括哪些？

第七章 矿物元素营养

[学习目标]

1. 掌握常量元素和微量元素的概念。
2. 掌握各种矿物元素营养生理作用和典型缺乏症。
3. 理解动物生产和自然的关系，提高微量元素利用率，节省矿物资源，保护生态环境。

自然界中存在的元素，现已发现有 60 多种存在于动物组织器官中，这些元素分为两类，一类是有机元素，包括碳、氢、氧、氮，占动物体重的 95% 左右，构成蛋白质、脂肪及碳水化合物等有机物。另一类是无机元素，是指除有机元素以外的所有元素，如钙、磷、钠、钾、氯、硫、镁、铁、锌、锰、铜、硒、碘等约 60 种，占动物体重的 5% 左右，这类元素以无机盐的形式构成动物的骨骼、牙齿，或者以活性物质的形式参与机体代谢过程。

第一节 概述

一、动物体内的矿物元素

（一）必需矿物元素

动物体内存在的矿物元素，对动物具有明确的生理功能，对维持机体的生长发育、生命活动及繁殖过程等是必不可少的，必须由饲料提供，这部分矿物元素称为必需矿物元素。作为必需矿物元素应满足以下条件：①普遍存在于动物组织中，并且在同类动物中含量稳定；②同一元素对各种动物的基本生理功能和代谢规律是共同的；③缺乏或过量时，在不同动物间表现出相似的结构和生理机能异常或特有的生化变化，即相同的缺乏症和中毒症；④补充某种缺乏的矿物元素时，相应的缺乏症会减轻或消失。

必需矿物元素主要由饲料供给，供给不足，不仅影响生长或生产，还会引起动物体内代谢异常、生理生化指标变化和缺乏症。目前证明动物一般都需要钙、磷、钠、钾、氯、镁、硫、铁、铜、锰、锌、碘、硒、钼、钴、铬、氟及硼 18 种矿物元素。必需矿物元素按动物体内含量或需要不同分为：①常量矿物元素，一般指在动物体内含量高于 0.01% 的矿物元素，包括钙、磷、钠、钾、氯、镁及硫 7 种。②微量矿物元素，一般指在动物体内含量低于 0.01% 的元素，包括铁、锌、铜、锰、碘、硒、钴、钼、氟、铬及硼 11 种（表 7-1）。

表 7-1　　　　　　　　　动物体内部分必需矿物元素含量　　　　　　　单位：mg/kg

常量元素	含量	微量元素	含量
钙	15	铁	20~80
磷	10	锌	10~50
钾	2	铜	1~5
钠	1.6	锰	1~4
氯	1.1	硒	1~2
硫	1.5	碘	0.3~0.6
镁	0.4	钼	0.2~0.5
		钴	0.02~0.1

（二）非必需矿物元素

动物体内除了必需矿物质元素外，还含有铝、钒、硅、镍、锡、砷、铅、锂、溴、铯、汞、铍、锑等非必需矿物元素，这类元素在动物体内的含量非常低，在实际生产中几乎不出现缺乏症，也未发现这些矿物元素有确切的生理作用。但该部分元素在动物体内可引起毒性效应，如金属元素砷、汞、铅等可引起蛋白质变性而造成动物组织、器官病变。当然，矿物元素的毒性效应跟动物体内存在的剂量有关。如必需矿物元素铜、硒、锰等过量，常会引起中毒；而砷、汞、铅等矿物元素，尽管毒性较强，但体内含量极少，通常对动物机体无害。

二、必需矿物元素的两面性

必需矿物元素对维持动物生命活动、机体健康和生产起着非常重要的作用，缺乏或者过量均对动物不利。当必需矿物元素缺乏到一定低限后，就会出现临床症状和亚临床症状；供给剂量在一定范围时，动物能保持一个稳衡的生理状态；一旦超过一定的安全剂量，动物就会表现出中毒症状。也就是说适量的矿物元素对动物具有营养作用，过量的矿物元素对动物具有毒害作用。即必需矿物元素具有两面性（营养作用和毒害作用）。

这种不同元素供给水平与其相应的动物反应之间的关系称为剂量-反应关系，而相应的曲线称为剂量-反应曲线（图 7-1）。

三、矿物元素的利用率

饲料中的矿物元素一般都以化合物的形式存在。不同来源和不同化学形式的矿物元素在体内的吸收利用率差异很大。例如，硫酸亚铁、硫酸铁、赖氨酸铁、甲硫氨酸铁等，动物对铁的

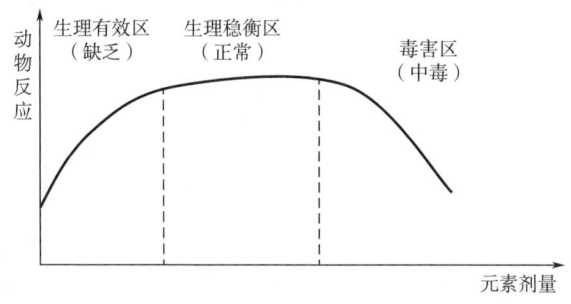

图 7-1 剂量-反应曲线示意图

利用率都存在较大差异。由于矿物元素代谢过程中不断排入消化道，同时又不断被利用，因此，用一般消化率的方法难以准确测定其利用率，目前主要采用以下方法。

（一）净利用率

净利用率是判定矿物质利用率的常用指标，通过测定两组矿物质沉积量来计算。计算公式为：

$$净利用率 = 100\% \times (B_2 - B_1)/(I_2 - I_1) \tag{7-1}$$

I_1、I_2 分别为第一和第二组待评定元素的摄入量；B_1、B_2 分别为第一和第二组待评定元素的沉积量（由摄入量减排泄量而得）。例如，第一组硫酸亚铁的日摄入量为 100mg，沉积量为 80mg，第二组硫酸亚铁的日摄入量为 80mg，沉积量为 60mg，则硫酸亚铁的净利用率 = 100% × (80 − 60)/(100 − 80) = 100%。

（二）相对利用率

以动物生长或某一生理生化指标的变化为标识，比较两种化合物中该元素的相对利用率高低。计算公式为：

$$相对利用率 = 100\% \times M/M_0 \tag{7-2}$$

M 和 M_0 分别为含待测元素引起的动物生理效应。由于选用的标准物不同，相对利用率可能大于 100%。例如，硫酸亚铁中的铁使仔猪的日增重达到 220g，硫酸铁中的铁只能使仔猪的日增重达到 150g。则硫酸铁相对于硫酸亚铁的利用率为 68.2%，而硫酸亚铁相对于硫酸铁的利用率为 146.7%。

（三）净吸收率

矿物元素的消化吸收率受消化道内源性矿物质的影响，因此，测定净吸收率时，必须把从粪便排出的矿物元素中的内源和外源部分区分开，排除内源的干扰。可以通过同位素方法来测出粪中排出的内源矿物元素部分，从而计算出表观消化率和真消化率。

$$表观消化率(消化率) = (A - B)/A \times 100\% \tag{7-3}$$

$$真消化率(吸收率) = [A - (B - C)]/A \times 100\% \tag{7-4}$$

A 为测定元素的摄入量，B、C 分别为粪排出元素的总量和内源排出量。例如，大鼠每日锌的摄入量为 450μg，粪中排出量为 190μg，肠道内源排出 110μg，计算获得表观消化率和真消化率分别为 58% 和 82%，可见这种方法评定常量元素利用率较为理想。

四、自然界中的矿物元素与动物的关系

动物体内的矿物元素主要来自饮水和饲料。天然饲料和饮水中的矿物元素对动物的生产和健康有重要影响。

自然状态下动物通过采食天然植物饲料或者饮水获得矿物元素，植物生长依赖土壤和水中吸收的矿物元素。因此，土壤、水和肥料中的矿物元素含量及存在形式，植物的吸收力都影响植物饲料的矿物质组成。我国地域辽阔，不同地区土壤或水中矿物元素含量差异很大，选择不同地区天然植物性饲料时，应对其矿物质组成进行准确评估。同时，也要考虑不同种类动物对矿物元素需求的差异，如非反刍动物通常钙、磷、钠及氯不足，铁、锌、铜、锰及碘处于临界缺乏或缺乏；反刍动物通常是钙、磷、钠、钾、镁和硫不足，铁、铜、碘、钴、锰处于临界缺乏或不缺。因此，在实际生产中，应根据饲料中矿物元素的含量和动物需要量添加缺乏的矿物元素，以达到理想的生产性能。

有些动物营养代谢病是由于动物缺乏某种矿物元素而导致的。矿物元素缺乏到一定程度出现相应的疾病，发病后补充相应元素疾病即消失。因此，我们要培养量变与质变的思维。缺乏某一种或几种矿物元素时动物会有典型缺乏症，也会有许多共性表现，如采食量下降、精神萎靡、生长缓慢等，因此动物营养代谢病诊断需要我们多比较案例，勤于观察，刻苦钻研，掌握相关疾病发病表现，通过各方面知识精准诊断，这也是当代工匠精神的重要体现。同时我们要提高微量元素利用率，节省矿物资源，保护生态环境。要依法依规合理使用微量元素添加剂，减少对环境的污染。

第二节 常量矿物元素

一、钙和磷

（一）含量与分布

钙占动物体重的 1%~2%，其中 98%~99% 的钙存在于骨骼和牙齿中，骨骼中的钙约占骨骼粗灰分的 36%。其余存在于血液、淋巴液、唾液、消化液和软组织中。血液中的钙几乎都存在于血浆中，正常含量 9~12mg/100mL，血浆中钙主要以游离的离子、蛋白结合以及结合成其他盐类的状态存在，以这三种形式存在的钙量分别占总血钙的 50%、45% 和 5%。

磷占动物体重的 0.7%~1.1%，其中 80% 的磷存在于骨骼和牙齿中，其余存在于体液和软组织中，用于构成磷蛋白、核酸和磷脂，骨中磷约占骨骼粗灰分的 17%。血磷含量较高，一般在 35~45mg/100mL，主要以 $H_2PO_4^-$ 的形式存在于血细胞内。而血浆中磷含量较少，一般在 4~9mg/100mL，生长动物稍高，主要以离子状态存在，少量与蛋白质、脂类及碳水化合物结合存在。通常动物骨骼中钙、磷比例约为 2:1，但由于动物种类、年龄和营养状况不同，钙磷比也有一定变化。

（二）生理功能

钙除了参与形成动物骨骼和牙齿外，还具有以下生理功能：①调节毛细血管壁及细胞膜通

透性及神经肌肉的兴奋性,当细胞膜通透性改变,Ca^{2+}进入细胞内触发肌肉自发性收缩;②激活多种酶,如胰α-淀粉酶、胰蛋白酶、磷酸化酶等;③参与血液凝结,激活促凝血酶原激酶和凝血酶原;④促进胰岛素、儿茶酚氨及肾上腺皮质固醇,甚至唾液等的分泌;⑤钙还具有自身营养调节功能,在外源钙供给不足时,沉积钙(特别是骨骼中)可大量分解供代谢循环需要,此功能对产蛋、产奶及妊娠动物十分重要。

磷是所有矿物元素中生物学功能最多的一种。①与钙一起参与骨骼和牙齿结构组成,保证骨骼和牙齿的结构完整;②参与体内能量代谢,是 ATP 和磷酸肌酸的组成成分。这两种物质是重要的供能、贮能物质,也是底物磷酸化的重要参与者;③促进营养物质的吸收,磷以磷脂的方式促进脂类物质和脂溶性维生素的吸收;④保证生物膜的完整。磷脂是细胞膜不可缺少的成分;⑤磷作为重要生命遗传物质 DNA、RNA 和一些酶的结构成分,参与诸多生命活动过程,如蛋白质合成和动物产品生产;⑥磷酸盐是动物机体重要的缓冲物质,参与维持体液的酸碱平衡。

(三)吸收与代谢

饲料中的钙在胃酸作用下离子化,然后通过主动运载过程吸收。钙的主要吸收部位是胃和十二指肠,饲料钙进入肠吸收部位后,在维生素 D_3 刺激下,与蛋白质形成钙结合蛋白质,经过异化扩散吸收进入细胞膜内,少量以螯合形式或游离形式吸收。磷吸收以离子态为主,也可能存在异化扩散。

1. 影响钙、磷吸收的因素

(1)溶解度对钙、磷吸收起决定性作用。凡是在吸收细胞接触点可溶解的,不管以任何形式存在都能吸收。

(2)钙、磷与其他物质的相互作用对吸收影响也较大。在肠道大量存在铁、铝和镁时,这些物质可与磷形成不溶解的磷盐降低磷的吸收;饲料中过量脂肪酸可与钙形成不溶钙皂,大量草酸和植酸可与钙形成不溶螯合钙,降低钙的吸收;饲料中乳糖能增加吸收细胞通透性,促进钙吸收。

(3)钙、磷本身的影响。钙含量太高抑制钙的吸收,钙、磷之间比例不合理(高钙低磷或低磷高钙)也可抑制钙、磷的吸收。

(4)不同动物对饲料原料中钙、磷吸收利用的程度不同。通常反刍动物钙吸收率变化在 22%~55%,平均为 45%;磷吸收率比钙高,平均为 55%。非反刍动物钙吸收率在 40%~65%,猪平均吸收率为 55%;磷吸收率在 50%~85%,而植酸磷消化吸收率低,一般在 30%~40%。反刍动物和单胃动物对钙磷比的忍耐力差异很大,猪、禽对钙磷比的耐受力比反刍动物差,正常比值在 (1~2):1,产蛋鸡也不超过 4:1,但反刍动物饲粮中钙磷比在 (1~7):1 都不会影响钙、磷的吸收。

2. 钙的代谢特征

几种动物钙的动态代谢情况见表 7-2。钙的代谢有以下几个特征。①不同种类动物钙代谢强度不同;②随年龄增加,周转代谢率降低,但是每天周转代谢的钙量仍可达吸收钙量的 4~5 倍;③周转代谢强度大,一头 35kg 的猪,每天沉积和分解的钙量达 23g 以上,仅有 13% 左右作为净沉积钙,其余都是沉积后又分解进入体液循环,每沉积 1g 钙,平均需要 8g 左右的钙进出沉积组织,即周转代谢是净沉积的 8 倍左右,尽管成年动物在正常情况下不存在净沉积率,但合成和分解的绝对量仍相当大。

表 7-2　　　　　　　　　　　不同种类动物钙的代谢

动物	年龄	体重/kg	摄入/g	吸收/g	内源粪钙/g	内源尿钙/g	总粪钙/g	沉积钙/g	分解钙/g
猪	15 周	35	11	4.7	1.45	0.11	7.8	13.3	10.2
绵羊	6 月	30	2.65	1.3	0.85	0.05	2.2	2.4	2.03
牛	5 周	50	5.8	5.3	0.5	0.01	1.12	15.0	10.3
牛	14 月	380	26.6	9.6	6.46	微量	23.46	—	—
牛	5 年	500	63.0	12.6	6.0	微量	56.4	—	—
人	30 岁	70	0.92	0.31	0.12	0.18	0.73	0.88	0.87

（四）缺乏与过量

1. 缺乏

（1）幼龄动物出现佝偻病，其症状为骨质软弱，腿骨弯曲，脊柱呈弓状，膝关节和跗关节肿胀，骨端粗大，四肢行动不便，常会引起自发性骨折或后躯瘫痪。造成佝偻病的原因是饲料中缺乏钙、磷，或缺钙不缺磷，或缺磷不缺钙，其相对应的病变分别是低钙低磷型佝偻病，低钙型佝偻病，低磷型佝偻病。犊牛易发生低磷型佝偻病；仔猪易发生低钙型佝偻病，也出现低磷型佝偻病。维生素 D 缺乏同样造成幼畜的佝偻病（图 7-2、图 7-3）。

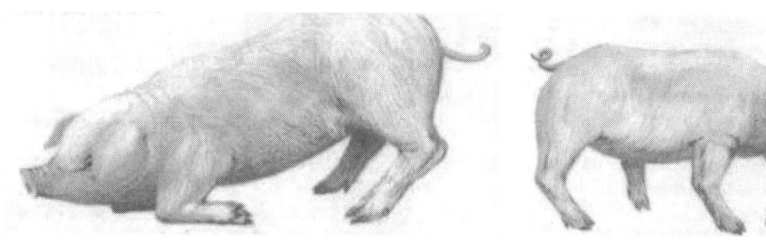

图 7-2　猪缺钙引起的佝偻病（前肢跪地、骨骼弯曲）　　　彩图 7-2

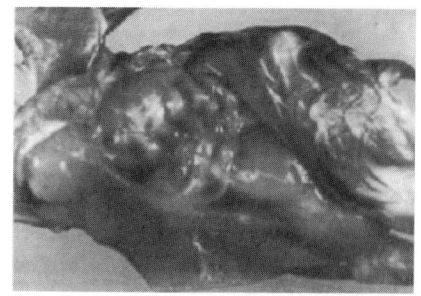
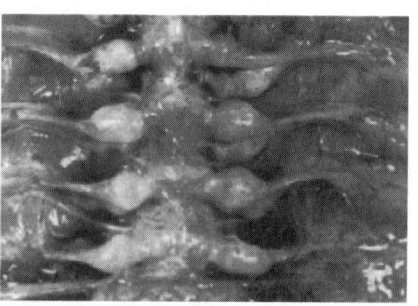

图 7-3　雏鸡缺钙引起的肋骨内弯、胸廓变形、肋骨椎端呈球状膨大　　　彩图 7-3

（2）成年动物在饲粮缺钙或钙、磷比例不当或维生素 D 缺乏时，均可诱发骨质软化病；

还可能因过多地调动了骨骼内钙的储备，使骨组织疏松呈海绵状。母鸡缺乏表现为软喙和软骨、生长停滞、蛋壳变薄、产软壳蛋、破蛋，并且产蛋量下降。

（3）缺磷成年动物则患软骨症。在地区性缺磷条件下，动物还可能患低磷性骨质疏松症。牛表现为食欲异常、极度消瘦及异食癖，并常出现关节僵硬、肌肉软弱、生长减缓、繁殖异常。此外，还常伴随产奶量大幅度下降。猪、鸡则呈现营养性瘫痪，而马主要表现为骨折。缺磷动物其血液中的无机磷含量显著低于正常标准。

（4）产后瘫痪（乳热症）是奶牛产犊后最常出现的一种血浆缺钙疾病。实际分娩奶牛并不缺钙，而是因产后甲状旁腺素和降钙素分泌失调造成产后瘫痪（图7-4）。妊娠期母牛分泌降钙素占主导地位，促进钙向骨骼中沉积。分娩后引起大量钙外流（泌乳等），血钙缺乏。生理上激素的调节还没适应这种新变化。造成血浆中钙的浓度减少，动物兴奋性增强。

图7-4　奶牛产后瘫痪

彩图7-4

2. 过量

钙过量能抑制反刍动物瘤胃中微生物的作用，使饲粮消化率降低。钙过量会使单胃动物的脂肪消化率下降，因为脂肪酸和钙结合成钙皂，其排出量增加。另外过量食钙还会扰乱动物体内磷、锰、铁、镁、碘等元素的吸收和代谢。

二、钠、钾、氯

（一）含量与分布

高等哺乳动物体内钠、钾、氯主要分布在体液和软组织中，占体重比分别为钠0.13%、钾0.17%和氯0.11%。动物体内60%的钠分布于细胞外液；88%的钾分布在细胞内液和各组织器官，其中肝、肾中含量最高，皮肤和骨骼中含量最少；氯在细胞内外均有分布，血液中的氯占阴离子总量的2/3（表7-3）。

表7-3　　　　　　　　　　哺乳动物体内钠、钾、氯的分布　　　　　　　　　　单位：%

元素	总含量（占体重）	可交换（占总量）	细胞外（占总量）	细胞内（占总量）
钠	0.13	76	60	16
钾	0.17	91	3	88
氯	0.11	99	76	23

（二）生理功能

动物体内钠、钾、氯的主要功能是：作为电解质维持渗透压，调节酸碱平衡，控制水的代谢。钠离子是血浆和其他细胞外液的主要阳离子，维持体液的酸碱平衡和渗透压，同时对传导神经冲动和营养物质吸收发挥重要作用；细胞内钾、钠、氯与 CO_3^{2-} 共同调节体液渗透压和保持细胞容量，同时钾元素可参与神经兴奋性传导和碳水化合物代谢。氯除了与钾、钠维持酸碱平衡和调节渗透压外，还可以盐酸或者盐酸盐的形式形成胃液。此外，三种元素还可通过形成酶的活化因子或提供酶发挥正常活性的条件，发挥重要生理作用。

（三）吸收与代谢

三种元素主要通过主动转运的方式进行吸收，也存在被动扩散作用。有氨基酸或糖类存在的情况下，钠可通过主动转运的方式吸收，但没有氨基酸和糖类，钠吸收效果较差。反刍动物前胃中钠和氯可通过偶联的主动吸收机制吸收。三种元素主要的吸收部位是十二指肠，其次是胃、小肠后段和结肠（主要是钠）。进入体内的钠、钾和氯大部分通过尿液的形式排出，少部分通过粪便、皮肤、汗腺等途径排泄。

（四）缺乏与过量

三种元素中任何一个缺乏均可能表现食欲差、生长慢、失重、生产力下降和饲料利用率低等，同时可导致血浆中含量和粪尿中含量降低。因此，粪尿中三种元素的含量下降可以敏感地反映三种元素的缺乏。

常规动物饲料中的钠和氯通常不能满足动物营养需要，生产中易缺乏，通常以食盐补充其需要。生长期动物长期缺钠，会出现采食量降低、饲料消化率降低、生长缓慢等现象。成年动物缺乏时，可发生运动失调、肌肉颤抖及心律不齐等症状。猪缺钠可导致同类相残、咬尾；蛋鸡缺钠易形成啄癖，可发生产蛋率下降、体重减轻现象；奶牛钠缺乏初期有严重的异食癖，随着钠缺乏时间的延长产生食欲降低、体重减轻、泌乳量降低、乳成分变差等症状。

钾在植物中的含量一般较高，因此常规饲养环境下的畜禽，钾一般不缺乏。但反刍动物尤其是育肥期和泌乳期采食大量精料、青贮玉米、酒糟或非蛋白氮等饲料也可能出现钾缺乏症。泌乳期牛缺钾，采食量和泌乳量显著降低。

动物食盐中毒的情况时有发生，尤其是在饮水量受到限制时。一般情况下，动物可通过自身调节机制，对食盐的摄入有一定的耐受力，但摄入过多的食盐，会导致动物过渴、腹泻、神经兴奋等症状。奶牛、猪、马、鸡、鸭和火鸡等饲粮中食盐的耐受量分别为 5.0%、5.0%、3.0%、3.0%、3.0%和3.0%，水中食盐耐受量分别为 1.0%、1.0%、0.6%、0.4%、0.4%和0.4%。动物摄入过多的钾经肾脏代谢时，易导致肾功能受损，引起高血钾症。钾摄入过多还可抑制其他矿物元素的吸收，如饲粮中钾过多，导致镁吸收率降低。实际生产中，给牧草施用大量钾肥可能引起反刍动物镁缺乏症。

三、镁

（一）含量与分布

动物体含镁占体重的 0.05%，占骨骼粗灰分的 0.5%~0.7%，其中 60%~70%的镁以磷酸盐和碳酸盐形式参与骨骼和牙齿的构成。25%~40%的镁与蛋白质结合形成络合物存在于软组织中，软组织中镁主要富集于细胞线粒体内，细胞质中镁主要以复合物的形式存在。细胞外液中镁浓度较细胞内液低,约占动物体内总镁的1%。血液中镁75%存在于红细胞内,动物血浆中镁水平一般为1.8~3.2mg/dL。当反刍动物血浆中镁水平为1.1~1.7mg/dL时,则认为是中等低镁血症,若低于1.1mg/dL,则认为是强低镁血症。

(二) 生理功能

镁作为一种必需元素有如下功能:①参与骨骼和牙齿组成;②作为酶的活化因子或直接参与酶组成,如磷酸酶、氧化酶、激酶、肽酶和精氨酸酶等,主要参与碳水化合物和蛋白质代谢;③参与DNA、RNA和蛋白质合成;④调节神经肌肉兴奋性,保证神经肌肉的正常功能;⑤参与促使ATP高能键断裂,释放能量促进肌肉运动;⑥镁作为细胞内主要阳离子之一,与钙、钠、钾和相关阴离子协同作用,维持机体酸碱平衡和神经肌肉正常兴奋性。

(三) 吸收与代谢

镁主要有两种吸收方式,一种是以简单的离子扩散吸收,另一种是形成螯合物或与蛋白质形成络合物经易化扩散吸收。反刍动物消化道中镁主要经前胃胃壁吸收,非反刍动物主要经小肠吸收。

镁的吸收率受许多因素的影响。

(1) 动物种类 不同种类动物镁的吸收率不同,猪、禽一般可达60%,奶牛只有5%~30%。

(2) 动物年龄 同种动物幼龄阶段比成年阶段吸收更有效。

(3) 饲料中的拮抗物 饲料中的钾、钙、氨等影响镁吸收。

(4) 镁的存在形式 镁的不同存在形式吸收率不同,硫酸镁的利用率较高。

(5) 饲料的类型 粗饲料中镁的吸收率比精饲料低。单胃动物和反刍动物镁的吸收利用见表7-4。

表7-4 单胃动物和反刍动物镁的吸收利用

动物种类	吸收部位	主要吸收形式	吸收率/%
单胃动物	小肠	异化扩散——螯合物,与蛋白质形成络合物	猪、禽60
反刍动物	瘤胃壁	简单扩散——离子形式	奶牛5~30

(四) 缺乏与过量

单胃动物需镁低,约占饲粮的0.05%,常规饲粮中镁的含量均能满足需要,不需要额外添加。猪饲粮镁含量低于0.04%可导致缺镁症发生。反刍动物镁需求量较高,如奶牛饲粮中镁的需求量为20mg/kg,是单胃动物的5倍。但反刍动物体内镁储备量低,并且对饲粮中镁的吸收率较低,容易出现镁缺乏症。

动物缺镁主要表现为食欲不振、生长受阻、过度兴奋、痉挛和肌肉抽搐,严重的导致昏迷、死亡。通过血液学检测可发现,缺镁动物血镁浓度较低。也可能出现肾钙沉积和肝中氧化磷酸化反应降低、外周血管扩张、血压下降、体温降低等症状。反刍动物镁缺乏症主要有两种原因,一是长期饲喂缺镁或低镁饲粮,导致动物机体储存的镁过度消耗而发生缺镁症;二是放牧的反刍动物因采食的青草中镁含量低,吸收率差,采食后发生缺镁症(又称草痉挛症),主要表现为神经兴奋、肌肉抽搐、呼吸弱、心跳过速,严重者发生抽搐死亡。草痉挛症与缺钙症的临床表现近似,但血镁含量有差异。缺钙症牛血镁正常,血钙、血磷和可溶性钙含量大幅度下降，草痉挛牛血钙、血无机磷正常，血镁下降（表7-5）。

表 7-5　　　　　　　　奶牛不同营养缺乏性痉挛的血液学比较　　　　　　单位：mg/100mL

类别	总钙	可交换性钙	无机磷	镁
正常	9.4	1.7	4.6	1.7
缺钙症	4.4	0.4	2.2	2.2
草痉挛	6.7	1.2	4.3	0.5

动物摄入镁过量将引起中毒反应，主要表现为精神不振、采食量下降、生产性能降低、运动失调和腹泻，甚至引起死亡。当鸡饲粮镁高于1%时生长速度减慢、产蛋率下降和蛋壳变薄。实际生产中使用含镁添加剂混合不均时也可能导致中毒。动物对饲粮中镁的需要量一般为：猪0.04%、鸡0.06%、奶牛1.8%~3.0%。

四、硫

（一）含量与分布

动物体内含0.16%~0.23%的硫，主要存在于含硫氨基酸、含硫维生素以及激素中，仅有少量以硫酸盐的形式存在于血液中。大部分以有机硫形式存在于肌肉组织、骨和齿中。有些蛋白质如毛、羽等含硫量高达4%。

（二）生理功能

硫主要通过参与形成氨基酸、维生素或激素发挥其生理作用。硫通过间接参与蛋白质、碳水化合物、脂类的代谢，完成含硫的生物活性物质在机体中的生理功能。此外，动物还能利用无机硫合成黏多糖，构成结缔组织。

（三）吸收与排泄

单胃动物基本上只能消化吸收无机硫酸盐和有机含硫物质中的硫，其对各种饲料中有机硫的吸收率在60%~80%，无机硫主要以简单扩散的方式吸收。反刍动物消化道中微生物能将一切外源硫转变成有机硫供机体利用。因此，反刍动物利用无机硫的能力较强，非反刍动物很弱。

硫主要经粪和尿两种途径排泄。由尿排泄的硫主要来自蛋白质分解形成的完全氧化的尾产物或经脱毒形成的复合含硫化合物，尿中硫和氮含量比较稳定。

（四）缺乏与过量

通常情况下，动物不会出现缺硫症状。实验性动物缺硫表现为采食量下降，角、蹄、爪、毛、羽生长缓慢，反刍动物纤维利用能力降低，最终因体质衰竭而死亡。反刍动物饲粮中使用尿素时，应适当补充硫。饲粮中氮硫比应控制在10∶1以内，否则易发生硫缺乏症。自然条件下硫过量的情况少见。饲粮中无机硫用量超过0.3%~0.5%时，可能使动物产生食欲减退、体重降低、便秘或腹泻、神经性抑郁等毒性反应，甚至导致死亡。

第三节 微量矿物元素

一、铁

（一）含量与分布

各种动物体内每千克体重平均含铁 30~70mg，含量主要受动物种类、年龄、性别、健康状况和营养状况的影响。所有动物不同的组织和器官铁分布差异很大，体内铁 60%~70% 存在于血红蛋白中；20% 与肌红蛋白结合后以铁蛋白或血铁黄素的形式存储于肝脏、脾脏或骨髓中；0.1%~0.4% 分布在细胞色素中，约 1% 存在于转铁蛋白和酶系统中。肝、脾和骨髓是主要的贮铁器官，其余 10%~20% 铁呈现不可利用状态，存在于动物体组织中。

（二）生理功能

（1）运输作用　铁参与形成的血红蛋白是体内运载氧和二氧化碳的主要载体；而参与形成的肌红蛋白是肌肉在缺氧条件下做功的供氧源。两种蛋白质中的铁作为氧的载体，保障血液和组织中氧气和二氧化碳的正常运输。

（2）作为辅酶或辅基参与体内物质代谢　二价或三价铁离子是激活参与碳水化合物代谢的各种酶不可缺少的活化因子，铁直接参与细胞色素氧化酶、过氧化物酶、过氧化氢酶、黄嘌呤氧化酶等的组成来催化各种生化反应，因此，铁与细胞内生物氧化、电子传递及能量释放有密切关联。

（3）生理防卫机能　转铁蛋白除运载铁以外，还具有广谱抗菌、抗病毒和激活黏膜免疫系统的作用，乳铁蛋白在肠道能促进双歧杆菌和乳酸杆菌生长，对预防新生动物腹泻可能具有重要意义。

（三）吸收与代谢

铁在动物消化道的吸收率较低，只有 5%~30%，但在饲粮缺铁情况下可提高至 40%~60%。铁的吸收部位主要在十二指肠，胃也能吸收部分铁。大多数铁可与肠道黏膜细胞上转铁蛋白结合或与小分子有机化合物螯合形式经易化扩散吸收。

动物的年龄、健康状况、体内铁的状况、胃肠道环境、铁的形式和数量等均可影响铁的吸收。一般来说，幼龄比成年动物，缺铁比不缺铁动物吸收能力更强；血红素形式比非血红素形式的铁吸收更有效；氨基酸、维生素 C、维生素 E、有机酸等均可与铁螯合促进吸收；但饲粮中过量的磷酸盐、铜、锰、锌、钴、镉、磷和植酸抑制铁吸收。反刍动物对铁的吸收率受饲粮铁含量的影响，当每千克饲粮含铁 30mg 时，吸收率可达 60%，但当每千克饲粮含铁 60mg 时，吸收率降低到 30%。

吸收进入体内的铁主要在骨髓和肌肉中分别合成血红蛋白和肌红蛋白。体内铁周转代谢速度快，大部分是内源铁的反复循环代谢，进入体内的铁一般反复参与合成与分解循环 9~10 次才排出体外。铁主要经粪排泄，少量随尿液排出。

（四）缺乏与过量

动物铁缺乏，主要导致血红素合成不足而降低血红蛋白的合成量，当血红蛋白含量低于正常值 25%，即可出现典型症状：生长迟缓、精神萎靡、黏膜苍白、呼吸加快、抗病力弱、死亡率高。血红蛋白的含量可以作为判定贫血的标识，当血红蛋白低于正常值 25% 时表现贫血，低于正常值 50%~60% 时则可能表现出生理功能障碍。不同种类动物以及不同生长阶段表现出不同形式的贫血，新生仔猪最易出现贫血，在出生后 2~4 周内，血红素可降到 4g/100mL 以下，主要原因为：①新生仔猪体内铁储备少，每千克体重约为 30mg；②新生仔猪生长率很高，平均每天需要铁 6~8mg；③母猪乳铁含量低，每日仅能为每头新生仔猪提供 1mg 铁。因此，生产中常在仔猪出生后 2~3d 内及时人工补充铁。

各种动物对过量铁的耐受力都较强，猪比禽、牛和羊更强。猪、禽、牛和绵羊对饲粮中铁的耐受量分别为 3000mg/kg、1000mg/kg、1000mg/kg 和 500mg/kg。当饲粮铁利用率降低时，耐受量更大。

二、锌

（一）含量与分布

动物体内的锌含量通常比较稳定（表 7-6），平均含量为 10~100mg/kg。按照无脂体重计算，猪、牛、绵羊和大鼠等含锌量为 20~30mg/kg，兔含锌量较高，约为 50mg/kg。动物组织器官中，虹膜、脉络膜、前列腺、骨骼中含锌量最高，肝、肾、胰、肌肉中含锌量也较高，其中骨骼肌中锌含量占体内总锌的 50%~60%，骨骼中约占 30%。锌可参与酶的形成，动物体内锌的分布大致与锌有关的酶系统分布一致，如骨骼肌中锌和碱性磷酸酶含量均比较多，红细胞中的锌绝大部分存在于碳酸酐酶中。

表 7-6　　　　　成年动物组织器官中正常锌含量（新鲜组织）　　　　　单位：mg/kg

组织	肝	肾	脾	心	胰	肺	脑	肾上腺	睾丸	肌肉	骨
含量	44	37	24	23	39	19	16	20	19	33	150
范围	30~76	23~55	21~28	17~33	20~48	15~22	14~18	12~33	17~22	13~54	50~260

（二）生理功能

（1）作为酶的组成成分和激活剂。锌参与动物体内 300 多种酶和功能蛋白的构成。在不同酶中，锌起着酶的构成和激活作用，同时也可影响某些酶分子配位基的构型。

（2）参与维持上皮细胞和被毛的正常形态、生长和健康。缺锌将影响胱氨酸和酸性黏多糖代谢，诱发上皮细胞角质化和脱毛。

（3）作为胰岛素的组成成分。胰岛素主要由两条多肽链和含锌蛋白构成，锌有利于胰岛素发挥生理作用，同时有稳定和保护胰岛素分子的作用。

（4）作为抗氧化酶的组成成分。抗氧化酶可保护生物膜避免遭受氧化损伤，从而保护生物膜的正常结构和功能。

（5）维持动物免疫系统完整性。锌对维持动物中枢免疫器官和外周免疫器官的结构和功能起着重要作用。缺锌可引起动物免疫缺陷，增加对抗原的易感性。

（三）吸收与代谢

单胃动物锌吸收主要在小肠，反刍动物在真胃、小肠都可吸收。各种动物锌的吸收率为 30%~60%，吸收率高低主要与体内锌含量、锌平衡状态、饲粮因素及动物生理状况有关。吸收的锌与血浆清蛋白结合,通过血液循环转运到各组织器官。不同组织器官周转代谢速度不同,其中肝是锌代谢的主要器官,周转代谢较快,骨和神经系统锌周转代谢较慢,毛中锌基本不存在分解代谢。代谢后的锌主要经胆汁、胰液及其他消化液从粪中排泄。生产动物随产品排出一定量的锌,雄性动物可随精液排出大量锌。

(四)缺乏与过量

猪、禽、犊牛及羔羊等都可能出现锌缺乏。动物缺锌时,采食量下降、生长受阻而导致生产性能降低。雄性动物可出现生殖器官发育不良,雌性动物出现繁殖性能降低、骨骼异常等症状。动物缺锌最典型的症状是皮肤不完全角质化症,表现为动物皮肤变厚角质化,但上皮细胞未完全退化。猪缺锌时,大腿内侧皮肤开始皱缩粗糙,逐渐蔓延至全身,并伴有痂状硬结,眼、口周围、颈、耳及阴囊的皮肤角质化、脱落,引起病原微生物感染(图7-5)。生长鸡缺锌,表现为严重皮炎,脚爪特别明显。小牛缺锌,口鼻部、颈、耳、阴囊和后肢出现皮肤不完全角化损害,也可出现脱毛、关节僵硬和踝关节肿大。羔羊缺锌,眼和蹄上部出现皮肤不完全角化症,角轮消失,踝关节肿大。

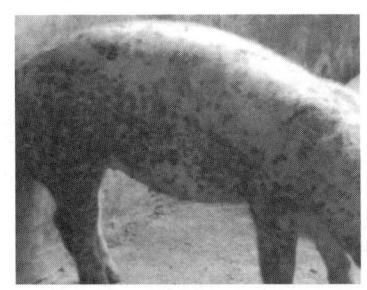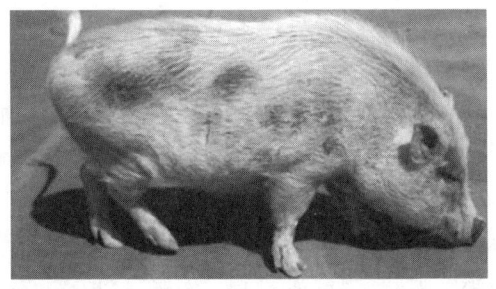

图7-5 猪缺锌后出现皮肤病、皮肤角质化不全　　　　彩图7-5

各种动物对高锌都有较强耐受力,但过量摄入对铁、铜元素吸收不利,从而导致动物贫血或生长迟缓。猪对饲粮中锌的耐受量最高,可达到2000mg/kg,绵羊和牛分别为300mg/kg、500mg/kg。猪对锌的需要量为50~100mg/kg,鸡为30~40mg/kg,奶牛为30~55mg/kg。

《饲料添加剂安全使用规范》中第四项明确规定,仔猪(≤25kg)配合饲料中锌元素的最高限量为110mg/kg,但在仔猪断奶后前两周特定阶段,允许在此基础上使用氧化锌或碱式氯化锌至1600mg/kg(以锌元素计)。饲料企业生产仔猪断奶后前两周特定阶段配合饲料产品时,如在含锌110mg/kg基础上使用氧化锌或碱式氯化锌,应在标签显著位置标明"本品仅限仔猪断奶后前两周使用",未标明但实际含量超过110mg/kg或者已标明但实际含量超过1600mg/kg的,按照超量使用饲料添加剂处理。

三、铜

(一)含量与分布

动物体内平均含铜2~3mg/kg,大部分铜存在于肌肉和骨骼中。器官中以肝脏中含量最高,以干物质基础计算,猪、禽、鼠、兔肝脏铜含量为10~50mg/kg,而牛、羊、鸭和鱼肝脏铜含量高达100~400mg/kg。动物体内铜含量跟动物种类和同种动物的不同生长阶段有关,比如幼龄动物体内铜含量高于成年家畜。

（二）生理功能

（1）作为酶的组成成分　铜是许多金属酶包括超氧化物歧化酶、细胞色素氧化酶、尿酸氧化酶、氨基酸氧化酶、酪氨酸酶、赖氨酰氧化酶、苄胺氧化酶、二胺氧化酶及铜蓝蛋白等的组成成分，在体内色素沉积、神经传导及营养代谢方面发挥重要作用。

（2）促进红细胞的形成　维持铁的正常代谢，利于铁的吸收和释放入血，促进血红素的合成和红细胞的成熟。

（3）参与骨形成　铜是骨细胞、胶原蛋白和弹性蛋白形成都不可缺少的元素。

（三）吸收与代谢

消化道中铜的吸收主要在小肠，绵羊大肠也有较强吸收能力。动物消化道中铜的吸收率低，为5%~10%，主要受铜的浓度和饲粮因素的影响。当饲粮铜浓度低时主要经易化扩散吸收，当饲粮铜浓度高时可经简单扩散吸收，而且缺铜动物比不缺铜动物对铜的吸收更有效。饲粮中配位体和营养素（锌、硫、钼、铁、钙等可能与铜拮抗）也可能影响铜的吸收，如猪饲粮中锌过量可抑制铜的吸收，降低肝、肾和血液中铜含量，导致贫血。肝是铜代谢的主要器官，进入肝细胞的铜先形成含铜巯基组氨酸三甲基内盐，然后转移到含铜酶中。内源铜主要经胆汁由肠道排泄。消化道其他部位和肾也排泄少量内源铜。

（四）缺乏与过量

动物缺铜不利于铁的吸收利用，影响铁的吸收和释放入血的铁含量。因此，各种动物长时间缺铜表现出缺铁性贫血。不同动物铜缺乏表现症状不同，新生仔猪铜缺乏，贫血尤为明显，生长猪缺铜将导致骨骼发育异常而呈现畸形，且骨折的发生率提高，而牛和羊则少见。家禽缺铜易引起种蛋胚胎死亡和吸收，即使孵化出雏鸡也难以成活。绵羊缺铜导致其参与色素形成的铜酪氨酸酶活性降低，引起羊毛生长缓慢，毛质脆弱，毛质褪色，毛弯曲度消失等症状。牛缺铜可引起腹泻，繁殖母羊将出现繁殖功能障碍，死胎率增加。

动物铜摄入过量可引起中毒反应，表现出生长发育迟缓、采食量降低、精神萎靡及呼吸困难等症状。反刍动物铜过量可出现溶血现象，包括血红素尿、黄疸、组织坏死。各种动物的铜耐受量，牛、羊最低，为25~100mg/kg；猪、鸡较高，为200~250mg/kg；马和大鼠最高，为800~1000mg/kg。

四、锰

（一）含量与分布

动物体内锰含量相对较低，为0.2~0.3mg/kg。骨、肝、肾、胰腺含量较高，为1~3mg/kg，肌肉中含量较低，为0.1~0.2mg/kg。骨中锰占总体锰含量的25%，主要沉积在骨的无机物中，有机基质中含少量。肝脏中锰含量较稳定，骨骼和被毛中的锰与其摄入量有关。

（二）生理功能

（1）在碳水化合物、脂类、蛋白质和胆固醇代谢中作为酶活化因子或组成部分。

（2）参与骨骼有机质形成过程中关键酶的激活。

（3）参与催化胆固醇合成。

（4）维持大脑正常代谢功能。

（三）吸收与代谢

锰主要在十二指肠被吸收，其吸收率为5%~10%。影响锰吸收的因素很多。植物性饲料中锰的吸收率较低，平均为5%~10%；饲粮中铁、铜、锌、钙及磷含量高能够降低锰的吸收；锰的来源也影响动物的吸收率，如鸡对大豆饼、棉籽饼中的锰吸收率为70%左右，但对菜籽饼中的锰吸收率为50%左右。

吸收进入细胞内的锰以游离形式或与蛋白质结合形成复合物转运到肝。氧化态锰与转铁蛋白质结合后再进入循环，由肝外细胞摄取。肝脏和血清中锰的含量在激素控制下保持动态平衡。锰代谢主要经胆汁和胰腺从消化道排泄，经小肠黏膜上皮和肾也排出一部分。

（四）缺乏与过量

动物缺锰可导致饲料利用率降低、生长减慢、骨骼异常和繁殖功能异常等，其中骨骼异常是缺锰的典型表现。不同动物锰缺乏症有所差异，禽类缺锰产生滑腱症，主要表现为：胫骨和跖骨之间的关节肿大畸形，胫骨扭向弯曲，长骨增厚缩短，腓长肌腱滑出骨突，严重者不愿走动，不能站立（图7-6），甚至死亡。产蛋母鸡缺锰时产蛋率下降，蛋壳变薄，种蛋孵化率降低。猪缺锰产生骨异常的表现是脚跛、后踝关节肿大和腿弯曲缩短。绵羊和小牛表现站立和行走困难、关节疼痛和不能保持平衡。山羊出现跗骨小瘤，腿变形。

（1）鸭缺锰蹼内转，跗关节着地

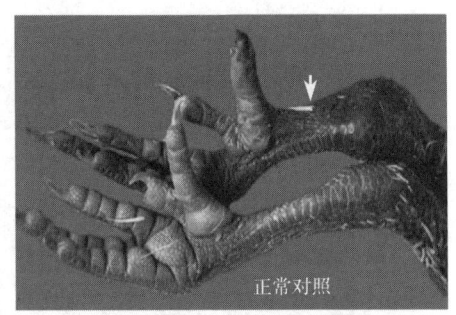
（2）跗关节肿大、变形，跖骨变短变粗

图7-6 锰缺乏症

彩图7-6

锰过量可引起动物生长受阻、贫血和胃肠道损害，有时出现神经症状。禽对锰的耐受力最强，饲粮中锰含量为600mg/kg时，雏鸡生长将停滞；生长猪饲粮中锰含量为500mg/kg时，生长速度将显著下降；牛、羊对锰耐受1000mg/kg左右。

五、硒

（一）含量与分布

动物体内含硒量0.05~0.2mg/kg。各种组织中，肾和肝脏中硒含量最高，可达到5~7mg/kg。肌肉中硒含量占机体总硒量的50%~52%，皮肤、毛和角中含硒量14%~15%，骨骼中含硒量10%。

（二）生理功能

（1）抗氧化系统组成　硒可参与谷胱甘肽过氧化物酶的形成而发挥抗氧化作用，对正常细胞起保护作用。

（2）促进腺体发育　硒参与形成5′-脱碘酶，激活甲状腺激素释放，保障动物正常生长发育。

（3）维持动物免疫机能　硒可促进淋巴细胞产生抗体，具有增强机体免疫力的作用。

（4）维持正常繁殖功能　硒可促进公畜睾酮激素正常分泌。

（三）吸收与代谢

十二指肠是硒的主要吸收部位。正常饲粮条件下硒的吸收率与动物种类有关，猪对硒的吸收率较高，可达85%，绵羊吸收率为35%。

硒的代谢比较复杂，首先需要转变形成硒化物，然后以负二价形式形成有机硒，发挥营养生理作用。不同种类动物经不同途径排泄的硒不同，反刍动物经粪排出的硒比非反刍动物多。砷促进硒经胆汁排泄，防止硒中毒；镉和银等既使硒经肺排泄减少，又不增加胆汁排泄量，使硒留在体内。

（四）缺乏与过量

缺硒动物组织中硒浓度下降，易出现肝细胞坏死、肌肉营养不良（白肌病，图7-7）、胰腺纤维化、水肿及贫血等症状。此外，硒缺乏明显影响繁殖性能，如母猪产仔数减少，公畜精子数量减少、活力降低、畸形率升高，种鸡产蛋下降，母羊不育及母牛产后胎衣不下（表7-7）。

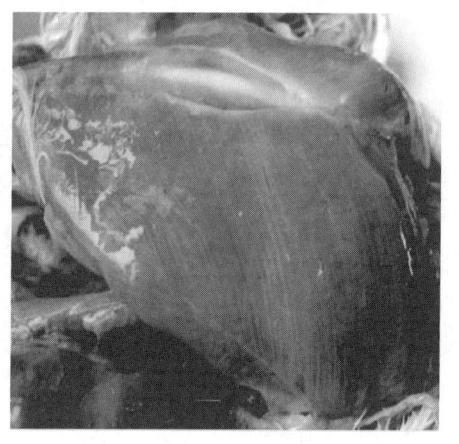

图7-7　缺硒引起的白肌病

彩图7-7

表7-7　　　　　　　　　　　硒缺乏易发病症

动物类别	牛	羊	猪	禽
病症	肌营养不良	肌营养不良	桑葚心	渗出性素质
	胎衣滞留	白肌病	肝脏坏死	胰腺纤维化
	白肌病	繁殖力降低	渗出性素质	肌胃变性
			贫血	脑软化
				肌营养不良

硒的毒性较强，各种动物长期摄入5~10mg/kg硒可产生慢性中毒，其表现是消瘦、贫血、关节强直、脱蹄、脱毛及影响繁殖等。摄入500~1000mg/kg硒可出现急性或亚急性中毒，轻者盲目蹒跚，重者死亡。一般情况下，饲粮中硒引起动物中毒的剂量为：家禽10~20mg/kg、猪7.5~10mg/kg、反刍动物2mg/kg。

六、碘

（一）含量与分布

动物体内含碘量为 0.2~0.3mg/kg，70%~80%分布于甲状腺内，是单个微量元素在单一组织器官中浓度最高的元素，其他碘分布于组织和体液中。血中碘以甲状腺素形式存在，主要与蛋白质结合，少量游离存在于血浆中。

（二）生理功能

碘最重要的功能是构成甲状腺素，调节机体新陈代谢，对动物健康、生长和繁殖均有重要作用。同时，甲状腺素可参与调控一些特殊蛋白质的代谢以及促进胡萝卜素转变为维生素 A。

（三）吸收与代谢

碘以碘盐的形式吸收率较好，如碘化钾。动物吸收入血的碘以 I^- 形式存在，在甲状腺内先氧化成 I_2，再与甲状腺球蛋白质中的酪氨酸残基结合成碘化甲状腺球蛋白质，最后经水解释放出具有激素活性的 T_3、T_4，通过血液循环进入其他组织起作用。进入器官中的甲状腺素 80% 被脱碘酶分解，释放出的碘循环到甲状腺重新用于合成。

碘主要经尿排泄，反刍动物皱胃也排出内源碘，但进入肠道的碘一部分又被重新吸收。生产动物经产品也可排出碘。

（四）缺乏与过量

动物缺碘表现为甲状腺细胞代偿性增生而发生肿大，生长受阻，繁殖力下降。值得注意的是，甲状腺肿大不全是缺碘。十字花科植物中的含硫化合物和其他来源的高氯酸盐、硫脲或硫脲嘧啶等都能造成类似缺碘一样的后果。妊娠母畜缺碘易导致胎儿生长发育受阻而出现胚胎死亡，分娩易产弱仔或死胎，新生后代出现生长缓慢、成活率低等现象。母牛碘缺乏易出现繁殖机能紊乱，表现为发情无规律、甚至出现不育。禽、鱼缺碘也明显影响生长和繁殖性能。上述症状主要由于缺碘动物血中甲状腺素浓度下降，细胞氧化能力下降，基础代谢率降低。

动物摄入的饲粮碘过量将出现中毒现象，表现为猪血红蛋白水平降低，鸡产蛋量降低，反刍动物瘤胃或皱胃溃疡。各种动物的碘耐受量为：生长猪 400mg/kg、家禽 500mg/kg、牛、羊 50mg/kg。

七、钴

（一）含量与分布

动物体内钴主要以维生素 B_{12} 形式存在，主要分布在肌肉、骨骼和其他组织中。因此，参与维生素 B_{12} 合成是动物体内钴的一项重要生理功能，如反刍动物瘤胃微生物可以利用钴合成维生素 B_{12}。另有研究显示，钴可激活葡萄糖变位酶、精氨酸酶、碱性磷酸酶等酶的活性。

（二）吸收与代谢

动物体内钴的吸收率普遍较低，所摄入的钴约 80% 将通过尿液或粪便形式排出。反刍动物对可溶性钴的吸收比非反刍动物差。如饲粮正常钴水平条件下，瘤胃微生物仅把 3% 左右钴转变成维生素 B_{12}，其中仅能吸收 20% 左右，因此，反刍动物更容易出现钴缺乏现象。

（三）缺乏与过量

反刍动物缺钴导致采食量降低、生长受阻、产奶量下降、初生幼畜体弱和成活率低等症状。生化检查发现肝肾中维生素 B_{12} 浓度下降,瘤胃中钴和维生素 B_{12} 低于正常水平,血清维生素 B_{12} 含量显著下降。

各种动物对钴过量的耐受能力不同,肉鸡的耐受量为 70mg/kg,仔猪为 150mg/kg,牛、羊为 10mg/kg。

因反刍动物体内钴吸收能力较低,生产中需保证奶牛饲粮中含有 0.11mg/kg 的钴,猪和鸡不需要单独添加。

> 思考题
> 1. 什么是常量元素?什么是微量元素?各包括哪几种元素?
> 2. 钙、磷的主要营养功能有哪些?畜禽钙、磷缺乏症有哪些?
> 3. 影响钙、磷吸收的主要因素有哪些?
> 4. 钠、钾及氯主要生理功能有哪些?
> 5. 动物缺铁、锌、锰、硒、碘的主要症状分别有哪些?

CHAPTER 8

第八章
维生素营养

[学习目标]

1. 掌握各种维生素的营养生理功能。
2. 掌握各种维生素的典型缺乏症。
3. 通过了解维生素发现和研究过程培养"学贵知疑，小疑则小进，大疑则大进"的创新意识。

维生素是一类动物正常生长与代谢所必需的、有明确生理功能的微量有机化合物。体内一般不能合成，必须由饲粮提供，或者提供其先体物。"维生素"一词1921年由波兰科学家Funk提出，指食物中含有的一类特殊有机成分，这些成分可预防人的脚气病、糙皮病、佝偻病和坏血病。之后，一系列维生素的理化性质、生理作用陆续被发现和认识，已有14种维生素被确定。尽管维生素的发现可以追溯到20世纪初，但某些疾病与维生素缺乏的联系早已得到证实，唐代的孙思邈（公元581—682年）在《千金方》中记载，用榖树皮煮粥治疗"脚气病"，用猪肝治疗"雀目"，就是今天我们所说的因维生素A缺乏而导致的夜盲症。也就是说人类对维生素缺乏症的认识，先于对其化学结构和性质的认识，正因如此，维生素的发现经历了经验阶段、实验阶段、假说、验证、提纯或人工合成等不同阶段，但到目前为止不少维生素的生物学功能还未彻底弄清楚，仍需要不停的去探索，敢于提出新理论，发挥打破砂锅问到底的劲头，在现有的研究基础之上，勇于创新，攻坚克难，追求卓越。

第一节 概述

一、维生素的概念及分类

维生素一词源自Funk提出的以"vital amines"为词源的"vitamine（维他命）"，最后衍变为"vitamin（维生素）"，它是一类维护动物健康、促进生长发育和调节动物正常生理功能和代谢所必需、需要量极少的不同于脂肪、碳水化合物和蛋白质的低分子有机化合物。

按其溶解性可分为脂溶性和水溶性维生素两大类。脂溶性维生素包括维生素 A、维生素 D、维生素 E 和维生素 K。而水溶性维生素包括 B 族维生素和维生素 C。B 族维生素包括硫胺素、核黄素、烟酸、泛酸、维生素 B_6、生物素、叶酸、维生素 B_{12}、胆碱（图 8-1）。

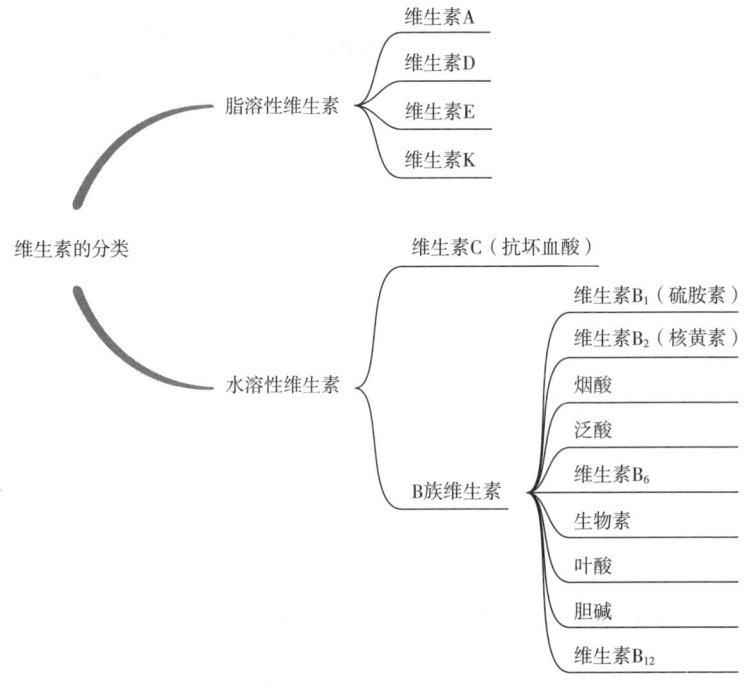

图 8-1 维生素的分类

二、维生素的营养生理作用及特点

（1）不参与机体构成，也不是能源物质，主要以辅酶和催化剂的形式广泛参与体内新陈代谢的多种化学反应，从而保证机体组织器官的细胞结构和功能正常。

（2）生物体对其需要量甚微，每日需要量一般在毫克或微克水平，但由于它们在体内不能合成或合成量不足，且维生素本身也在不断地进行代谢，因此必须由饲粮供给，或者提供其先体物。

（3）维生素缺乏可引起机体代谢紊乱，产生一系列缺乏症，影响动物健康和生产性能，严重时可导致动物死亡。维生素供应过多时会出现中毒现象，过量的脂溶性维生素会引起严重的中毒症状，而过量的水溶性维生素相对毒性要小得多。

维生素缺乏主要表现为：食欲下降，外观发育不良，生长受阻，饲料利用率、生产力、对疾病抵抗力下降等非特异性症状。有些维生素缺乏可表现出特异性缺乏症，如干眼病（维生素 A）、脚气病（维生素 B_1）、糙皮症（烟酸）、坏血病（维生素 C）、佝偻病（维生素 D）等。

水溶性维生素除维生素 B_{12} 外，其余几乎不在体内储存，故一般不会中毒。脂溶性维生素易在体内沉积，摄入过量时可引起中毒。如维生素 A 过量可导致骨畸形；维生素 D 过量可使得血钙过多，动脉中钙盐广泛沉积，各种组织和器官发生钙质沉积以及骨损伤。

（4）动物对维生素的需要有以下特点。首先，不同动物对各种维生素的需要量不同。其次，生物体对维生素的需要量不是固定不变的，其受多种因素影响，如动物健康状况、生长阶段及其他营养素的供给情况等。提高饲粮中维生素含量，可提高动物抗应激或对疾病的抵抗力。第三，动物对维生素的需要量还受其他多种因素的影响，包括维生素来源、饲粮结构与成分、饲料加工方式、储藏时间、饲养方式等。如在集约化饲养条件下，动物对维生素的需要量增加。第四，提高饲粮中某些维生素含量可提高畜产品的品质或生产出富含维生素的畜产品。

第二节 脂溶性维生素

一、维生素 A

（一）特性与效价

维生素 A 是含 β-白芷酮环的不饱和一元醇，有视黄醇、视黄醛和视黄酸三种衍生物，每种都有顺、反两种构型，其中以反式视黄醇效价最高。

维生素 A 只存在于动物体中，植物中不含维生素 A，而含有维生素 A 原（先体）胡萝卜素。胡萝卜素也存在多种类似物，其中以 β-胡萝卜素活性最强，玉米黄素和叶黄素无维生素 A 活性，但可用作蛋黄、肉鸡皮肤及脚胫的着色。在动物肠壁中，1 分子 β-胡萝卜素经酶作用可生成 2 分子视黄醇。各种动物转化 β-胡萝卜素为维生素 A 的能力也不同，如果以家禽的转化能力为 100%，则猪、牛、羊、马只有 30%左右（表 8-1）。

表 8-1　　不同动物将 β-胡萝卜素转化为维生素 A 的效价

动物	每 1mg β-胡萝卜素转化为维生素 A 的量/IU	转化 β-胡萝卜素为维生素 A 的能力/%
肉牛	400	24
奶牛	400	24
绵羊	400~450	24~30
猪	500	30
生长马	555	33.3
繁殖马	333	20
家禽（标准）	1667	100
犬	833	50
鼠	1667	100
狐狸	278	16.7

维生素 A 和胡萝卜素易被氧化破坏，尤其是在湿热和与微量元素及酸败脂肪接触的情况下。在无氧黑暗处较稳定，在 0℃ 以下的暗容器内可长期保存。一个国际单位（IU）的维生素 A 相当于 0.3μg 视黄醇、0.55μg 维生素 A 棕榈酸盐和 0.6μg β-胡萝卜素。

（二）吸收与代谢

食入的维生素 A 和胡萝卜素散布在胆汁液滴中，被胰酶（甘油三酯脂肪酶、脂肪酶相关蛋白 2 和肠磷脂酶 B）水解产生视黄醇。视黄醇与脂质和胆汁盐溶解形成微粒，经被动扩散通过顶端膜被肠上皮细胞（主要在空肠）摄取。

被吸收的维生素 A 以酯的形式与维生素 A 结合蛋白相结合，经肠道淋巴系统转运至肝脏储存。当周围组织需要时，维生素 A 将水解成游离的视黄醇并与视黄醇结合蛋白（RBP）结合，并在血液中运输转运到达靶器官。

（三）功能与缺乏症

1. 维持正常的视觉

正常视觉的维持归功于 11-顺视黄醛。它与视蛋白结合生成视紫红质，是视网膜干细胞对弱光敏感的感光物质。视黄醛是维生素 A 的氧化产物。当维生素 A 缺乏时，11-顺视黄醛的生成不足，干细胞合成的视紫红质减少，从而出现在暗光、黄昏和夜间视物不清的现象，称其为夜盲症。

2. 维持上皮组织结构的完整性

研究表明，维生素 A 可通过糖基转移酶的作用影响上皮细胞中糖蛋白的生物合成。维生素 A 缺乏时，黏多糖蛋白的合成受阻，使黏膜上皮的正常结构改变，消化道、呼吸道、生殖泌尿系统、眼角膜及其周围软组织等的上皮组织细胞发生鳞状变形并角化。这种变化可引起腹泻，眼角膜软化、浑浊、干眼、流泪和分泌脓性物等多种症状。脱落的角质化细胞在膀胱和肾中易形成结石，角质化也减弱了上皮组织对外来感染和侵袭的抵抗力，动物因此易患感冒、肺炎、肾炎和膀胱炎等。

3. 精子产生、胚胎存活和胎儿的生长发育所必需

当维生素 A 缺乏时，可引起生殖机能障碍。公畜睾丸及附睾退化，精液质量降低。母畜发情不正常，发生胎儿吸收、畸形等现象，对鸡孵化、生长和产蛋都有影响。

4. 促进骨骼的生长与发育

维生素 A 能维持成骨细胞和破骨细胞的正常功能，为骨的正常代谢所必需。当维生素 A 缺乏时，黏多糖蛋白合成受阻，软骨上皮的成骨细胞和破骨细胞的相互关系紊乱而使骨发生变形。生长期骨形的变化可压迫神经，进而发生退化。如水牛的夜盲症可因骨管狭窄导致视神经萎缩而致。犬可因听神经受损而导致耳聋。牛、羊和猪也发现因骨变形而影响肌肉和神经，导致运动不协调、步态蹒跚、麻痹及痉挛等。另外也可因软组织受损而造成先天畸形，如猪先天性无眼球和兔子产生脑积液。

5. 参与造血功能

维生素 A 在造血过程中最基本的作用包括铁离子的体内运输和储存，增加非血红素铁的生物利用度。维生素 A 缺乏可降低铜蓝蛋白的活性，而铜蓝蛋白是与亚铁氧化酶活性相关的铜依赖性蛋白，对铁离子在肠道的吸收很重要。在维生素 A 缺乏的人和动物中，补充维生素 A 能增加铁离子水平，也能增强铁离子的效用从而减少贫血症的发生。

6. 提高机体免疫力

视黄醇或视黄酸参与淋巴器官发育、B 淋巴细胞的抗体产生和对病原体的免疫应答过程。动物常见的维生素 A 缺乏症如图 8-2 所示。

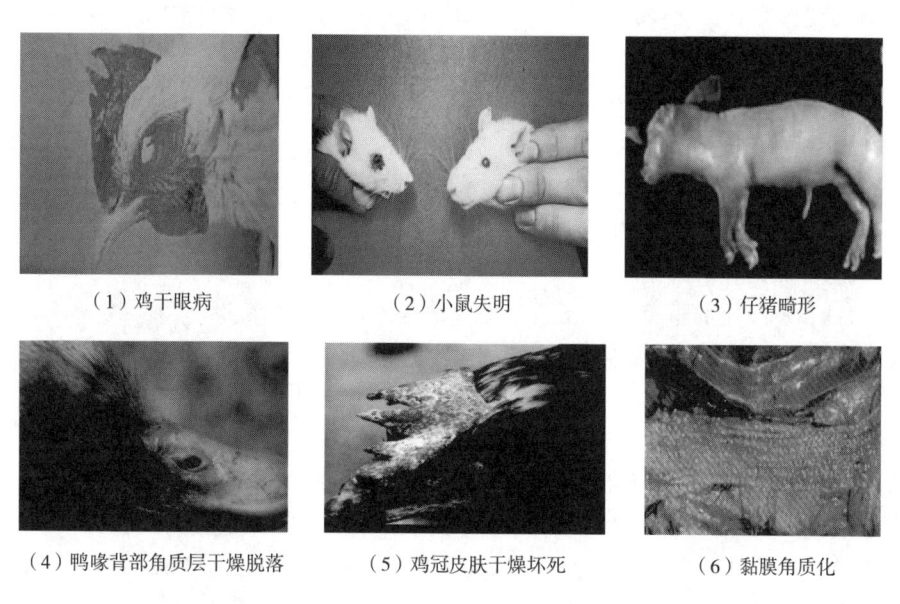

（1）鸡干眼病　　　　（2）小鼠失明　　　　（3）仔猪畸形

（4）鸭喙背部角质层干燥脱落　（5）鸡冠皮肤干燥坏死　（6）黏膜角质化

图 8-2　维生素 A 缺乏症　　　　彩图 8-2

（四）过量与中毒

长期高水平的维生素 A 摄入易引起中毒。症状可表现为肝纤维化、骨骼的畸形和眼异常、脱发、神经症状、出生缺陷等。维生素 A 代谢存在物种差异，因此不同物种对维生素 A 过量的敏感性也存在差异。禽和鱼类，维生素 A 的中毒剂量是需要量的 4~10 倍，反刍动物则 30 倍于需要量。据报道，人一次服用 50 万~100 万 IU 的维生素 A 可致死。

二、维生素 D

（一）特性与效价

维生素 D 又称钙（或骨）化醇，是类固醇衍生物。有维生素 D_2（麦角钙化醇）和维生素 D_3（胆钙化醇）两种活性形式。麦角钙化醇的先体是来自植物的麦角固醇，胆钙化醇来自动物的 7-脱氢胆固醇。先体经紫外线照射而转变成维生素 D_2 和维生素 D_3。7-脱氢胆固醇在动物体中可由胆固醇和鲨烯（三十碳）转化而来。后两者大量存在于皮肤、肠壁和其他组织中。

结晶的胆钙化醇是一种白色针状物，低温和暗环境下较稳定。紫外线的照射、酸败的脂肪以及矿物元素均可使之氧化失效。维生素 E 和其他抗氧化剂可防止胆钙化醇的破坏。1IU 的维生素 D 相当于 $0.025\mu g$ 维生素 D_3 的活性。对于猪，维生素 D_3 的效价可能高于维生素 D_2。家禽维生素 D_3 的效价比维生素 D_2 约高 30 倍。奶牛维生素 D_2 的效价可能只有维生素 D_3 的 1/4~1/2，用维生素 D_2 满足鱼对维生素 D 的需要至少 3 倍于维生素 D_3。

（二）吸收与代谢

在小肠肠腔内，日粮维生素 D_3 和维生素 D_2，可溶解在脂质与胆汁盐中，通过被动扩散被肠上皮细胞从微胶粒中吸收。吸收后（主要在空肠）的维生素 D_3 和维生素 D_2 被组装成乳糜微粒，通过被动扩散离开肠上皮细胞进入肠道淋巴管，流入血液（哺乳动物和鱼类）或进入门静脉循环（家禽和爬行动物）。通过血液中脂蛋白的代谢，含维生素 D 的乳糜微粒转化为乳糜微粒残留物，随后通过受体介导机制被肝脏摄取。与其他脂溶性维生素不同，维生素 D 不储存在肝脏中，几乎均匀分布在各种组织中。在肝脏中，维生素 D 被羟化成 25-羟基维生素 D_3 或 25-羟基维生素 D_2，其随后被输出到血液中，在血浆中转运并发挥作用。外用的维生素 D 也可以穿过皮肤的脂酯双层被有效地吸收。

（三）功能与缺乏症

（1）激活肠上皮细胞维生素 D 依赖的钙和磷酸盐转运系统。

（2）刺激破骨细胞释放钙和磷酸盐。

（3）增强肾脏对钙和磷酸盐的重吸收。在从正常日粮摄入矿物质的情况下，大约 65% 和 80% 通过肾小球滤过的钙和磷酸盐在近端肾小管内被重吸收。因此，维生素 D 对于调节钙和磷代谢，以及骨钙化和生长至关重要。

维生素 D 缺乏可引起钙、磷的吸收和代谢机制紊乱，导致骨骼钙化不全。正在生长的骨骼如果缺乏维生素 D，则在成骨过程中将不能正常沉积钙盐，从而导致骨软化并致骨畸形，出现佝偻病。成年动物软骨内骨化完成后，可由于钙、磷代谢紊乱而发生骨质脱钙、骨质疏松、骨骼变形等骨营养不良症，称为软骨病。维生素 D 缺乏可引起生长鸡生长受阻，羽被不良，出现佝偻病、软骨病及龙骨变形等。产蛋母鸡饲喂不含维生素 D 的日粮，母鸡产蛋量及蛋壳质量会迅速下降，且多数为薄壳蛋和软壳蛋。母畜孕期维生素 D 过度缺乏，会造成新生幼畜先天骨畸形，母畜本身骨也会受到损害。对于奶牛和其他泌乳母畜，饲粮中的维生素 D 很难进入奶中，需要一个高浓度的饲粮维生素 D 才能使奶中维生素 D 的含量略有增加。维生素 D 缺乏时，高产奶牛可能出现产乳热。

此外，维生素 D 与肠黏膜细胞的分化有关。维生素 D 缺乏的大鼠和雏鸡的肠黏膜微绒毛长度仅为采食正常饲粮的 70%~80%。$1,25-(OH)_2-D_3$ 有可能促进腐胺的合成，而腐胺与细胞分化和增殖有关。实验证明，维生素 D 可促进肠道中 Be、Co、Fe、Mg、Sr、Zn 以及其他元素吸收。维生素 D 还参与调节许多细胞的代谢过程，在机体的免疫功能、生殖等方面也有着十分重要的意义。

动物常见的维生素 D 缺乏症如图 8-3 所示。

（四）过量与中毒

过量的维生素 D 或 25-羟基维生素 D 对动物有毒性。维生素 D 中毒的症状是口渴、瘙痒、腹泻、不适、体重减轻、多尿、食欲不振、神经系统恶化、高血压、烦躁、恶心、呕吐和头痛。此外，许多组织发生严重的高钙血症、高磷血症和高矿化症，最终引起组织的过度钙化，尤其是肾、主动脉、心脏、肺和皮下组织。不同动物对日粮维生素 D 过量的敏感度可能不一样。对于大多数动物，连续饲喂超过需要量 4~10 倍的维生素 D_3 可出现中毒症状，如猪每天摄入超过 25 万 IU，持续 30d；鸡每千克饲粮超过 400 万 IU。短期饲喂，大多数动物可耐受 100 倍的剂量。

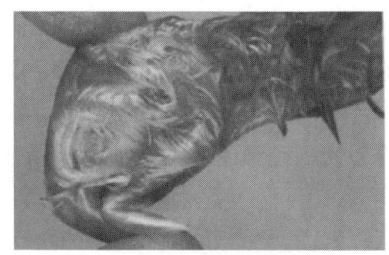 

（1）小鸡佝偻病，喙软化　　　　　（2）肢腿变形

 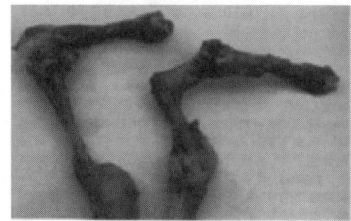

（3）猪佝偻病　　　　　　　　（4）鸭腿骨变形

图 8-3　维生素 D 缺乏症

彩图 8-3

三、维生素 E

（一）特性与效价

维生素 E 又称生育酚，是一组化学结构近似的酚类化合物总称，包括 α-、β-、γ-和 δ-、ζ_1-、ζ_2-、η-和 ε-生育酚 8 种化合物，其中以 D-α-生育酚活性最高。天然存在的 α-生育酚和 D-α-生育酚 1mg 相当于 1.49IU 的维生素 E，其乙酸盐为 1.36IU。1IU 的维生素 E 相当于 1mg D-α-生育酚乙酸酯或 1mgDL-α-生育酚乙酸酯。合成 DL-α-生育酚 1mg 相当于 1.1IU 维生素 E。

α-生育酚是一种黄色油状物，不溶于水，易溶于油、脂肪、丙酮等有机溶剂。α-生育酚还具有吸收氧的能力，具有重要的抗氧化特性，常用作抗氧化剂，用以防止脂肪、维生素 A 的氧化分解，但易被饲粮中的矿物质和不饱和脂肪酸氧化破坏。

（二）吸收与代谢

在小肠肠腔中，日粮维生素 E（以乙酸酯或游离醇形式）溶解在脂质和胆汁盐中。酯化维生素 E 被胰腺和十二指肠黏膜的酯酶水解，释放游离醇形式的维生素 E。含维生素 E 的微团通过被动扩散被肠上皮细胞吸收。在肠上皮细胞内，维生素 E 被组装成乳糜微粒和极低密度脂蛋白。含维生素 E 的极低密度脂蛋白通过肠上皮细胞的基地外侧膜离开肠上皮细胞进入肠道淋巴管，然后流入血液（哺乳动物和鱼类）或进入门静脉（家禽和爬行动物）。

（三）功能与缺乏症

1. 生物抗氧化作用

维生素 E 能将一个酚基转移到已过氧化的多不饱和脂肪酸的过氧自由基，破坏自由链反应，从而发挥抗氧化作用。维生素 E 和硒可以产生协同作用，维生素 E 通过使含硒的氧化型谷胱甘肽过氧化物酶变成还原型谷胱甘肽过氧化物酶以及减少其他过氧化物的产生而减少硒的反应。

2. 促进生物活性物质的合成

维生素 E 可促进十八碳二烯酸转变成二十碳四烯酸并进而合成前列腺素；维生素 E 也参与磷酸化反应、维生素 C 和泛酸的合成以及含硫氨基酸和维生素 B_{12} 的代谢等；维生素 E 参与细胞 DNA 合成的调节；维生素 E 在生物氧化还原系统中是细胞色素还原酶的辅助因子；维生素 E 可以促进血红素的合成。

3. 提高动物的免疫力

维生素 E 和硒缺乏可降低机体的免疫力和对疾病的抵抗力；维生素 E 能阻断肿瘤细胞周期，抑制其基因表达，防止细胞恶性转化。

4. 解毒功能

维生素 E 可以降低镉、汞、砷、银等重金属和有毒元素的毒性。

5. 与动物生殖功能的关系

动物缺乏维生素 E 时，其生殖器官会受损而导致不育。临床上常用维生素 E 治疗先兆流产和习惯性流产。

维生素 E 的缺乏症是多样化的，涉及多种组织和器官。不同的动物，其缺乏症表现也不完全一样。维生素 E 缺乏时，其症状很多都与硒的缺乏相似，而且也受饲粮中硒、不饱和脂肪酸和含硫氨基酸水平的影响。

缺乏维生素 E 时，反刍动物主要表现为肌肉营养不良。犊牛和羔羊出现白肌病。猪表现为公猪睾丸退化、肝坏死、营养性肌肉障碍以及免疫力降低。家禽表现为繁殖功能紊乱、胚胎退化、脑软化、红细胞溶血、血浆蛋白质减少、肾退化、渗出性素质病、脂肪组织褪色、肌肉营养障碍以及免疫力下降等（图 8-4）。

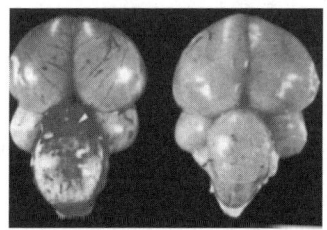
（1）小脑出血（右为健康对照组）

（2）小脑软化

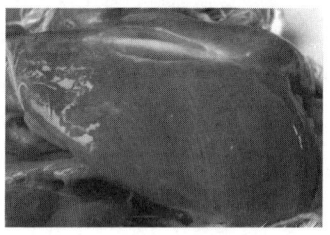
（3）白肌病

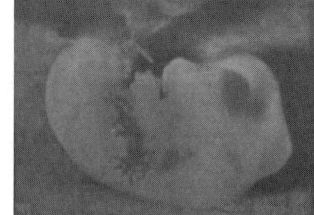
（4）胚胎畸形、软组织充血

图 8-4　维生素 E 缺乏症

（四）过量与中毒

维生素 E 被氧化时，会变成自由基。因此长时间高水平的维生素 E 可能对动物有毒。症状包括公鸡的第二性征发育缓慢，鸡胚死亡率增加等。

四、维生素 K

（一）特性与效价

维生素 K 是具有叶绿醌生物活性的 2-甲基-1,4-萘醌及其衍生物的通用名称。叶绿醌（维生素 K_1）是植物中发现的维生素 K 的主要形式。甲基萘醌（维生素 K_2）由肠道细菌合成，在动物组织中存在。字母 "K" 源于德语 "koagulation"（凝血）。甲萘醌（维生素 K_3）是一种化学合成的维生素 K。维生素 K_1 在肠道中被分解代谢产生维生素 K_3，而维生素 K_3 在动物体内的代谢可产生维生素 K_2。二氢维生素 K 是维生素 K 的活性形式。维生素 K_1 和维生素 K_2 是脂溶性的，而维生素 K_3 是水溶性的。

（二）吸收与代谢

维生素 K_1 和维生素 K_2 溶解在脂质和胆盐中，被肠上皮细胞通过被动扩散从微团中吸收。在肠细胞内被组装成乳糜微粒离开肠上皮细胞进入淋巴管，然后流入血液或进入门静脉循环中。水溶性维生素 K_3 的吸收不依赖于胆盐，通过肠上皮细胞转运蛋白吸收进入门静脉循环。

（三）功能与缺乏症

目前所知，维生素 K 主要是参与凝血活动，故又称凝血维生素。它是凝血酶原（因子Ⅱ）、斯图尔特因子（因子 X）、转变加速因子前体（因子Ⅶ）和血浆促凝血酶原激酶（因子Ⅸ）的激活所必需的。维生素 K 缺乏，导致凝血时间延长。

依赖维生素 K 的羧化酶系统除对凝血有重要作用外，也与钙结合蛋白质的形成有关，钙结合蛋白质可能在骨钙化中起作用。

由于维生素 K 广泛存在于植物性饲料中，而且肠道微生物也能合成相当的维生素 K，因此实际生产中维生素 K 缺乏并不常见。维生素 K 缺乏时主要表现为凝血时间延长，可引起皮下、肌肉、胃肠道及其他脏器的出血，严重时出血不止，甚至因出血过多而死亡（图 8-5）。

 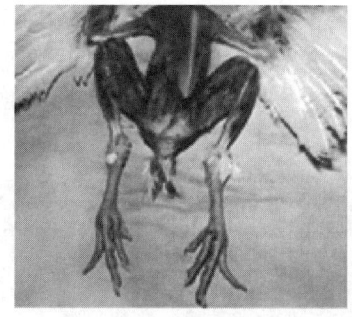 

（1）贫血　　　　（2）皮下组织出血

图 8-5　维生素 K 缺乏症　　　　彩图 8-5

（四）过量与中毒

维生素 K_1 和维生素 K_2 几乎无毒，但维生素 K_3 是一种氧化剂，可以进行单价还原生成半醌自由基，后者被氧气进一步氧化生成醌，并伴随产生超氧化物阴离子。醌型维生素 K 将血红蛋白氧化成高铁血红蛋白，因此大剂量维生素 K_3 可导致红细胞不稳定、溶血等。

第三节 水溶性维生素

一、维生素 B_1

（一）理化特性

维生素 B_1 又称硫胺素，由一分子嘧啶和一分子噻唑通过一个甲基桥结合而成，含有硫和氨基，又因为它和抗神经炎性质有关而被称为抗神经炎素。它是第一个被发现的水溶性维生素，能溶于 70%乙醇和水，受热、遇碱迅速被破坏。硫胺素的活性形式是在 ATP 依赖的硫胺素二磷酸转移酶的作用下，由硫胺素合成的硫酸二磷酸。

（二）吸收与代谢

当日粮蛋白质在胃肠道水解时，硫胺素焦磷酸从其复合物释放，然后水解成硫胺素。硫胺素主要通过硫胺素转运载体 1 和硫胺素转运载体 2（ThTr1 和 ThTr2）吸收进入肠上皮细胞，ThTr1 和 ThTr2 是 pH 依赖性与 Na^+ 依赖性载体。硫胺素通过肠上皮细胞基底外侧膜由特异性载体转运入门静脉，以蛋白质结合形式转运到各种组织（如肝脏）中，通过硫胺素激酶的作用重新生成硫胺素焦磷酸。

（三）功能与缺乏症

硫胺素二磷酸是一种酶促反应中的辅酶，涉及醛的转移。①ATP 生成所需的 α-酮酸的氧化脱羧；②戊糖磷酸途径中的转酮酶反应和微生物、植物与酵母中的缬氨酸合成。在这些反应中，硫胺素二磷酸从其噻唑中提供一个活性碳，形成碳负离子，然后自由添加到 α-酮酸的羰基上。因此硫胺素和糖代谢密切相关。硫胺素缺乏导致食欲不振、厌食症、体重减轻、水肿、心脏问题、肌肉和神经退化及神经系统渐进性功能障碍。这些缺乏综合征统称为脚气病。除了脚气病的一般症状外，在家畜中出现一些硫胺素缺乏的特征。如猪具有胃肠道炎症性病变、腹泻、偶尔呕吐、皮炎、脱毛和呼吸功能障碍。采食缺乏硫胺素日粮 10d 的小鸡，会发生多发性神经炎，其特征是颈后反张和麻痹（图 8-6）。

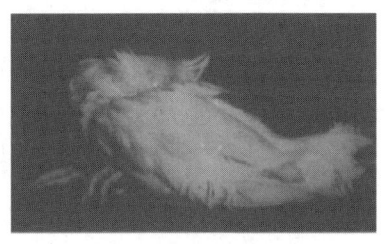
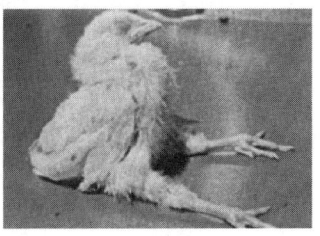

（1）颈和背肌肉角弓反张　　　　（2）神经炎

图 8-6　维生素 B_1 缺乏症　　　　　　彩图 8-6

硫胺素的缺乏症，除人的脚气病（表现为脚酸、心悸、呼吸困难、食欲不振等症状），禽类的多发性神经炎和狐狸的查斯特克麻痹症（Chastekparalysis）外，其余都不是硫胺素缺乏的特异症状。如猪的神经症状还可来自维生素 B_6 和泛酸的缺乏。B 族维生素缺乏的影响首先是在生化方面，然后才是组织的病变和缺乏症状的表现。因此，寻求早期诊断的生化指标仍是研究的重要内容。

二、维生素 B_2

（一）理化特性

维生素 B_2 又称核黄素，是由一个二甲基异咯嗪环连接一个核糖醇组成，为橙黄色的结晶。在酸性或中性溶液中相对稳定，但在碱性条件下易被破坏。饲料中的核黄素几乎完全与蛋白质结合，以黄素腺嘌呤二核苷酸（FAD）和黄素单核苷酸（FMN）的形式存在。

（二）吸收与代谢

FAD 和 FMN 在肠道随同蛋白质的消化经碱性磷酸酶水解成游离的核黄素被释放出来，进入小肠黏膜细胞后再次被磷酸化，生成 FMN。FAD 和 FMN 在门静脉系统与血浆白蛋白结合，在肝脏转化为 FAD 或黄素蛋白质。当机体缺乏核黄素时，肠道对核黄素的吸收能力提高。

（三）功能与缺乏症

在体内 FMN 和 FAD 以辅基的形式与特定的酶蛋白结合形成多种黄素蛋白酶。黄素蛋白酶在动物体内广泛存在，参与许多生化反应，包括碳水化合物、蛋白质、核酸和脂肪的代谢，以及胆固醇、类胆固醇和维生素 D 的合成等。

鸡核黄素缺乏的典型症状表现为足爪向内弯曲，用跗关节行走、腿麻痹、腹泻、产蛋量和孵化率下降等。核黄素缺乏的火鸡出现严重的皮炎。鸭发生核黄素缺乏后迅速死亡。猪缺乏核黄素常表现为腿的弯曲、僵硬、皮厚、皮疹，背和侧面的皮肤上有渗出物，眼睛畸形（图 8-7）。

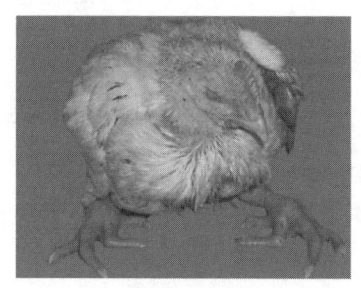
（1）鸡卷爪麻痹症

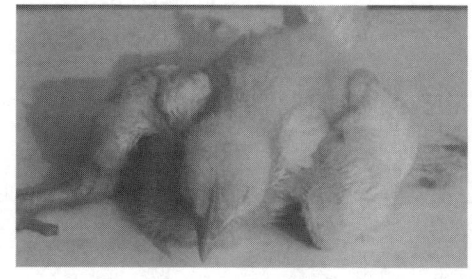
（2）全身麻痹

图 8-7　核黄素缺乏症

彩图 8-7

三、烟酸

（一）理化特性

烟酸又称尼克酸、维生素 B_3，是吡啶的单羧酸衍生物，它很容易转变成烟酰胺（尼克酰胺）。烟酸和烟酰胺都是白色、无味的针状结晶，溶于水，耐热。

（二）吸收与代谢

无论是饲料中的烟酸和烟酰胺，还是合成物，都能以扩散的方式被小肠吸收。低浓度时，

烟酸主要依赖 Na^+ 的易化扩散方式吸收；高浓度时，则以被动扩散的方式吸收。烟酸在小肠黏膜中可转变成烟酰胺，然后在组织中与蛋白质结合，变成辅酶烟酰胺腺嘌呤二核苷酸（NAD）或烟酰胺腺嘌呤二核苷酸磷酸（NADP）。

（三）功能与缺乏症

烟酸主要通过 NAD 和 NADP 参与碳水化合物、脂类和蛋白质的代谢，尤其在体内供能代谢的反应中起到供氢和电子传递作用。

当缺乏时，猪表现为失重、腹泻、呕吐、皮炎、贫血和糙皮病；鸡表现为食欲不振、生长缓慢、上消化道炎症、腿部皮炎、羽毛生长减慢和骨短粗病；雏火鸡可发生跗关节扩张（图 8-8）。牛、羊瘤胃微生物能合成烟酸，一般不会缺乏。

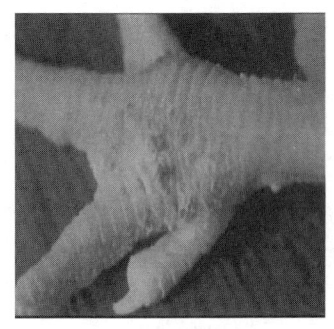
（1）鸡皮炎

（2）猪癞皮病

图 8-8 烟酸缺乏症

彩图 8-8

四、维生素 B_6

（一）理化特性

维生素 B_6 包括吡哆醇、吡哆醛和吡哆胺三种吡啶衍生物。在动物体内这三种形式可以相互转化。维生素 B_6 的各种形式对热、酸和碱稳定；遇光，尤其是在中性或碱性溶液中易被破坏。强氧化剂很容易使吡哆醛变成无生物学活性的 4-吡哆酸。合成的吡哆醇是白色结晶，易溶于水。

（二）吸收与代谢

来源于植物饲料的吡哆醇和动物组织的吡哆醛、吡哆胺主要是在空肠和回肠中以被动扩散方式被吸收，并且在动物肝内转化为有活性的磷酸吡哆醛。

（三）功能与缺乏症

维生素 B_6 的功能主要是作为氨基酸代谢的酶的辅酶，也参与碳水化合物和脂肪的代谢，涉及体内 50 多种酶。维生素 B_6 对肉用动物具有更重要的意义。

维生素 B_6 缺乏，氨基酸代谢受损，症状在所有动物中相似：生长受阻、高血氨症、神经组织病变、皮肤病变、惊厥、类似癫痫的阵发性抽搐或痉挛、神经退化、腹泻和被毛粗糙等（图 8-9）。

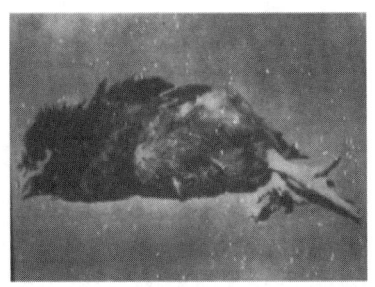

（1）小鸡神经错乱，腿部僵硬站不起来　　（2）鸡羽毛粗糙、运动失调

图 8-9　维生素 B_6 缺乏　　　　彩图 8-9

五、泛酸

（一）理化特性

泛酸又称遍多酸、维生素 B_5，是由 β-丙氨酸通过肽键与 α，γ-二羟-β，β-二甲基丁酸缩合而成的一种酸性物质。游离的泛酸是一种黏性的油状物，不稳定，易吸湿，也易被酸碱和热破坏。泛酸钙是该维生素的纯品形式，为白色针状物。有右旋（D-）和消旋（DL-）两种形式，消旋形式泛酸的生物学活性为右旋的1/2。

（二）吸收与代谢

饲料中的泛酸大多是以辅酶 A 的形式存在，少部分是游离的，只有游离形式的泛酸以及它的盐和酸能在小肠吸收。过多的泛酸主要以游离形式经尿排出。

（三）功能与缺乏症

泛酸是两个重要辅酶，即辅酶 A 和酰基载体蛋白质（ACP）的组成成分。辅酶 A 是碳水化合物、脂肪和氨基酸代谢中许多乙酰化反应的重要辅酶，在细胞内的许多反应中起重要作用。ACP 在脂肪酸碳链的合成中有相当于辅酶 A 的作用。已证明，ACP 与辅酶 A 有类似的酰基结合部位。

猪缺乏泛酸，皮肤皮屑增多，毛细，眼周围有棕色的分泌物，患胃肠道疾病，生长缓慢并表现为典型的鹅步症。尸检可发现神经退化和实质性器官的病变。鸡缺乏泛酸，首先是生长受阻，羽毛生长不良，进一步表现为皮炎，眼睑出现颗粒状的细小结痂并粘连在一起，嘴周围也有痂状的损伤，胫骨短粗，严重缺乏时可引起死亡（图 8-10）。

（1）口角、眼睑炎症　　（2）鸡羽毛粗糙　　（3）猪鹅步症

图 8-10　泛酸缺乏症　　　　彩图 8-10

六、生物素

（一）理化特性

生物素具有尿素和噻吩相结合的骈环，噻唑环的 α-位带有戊酸侧链。生物素和硫胺素一样是含硫元素的环状化合物。它有多种异构体，但只有 D-生物素才有活性。合成的生物素是白色针状结晶，在常规条件下很稳定，酸败的脂和胆碱能使它失去活性，紫外线照射可使之缓慢破坏。

（二）吸收与代谢

自然界存在的生物素有游离的和结合的两种形式。结合形式的生物素常与赖氨酸结合。被结合的生物素在肠道消化过程中需要经过生物素酶的降解，先释放游离生物素，被小肠吸收，随血液进入组织，参与代谢过程。过多的生物素或被代谢分解，或随尿液排出体外。

（三）功能与缺乏症

在动物体内生物素以辅酶的形式广泛参与碳水化合物、脂肪和蛋白质的代谢。例如，丙酮酸的羧化、氨基酸的脱氨基、嘌呤和必需脂肪酸的合成等。乙酰辅酶 A 羧化酶、丙酮酸羧化酶和 β-甲基丁烯酰辅酶 A 羧化酶的合成都需要生物素，三者都是哺乳动物体内含生物素的酶。当饲料中糖类摄入不足时，生物素通过蛋白质和脂肪的糖异生在维持血糖稳态中起着重要作用。生物素作为羧化酶的组成部分，能转移一碳单位和以碳酸氢盐形式在组织中固定 CO_2。生物素在代谢方面与维生素 C、维生素 B_6、维生素 B_{12} 和泛酸密切相关。此外，生物素还与溶菌酶活化和皮脂腺的功能有关。许多动物的生物素缺乏症都可以通过饲喂生蛋清引起，因为蛋清含有一种热不稳定蛋白（抗生物素蛋白）。生物素缺乏的一般症状为：生长不良、皮炎及被毛脱落。猪表现为后腿痉挛、足裂缝和干燥及以粗糙和棕色渗出物为特征的皮炎，种猪生物素缺乏易导致肢蹄病的发生。家禽的脚、喙以及眼周围发生皮炎，类似泛酸缺乏症。但生物素缺乏引起的皮炎是从脚开始，而泛酸缺乏症的损伤首先出现在嘴角和脸上，严重时才损害到脚。胫骨粗短症是家禽缺乏生物素的典型症状（图 8-11）。

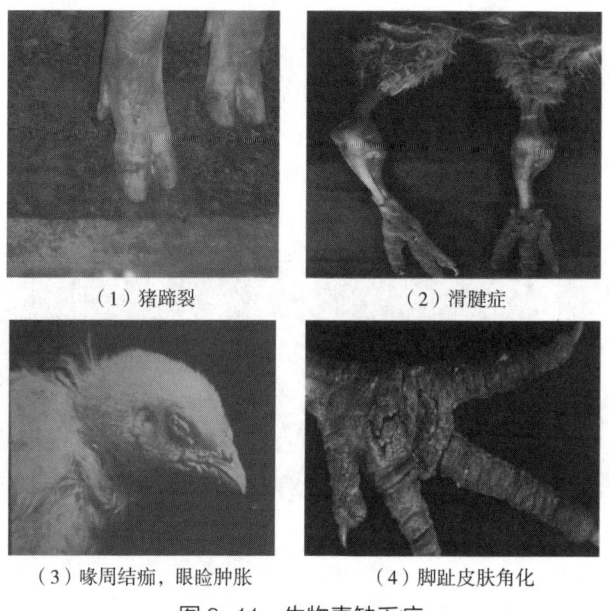

（1）猪蹄裂　　　　（2）滑腱症

（3）喙周结痂，眼睑肿胀　　（4）脚趾皮肤角化

图 8-11　生物素缺乏症

彩图 8-11

七、叶酸

（一）理化特性

叶酸由一个蝶啶环、对氨基苯甲酸和谷氨酸缩合而成，又称蝶酰谷氨酸。它是橙黄色的结晶粉末，无臭无味。叶酸有多种生物活性形式。叶酸在体内的主要辅酶形式是四氢叶酸，储存形式是5-甲基四氢叶酸。

（二）吸收与代谢

饲料中游离叶酸含量有限，主要以蝶酰多谷氨酸形式存在。在正常情况下，蝶酰多谷氨酸经动物消化后被小肠上皮细胞分泌的 DL-谷氨酸羧基肽酶水解成谷氨酸和游离叶酸。游离型叶酸在小肠上部被吸收。叶酸在肠壁、肝脏和骨髓等组织中，经叶酸还原酶的催化和在维生素C、还原型辅酶Ⅱ参与下，转变成具有生物活性的5,6,7,8-四氢叶酸，从而发挥生理功能。叶酸主要以辅酶形式或四氢叶酸的多谷氨酸形式广泛分布于动物组织。肝脏是调节其他组织叶酸分布的中心，叶酸可在肝脏储存。组织和器官中叶酸的分布取决于其细胞分裂的速度。叶酸可通过代谢分解，或随脱落的上皮细胞离开机体，或通过胆汁及尿排出。

（三）功能与缺乏症

叶酸在一碳单位的转移中是必不可少的。其通过一碳单位的转移而参与嘌呤、嘧啶、胆碱的合成和某些氨基酸的代谢。此外，叶酸也是维持免疫系统功能的正常所必需的。研究发现，叶酸添加具有抗病毒复制功能。叶酸缺乏可使嘌呤和嘧啶的合成受阻，核酸形成不足，使红细胞的生长停留在巨红细胞阶段，最后导致巨红细胞贫血；同时也影响血液中白细胞的形成，导致血小板和白细胞减少。对于鸡，叶酸有节约胆碱的功能。维生素C可以缓解大鼠叶酸的缺乏。铁供应不足容易诱发叶酸的缺乏。

猪缺乏叶酸表现为食欲减退、生长受阻、被毛稀少、脱毛、下痢、正常红细胞性贫血。繁殖母猪缺乏叶酸时表现为繁殖功能紊乱、胎儿畸形、胚胎死亡率增加，鸡缺乏叶酸总体特征是生长受阻、羽毛生长不良、有色羽毛褪色。幼鸡还发生胫骨短粗症、贫血，伴有水样白痢等。种鸡则产蛋率与孵化率下降，胚胎死亡率显著增加。

八、维生素 B_{12}

（一）理化特性

维生素 B_{12} 是结构最复杂的、唯一含有金属元素钴的维生素，故又称钴胺素。它有多种生物活性形式，分子的主要成分由一个以钴为中心元素的卟啉环组成。呈暗红色结晶，易吸湿，可被氧化剂、还原剂、醛类、抗坏血酸、二价铁盐等破坏。

（二）吸收与代谢

饲料中的维生素 B_{12} 通常与蛋白质结合，在胃的酸性环境中经胃蛋白酶作用释放。在肠道微碱性环境中，维生素 B_{12} 以氰钴胺的形式与胃黏膜壁细胞分泌的一种糖蛋白质内源因子结合形成二聚复合物，在回肠黏膜的刷状缘，维生素 B_{12} 又从二聚复合物中游离出来被吸收。

（三）功能与缺乏症

维生素 B_{12} 在体内主要以二脱氧腺苷钴胺素和甲钴胺素两种辅酶的形式参与多种代谢活动，如嘌呤和嘧啶合成、甲基转移、某些氨基酸合成以及碳水化合物和脂肪代谢。与缺乏症密切相关的两个重要功能是促进红细胞的形成和维持神经系统的完整。

反刍动物缺乏维生素 B_{12} 时，瘤胃发酵的主要产物——丙酸的代谢发生障碍。这是反刍动物维生素 B_{12} 缺乏所产生的基本代谢损害。

维生素 B_{12} 缺乏时，猪、鸡、大鼠及其他动物最明显的症状是生长受阻，继而表现为步态的不协调和不稳定。猪繁殖也可受影响。鸡孵化率低，新孵出的鸡骨异常，类似骨粗短症。小牛表现为生长停止，食欲差，有时也表现为动作不协调。只有人缺乏维生素 B_{12} 发生恶性贫血。其他动物有时可产生正常红细胞或小红细胞贫血。

九、胆碱

（一）理化特性

胆碱又称维生素 B_4，是 β-羟乙基三甲胺羟化物，主要以氯化胆碱的形式被应用。常温下为液体，无色，有黏滞性和较强的碱性，易吸潮，也易溶于水。

（二）吸收与代谢

饲料中的胆碱主要以卵磷脂形式存在，较少以神经磷脂或游离胆碱形式出现。在胃肠道中经消化酶的作用，胆碱从卵磷脂和神经磷脂中释放出来，在空肠和回肠经钠泵的作用被吸收。但只有 1/3 的胆碱以完整的形式被吸收，其余 2/3 被肠道微生物酶降解为三甲胺，以三甲胺的形式被吸收。

（三）功能与缺乏症

胆碱参与卵磷脂和神经磷脂形成，卵磷脂是动物构成细胞膜的主要成分，在肝脏脂肪代谢中起重要作用，能防止脂肪肝的形成；胆碱是神经递质——乙酰胆碱的重要组成部分，对神经冲动的传递起着重要作用；另外，胆碱还是甲基供体，可与其他物质生成化合物，如与同型半胱氨酸生成甲硫氨酸，与肽基乙酸结合生成肌酸；胆碱还与甲硫氨酸、甜菜碱有协同作用。

所有动物缺乏胆碱都可表现为生长迟缓。早起断奶仔猪表现为生长缓慢，运动失调，四肢外向，腿部呈外八字形，呈"狗样"坐姿。猪使用纯合饲粮可引起胆碱缺乏症，表现为生长慢，运动不协调，剖检可发现肝脏中有脂肪渗入。鸡缺乏胆碱比较典型症状是附关节轻度肿大、骨粗短（图 8-12）。

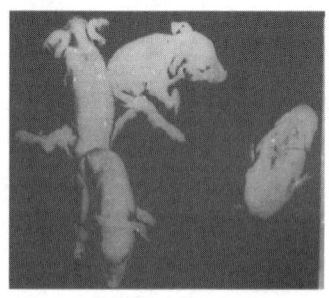
（1）仔猪后腿叉开站立，行动不协调

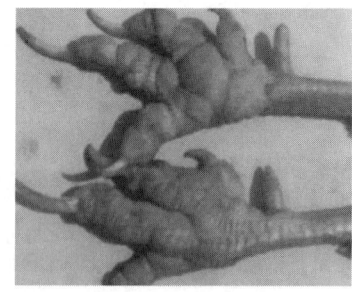
（2）鸡附关节轻度肿大、胫骨粗短症

图 8-12　胆碱缺乏症

彩图 8-12

十、维生素 C

（一）理化特性

维生素 C 是一种含有 6 个碳原子的酸性多羟基化合物，因能防治坏血病又称为抗坏血酸。它是一种无色的结晶粉末，加热很容易被破坏。结晶的抗坏血酸在干燥的空气中比较稳定，但金属离子可加速其破坏。

（二）吸收与代谢

家畜对维生素 C 的吸收都是在回肠通过被动吸收的方式进行。不能合成维生素 C 的物种（如人类、豚鼠）在高剂量时主要通过被动扩散吸收维生素 C，部分可经过渗透和载体转运吸收，低剂量时主要通过主动转运机制吸收。维生素 C 在体内经过代谢分解，绝大部分最终产物是 CO_2 和草酸，后者随尿排出体外。

（三）功能与缺乏症

由于维生素 C 具有可逆的氧化性和还原性，所以它广泛参与机体的多种生化反应。已被阐明的最主要功能是参与胶原蛋白合成，促进伤口、溃疡愈合，降低毛细血管的通透性和脆性，从而不易发生黏膜、皮下及肌肉出血。此外，还有其他功能：① 在细胞内电子转移的反应中起重要作用；② 参与某些氨基酸的氧化反应；③ 促进肠道铁离子的吸收和在体内的转运；④ 减轻体内转运金属离子的毒性作用；⑤ 能刺激白细胞中吞噬细胞和网状内皮系统的功能；⑥ 促进抗体的形成；⑦ 是致癌物质——亚硝基胺的天然抑制剂；⑧ 参与肾上腺皮质类固醇的合成。

维生素 C 缺乏可引起非特异的精子凝集，以及叶酸和维生素 B_{12} 的利用不力而导致贫血。鱼类缺乏维生素 C，一般表现为食欲下降、生长受阻、骨骼畸形、脊柱弯曲、表皮及鳍出血等症状。猪缺乏维生素 C 可出现生长缓慢、体重降低、贫血和出血。

思考题

1. 举例说明维生素 A 的营养生理功能与主要缺乏症。
2. 阐述佝偻病的病因、症状及防治措施。
3. 归纳维生素 E 的主要营养生理功能。
4. 列举 B 族维生素的种类，并归纳 B 族维生素缺乏的共同症状及典型的缺乏症。

第二篇

营养需要与饲养标准

第九章 维持营养需要

[学习目标]

1. 理解动物营养维持的状态。
2. 掌握维持需要的概念。
3. 掌握动物维持需要的意义和影响维持需要的因素。

维持需要是指动物在维持状态下对能量、蛋白质、氨基酸、矿物元素、维生素等各种养分的需要。动物的维持需要不用于生长和生产动物产品，仅仅维持生命的基本代谢过程，能够满足营养素在周转代谢过程中的损失以及必要的活动所需的各种养分。维持需要是基础代谢营养需要和自由活动营养需要的总和。

第一节 动物维持状态下的营养需要

一、维持的能量需要

（一）有关定义

1. 基础代谢

基础代谢指在适宜的环境条件下，健康正常动物在空腹、绝对安静及放松状态时，维持自身生存所必要的最低限度的能量代谢。此时的能量消耗仅用于维持生命最基本的活动。动物的基础代谢与其体重有关。大量实验研究表明，动物每日的基础代谢（BM）与动物的体重（W）的 0.75 次方成正比，即：

$$BM = aW^{0.75} \tag{9-1}$$

式中　$W^{0.75}$——代谢体重；

　　　a——每千克代谢体重每日消耗的净能。

各种成年动物的 a 比较一致，为 292.88kJ/$W^{0.75}$，即 BM=292.88$W^{0.75}$。

2. 随意活动

随意活动指动物维持生存所进行的一切有意识的活动，主要是指在绝食代谢的基础上，动物为了维持生存所必须进行的活动。一般在确定生产条件下的维持能量需要时，活动量增减的量用占绝食代谢的百分数表示。猪、禽等活动量稍大的动物，可以在绝食代谢的基础上增加50%来满足维持需要，牛、羊等可以增加20%~30%。活动量会随着动物种类和其所处状态而发生变化。例如，动物是否处于应激状态、舍饲和放牧等。舍饲动物猪、牛、羊活动量增加20%，放牧增加25%~50%，公畜在此基础上另加15%，处于应激条件下的动物可增加100%甚至更高。

（二）维持能量需要的测定方法

1. 根据基础代谢计算

$$\text{维持能量需要} = \text{基础代谢} + \text{随意活动消耗} \tag{9-2}$$

因随意活动消耗是按基础代谢的一定比例（20%~50%）计算，因此维持能量需要也可表示为：

$$\text{维持能量需要} = \text{基础代谢} \times (120\% \sim 150\%)$$
$$= 292.88 W^{0.75} \times (120\% \sim 150\%) \tag{9-3}$$

若用代谢能或消化能表示维持能量需要，则需考虑能量之间的转化系数。由消化能转化为代谢能和由代谢能转化为净能的系数：反刍动物分别为82%和50%~60%，猪分别为96%和70%（表9-1）。

表9-1　　　　　　　　　　不同成年动物的维持能量需要

动物	绝食代谢/ (kJ/kg$W^{0.75}$)	活动量增加/%	NEm/ (kJ/kg$W^{0.75}$)	MEm→NEm 效率/%	MEm/ (kJ/kg$W^{0.75}$)	DEm→MEm 效率/%	DEm/ (kJ/kg$W^{0.75}$)
空怀母猪（国内）	300.00	—	322.23	80	415.91	—	—
母猪	300.00	20	360.00	80	450.00	96	468.75
种公猪	300.00	45	435.00	80	543.75	96	566.41
轻型蛋鸡	300.00	35	405.00	80	506.25	—	—
重型蛋鸡	300.00	25	375.00	80	468.75	—	—
奶牛	300.00	15	345.00	68	507.35	82	618.72
种公牛	300.00	25	375.00	68	551.47	82	672.52
母绵羊	255.00	15	293.25	68	431.25	82	525.91
公绵羊	255.00	25	318.75	68	468.75	82	571.65
鼠	300.00	23	369.00	80	461.25	96	480.69

2. 比较屠宰实验法

比较屠宰实验法即将动物进行屠宰之后测定的方法。为了降低测定误差，测定动物需体重、体况相近，平均分为两组，一组用于测定能量值，另一组在特定条件下进行饲喂，间隔一段时间后屠宰，同样测定该组的能量值，前后两组能量的差值与日粮提供的能量进行比较，超出部分的能量即为用于维持的能量。

3. 回归方法

研究表明，绝食动物的绝食代谢要比非绝食动物低，因此，如果将绝食代谢、活动量、生产部分单独评定难以符合生产需要的标准，同时也为评定维持能量需要增加难度。

营养需要是维持需要和生产需要二者之和，因而可用 $y=a+bx$ 模型来计算实际生产条件下动物的维持需要，函数中 y 表示动物摄入能量，x 代表产品量，a 代表维持能量需要，b 代表单位产品能。通过饲养实验可得到采食不同能量和相应动物产品能信息，从而得到 a、b 数值。由于回归法存在一定局限性，拟定回归方式的资料要求全面，可以覆盖从维持到不同生产水平，从而获得更精确的数据。

不同种类动物产出不同产品，其营养成分也存在差异，因此可以将上述公式中 x 进行剖分，析因式如下：

$$y = a + b_1x_1 + b_2x_2 + b_3x_3 + \cdots \quad (9-4)$$

在无产品产出的情况下，式中 x 项全部为 0，a 同样代表维持需要。

二、维持的蛋白质、氨基酸需要

处于维持状态的动物，仍不断从粪、尿和体表排泄含氮物质，包括内源尿氮、代谢粪氮和体表损失氮三部分，这是动物处于维持状态时消耗的氮。

（一）基础氮代谢

1. 内源尿氮

动物在维持正常生命活动的过程中，机体必要的最低限度体蛋白质净分解代谢经尿中排出的氮，是评定维持蛋白质需要的重要组成部分。

动物机体内蛋白质的代谢一直处于动态平衡状态，蛋白质在各种酶的作用下被分解成氨基酸，后者一部分用于体蛋白质合成，另一部分被机体氧化分解产生尿素或尿酸，并主要经尿液排出体外。内源尿氮中还包括肌肉中肌酸分解成的肌酸酐氮，因此内源尿氮并不能完全反映体蛋白质净分解的程度，只能在某种意义上说明动物在无氮日粮下，尿素氮存在的最低稳定值，说明动物此时处于基础氮代谢状态。正常饲喂的动物，尿素氮中除了包含内源尿氮，还包括外源尿氮。外源尿氮是由于日粮中的蛋白质因不符合体蛋白质合成的要求而直接被氧化分解，最终随尿液排出的部分。

2. 代谢粪氮

动物采食无氮饲粮时，经粪中排出的氮称代谢粪氮。主要来源于脱落的消化道上皮细胞和胃肠道分泌的消化酶等含氮物质，也包括部分体内蛋白质氧化分解经尿素循环进入消化道的氮。代谢粪氮的排出量随采食量的升高而升高，也与饲料品质有关，品质越好，代谢粪氮排出量越少。

3. 体表氮损失

动物处于基础氮代谢的条件下，经皮肤表面损失的氮。主要指皮肤在新陈代谢过程中，由于皮肤的表皮细胞和毛发衰老脱落时，包含在其中的氮。具有汗腺的动物，机体内蛋白质代谢的终产物，也会有少部分随皮肤排泄到外界。体表氮损失的量与动物大小、年龄、环境等因素有关，测定基础氮代谢时，因体表损失氮极少，可忽略不计。所以，维持蛋白质需要即为内源尿氮与代谢粪氮之和乘以蛋白质转化系数 6.25。

$$维持蛋白质需要 = （内源尿氮 + 代谢粪氮）\times 6.25 \quad (9-5)$$

（二）基础氮代谢的评定

1. 无氮日粮法

基础氮代谢常用评定方法为无氮日粮法。即动物饲喂无氮日粮，分别测定内源尿氮和代谢粪氮的量。动物采食无氮日粮一段时间后，粪和尿中氮含量降低到最低水平，并趋于稳定，此时粪氮即为代谢粪氮，尿氮即为内源尿氮。用这种方法评定成年动物蛋白质维持需要或评定饲料蛋白质的生物学价值，对结果的准确度影响不大，但用于评定生长动物维持蛋白质需要则可能偏低。一方面因为生长动物基础氮代谢水平较成年动物更高，一部分氮需用于体蛋白质沉积。另一方面，在反刍动物评定中，瘤胃和盲肠微生物对代谢粪氮影响较大。因此，有人提出采用总的体组织维持氮需要代替内源尿氮加代谢粪氮的评定方法更合适。

2. 用基础代谢来估计

实验证明，内源尿氮和基础代谢有关，每消耗 1kJ 净能，内源尿氮排出量：猪为 0.48mg，反刍家畜为 0.36mg。代谢粪氮和内源尿氮也存在稳定的比例关系，猪、鸡的代谢粪氮为其内源尿氮的 40%，兔为 60%，反刍动物牛、羊为 80%。因此可根据基础代谢来估计内源尿氮和代谢粪氮的量。最后再根据蛋白质的生物学价值即可计算每天的维持所需粗蛋白质的量。

3. 用氮平衡和饲养实验来测定

维持蛋白质需要也可用氮平衡和饲养实验来测定，这是早期评定维持蛋白质需要的方法。通过供给适宜的能量和蛋白质，使动物体重不增不减，不形成产品，此时蛋白质的供给量即为维持需要。此法对实验动物要求较高。

（三）维持氮的评定

1. 按照基础氮代谢估计维持需要

基础氮代谢是内源尿氮、代谢粪氮和体表氮损失的总和。基础氮代谢中氮的损失从某一层面反映出动物对饲料氮供给的基本需求，即维持氮需要，而且是净氮维持需要。将基础氮代谢的量转换为粗蛋白质，除以饲料蛋白质用于维持的生物学价值，再除以饲料蛋白质的消化率，就可以得到维持的粗蛋白质需要量。因此想要获得维持的粗蛋白质需要量，基础氮代谢的量、饲料蛋白质用于维持的生物学价值、饲料蛋白质的消化率三个条件是必要的，计算公式参考如下：

$$R = 6.25 \times [(MFN \times DMI) + (EUN \times W^{0.75}) + SLN \times W^{0.75}]/(BV \times TD) \quad (9-6)$$

式中　R——维持的粗蛋白质需要量，g/d；

　　MFN——代谢粪氮排泄量，g/(kg·d)，以干物质为基础；

　　DMI——食入干物质量，kg/d；

　　EUN——内源尿氮排泄量，g/(kg·d)；

　　SLN——体表氮损失，g/(kg·d)；

　　W——动物的体重，kg；

　　BV——蛋白质的生物学价值；

　　TD——真实消化率。

如一头体重 100kg 猪，每日每千克体重内源尿氮排泄量为 150mg，每日采食 3kg 干物质，每采食 1kg 干物质排泄的代谢粪氮是 1.5g，体表氮损失为每日每千克代谢体重 0.018g，真实消化率为 80%，蛋白质用于维持的生物学价值为 0.55，则每日维持粗蛋白需要量计算如下：

$$\text{内源尿氮总排泄量 } EUN = 150 \times 100^{0.75} = 4.74(g/d)$$

$$\text{代谢粪氮总排泄量 } MFN = 1.50 \times 3 = 4.5(g/d)$$

体表氮损失 SLN = $0.018 \times 100^{0.75}$ = 0.57(g/d)

净蛋白质维持需要量 TPm = 6.25 × (EUN + MFN + SLN) = 61.3(g/d)

维持粗蛋白质需要量 R = TPm/(BV × TD) = 61.3/(80% × 0.55) = 139.3(g/d)

表 9-2 列出了部分畜禽维持的蛋白质需要。

表 9-2 部分畜禽维持的蛋白质需要

动物	基础氮代谢/ (mg/kg$W^{0.75}$)	净蛋白质/ (g/kg$W^{0.75}$)	消化蛋白质/ (g/kg$W^{0.75}$)	粗蛋白质/ (g/kg$W^{0.75}$)
育肥猪	155~275	0.97~1.72	1.76~3.13	2.20~3.91
小猪	192~320	1.20~2.00	2.18~3.64	2.63~4.39
公猪	340	2.13	3.87	4.72
母猪	176	1.19	2.00	2.54
肉鸡	195~338	1.22~2.22	1.88~3.25	2.29~3.96
蛋鸡	173~276	1.08~1.73	1.96~3.14	2.39~3.83
奶牛	250	1.56	2.60	3.71
山羊	280	1.75	2.92	4.17
绵羊	260	1.63	2.72	3.89

2. 饲养实验估计蛋白质维持需要

饲养实验估计蛋白质维持需要是早期评定维持蛋白质需要的方法。该方法通过饲喂动物适宜的蛋白质和能量，使动物处于一种稳定的状态，在这种状态下动物既不失重也不产生产品，此时蛋白质的供给量即为维持需要量。研究动物维持的蛋白质需要不仅能够了解动物满足自身需求对蛋白质的最低需要量，还有助于平衡维持需要和生产需要二者之间的关系，尽可能降低维持需要在动物生产中的比例，使更多的蛋白质物质用于动物生产。此法对实验动物要求较高，动物必须健康，且实验前蛋白质营养状况良好。

3. 维持的氨基酸需要

动物处于维持代谢状态时，对氨基酸的需求不尽相同，机体不同的组织器官也会因为周转代谢的不同而造成维持氨基酸需要的不同。

三、维持的矿物质、维生素需要

（一）维持的矿物元素需要

体内矿物元素在代谢过程中同样存在内源损失。内源矿物质周转代谢的主要特点是循环利用率高，代谢损耗量低。不同动物内源矿物质的损失量不同，幼猪内源钙 23mg/(d·kg 体重)，20kg 以上的生长育肥猪内源钙损失量则为 32mg/(d·kg 体重)，磷损失 20mg/(d·kg 体重)。在满足维持需要的过程中钙的利用率对于仔猪而言可达到 65%，之后的肥育期会有所下降，为 50% 左右；磷利用率也会从仔猪 80% 左右下降到育肥猪 60% 左右。对钠而言，维持需要为 1.2mg/(d·kg 体重)。生长牛损失内源钙、磷、钠、镁分别为 16mg/(d·kg 体重)、24mg/(d·kg 体重)、11mg/(d·kg 体重)、4mg/(d·kg 体重)。成年牛损失钙磷为 22~26g/(d·kg 体重)，钠 7~9g/(d·kg 体重)、镁 11~13g/(d·kg 体重)。

（二）维持的维生素需要

一般而言，单胃动物和反刍动物都需要从饲料中获取脂溶性维生素。成年反刍动物的胃肠道中微生物能合成大量的水溶性维生素，基本满足一般生产条件下反刍的需要。集约化、工厂化的饲养条件会提高动物对维生素的需要量。另外，随着动物日龄的增加，对维生素的需要量会逐渐降低。

第二节 影响动物维持需要的因素

一、动物的因素

影响维持需要的动物因素包括种类、品种、年龄、性别、皮毛类型、健康状况等。如牛的维持需要比体型较小的禽类高出数十倍，蛋鸡维持需要比肉鸡高出 10%~15%，产奶牛比肉牛高出 10%~20%。同一动物，处于不同的生长阶段维持需要也有很大差异。如 20kg 以上猪的维持需要与 2~9kg 哺乳仔猪相差大概 15%。在温度较低条件下，皮毛数量多的动物要比皮毛稀疏的动物维持需要少，同样活动量大的动物比活动量小的动物的维持需要多。

二、饲粮组成与饲养技术

饲料的热增耗是影响维持需要的一个重要因素。蛋白质饲粮具有热增耗高的特点，会增加动物的维持需要。饲料各组分的变化引起代谢率的变化，最终影响维持的能量需要。如秸秆饲料与含氮量相同的干草类饲料相比，前者产生的代谢粪氮更多，用于维持的总氮需要也相应增加。

另外，动物维持需要也会因饲养方式的不同而改变。如当给动物过量饲喂日粮时，日粮流经瘤胃的速度加快或在瘤胃中快速发酵使瘤胃 pH 降低，降低饲粮的消化率，相应增加了维持需要。与其他时间相比，傍晚给鸡投喂日粮，使鸡在夜间进行消化代谢，可提高饲料养分用于生产的比例，相应地降低维持需要。

三、环境

环境因素是影响维持需要的重要因素，其中环境温度是重要方面，被广泛研究。环境温度的高低影响动物本身的产热和体温，也与体内营养物质代谢强度有高度相关性，温度变化 10℃，会使营养物质代谢强度提高 2 倍左右。环境温度过高或过低均会增加维持需要。如当环境温度升高 10℃时，绵羊耗氧量增加 41%，牛耗氧量增加 62%。母猪在低于临界温度时，为满足正常维持需要，会增加 ME 摄入，温度每下降 1~2℃时，ME 摄入相应增加 418.6kJ。处于生长期的猪，环境温度低于适温时，采食量升高，环境温度每下降 1 个单位增加 25g 采食量。

思考题

1. 什么是维持需要？
2. 维持需要的意义是什么？影响维持需要的因素有哪些？

第十章 生长肥育的营养需要

[学习目标]

1. 掌握动物生长肥育的生理基础。
2. 掌握影响生长肥育的因素。
3. 掌握动物生长肥育的营养需要。

第一节 生长肥育的生理基础

一、生长肥育的概念

生长是极其复杂的生命现象。从物理角度看，生长是动物体尺增长和体重增加；从生理角度看，则是机体细胞的增殖和增大，以及组织器官的发育和功能的日趋完善；从生物化学角度看，生长是机体通过同化作用进行物质（蛋白质、脂肪、矿物质和水分等）积累的过程。

肥育指肉用畜禽生长后期经强化饲养而使蛋白质和脂肪在动物机体内快速沉积的过程。随着人们对健康生活方式的不断追求，人们对瘦肉的需求日益增加，因此生长肥育不仅要求动物有最佳的生长速度，还需要减少脂肪沉积。

二、生长的一般规律

肥育不仅在"量"上有明显的规律性，而且在"质"上，即生长的内容上也有特定的规律性，揭示这些规律是确定动物不同生长阶段营养需要的基础。图10-1显示了动物生长一般"S"型曲线，即绝对体重和组织重量随年龄增长而增加。该曲线由4个阶段组成：滞后期、对数期或指数期、成熟期和稳定期。生长的转折点在动物的性成熟期间，处于转折点之前的体重逐日升高，在转折点之后体重呈现出趋于稳定的趋势。从生产的角度分析，越小的动物产出产品效率越高，从营养方面考虑，需要的养分的浓度也就越大。

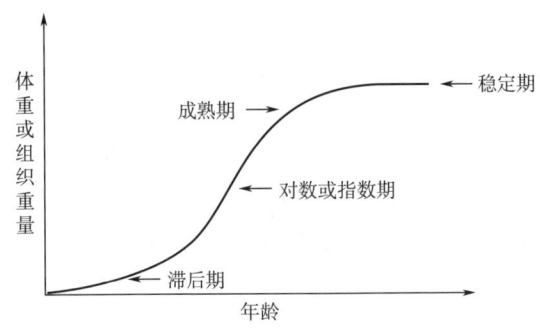

图 10-1　动物随时间（年龄）生长的一般曲线

三、影响生长肥育的因素

（一）动物因素

动物品种（品系）、性别及阉割与否是影响生长肥育的内在因素。通常而言，瘦肉型猪种的生长速度较中国地方脂肪型猪种快；在同样饲养情况下，未去势公猪较阉公猪"瘦"。品种（大、中、小型）和性别不同的牛，在不同体重情况下，日沉积能量均有差异。随着体重增加，各种牛日沉积能量均增加，但小型牛日沉积能量最多，其次为中型牛，大型牛最少；母牛大于阉牛，公牛最少，即瘦肉沉积比例最大。对于家禽，性别因素对机体产生的影响较小，但雄禽的生长速度要高于雌性，机体瘦肉沉积也较高。

（二）营养水平

营养水平是动物生长发育速度的直接制约因素。维持需要占总营养需要比例、营养水平及养分间的比例，同样影响生长速度和体组织的增长内容。随着营养水平提高，生长速度加快，肥育期缩短，脂肪和蛋白质沉积量增加，但蛋白质增加幅度比脂肪小。据测定猪每千克增重耗料以营养水平为维持的 3～3.5 倍时最少，超过或低于这个水平，每千克增重耗料增加（饲料报酬下降）。营养水平过低，对生长速度、每千克增重耗料、蛋白质沉积都是不利的。营养水平过高，蛋白质沉积的增加很有限，但脂肪沉积增加却较多，使每千克增重耗料增加。

（三）环境因素

1. 环境温度

环境温度过高或过低均对动物生长肥育有不利影响，具体表现为影响采食量，或增加维持需要，最终将降低蛋白质和脂肪的沉积而使生长速度下降。高温主要影响肥育期动物的生长，而幼龄动物由于体温调节机能发育不完善，对低温的抵抗能力较差，容易受到低温应激的影响。如 50kg 的猪，环境温度在临界温度上限之上 1℃时，采食量将减少约 5%，日增重将减少约 7.5%。而对于 10kg 的仔猪，环境温度比临界温度下限每低 1℃，仔猪每天将增加 5g 的耗料量。

2. 湿度、气流、密度及空气清洁度

一般认为生长育肥猪舍的相对湿度以 45%～75% 为宜。调查研究显示，在超过动物适宜饲养密度的圈舍内，每增加 1 头猪，可导致采食量降低 1.2%，日增重随之下降 0.95%。

（四）母体效应

母体效应主要影响动物的初生重及之后的生长发育。初生重对日后的生长速度影响较大。初生重越小，断奶成活率越低（表10-1）；母畜的哺乳能力、带仔头数、体况、泌乳力、健康状况等因素都会对仔猪的生长情况产生影响。

表 10-1　　　　　　　　　仔猪初生重与断奶时的成活率

初生重/kg	出生活仔数/头	所占比例/%	断奶活仔数/头	成活率/%
≤1.0	28	4.44	18	64.29
1.1	30	4.75	25	83.33
1.2	46	7.29	40	86.70
1.3	81	12.84	75	92.59
1.4	102	16.16	97	95.10
1.5	95	15.06	91	95.79
1.6	89	14.11	84	94.38
1.7	67	10.62	65	97.10
1.8	58	9.19	57	98.28
1.9	17	2.69	16	94.12
≥2.0	18	2.85	18	100
合计	631	100	589	93.34

（五）激素水平

复杂的生命代谢过程中，环境、营养水平等众多因素影响动物生长的过程，都直接或间接通过影响动物的内分泌系统来实现。动物的生长受到促生长激素轴的调控。生长激素轴是由生长激素释放因子（GRF）、生长激素（GH）和胰岛素样生长因子（IFG）构成的，其中生长激素在调控整个机体生长发育过程中发挥着重要的作用。动物的生长轴是由下丘脑—垂体—靶器官等释放的激素及其受体组成的神经内分泌系统。下丘脑可分泌生长激素释放因子和生长抑制激素（GIH），二者协调共同调节生长激素的分泌。生长激素与其受体结合后，诱导肝细胞产生 IFG-I，后者对动物机体的多种组织均有调节作用，可促进蛋白质合成、细胞增殖，进而促进机体骨骼、内脏、肌肉等组织器官的生长发育。

第二节　生长肥育的营养需要

一、能量需要

对于生长肥育动物，所摄取的能量主要用于维持生命、各组织器官的发育和机体脂肪、蛋白质的沉积。能量需要可通过生长实验、平衡实验及屠宰实验，并根据综合法或析因法的原理确定。

（一）综合法

综合法主要通过生长实验，也常结合屠宰实验，以不同能量水平的饲料饲喂动物，以最大日增重、最优饲料利用率和胴体品质时的能量水平作为适宜能量需要量。在研究中也常将能量需要与蛋白质需要相结合，以确定较为适宜的能量蛋白质比例。能量需要可表示为每千克饲料中消化能（DE）、代谢能（ME）或净能（NE）量，也可表示为每头动物每日需要量。

（二）析因法

析因法主要从维持和增重的角度进行剖析，研究在一定条件下蛋白质和脂肪的沉积规律，以及沉积单位质量的蛋白质和脂肪所需要的能量，以实验数据为基础，建立回归模型来评定特定动物在特定时期沉积蛋白质和脂肪所需的能量，加上维持所需能量即为总的能量需要。净能、代谢能、消化能之间可以依据转化系数进行相互转化，就可以将代谢、消化能一并求出。析因法估计能量需要的公式表示如下：

$$\mathrm{ME} = \mathrm{ME_m} + \frac{\mathrm{NE_f}}{K_f} + \frac{\mathrm{NE_p}}{K_p} \tag{10-1}$$

式中：$\mathrm{ME_m}$ 是维持所需代谢能，$\mathrm{NE_f}$ 和 $\mathrm{NE_p}$ 分别为脂肪沉积和蛋白质沉积所需净能，K_f 和 K_p 分别为 ME 转化为 $\mathrm{NE_f}$ 和 $\mathrm{NE_p}$ 效率（系数）。不同动物，各种能量间转化效率不同。

（三）生长肥育猪的能量需要

在实际的测定过程中，由于采用析因法会将总的能量进行剖分，加大了测定的难度，所以我国一般采用综合法。

以 NRC（2012）猪的能量需要为例，介绍析因法的计算过程。猪的能量需要一般采用代谢能（ME）进行计算。计算公式如下：

$$\mathrm{ME} = \mathrm{ME_m} + \mathrm{ME_{Pr}} + \mathrm{ME_f} + \mathrm{ME_{Hc}} \tag{10-2}$$

式中：$\mathrm{ME_m}$、$\mathrm{ME_{Pr}}$、$\mathrm{ME_f}$、$\mathrm{ME_{Hc}}$ 分别代表维持、蛋白质沉积、脂肪沉积和温度变化（超过最适温度下限）的 ME 需要。公式中每一项都可以按照以下的方法分项进行估计。

$\mathrm{ME_m}$ 可按照每千克代谢体重需要 444kJ ME 计算。

$\mathrm{ME_{Pr}}$ 可按照每沉积 1g 蛋白质平均需要 44.35kJ ME 计算。

$\mathrm{ME_f}$ 可按照每沉积 1g 脂肪平均需要 52.3kJ ME 计算。

$\mathrm{ME_{Hc}}$（kJ）= [（0.313×W+22.71）×（T_C-T）]×4.184（T_C 为最适温度下限，对于 20kg 以上的生长肥育猪来讲该温度为 18~20℃；T 为环境温度）

此外，还可按下面公式对处于不同体重、不同日增重的动物的蛋白质沉积量和脂肪沉积量进行估计。这样就可以计算任一阶段的沉积蛋白质、脂肪所需要的 ME。

$$\mathrm{ME_{Pr}}(\mathrm{kJ/d}) = \frac{\mathrm{NE_{Pr}}}{K_{Pr}} = \frac{\mathrm{Pr} \times 22.6}{0.56} \tag{10-3}$$

$$\mathrm{Pr} = 5.73W^{0.75} - 0.1513W^{1.5} + 0.1100\Delta W \tag{10-4}$$

$$\mathrm{ME_f}(\mathrm{kJ/d}) = \frac{\mathrm{NE_f}}{K_f} = \frac{f \times 39.0}{0.74} \tag{10-5}$$

$$f = -141.42 + 2.6454W + 0.2921\Delta W \tag{10-6}$$

式中：W 为体重（kg），ΔW 为日增重，Pr 为日沉积蛋白质的质量（g），f 为日沉积脂肪的量，NE_{Pr} 为日沉积蛋白质所需要的净能，NE_f 日沉积脂肪所需要的净能，K_{Pr} 为 ME 用于蛋白质沉积转化为 NE 的效率，K_f 为 ME 用于脂肪沉积转化为 NE 的效率。

对于 5~25kg 质量范围内的仔猪，每千克代谢体重的维持需要比生长肥育猪高，ME_m 的估算公式与生长肥育猪不同，公式为：

$$ME_m = (754 - 5.9W + 0.025W^2) \cdot W^{0.75} \tag{10-7}$$

按照以上公式计算出的 5~25kg 的仔猪每 $kgW^{0.75}$ 的维持对 ME 的需要为 725~645kJ。每克脂肪沉积需要 ME 为 42~52kJ，转化为 NE 的效率（K_f）为 0.95~0.75；每克蛋白质沉积需要 ME 为 45kJ，转化为 NE 的效率（K_p）为 0.5 左右。因此，每千克增重的增长需要 ME 是 22~25MJ，ME 转化为 NE 的平均效率为 0.7。

我国对瘦肉型生长肥育猪每日每头的饲粮消化能和代谢能摄入量见表 10-2。

表 10-2　瘦肉型生长肥育猪每日每头能量需要量（自由采食，88% 干物质）

体重（W）/kg	3~8	8~25	25~50	50~75	75~100	100~120
饲料消化能摄入量 DE/(MJ/d)	4.34 (1035)	12.05 (2880)	22.72 (5440)	31.77 (7595)	38.00 (9080)	40.06 (9570)
饲料代谢能摄入量 ME/(MJ/d)	4.16 (995)	11.56 (2765)	21.84 (5225)	30.49 (7290)	36.47 (8715)	38.48 (9195)

注：括号内数值的单位为 kcal/d。

后备猪在育成期的能量需要与生长肥育猪不同。这与后备猪在 60kg 左右时采取限制饲喂的方式，以降低日增重，保障骨骼和生殖系统发育有关。在 NRC（2012）的标准中，猪在 135kg 之前是不需要限饲的，但公母分开，母猪的日采食量比公猪要低 8%，相较于生长肥育猪低 3%。

（四）生长肥育牛的能量需要

生长肥育牛能量需要的确定一般按析因法进行，即用维持加增重的方法确定。增重能值估计直接测定增重 NE。牛的不同品种之间体型的差异较大，不同品种的牛一般不会使用同一个公式。在德国的能量计算系统中，对生长肥育牛进行界定，体重 160kg 以上和以下的部分分别采用不同的公式。

体重在 60~160kg 之间的牛采用以下公式：

$$ME(MJ) = 0.46(MJ) \cdot W^{0.75} + \frac{NEg(MJ)}{0.68} \tag{10-8}$$

其中 0.46 为 $W^{0.75}$ 的维持需要，NEg 为增重净能，0.68 为 ME 转化为 NEg 的效率。

对于 160kg 以上的牛虽然也会按照以上的公式进行估算，但是 0.46 发生改变，一般范围在 0.45~0.50MJ ME。0.68 也有所改变，随饲粮性质的不同而发生变化，一般在 0.40~0.50 之间。

后备母牛在 130kg 开始进行限制饲喂。此时母牛的日增重低于生长肥育牛 10% 左右，之后日增重继续下降，在体重 600kg 时，日增重低于生长肥育牛的 50% 左右。

我国 NY/T 34—2004《奶牛饲养标准》对生长母牛增重的净能需要进行估计，并非按照脂肪、蛋白质沉积量进行计算，而是采用体增重、体重和沉积净能的回归公式进行计算。具体计算公式如下：

$$增重的净能沉积(MJ) = \frac{增重(kg) \times [1.5 + 0.0045 \times 体重(kg)]}{1 - 0.30 \times 增重(kg)} \times 4.184 \quad (10-9)$$

$$维持净能(MJ) = 0.53W^{0.67} \times 110\% \quad (10-10)$$

（五）生长鸡的能量需要

肉用鸡相较于蛋鸡，生长发育速度较快，所以饲喂的日粮具有高能量、高蛋白的特点。我国应用综合法测定生长鸡的能量需求。表10-3为我国黄羽肉鸡不同生长阶段的能量需要。

表10-3　　黄羽肉鸡饲粮每日能量需要量（自由采食，以88%干物质计算）

生长阶段	快速型黄羽肉鸡					
	公	母	公	母	公	母
	1~21日龄		22~42日龄		≥43日龄	
代谢能（ME）/（MJ/d）	0.37 (89)	0.34 (82)	1.20 (285)	1.19 (285)	1.73 (413)	1.49 (357)

生长阶段	中速型黄羽肉鸡					
	公	母	公	母	公	母
	1~30日龄		31~60日龄		≥61日龄	
代谢能（ME）/（MJ/d）	0.33 (80)	0.24 (56)	1.01 (241)	0.63 (151)	1.14 (273)	0.88 (211)

生长阶段	慢速型黄羽肉鸡							
	公	母	公	母	公	母	公	母
	1~30日龄		31~60日龄		61~90日龄		≥91日龄	
代谢能（ME）/（MJ/d）	0.22 (51)	0.19 (44)	0.65 (157)	0.50 (120)	0.97 (232)	0.72 (172)	1.07 (257)	0.78 (187)

注：括号内数值单位为kcal/d。

二、蛋白质、氨基酸需要

动物对蛋白质的需要实际上是对氨基酸的需要，日粮中粗蛋白质会随着饲粮中氨基酸的变化而变化。在动物营养学的发展过程中，猪和禽类一般采用可利用氨基酸体系，反刍动物由于特殊的瘤胃结构，一般采用瘤胃降解与未降解蛋白质体系。因此确定动物维持加生长（或产奶、产蛋）的净蛋白质和氨基酸需要以及氨基酸模式比确定粗蛋白质需要量更重要。

动物对蛋白质的需要，可以采用综合法通过饲养实验和氮平衡实验确定；也可用析因法测定维持和生长（蛋白质沉积）的蛋白质需要。年龄小的动物相对于年龄大的动物来说，肌肉组织相对发育时间越早，产生瘦肉率也就越高，所需要粗蛋白质与氨基酸的比例也就越高。

用析因法测定蛋白质需要量，需分别测定用于维持和生长的粗蛋白质，采用公式如下：

$$CP(g/d) \frac{CP_m + CP_g}{NPU} \quad (10-11)$$

式中：CP 为总的蛋白质需要，CP_m 和 CP_g 分别是用于维持和生长的蛋白质需要，NPU 为净蛋白质的利用率。

根据各种动物一定体重和日增重的蛋白质（或氮）沉积量和维持需要量，就可估计总的净蛋白质和粗蛋白质（CP）需要量。

氨基酸的需要量可采用析因法，先确定维持和沉积的单个氨基酸的需要量。一般先求得赖氨酸需要量，再根据氨基酸平衡模式推算出各个氨基酸的需要量。一般表示为每日需要量，同时也可根据动物每日采食饲料的量和 DE 或 ME 折算成每千克饲料的百分含量。

（一）生长肥育猪蛋白质、氨基酸需要

1. 蛋白质的需要

生长猪维持蛋白质需要，可根据内源氮损耗按每千克代谢体重（$W^{0.75}$）0.15g 氮（0.94g 蛋白质）计算。用于生长的蛋白质沉积量，则可通过氮代谢实验和饲养实验进行测定。以下回归方程是根据大量试验数据推导而得，可用于生长猪体氮沉积的计算：

$$R_n = 1.479W^{0.75} - 0.0266W^{0.125} \tag{10-12}$$

式中：R_n 为体氮沉积（g/d）；$W^{0.75}$ 为代谢体重（kg）；$W^{0.125}$ 为体重指数（kg）。

2. 氨基酸需要

对生长猪，氨基酸需要量的确定是建立在"能获得最佳平均日增重生长成绩的氨基酸水平"这一判断标准基础上；而怀孕和哺乳母猪则需要考虑其他更多的参数。NRC（2012）中确定蛋白质氨基酸的方法为：用回肠标准可消化（standardized ileal digestibility，SID）氨基酸来表示，估算 20~135kg 生长育肥猪 SID 氨基酸和氮的需要量。

$$\text{SID 赖氨酸需要量} = \text{肠道内源赖氨酸损失} + \text{体表损失赖氨酸} + \text{蛋白质沉积赖氨酸} \tag{10-13}$$

回肠内源赖氨酸损失估计为每千克采食干物质饲料 0.417g，假设 88% 的饲料干物质，大肠损失占回肠内源损失的 10%。

$$\text{肠道内源赖氨酸损失}(g/d) = \text{采食量} \times 0.417 \times 0.88 \times 1.1 \tag{10-14}$$

$$\text{体表损失赖氨酸}(g/d) = 0.0045 \times W^{0.75} \tag{10-15}$$

$$\text{蛋白质沉积赖氨酸}(g/d) = \{\text{蛋白质沉积中的赖氨酸}/[0.75 + 0.002 \times (\text{最大蛋白质沉积} - 147.7)] \times (1 + 0.0547 + 0.002215 \times W)\} \tag{10-16}$$

体重低于 20kg 的仔猪，NRC（2012）推荐的公式为：

$$\text{SID 赖氨酸需要量}(\%) = 1.871 - 0.22 \times \ln W \tag{10-17}$$

表 10-4 为中国猪营养需要量（2020）标准的瘦肉型仔猪和生长肥育猪每日氨基酸需要量。

表 10-4　　瘦肉型仔猪和生长肥育猪每日氨基酸需要量

项目	体重/kg					
	3~8	>8~25	>25~50	>50~75	>75~100	>100~120
粗蛋白质	61.0	154	256	338	366	328
赖氨酸（Lys）	4.1	10.2	14.8	18.2	19.0	17.4
甲硫氨酸（Met）	1.2	3.0	4.5	5.3	5.5	5.0
甲硫氨酸+半胱氨酸（Met+Cys）	2.3	5.6	8.5	10.6	10.8	10.3

续表

项目	体重/kg					
	3~8	>8~25	>25~50	>50~75	>75~100	>100~120
苏氨酸（Thr）	2.4	6.0	9.2	11.5	12.1	11.1
色氨酸（Trp）	0.7	1.8	2.7	3.1	3.2	3.0
异亮氨酸（Ile）	2.1	5.2	7.7	9.7	10.1	9.4
亮氨酸（Leu）	4.1	10.2	15.0	18.4	19.2	17.7
缬氨酸（Val）	2.6	6.4	9.9	12.2	13.3	12.2
精氨酸（Arg）	1.9	4.6	6.8	8.4	8.7	8.0
组氨酸（His）	1.4	3.5	5.0	6.4	6.4	5.9
苯丙氨酸（Phe）	2.4	6.0	8.8	10.9	11.4	10.6
苯丙氨酸+酪氨酸（Phe+Tyr）	3.8	9.5	13.8	17.1	18.0	16.7

注：以标准回肠可消化基础计算。

我国蛋白质饲料缺乏，并且一些蛋白质饲料中的蛋白质品质较差，因而使用可消化氨基酸体系更为科学。在实际生产过程中，如果添加了赖氨酸、甲硫氨酸等合成氨基酸，粗蛋白质水平可在原来的基础上降低2%~3%，补充第一、第二限制性氨基酸对于提高饲粮中氨基酸和蛋白质的利用效率非常有效。

（二）生长肥育牛蛋白质、氨基酸需要

目前一些国家的反刍动物蛋白质需要采用新的蛋白质体系。英国的蛋白质测定体系采用RDP和UDP，该测定体系将蛋白质需要剖分为两部分。

美国的NRC体系则是测定降解食入蛋白质（DIP）和未降解食入蛋白质（UIP），该方法采用"吸收蛋白质"体系，大概的原理与英国的方法类似。该体系将进食的粗蛋白质分为DIP、UIP和不可消化的食入蛋白质（IIP），前两者是在瘤胃中能够消化的部分，后者是不能消化的部分，该部分主要来自饲料中酸性洗涤不溶氮（ADIN）。

（三）生长鸡的蛋白质、氨基酸需要

1. 蛋白质需要

生长鸡蛋白质需要可采用综合法、析因法两种方法进行测定，我国采用综合法。由于肉鸡的生长发育速度较快，相比于生长期的蛋鸡，肉鸡的蛋白质需要量更高。

用析因法估计生长鸡蛋白质需要可采用下列公式。

蛋用生长鸡： $CP(g/d) = [W \times 0.0016 + \Delta W \times 0.18 + \Delta W \times F \times 0.82] \div 0.61$ (10-18)

肉用仔鸡： $CP(g/d) = [W \times 0.0016 + \Delta W \times 0.18 + \Delta W \times F \times 0.82] \div 0.67$ (10-19)

式中：CP为每日所需要的粗蛋白质质量（g），W为体重（g），ΔW为日增重（g），0.0016为每克体重的维持需要粗蛋白质的百分比，0.18为鸡的屠体约含18%的蛋白质，F为

羽毛占体重的百分比（1~3 周龄平均为 0.04，4~7 周龄平均为 0.07）。0.82 是羽毛中含有粗蛋白质的比例，0.6 为维持和生长平均的蛋白质存留系数。从生长鸡的角度来说，保持其日粮中能量和氨基酸水平的适宜比例十分重要。

2. 氨基酸需要

测定的经典方法是：配制仅缺乏待测氨基酸的基础饲料，然后按不同梯度浓度添加待测氨基酸，以最快生长速度和最高氮利用率的最低待测氨基酸浓度（%）作为需要量。至于生长鸡对可利用氨基酸的需要，目前还没有权威的、公认的标准。但可采用如下方法将总氨基酸换算成可消化氨基酸：以 NRC（2012）的总氨基酸需要为基础，用玉米、豆粕配合饲料，分别以满足每个必需氨基酸的需要时玉米、豆粕各自所提供的此氨基酸量（百分数），再分别乘以各自的可利用率，相加即得总的可利用氨基酸的需要。表 10-5 是我国和 NRC（2012）生长鸡的蛋白质氨基酸需要。

表 10-5　我国（2020）快速型黄羽肉鸡和 NRC（2012）生长鸡的蛋白质和氨基酸需要

营养指标	中国（2020）			NRC（2012）		
	0~3 周龄	3~6 周龄	≥7 周龄	0~3 周龄	3~6 周龄	6~8 周龄
粗蛋白质/%	21.5	19.5	18.0	23	20.0	18.0
精氨酸/%	1.35	1.24	1.04	1.25	1.10	1.00
甘氨酸+丝氨酸/%	3.16	2.82	2.35	1.25	1.14	0.97
组氨酸/%	0.45	0.40	0.34	0.35	0.32	0.27
异亮氨酸/%	0.86	0.79	0.66	0.80	0.73	0.62
亮氨酸/%	1.41	1.25	1.05	1.20	1.09	0.93
赖氨酸/%	1.29	1.15	0.96	1.10	1.00	0.85
甲硫氨酸+胱氨酸/%	0.93	0.85	0.71	0.90	0.72	0.60
苯丙氨酸/%	0.77	0.69	0.58	0.72	0.65	0.56
脯氨酸/%	2.37	2.12	1.77	0.60	0.55	0.46
苏氨酸/%	0.86	0.81	0.67	0.80	0.74	0.68
色氨酸/%	0.21	0.20	0.16	0.20	0.18	0.16
缬氨酸/%	0.99	0.92	0.77	0.90	0.82	0.20

三、矿物元素需要

生长发育中的动物对钙磷两种元素的需求量很大，缺乏会对动物机体产生较大的影响。对于育肥动物，只需骨骼发育与最大生长速度相契合；对于种畜或乳用动物，则需要有一定的钙化速度。一般情况下，如果日粮中钙磷含量能够满足动物的需求，那么此含量即为动物需求量。

由于测定钙磷过程较为复杂，而且需要量标准各不相同，内源损失不易测定。因此，一般给出的钙磷需要量都标明了估计值的利用率（表 10-6 和表 10-7）。

表 10-6　仔猪及生长肥育猪每日钙磷的沉积、内源损失、利用率及需要量

体重阶段/kg	钙					磷				
	沉积/g	内源损失/g	净需要/g	利用率/%	总需要/g	沉积/g	内源损失/g	净需要/g	利用率/%	总需要/g
1.3	1.3	0.04	1.34	85①	1.5①	1	0.02	1.02	85①	1.2①
5	3	0.2	3.2	80②	4②	1.9	0.1	2	80②	2.5②
10	4.5	0.3	4.8	80③	6③	2.8	0.2	3	75③	4③
20	6	0.6	6.6	65③	10③	3.6	0.1	4	55③	7③
50	7	1.6	8.6	60③	15③	4.2	1.0	5	50③	10③
100	7	3.2	10	55③	18③	4.2	2.0	6	50③	12③

注：①母猪奶；②母猪奶加补饲料；③以谷物、豆饼和无机磷组成的饲粮。

表 10-7　NRC（2012）生长肥育猪每天钙、磷需要量　　　　　　　单位：%

体重范围/kg	5~7	7~11	11~25	25~50	50~75	75~100	100~135
总钙	0.85	0.8	0.7	0.66	0.59	0.52	0.46
STTD 磷	0.45	0.4	0.33	0.31	0.27	0.24	0.21
ATTD 磷	0.41	0.36	0.29	0.26	0.23	0.21	0.18
总磷	0.7	0.65	0.6	0.56	0.52	0.47	0.43

注：STTD 为全消化道标准可消化磷，ATTD 为全消化道表观可消化磷。

除钙磷之外，其他矿物元素的需要量较少，测定时采用屠宰实验和生长实验相结合，从组织中的含量、生长效应、功能酶的活性等几个方面综合进行评估。并且微量元素在饲粮中的添加量一般不会引起中毒，所以将饲料中的添加量忽略不计。表 10-8 是生长肥育猪对矿物元素的需要量。

表 10-8　NRC（2012）自由采食生长猪饲粮矿物质需要量

体重范围/kg	5~7	7~11	11~25	25~50	50~75	75~100	100~135
Na/%	0.4	0.35	0.28	0.1	0.1	0.1	0.1
Cl/%	0.5	0.45	0.32	0.08	0.08	0.08	0.08
Mg/%	0.04	0.04	0.04	0.04	0.04	0.04	0.04
K/%	0.3	0.28	0.26	0.23	0.19	0.17	0.17
Cu/(mg/kg)	6	6	5	4	3.5	3	3
I/(mg/kg)	0.14	0.14	0.14	0.14	0.14	0.14	0.14
Fe/(mg/kg)	100	100	100	60	50	40	40
Mn/(mg/kg)	4	4	3	2	2	2	2

续表

体重范围/kg	5~7	7~11	11~25	25~50	50~75	75~100	100~135
Se/(mg/kg)	0.3	0.3	0.25	0.2	0.15	0.15	0.15
Zn/(mg/kg)	100	100	80	60	50	50	50

四、维生素需要

由于维生素的需要量在评定过程中存在各种不确定的因素，如不同来源维生素的效价差异、饲料加工储存的差异、动物饲养条件的差异等，因此各国公布的标准存在较大差异。商业产品在推荐维生素的需要量时考虑到诸多因素的影响，其推荐量一般都远远大于需要量。此外，在实际生产的过程中，一般不再考虑饲料本身的维生素含量。表 10-9 和表 10-10 分别列出了瘦肉型仔猪、生长肥育猪及黄羽肉鸡每日维生素需要量。

表 10-9　　瘦肉型仔猪和生长肥育猪每日维生素需要量

维生素	体重/kg					
	3~8	8~25	25~50	50~75	75~100	100~120
维生素 A/(IU/d)	740	1712	2372	3263	3659	3915
维生素 D_3/(IU/d)	73	184	291	383	434	464
维生素 E/(IU/d)	6	17	28	36	38	41
维生素 K/(mg/d)	0.17	0.50	0.77	1.13	1.36	1.45
硫胺素/(mg/d)	0.58	1.50	2.45	3.38	4.07	4.35
核黄素/(mg/d)	1.45	3.34	4.59	5.63	5.42	5.80
烟酸/(mg/d)	7.25	16.70	22.95	27.00	27.10	29.00
泛酸/(mg/d)	4.64	10.86	15.30	20.25	21.68	23.20
维生素 B_6/(mg/d)	0.73	1.67	2.30	2.70	2.71	2.90
生物素/(mg/d)	0.03	0.08	0.12	0.18	0.19	0.20
叶酸/(mg/d)	0.15	0.38	0.61	0.79	0.81	0.87
维生素 B_{12}/(μg/d)	7.25	16.70	22.95	22.50	16.26	17.40
胆碱/(g/d)	0.17	0.46	0.77	1.01	1.08	1.16

表 10-10　　黄羽肉鸡每日维生素需要量

维生素	1~21 日龄		22~42 日龄		>43 日龄	
	公	母	公	母	公	母
维生素 A/(IU/d)	360	324	837	837	798	690
维生素 D_3/(IU/d)	18	17	47	47	67	58

续表

维生素	1~21 日龄		22~42 日龄		>43 日龄	
	公	母	公	母	公	母
维生素 E/(IU/d)	1.85	1.26	3.26	3.26	3.33	2.88
维生素 K/(mg/kg)	75	70	205	205	226	196
硫胺素/(mg/kg)	0.07	0.07	0.21	0.21	0.13	0.12
核黄素/(mg/kg)	0.15	0.14	0.47	0.47	0.53	0.46
烟酸/(mg/kg)	1.26	1.18	3.26	3.26	2.66	2.30
泛酸/(mg/kg)	0.36	0.34	0.93	0.93	1.06	0.92
维生素 B_6/(mg/kg)	0.08	0.08	0.22	0.22	0.08	0.07
生物素/(mg/kg)	4	3	9	9	3	2
叶酸/(mg/kg)	30	28	65	65	40	35
维生素 B_{12}/(μg/d)	0.48	0.45	1.40	1.40	1.06	0.92
胆碱/(g/d)	39	36	93	93	100	86

思考题

1. 生长的定义是什么？生长的一般规律有哪些？
2. 影响生长的因素有哪些？
3. 确定生长肥育动物营养需要的方法有哪两种？析因法将生长肥育猪的能量需要剖分为哪几个部分？

第十一章 繁殖的营养需要

[学习目标]

1. 掌握孕期合成代谢、短期优饲、标准乳的概念。
2. 掌握妊娠母畜的营养需要特点。
3. 掌握影响泌乳的因素。
4. 掌握种公畜营养需要特点。

第一节 营养对动物繁殖的影响

繁殖周期中母畜的初情期、排卵数、受胎率、胚胎存活率、胎儿生长发育、乳腺发育、断奶发情间隔等均受营养因素的影响。营养是母畜发挥繁殖性能的基础条件，营养不足可引起母畜性成熟延迟、卵子少且质量差、受孕率低、流产、胎儿发育迟缓等繁殖障碍问题。因此，通过营养调控提高动物繁殖效率，有利于提高动物生产效率，节约资源。

一、营养对初情期的影响

初情期与动物种类、品种和体重相关，营养状况可使初情提前或推迟。同一品种动物生长越快，初情期越早。

不同品种母猪初情期有所差异，一般为5~6月龄，地方早熟猪种为3~4月龄，培育及其杂交品种为4~6月龄，引入大型猪种的平均初情日龄为200d。适宜的营养水平可使后备母猪初情期适时出现，过低或过高的营养水平都会推迟初情期。因此，对于后备猪必须适当进行营养干预，保持体况适中，即不过瘦或过肥。对于体况较差的成年经产母猪，其营养水平可短期（10~14d）内供给高于维持需要60%~100%的饲粮，以保证体况恢复和促进排卵。

牛、羊等反刍动物初情期与其体重或体格大小的关系较大，与年龄关系较小。一般营养条件下，牛因体重变动幅度较大，初情期通常在6~8月龄，体重达到其成年体重的35%~70%。羊初情期在5~10月龄，体重达到其成年体重的60%左右。因此，在不同营养水平条件下，反刍动物繁殖性能将出现明显差异，通过对营养水平的调控，可有效地控制反刍动物初情期的出现。

二、营养对排卵数的影响

营养水平通过调控促性腺激素（促黄体生成激素和促卵泡成熟激素）的分泌，从而影响母畜的排卵数。母猪在配种前提高能量水平可增加排卵数。因此，生产上后备母猪在配种前10~14d采用"催情补饲"或"短期优饲"的方法，供给较高的能量水平（高于维持需要的30%~100%），增加排卵数。短期优饲，能提高促性腺激素水平，促进排卵。此方法对体况差、产仔数高、泌乳力强以及在泌乳期严重失重的母猪效果更好。

蛋白质、维生素和矿物质等的缺乏也会影响母畜的排卵数。蛋白质缺乏引起母畜排卵数减少，造成母畜繁殖障碍甚至不孕，尤其对青年母畜影响更为突出。维生素E的缺乏降低猪、牛、羊和家禽的繁殖力，严重的引起持久性不育。钙、磷和锰等矿物质的缺乏抑制其排卵，减少排卵数，干扰动物的正常繁殖过程。

三、营养对胚胎存活率的影响

营养水平通过影响卵泡发育和卵母细胞质量，从而影响妊娠早期胚胎成活率。妊娠母羊在配种前及排卵前后的营养水平对胚胎成活率起着关键作用，营养水平过高或过低都会严重妨碍胚胎的生存和生长。在限制母羊能量摄入时，体况差的青年及老年母羊受到的危害最大，延缓胚胎的发育；妊娠早期营养水平过高，则会引起血浆孕酮浓度下降，也会影响胚胎的发育，甚至引起死亡。蛋白质、纤维素和维生素等营养物质可调控妊娠母猪早期胚胎成活率。日粮中添加精氨酸能够促进妊娠母猪胎盘的生长和血管的发育，增加胚胎成活率，提高母猪繁殖性能。精氨酸还可促进动物机体生殖激素、胰岛素、催乳素等多种激素的分泌，维持妊娠过程，调节胎儿发育。日粮纤维可以提高母猪繁殖性能，减少动物胚胎死亡率和提高卵母细胞质量。维生素A、维生素E、铁、碘、锌等微量养分对胚胎成活率也具有重要影响。

四、营养对胎儿生长发育的影响

胎重增长的特点为前期慢，后期快，尤其妊娠最后的1/4期内胎重增长了2/3。因此，在生产实践中，母畜妊娠后期需要大量的营养物质以保证胎儿的发育需要。母猪妊娠0~70d，每头胎猪体组织蛋白质每天增加0.25g，妊娠70~114d，每头胎猪体组织蛋白质每天增加4.63g。饲粮蛋白质供给不足将导致胎盘和子宫内的营养物质减少，引起胎猪宫内发育迟缓，降低仔猪后期的生长性能。因此，妊娠后期适当提高蛋白质的摄入对胎儿生长发育至关重要。

五、营养对乳腺发育的影响

妊娠期内，母猪乳腺发育呈先慢后快特点，几乎所有乳腺组织实质部分发育在妊娠后期完成。根据妊娠期母畜乳腺发育规律提供合理营养，保证乳腺发育，是提高泌乳性能的关键。

母猪妊娠阶段适宜的饲粮能量水平是乳腺发育的基础条件，能量摄入不足时，乳腺发育不理想，泌乳期产奶量下降。然而，能量摄入过高，母猪分娩时肥胖，则降低母猪哺乳期采食量，抑制母猪乳腺分泌组织的发育，加剧母猪哺乳期的体重损失。

妊娠后期乳腺发育和胚胎生长的双重需要，使得蛋白质需要量急剧增加。母猪在妊娠0~80d，单独一个乳腺实质组织中的蛋白质每天增加量约0.14g，妊娠80~114d，每天增加量约 3.41g。

六、营养对断奶发情间隔的影响

母畜断奶发情间隔是衡量动物繁殖性能的重要指标，缩短断奶发情间隔有利于提高母畜的繁殖效率。动物分娩时的生理状态及哺乳期营养水平是影响产后断奶发情间隔的主要因素。提高哺乳期饲粮能量水平可缩短发情间隔，增加受胎率。

奶牛在产后 4~8 周需保障其能量供给，若无法满足营养需求，则极易导致奶牛体况下降，发情时间延长，产后断奶发情间隔增加。若产后 85d 未配种受胎，则无法实现一年一胎，降低繁殖效率。

第二节 妊娠母畜的营养需要

一、妊娠母畜能量需要

妊娠母畜的能量需要包括母体本身的维持、胎儿生长发育和妊娠产物的需要。妊娠母畜能量供给不足引起持久性低血糖，减少促性腺激素的分泌，引发卵巢功能紊乱，危害母体和胎儿健康。

1. 妊娠母猪

根据猪的产肉特点和外形特征，我国 GB/T 39235—2020《猪营养需要量》分别制定了瘦肉型、脂肪型和肉脂型母猪能量需要量。

瘦肉型初产母猪妊娠 0~90d 对消化能、代谢能和净能的需要分别是 29.76MJ/d、28.58MJ/d 和 21.74MJ/d，妊娠 90d 以上分娩对消化能、代谢能和净能的需要分别是 37.07MJ/d、35.62MJ/d 和 27.09MJ/d。

脂肪型初产母猪妊娠 0~90d 对消化能、代谢能和净能的需要分别是 19.46MJ/d、18.68MJ/d 和 14.19MJ/d，妊娠 90d 以上分娩对消化能、代谢能和净能的需要分别是 25.03MJ/d、24.03MJ/d、18.26MJ/d。

肉脂型初产母猪妊娠 0~90d 对消化能、代谢能和净能的需要分别是 24.24MJ/d、23.27MJ/d 和 17.68MJ/d，妊娠 90d 以上分娩对消化能、代谢能和净能的需要分别是 31.47MJ/d、30.21MJ/d、22.96MJ/d。

2. 妊娠母牛

我国 NY/T 34—2004《奶牛饲养标准》规定：适宜环境温度拴系饲养条件下成年妊娠母牛的维持需要为绝食代谢产热量即 $293W^{0.75}$ kJ，自由运动时在原维持需要量基础上增加 20%。生长青年母牛，在维持的基础上，第一个泌乳期增加 20%，第二个泌乳期增加 10%。奶牛妊娠第 6、7、8 和 9 个月，每天在维持基础上增加 4.18MJ、7.11MJ、12.55MJ 和 20.92MJ 产奶净能。

我国 NY/T 815—2004《肉牛饲养标准》规定繁殖母牛妊娠净能校正为维持净能的计算公式为：

$$NEc = Gw \times (0.19769 \times t - 11.76122) \tag{11-1}$$

式中：NEc 为妊娠净能需要量（MJ/d）；Gw 为胎日增重（kg/d）；t 为妊娠天数。不同妊娠天数、不同体重母牛的胎日增重（Gw）计算公式为：

$$Gw = (0.00879 \times t - 0.8545) \times (0.1439 + 0.0003558 \times LBW) \quad (11-2)$$

式中：Gw 为胎日增重（kg）；LBW 为活重（kg）；t 为妊娠天数。

3. 妊娠母羊

我国 NY/T 816—2004《羊饲养标准》规定，妊娠母绵羊能量需要量分为妊娠前期和后期，体重从 40kg 到 70kg，每 10kg 为一档，40kg 体重妊娠前期和后期的能量需要量分别为 10.46MJ/d、12.55MJ/d；70kg 前期和后期能量需要量为 14.23MJ/d、17.57MJ/d。产双羔时每个羊羔每日的妊娠能量需要增加 2.38MJ。配种体重为 10kg 的肉用山羊，妊娠前期代谢能需要量为 3.94MJ/d；中期，6.19MJ/d；后期，7.0MJ/d。

二、妊娠母畜蛋白质需要

妊娠母畜对蛋白质的需要受维持需要及母体和胎儿蛋白质的沉积需要的影响。其蛋白质需要可按析因法确定。

1. 妊娠母猪

根据猪的产肉特点和外形特征，我国 GB/T 39235—2020《猪营养需要量》分别制定了瘦肉型、脂肪型和肉脂型母猪蛋白质需要量。

瘦肉型母猪第 1 胎妊娠 0~90d、90d 以上分娩对粗蛋白质的需要分别是 13.1% 和 16.0%；第 2 胎妊娠 0~90d、90d 以上分娩对粗蛋白质的需要分别是 11.6% 和 14.0%；第 3 胎妊娠 0~90d、90d 以上分娩对粗蛋白质的需要分别是 10.8% 和 12.9%；第 4 胎及以上妊娠 0~90d、90d 以上分娩对粗蛋白质的需要分别是 9.6% 和 11.4%。

脂肪型母猪第 1 胎、第 2 胎及以上，妊娠期对粗蛋白质的需要分别是 15.0% 和 15.50%。

肉脂型母猪第 1 胎妊娠 0~90d、90d 以上分娩对粗蛋白质的需要分别是 12.0% 和 14.5%；第 2 胎及以上妊娠 0~90d、90d 以上分娩对粗蛋白质的需要分别是 10.5% 和 12.0%。

2. 妊娠母牛

我国 NY/T 34—2004《奶牛饲养标准》将妊娠母牛的蛋白质需要分为可消化粗蛋白质和小肠可消化粗蛋白质。妊娠第 6、7、8、9 个月，可消化粗蛋白质的需要量分别为 50g/d、84g/d、132g/d、194g/d；小肠可消化粗蛋白质需要量分别为 43g/d、73g/d、115g/d、169g/d。

3. 妊娠母羊

我国 NY/T 816—2004《羊饲养标准》规定，妊娠母绵羊粗蛋白质需要量分为妊娠前期和后期，体重从 40kg 到 70kg，每 10kg 为一档。40kg 体重妊娠前期和后期的粗蛋白质需要量分别为 116g/d、146g/d；70kg 前期和后期粗蛋白质需要量分别为 141g/d、186g/d。产双羔时妊娠母羊每日粗蛋白质需要量增加 20~40g。配种体重为 10kg 的肉用山羊，妊娠前期粗蛋白质需要量为 55g/d；中期，97g/d；后期，124g/d。

三、妊娠母畜矿物质需要

瘦肉型、脂肪型和肉脂型妊娠母猪矿物质需要量见表 11-1。我国 NY/T 815—2004《肉牛饲养标准》建议妊娠母牛饲粮矿物质含量（以日粮干物质计）为：钴 0.10mg/kg、铜 10mg/kg、碘 0.50mg/kg、铁 50mg/kg、锰 40mg/kg、硒 0.10mg/kg、锌 30mg/kg。

表 11-1　　妊娠母猪饲粮矿物质需要量（以 88% 干物质为计算基础）

矿物质	瘦肉型妊娠母猪	脂肪型妊娠母猪	肉脂型妊娠母猪
钾/%	0.20	0.16	0.18
钠/%	0.23	0.12	0.14
氯/%	0.18	0.10	0.11
镁/%	0.06	0.04	0.05
铁/(mg/kg)	80	70	75
铜/(mg/kg)	5.0	5.0	5.0
锰/(mg/kg)	23.00	20.00	22.00
锌/(mg/kg)	45	50	50
碘/(mg/kg)	0.37	0.25	0.30
硒/(mg/kg)	0.15	0.20	0.20

四、妊娠母畜维生素需要

瘦肉型、脂肪型和肉脂型妊娠母猪维生素需要量见表 11-2。

表 11-2　　妊娠母猪饲粮维生素需要量（以 88% 干物质为计算基础）

维生素	瘦肉型妊娠母猪	脂肪型妊娠母猪	肉脂型妊娠母猪
维生素 A/(IU/kg)	4000	3600	3800
维生素 D_3/(IU/kg)	800	450	480
维生素 E/(IU/kg)	44	25	28
维生素 K/(mg/kg)	0.30	0.30	0.30
硫胺素/(mg/kg)	1.35	1.00	1.25
核黄素/(mg/kg)	3.98	3.50	3.75
烟酸/(mg/kg)	11.00	9.00	10.00
泛酸/(mg/kg)	13.00	11.00	12.00
维生素 B_6/(mg/kg)	1.25	1.10	1.20
生物素/(mg/kg)	0.21	0.19	0.20
叶酸/(mg/kg)	1.37	1.20	1.30
维生素 B_{12}/(μg/kg)	16	14	15
胆碱/(g/kg)	1.23	1.15	1.20

五、妊娠期间母体营养需求特点和增重内容

1. 妊娠期间母体营养需求特点

母畜自身储备的大量营养物质除用于分娩后恢复自身健康外,还用于乳腺发育及营养储备,为泌乳做准备。同时,胎儿正常生长发育也需要大量营养物质,妊娠前期胎儿生长缓慢,营养供应要适量,否则影响组织器官的形成;妊娠后期胎儿生长发育迅速,营养供应要充足。

2. 增重内容

妊娠期间母体营养物质的沉积和子宫及其内容物的增长共同组成母体的增重。妊娠期间,母体储存大量营养物质,为泌乳做准备。随妊娠的进行,营养物质在子宫及其内容物(胎儿、胎衣、胎水)的沉积增加,子宫变大,胎衣和胎水迅速增长。

3. 孕期合成代谢

妊娠母猪饲喂与空怀母猪相等营养水平的饲粮时,妊娠母猪除能保证其胎儿和乳腺组织生长外,母体本身的增重也高于空怀母猪。这表明,在同等营养水平下,妊娠母猪比空怀母猪具有更强的沉积营养物质能力,这种现象称为孕期合成代谢。孕期合成代谢的机理为生长激素、甲状腺素等激素分泌增加,体内新陈代谢加快。

第三节 泌乳的营养需要

一、乳的成分及影响因素

(一)各种动物乳的成分

乳是一种由一系列不同种类的化学分子构成的复杂生物液态物,其主要成分为水、乳蛋白质、乳脂肪、乳糖、维生素、无机元素和酶等。

1. 乳蛋白质

乳中含氮化合物95%为真蛋白质,其余5%由尿素、氨、尿酸、肌酐和肌酸等非蛋白氮化合物组成。乳蛋白质主要由酪蛋白和乳清蛋白组成。酪蛋白是乳中含量最高的蛋白质,反刍动物乳中占82%~86%,单胃动物乳中占52%~80%。酪蛋白具有防治动物骨质疏松与佝偻病、促进动物体外受精、治疗缺铁性贫血和缺镁性神经炎等多种生理功效。乳清蛋白是指溶解分散在乳清中的蛋白质,占乳蛋白质的18%~20%,由β-乳球蛋白、α-乳白蛋白、免疫球蛋白和乳铁蛋白等组成。β-乳球蛋白,支链氨基酸含量极高,具有促进蛋白质合成和减少蛋白质分解的作用。α-乳白蛋白是必需氨基酸和支链氨基酸的极好来源,具有抗癌功能。免疫球蛋白主要存在于初乳中,对幼畜免疫系统的发育有不可替代的作用。乳铁蛋白可消灭或抑制细菌,促进正常细胞生长,提高免疫力。

2. 乳脂肪

乳脂肪占乳脂类的97%~99%,它是由1个甘油分子和3个脂肪酸分子组成的甘油三酯的混合物,以脂肪球的形式分散于乳浆中形成乳浊液,是乳的主要成分之一。脂肪中98%~99%是甘油三酯,还含有约1%的磷脂和少量的固醇、游离脂肪酸以及脂溶性维生素等。乳脂肪含

有人类必需的脂肪酸和磷脂，也是脂溶性维生素的重要来源，其中维生素 A 和胡萝卜素含量很高，因而乳脂肪是一种营养价值较高的脂肪。乳脂肪提供的热量约占牛乳总热量的一半，其中所含的卵磷脂能提高大脑的工作效率。

乳脂肪的脂肪酸组成随动物种类不同而有差异。猪等单胃动物乳脂肪中短链脂肪酸含量很低，猪中 C2~C6 脂肪酸仅为痕量，而在牛、羊等反刍动物乳脂肪中占 5.2%~6.7%。驼乳脂肪中链脂肪酸（C8~C12）所占比例也很低，仅为 1.4%，显著低于人乳和其他动物乳；但棕榈油酸（C16：1）的含量则明显高于人乳和其他动物乳。马乳和驴乳饱和脂肪酸占总脂肪酸的比例较低（37%~48%），而牛、羊乳和驼乳饱和脂肪酸所占比例较高（55%~68%）。

3. 乳糖

乳糖是哺乳动物乳汁中主要的碳水化合物，是由葡萄糖和半乳糖组成的双糖。牛乳乳糖含量为 4.6%~4.7%，人乳乳糖含量为 6%~8%。乳糖的甜度是蔗糖的 1/5。乳糖是人类和哺乳动物乳腺合成的特有化合物。在婴幼儿生长发育过程中，乳糖不仅可以提供能量，还参与大脑的发育进程。利用乳糖焦糖化温度较低（蔗糖 163℃，葡萄糖 154.5℃，乳糖仅 129.5℃）的特点，可使得某些特殊的焙烤食品，在较低的烘烤温度下获得较深的黄色至焦糖色泽，广泛应用于婴儿食品、糖果和人造奶油等。此外，乳汁中还含有其他多糖，其中主要是低聚糖，具有抗原活性和促进肠道益生菌生长的作用。

4. 维生素

乳中含有维持动物机体正常新陈代谢所必需的各类维生素，分为脂溶性维生素和水溶性维生素两类。乳中 B 族维生素含量变化很大，主要受到饲料中豆类、粗饲料比例的影响。随着泌乳期的延长，母乳中的维生素 A 含量呈下降趋势，维生素 C 含量呈上升趋势，水果蔬菜摄入量大大增加也会使母乳中维生素 C 含量升高。

5. 无机元素

乳中大部分无机盐与有机酸结合成盐，全部溶解在乳清中，其含量为 0.70%~0.75%。动物种类不同，乳中含有的常量和微量矿物元素含量有所差异。

（二）影响乳成分的因素

1. 不同品种奶牛乳成分含量

奶牛品种的差异决定了乳的成分（表 11-3）。一般而言，产奶量越低，乳的品质越高。同一品种的不同品系间的乳成分含量也存在较大差异（表 11-4）。

表 11-3　　　　　　　　　　　不同品种奶牛的乳成分及其含量变化

成分	荷斯坦牛	更塞牛	爱尔夏牛	短角牛
蛋白质/%	3.28	3.57	3.38	3.32
脂肪/%	3.46	4.49	3.69	3.53
乳糖/%	4.46	4.62	4.57	4.51
非脂固形物/%	8.61	9.08	8.82	8.74
灰分/%	0.75	0.77	0.70	0.76
钙/%	0.11	0.13	0.12	0.12

续表

成分	荷斯坦牛	更塞牛	爱尔夏牛	短角牛
磷/%	0.09	0.10	0.09	0.10
平均产量/kg(泌乳期)	5371	3901	4789	4648

表 11-4　　　相同品种不同品系牛乳乳成分及其含量的变化　　　单位:%

成分	荷斯坦牛	更塞牛	爱尔夏牛	短角牛
脂肪	3.3~3.7	4.3~4.9	3.6~3.9	3.4~3.8
非脂固形物	8.4~8.8	8.8~9.3	8.7~8.9	8.6~9.3
蛋白质	3.2~3.4	3.4~3.7	3.3~3.5	3.2~3.4
乳糖	4.3~4.6	4.6~4.7	4.3~4.6	4.4~4.6

2. 同一泌乳周期不同泌乳阶段的乳成分含量

初乳是母畜正常分娩后最初几天分泌的乳汁,3~5d 后转为常乳。初乳的成分与常乳大不相同。初乳中除糖类物质(如乳糖)、短链脂肪(C4~C10)和 C18:0 低于常乳外,其他成分(如脂蛋白、免疫球蛋白、维生素)含量均高于常乳。

在同一泌乳周期内,牛乳成分变化规律一般为泌乳前期(21~100d)乳蛋白和非脂固形物含量较低,且随着时间增加而逐渐上升,在泌乳中期(100~200d)与泌乳后期(200~300d)趋于稳定。

3. 不同胎次奶牛的乳成分含量

随着胎次增加,乳脂率、乳蛋白率、乳固形物含量、脂蛋比均呈现先增高后下降的趋势。乳脂含量、乳固形物含量和脂蛋比在第 2 胎次达到最高;而乳蛋白含量在第 3 胎次最高。乳糖含量随着胎次的增加呈现先下降趋势,下降到第 3 胎次达到最低,而后又逐渐上升。

4. 饲料中精粗比例

奶牛饲粮中的精粗比例可影响瘤胃发酵,精饲料比例过高,导致物质代谢紊乱,抑制瘤胃发酵,降低乳脂率,增加饲养成本。奶牛饲粮中精料占 40%~60%、粗纤维 15%~17%、酸性洗涤纤维 19%~21% 和中性洗涤纤维 25%~28% 较为适宜。饲粮中适宜精粗比例对于改善奶牛生产性能有积极作用。

(三)标准乳

乳脂含量与乳干物质含量呈高度正相关,是牛乳质量的重要指标之一。由于个体差异,牛所产乳的乳脂含量并不相同。因此,当比较不同状态下乳的质量和计算不同条件下产乳的营养需要时,可先将不同乳脂含量的乳加以校正,再进行比较。国际上将不同乳脂率的乳校正到含乳脂 4% 的标准状态,校正后含乳脂 4% 的乳称为乳脂校正乳(FCM)。校正公式如下:

$$FCM = 0.4M + 15F \qquad (11-3)$$

式中:FCM 为乳脂校正乳量(kg);M 为非标准乳量(kg);F 为非标准乳的含脂量(kg)。

在乳脂率低于 2.5% 的情况下,用上述校正公式计算不够准确。这时,可将不同乳脂和非脂固形物含量的乳校正到乳脂含量为 4%,非脂固形物含量为 8.9% 的状态,该状态的乳称为固形物校正乳（SCM）。计算公式如下：

$$SCM\ (kg) = 12.3F+6.56SNF-0.0752M \tag{11-4}$$

式中：F 为乳脂含量（kg）；SNF 为无脂固形物含量（kg）；M 为非标准乳的含脂量（kg）。

二、乳的形成

（一）乳脂的形成

1. 乳中脂肪酸来源

乳脂的主要成分是乳脂肪，脂肪是由脂肪酸与甘油组成，其中脂肪酸的来源主要有两种途径，为乳腺上皮细胞内合成或从血液中直接获取。

2. 脂肪酸合成

乳腺脂肪酸的合成随动物种类不同而存在差异。在反刍动物中，乳脂合成的主要碳源是乙酸（瘤胃中40%~70%的乙酸被乳腺利用合成乳脂）和 β-羟丁酸（乳腺中60%的脂肪酸来自 β-羟丁酸）。胞液中的乙酸由乙酰辅酶 A 合成酶催化直接生成乙酰辅酶 A，进一步合成脂肪酸。β-羟丁酸需先活化为辅酶 A 衍生物，然后以完整的四碳单位作为引物结合到脂肪酸中。脂肪酸合成的最初4个碳原子一半来源于 β-羟丁酸，另一半由乙酸提供。

在非反刍动物乳腺细胞中，来自血液中的葡萄糖在胞质中酵解产生丙酮酸。丙酮酸进入线粒体后，一部分氧化脱羧直接生成乙酰辅酶 A，另一部分与草酰乙酸缩合生成柠檬酸，并在柠檬酸裂解酶的作用下，分解为乙酰辅酶 A 和草酰乙酸。乙酰辅酶 A 可直接用于合成脂肪酸，草酰乙酸通过三羧酸循环生成 NADPH，参与脂肪酸的合成。反刍动物胞液中柠檬酸裂解酶的活性极低，因而不能利用葡萄糖合成脂肪酸。

3. 甘油来源

甘油主要是由葡萄糖酵解产生，其余部分来自血浆中的甘油乳糜微粒和前 β-脂蛋白中甘油三酯的水解。

4. 乳脂生产

单胃动物1~14碳脂肪酸主要在乳腺中合成，16碳脂肪酸一半来自乳腺的合成，一半来自血液的运输，而高于16碳的脂肪酸主要从饲粮中获得；反刍动物主要利用乙酸和丁酸转化为乙酰辅酶 A 和丁酰辅酶 A，通过从头合成途径合成脂肪酸。乳脂肪在乳腺分泌细胞内合成后，逐步形成脂小滴，以乳脂球的形式储存在乳腺腺泡腔中。

（二）乳糖合成

乳糖由哺乳动物乳腺以葡萄糖为原料，通过乳糖合成酶催化，在乳腺上皮细胞中合成。

（三）乳蛋白质合成

乳中的蛋白质，主要来源于饲粮降解和瘤胃发酵产生的氨基酸和非蛋白氮的合成。根据来源可将乳蛋白质分为两类，一类是乳腺中合成的蛋白质，是由乳腺上皮细胞从血清中吸收的氨基酸和葡萄糖转化的氨基酸合成而来，包括酪蛋白、β-乳球蛋白、α-乳清蛋白；另一类是由血液中蛋白质转移而来，主要有免疫球蛋白和血清清蛋白。

1. 乳腺中合成蛋白质

乳腺是由多个小导管和腺泡构成的蛋白质合成及储存场所。90%以上乳蛋白是在乳腺中利用氨基酸合成的，其合成过程与其他组织合成蛋白质的过程相同。合成蛋白质的必需氨基酸全部来自乳腺上皮细胞从血清中吸收,非必需氨基酸由乳腺中葡萄糖、乙酸、必需氨基酸转化。其中,精氨酸和鸟氨酸是乳腺合成其他氨基酸最主要的氮源。

2. 乳中血液蛋白质

牛乳中5%~10%的乳蛋白质,是由血液中两种蛋白质组成。一种是血清清蛋白,存在于牛乳乳清中,主要为α-乳白蛋白和β-乳球蛋白。另一种是免疫球蛋白,是初乳中重要的功能性蛋白质,初乳中的免疫球蛋白大部分来自血液。牛初乳中含有的免疫球蛋白主要为IgG、IgA、IgM、IgD、IgE五种,其中IgG是动物体最重要和含量最高的免疫球蛋白,占免疫球蛋白总量的85%~90%。

(四)乳中维生素和矿物质

乳腺不能合成维生素,乳中的维生素和矿物元素都来自血液。牛乳中含有的维生素主要有维生素A、维生素B、维生素C、维生素E,乳的种类不同维生素的含量也会不同,在初乳中维生素E的含量最高,常乳中则是维生素A含量最高。乳腺对矿物元素的吸收具有很大的选择性,乳腺能够阻止硒、氟等元素的吸收;铁、铜虽可进入乳腺,但不能增加乳中铁、铜的含量。牛乳中常量元素有钾、钠、钙、镁等,微量元素有锌、铁、铜、锰等。

三、泌乳的营养需要

(一)能量需要

1. 泌乳母牛

泌乳母牛营养需要大多通过析因法确定,即分别研究维持和生产需要。奶牛在泌乳期的不同阶段所处的生产状态不同,除了产奶以外,还包括体重的增减和妊娠,因此,奶牛的能量需要是维持、产奶、增重或失重、妊娠等多项需要之和。

(1)泌乳母牛维持能量需要 母牛泌乳期的维持能量需要一般占总需要量的75%~80%。根据NY/T 34—2004《奶牛饲养标准》规定,适宜环境温度拴系饲养奶牛的绝食代谢产热量为$293W^{0.75}$kJ,自由运动可增加20%的能量,即$356W^{0.75}$kJ。由于在第一个和第二个泌乳期奶牛自身的生长发育尚未完成,故维持能量需要须在上述基础之上适当增加,即第一个泌乳期增加20%,第二个泌乳期增加10%;放牧运动时,维持能量需要显著增加,运动能量需要见表11-5。

表11-5 泌乳母牛水平行走的维持能量需要量 单位:kJ

行走距离/km	行走速度	
	1m/s	1.5m/s
1	$364W^{0.75}$	$368W^{0.75}$
2	$372W^{0.75}$	$377W^{0.75}$
3	$381W^{0.75}$	$385W^{0.75}$
4	$393W^{0.75}$	$398W^{0.75}$
5	$406W^{0.75}$	$418W^{0.75}$

(2)泌乳母牛产奶能量需要 根据NY/T 34—2004《奶牛饲养标准》规定,奶牛每生产

1kg 标准乳（乳脂率 4.0%、乳蛋白 3.4%）需要 3138kJ 产奶净能、85g 饲料粗蛋白质，则干物质的采集量应增加 0.4~0.45kg。

$$产奶的能量需要 = 牛乳能量含量 \times 产奶量 \quad (11-5)$$
$$牛乳的能量值（kJ/kg）= 750.00 + 387.98 \times 乳脂率 + 163.97 \times 乳蛋白率 + 55.02 \times 乳糖率 \quad (11-6)$$
$$牛乳的能量值（kJ/kg）= 1433.65 + 415.30 \times 乳脂率 \quad (11-7)$$
$$牛乳的能量值（kJ/kg）= 166.19 + 249.16 \times 乳总干物质率 \quad (11-8)$$

（3）泌乳期奶牛不同生理阶段能量补充　泌乳初期阶段，母牛因能量摄入不足，须动用体内储存的能量去满足产奶需要。在此期间，应防止过度减重。

奶牛的最高日产奶量出现的时间不一致，当食欲恢复后，可采用引导饲养，供给量稍高于需要量。

奶牛妊娠的代谢能利用效率较低，妊娠第 6、7、8、9 个月时，每天在维持基础上增加 4.18MJ、7.11MJ、12.55MJ 和 20.92MJ 产奶净能。妊娠第 6 个月如未干奶，还需加上产奶需要，每千克标准乳需供给产奶净能 3.14kJ。

2. 泌乳母猪

可根据维持需要、哺育仔猪数、泌乳量、猪乳化学成分和营养物质形成乳的利用效率来确定其能量需要量。

我国 GB/T 39235—2020《猪营养需要量》分别制定了瘦肉型、脂肪型和肉脂型泌乳母猪能量需要量。

瘦肉型泌乳母猪第 1 胎对消化能、代谢能和净能的需要分别是 69.04MJ/d、71.13MJ/d 和 52.51MJ/d；第 2 胎对消化能、代谢能和净能的需要分别是 82.84MJ/d、85.35MJ/d 和 63.01MJ/d；第 3 胎及以上对消化能、代谢能和净能的需要分别是 89.75MJ/d、92.47MJ/d 和 68.28MJ/d。

脂肪型泌乳母猪第 1 胎对消化能、代谢能和净能的需要分别是 39.96MJ/d、38.36MJ/d 和 29.15MJ/d；第 2 胎及以上对消化能、代谢能和净能的需要分别是 46.27MJ/d、44.42MJ/d 和 33.76MJ/d。

肉脂型泌乳母猪第 1 胎对消化能、代谢能和净能的需要分别是 56.92MJ/d、54.64MJ/d 和 41.50MJ/d；第 2 胎及以上对消化能、代谢能和净能的需要分别是 71.15MJ/d、68.30MJ/d 和 51.91MJ/d。

（二）蛋白质需要

1. 泌乳母牛

（1）泌乳母牛维持和增重的蛋白质需要　泌乳母牛的蛋白质需要，国际上通用的标准均以粗蛋白质和可消化粗蛋白质表示。泌乳所需蛋白质是分泌的乳蛋白质除以摄入蛋白质的泌乳转化效率，其计算方法与能量需要相似。根据以往研究结果表明，泌乳母牛的维持净蛋白质消耗为 $2.1W^{0.75}$（g），维持粗蛋白质需要为 $4W^{0.75}$（g），可消化粗蛋白质需要量为 $3W^{0.75}$（g）。我国奶牛饲养标准规定泌乳母牛用于维持需要的可消化粗蛋白质需要量为 $3W^{0.75}$（g），200kg 体重以下的生长牛为 $2.3W^{0.75}$（g）。

（2）泌乳母牛产奶对粗蛋白质和可消化蛋白质的需要　产奶对粗蛋白质和可消化蛋白质的需要可直接根据母牛泌乳量和乳蛋白质含量计算，乳蛋白质含量可直接测得，或按每千克标准乳含蛋白质 34g 计算，或直接根据乳脂率推算。

NY/T 34—2004《奶牛饲养标准》已采用小肠可消化粗蛋白质作为泌乳母牛蛋白质需要的最终指标，可消化粗蛋白质仅作为参考指标，其计算公式如下：

$$产奶的可消化粗蛋白质需要量 = 牛乳的蛋白量含量/0.60 \quad (11-9)$$

$$产奶的小肠可消化粗蛋白质需要量 = 牛乳的蛋白量含量/0.70 \quad (11-10)$$

（3）泌乳母牛对降解蛋白质和非降解蛋白质的需要　近些年来，世界各国相继提出了新的蛋白质体系，我国 NY/T 34—2004《奶牛饲养标准》也对新蛋白质体系进行了系统说明。

新蛋白质体系：反刍动物对于蛋白质的需要有瘤胃降解蛋白质和非降解蛋白质，含氮物质包含非蛋白氮与真蛋白质。非蛋白氮（100%降解）和真蛋白质被降解的部分共同合成微生物蛋白质，在瘤胃内合成微生物体，未降解的真蛋白质与微生物体进入消化道下段，主要在小肠被消化和吸收，为动物提供营养物质。因而，动物的蛋白质需要来源于瘤胃降解蛋白质和非降解蛋白质。

2. 泌乳母猪

我国 GB/T 39235—2020《猪营养需要量》规定如下。

瘦肉型泌乳母猪第 1 胎，仔猪日增重 180g/d、220g/d 和 260g/d 对粗蛋白质的需要分别是 16.50%、17.00% 和 18.00%；第 2 胎及以上，仔猪日增重 180g/d、220g/d 和 260g/d 对粗蛋白质的需要分别是 17.00%、17.00% 和 18.00%。

脂肪型泌乳母猪第 1 胎对粗蛋白质需要量（以 88% 干物质为计算基础）为 15.00%；第 2 胎对粗蛋白质需要量为 15.50%。

肉脂型泌乳母猪第 1 胎对粗蛋白质需要量（以 88% 干物质为计算基础）为 15.50%；第 2 胎及以上对粗蛋白质需要量为 16.00%。

（三）矿物质需要

泌乳母畜从乳中分泌出大量矿物质，如日泌乳 30kg 的奶牛，每日可从乳中分泌出钙 35.7g，磷 25.2g，钠 21.6g，氯 41.1g。日泌乳 5kg 的母猪，每日可从乳中分泌出钙 8.9g，磷 2.9g，氯 3.8g。因此，为母畜提供所需的矿物元素是保障母畜正常泌乳的必要条件。

1. 常量元素需要

（1）钙和磷　NRC（2012）提出，非泌乳奶牛每日维持需要的可吸收钙为 0.0154g/kg，泌乳奶牛为 0.031g；生长牛每日增重需要可吸收钙的量（g/d）为：

$$生长牛每日增重需要可吸收钙的量(g/d) = 9.8 \times MW^{0.22} \times W^{0.22} \times WG \quad (11-11)$$

式中：MW 为奶牛成年体重估计值（kg），W 为奶牛当前体重（kg），WG 为体增重（kg）。

泌乳母牛饲粮中钙的吸收率在 35%~38%。因此，NRC（2012）提出了泌乳母牛钙和磷每日总需要的计算公式。

$$成年母牛钙的维持需要量(g/d) = (0.0154W)/0.38 \quad (11-12)$$

$$泌乳母牛钙的总需要量(g/d) = (0.0154W + 1.22FCM)/0.38 \quad (11-13)$$

$$泌乳母牛磷的维持需要量(g/d) = (0.0143W)/0.5 \quad (11-14)$$

$$泌乳母牛磷的总需要量(g/d) = (0.0143W + 0.99FCM)/0.5 \quad (11-15)$$

式中：W 是体重（kg）；FCM 是标准乳产量（kg/d）。

按上述公式计算体重为 700kg，日泌乳 35kg（标准乳）的泌乳牛每日饲粮钙的总需要量为 140.7g，磷的总需要量为 89.3g。我国奶牛饲养标准中规定泌乳牛按 100kg 体重需要 6g 钙和

4.5g 磷，每千克标准乳需要 4.5g 钙和 3g 磷；生长牛按 100kg 体重需要 6g 钙和 4.5g 磷，每千克增重需要 20g 钙和 13g 磷。

（2）钠、氯、钾、镁、硫　奶牛用于维持的可吸收钠需要量为每 100kg 体重 1.5g，可吸收氯为每 100kg 体重 2.25g。奶牛用于产奶的可吸收钠和氯需要量分别为 0.65g 和 1.15g。因此，必须为母畜提供适量食盐，以保证母畜对可吸收钠和氯的维持及泌乳需要。奶牛的食盐供给可按钠占饲粮干物质的 0.18%，或氯化钠占饲粮干物质的 0.45% 供给。

奶牛钾的需要量为饲粮干物质的 0.8%。当气温升高时，饲粮钾的含量应增加至 1.2%。

奶牛对无机镁的吸收率为 28%~49%，在生产中，镁的供给量为每千克饲粮含 0.25~0.30g，或占饲料干物质的 0.1%~0.15%。

奶牛对硫的需要量一般占饲料干物质的 0.1% 或 0.2%（饲喂尿素时），反刍动物饲料中氮硫比一般为 15:1。

2. 微量元素需要

我国《奶牛饲养标准》推荐产奶牛饲粮干物质中微量元素的含量为：镁 0.2%、钾 0.9%、钠 0.18%、氯 0.25%、硫 0.2%、铁 15mg/kg、钴 0.1mg/kg、铜 10mg/kg、锰 12mg/kg、锌 40mg/kg、碘 0.4mg/kg、硒 0.1mg/kg。干奶牛饲粮干物质中微量元素的含量为：镁 0.16%、钾 0.6%、钠 0.10%、氯 0.20%、硫 0.16%、铁 15mg/kg、钴 0.1mg/kg、铜 10mg/kg、锰 12mg/kg、锌 40mg/kg、碘 0.25mg/kg、硒 0.1mg/kg。

（四）维生素需要

奶牛自身无法合成维生素 A、维生素 D 和维生素 E，因此，需在其饲粮中适量添加。研究表明，在应激或高产条件下，奶牛自身合成的 B 族维生素无法满足维持及泌乳需要，因此，饲粮中应补充适量 B 族维生素（如胆碱、生物素、维生素 B_{12} 等）满足维持及泌乳所需。

奶牛的维生素 A 来源主要由胡萝卜素转化而来，但转化的效率较低，因此，牛乳中含有较多胡萝卜素。NRC（2012）建议成年奶牛维生素 A 需要量为 110IU/（kg 体重），我国《奶牛饲养标准》中，维生素 A 的需要量为 43IU/（kg 体重），产奶前 120d 需提高至 76IU/（kg 体重）。

第四节　繁殖公畜的营养需要

一、种公畜营养生理特点

公畜的性欲和精液质量与饲料营养水平有密切关系，种公畜的营养需要是目前营养研究工作的难点。我国老一辈畜牧科学家在公畜营养需要的研究中，将小我融入大我，坚持国家利益和人民利益至上的奉献精神，不断追求科技进步，打破西方技术壁垒，缩小同欧美国家的技术领先优势，为实现国家富强作出了突出成绩。

种公畜的营养需要不是从消耗的产物来确定，而是从动物繁殖性能出发，如以精液中干物质含量计算，公猪配种一次为 7.5~10g，公牛仅 0.5g，公绵羊仅 0.12~0.18g。又如，公绵羊每次配种的热能消耗仅比休闲时高 15%。因此，按种公畜的射精量、精液成分以及按配种时的热能消耗来估算公畜的营养需要没有实际意义。此外，在生产中，种公畜饲料中各种营养成分，都影响着其精液品质。能量供给不足，对成年公畜的睾丸及附属器官造成影响；反之，能量供应过多，则会造成种公畜过肥，其危害性更为严重。饲粮中蛋白质的缺乏，会导致公畜精子形成减少，其中饲粮中必需氨基酸的含量，对种公畜精液品质起到决定性作用。矿物元素可对种公畜生精器官及精细胞造成影响，饲料缺乏钙和磷，会引起睾丸病理变化，精子发育不良；锰不足可引起睾丸生殖腺上皮细胞退化；锌不足可使精细胞发育受阻并影响睾酮水平；缺硒时公牛睾丸、附睾重量均小于正常，精子成熟度差。维生素含量与动物种类和精子的代谢及活力有关，适量的维生素含量可以减少异常精子的比例。

二、种公畜营养需要

（一）能量需要

1. 公猪

能量是保证机体正常生命活动的首要营养因子，后备公猪饲粮中能量供应不足时，睾丸和附属性器官的发育将受到影响，性成熟推迟，初情期射精量减少。然而，饲粮中能量水平过高也会降低后备公猪的性活动。能量对成年公猪繁殖性能同等重要。成年公猪能量供应不足，会导致睾丸和其他性器官的机能减弱，性欲降低，睾丸生精能力被抑制或损害，精液浓度低，精子活力弱等。尽管在提高种公猪饲粮能量水平后，可促使公猪性机能恢复，但这种恢复需要一个较长的过程，一般为30~40d。种公猪能量供应也不宜过高，否则会降低甚至丧失其配种能力。

我国GB/T 39235—2020《猪营养需要量》建议瘦肉型成年种用公猪（体重为130~170kg）对消化能、代谢能和净能需要（以88%干物质为计算基础）分别是33.63MJ/d、32.35MJ/d和24.88MJ/d。脂肪型成年种用公猪对消化能、代谢能和净能需要（以88%干物质为计算基础）分别是27.24MJ/d、26.15MJ/d和19.87MJ/d。

2. 公牛

牛瘤胃可产生大量甲烷气体，且饲料类型对消化能转化为代谢能及代谢能转化为净能的效率影响较大。因此，牛饲养标准中能量营养通常采用净能体系，即使用英国农业与食品研究委员会的代谢能体系，实际上也是净能体系，只不过用代谢能表示动物能量需求。

NY/T 34—2004《奶牛饲养标准》规定，种公牛的能量需要量（用产奶净能、MJ）= $0.398 \times W^{0.75}$。生长育肥牛维持净能需要量公式为：

$$NE_m = 322 \times W^{0.75} \tag{11-16}$$

式中：NE_m 为维持净能，单位为千焦每天（kJ/d）；W 为体重，单位为千克（kg）。

该公式适用于等热区、舍饲、有轻微活动和无应激环境。当气温低于12℃时，每降低1℃，维持能量需要增加1%。

3. 公羊

能量对公羊的繁殖性能十分重要。在非配种期，公羊能量摄入不足时，无法满足正常生命活动的需要，导致生殖系统发育不正常；能量摄入过剩时，不能完全被机体消耗，利用的能量转换为脂肪储存于体内，导致脂肪沉积过量从而降低繁殖机能。在配种期，公羊对能量的摄入较低时，导致体型偏瘦，生殖机能减退，性欲降低；能量摄入较高时，导致性欲下降，影响配种。成年种公羊能量缺乏引起的生殖机能下降会随着能量摄入增加而改善，而育成公羊的能量缺乏症状是不可逆的。此外，不同时期的公羊对能量需求具有很大差异，非配种期公羊的能量消耗较低，配种期公羊的能量消耗较高，因此，在配种期适度增大公羊能量摄入量是保证各项指标正常、配种顺利进行的重要前提。NRC（2012）规定，绵羊每日维持能量需要量为每千克代谢体重（$W^{0.75}$）0.3MJ。

（二）蛋白质需要

1. 公猪

氨基酸平衡是种猪产生高品质精液的保障，饲喂粗蛋白质水平13%（赖氨酸：苏氨酸：色氨酸：精氨酸=100：76：38：120）的饲粮，种公猪繁殖性能与粗蛋白质水平17%（赖氨酸：苏氨酸：色氨酸：精氨酸=100：50：20：104）的饲粮相似或更好。饲粮中蛋白质不足时会显著降低种公猪性欲、射精量、精液品质及精子的存活时间等。依据我国GB/T 39235—2020《猪营养需要量》建议，瘦肉型成年种用公猪和脂肪型种用公猪粗蛋白质需要量（以88%干物质为计算基础）分别为15.0%和14.0%。

2. 公牛

反刍动物瘤胃存在大量微生物，其具有转化氨为氨基酸补充蛋白质的功能。缺乏蛋白质时种公牛射精量和精子数目急剧下降，而蛋白质水平过高不仅会加大饲粮成本，还会使精液品质有所下降。实际上，种公牛对于蛋白质的需要就是对其中各类氨基酸的需要。不同饲粮氨基酸含量有所差异，对精液品质的影响也参差不齐。动物精液中天冬氨酸、丝氨酸、苏氨酸、赖氨酸等含量与精子密度、活力、冻后顶体完整性呈显著正相关，上述氨基酸在动物性蛋白质中的含量也远高于植物性蛋白质。我国《奶牛饲养标准》以保证采精和种用体况为基础，建议可消化粗蛋白质需要量（g）和小肠可消化粗蛋白质需要量（g）分别为$4\times W^{0.75}$和$3.3\times W^{0.75}$。

3. 公羊

羊为季节性发情动物，一年中种公羊处于两种生理状态，即配种期和非配种期。配种期应当依据采精强度与种畜体况调整饲粮中蛋白质含量。建议提供的最佳饲草为苜蓿、花生秸和胡萝卜等，精饲料为玉米、豆粕和骨粉等。实际生产中饲草与精料进行合理搭配，能够提高配种期公羊的精子数量和精液品质，从而快速完成配种任务。当配种任务强度大时，可适当混合动物性蛋白质于精饲料中饲喂种公羊，可显著提高精子密度。非配种前期，公羊处于恢复期，此时饲粮应当维持配种期时的组成，待公羊体况恢复后再饲喂低蛋白质水平的非配种期饲粮。

（三）矿物质需要

我国GB/T 39235—2020《猪营养需要量》建议瘦肉型成年种用公猪矿物质每日需要为：钾0.20%、钠0.15%、氯0.12%、镁0.04%、铁80mg/kg、铜5.0mg/kg、锰20.00mg/kg、锌50mg/kg、碘0.14mg/kg、硒0.30mg/kg。脂肪型公猪矿物质需要为：钾0.19%、钠0.13%、氯0.12%、镁0.04%、铁70mg/kg、铜5.0mg/kg、锰15.00mg/kg、锌50mg/kg、碘0.20mg/kg、硒0.30mg/kg。NY/T 34—2004《奶牛饲养标准》建议种公牛矿物质每日需要为：钙32~69g、磷24~52g。

（四）维生素需要

瘦肉型、脂肪型和肉脂型种用公猪维生素需要量见表11-6。

NY/T 34—2004《奶牛饲养标准》建议种公牛维生素需要为：维生素A 21~59kIU、胡萝卜素53~148mg。

表 11-6　　　　　　　　　　种用成年公猪维生素需要量

维生素	瘦肉型种用公猪	脂肪型种用公猪	肉脂型种用公猪
维生素 A/(IU/kg)	4000	2000	1700
维生素 D_3/(IU/kg)	800	200	200
维生素 E/(IU/kg)	80	30	15
维生素 K/(mg/kg)	0.50	0.30	0.30
硫胺素/(mg/kg)	0.90	1.00	1.00
核黄素/(mg/kg)	3.80	2.50	3.00
烟酸/(mg/kg)	10.00	12.00	15.00
泛酸/(mg/kg)	12.00	10.00	10.00
维生素 B_6/(mg/kg)	1.20	1.00	1.50
生物素/(mg/kg)	0.20	0.08	0.08
叶酸/(mg/kg)	1.30	0.30	0.30
维生素 B_{12}/(μg/kg)	16	12	15
胆碱/(g/kg)	1.30	0.60	0.50
亚油酸/%	0.10	0.10	0.10

思考题

1. 孕期合成代谢、短期优饲、标准乳的概念分别是什么？
2. 降低妊娠母猪早期胚胎死亡率的营养措施有哪些？
3. 简述妊娠母畜的营养需要特点。
4. 简述影响泌乳的因素。
5. 简述种公畜营养需要特点。

CHAPTER

第十二章
产蛋与产毛的营养需要

[学习目标]

1. 掌握确定产蛋的能量和蛋白质需要量的方法。
2. 理解影响产蛋能量和蛋白质需要的主要因素。
3. 理解毛的主要结构与成分,并掌握影响毛形成和质量的主要营养因素。

第一节 产蛋的营养需要

一、蛋的成分

(一)全蛋的成分

禽蛋主要由蛋壳、蛋清和蛋黄三部分组成。禽蛋的组成成分见表12-1。

表12-1　　　　　　　　　禽蛋的组成成分

种类	蛋重/g	蛋壳/%	蛋清/%	蛋黄/%	水分*/%	蛋白质*/%	脂类*/%	糖类*/%	灰分*/%	能量*/kJ
鸡蛋	40~60	10~12	45~60	26~33	73.6	12.8	11.8	1.0	0.8	400
鸭蛋	60~90	11~13	45~58	28~35	69.7	13.7	14.4	1.2	1.0	640
鹅蛋	160~180	11~13	45~58	32~35	70.6	14.0	13.0	1.2	1.2	1470

注：*为去壳蛋成分。

(二)蛋壳的成分

蛋壳由94%~97%的无机物和3%~6%的有机物构成。无机物中主要成分是碳酸钙,还含有少量的碳酸镁、磷酸钙及磷酸镁。有机物中主要成分是蛋白质,属于胶原蛋白。蛋壳从外到内由蛋壳外膜、真壳和蛋壳内膜组成。蛋壳外膜是一种无色、透明且具有光泽的可溶性蛋白质。真壳由乳头或海绵体组成。蛋壳内膜分内外两层,内层称为蛋白膜,外层称为内壳膜。蛋壳内膜主要由角蛋白质和少量的糖类组成。蛋壳的组成成分见表12-2。

表12-2　　　　　　　　　　　　　　蛋壳的组成成分　　　　　　　　　　　　　　单位：%

种类	有机成分	碳酸钙	碳酸镁	磷酸钙及磷酸镁
鸡蛋	3.2	93.0	1.0	2.8
鸭蛋	4.3	94.4	0.5	0.8
鹅蛋	3.5	95.3	0.7	0.5

(三) 蛋清的成分

蛋清由外向内分别是外层、中间层、内层及最内层。蛋清的组成成分见表12-3。目前已从蛋清中分离出近40种不同的蛋白质,其中含量较多的蛋白质有12种。蛋清包含多种蛋白质,主要为糖蛋白质。

表12-3　　　　　　　　　　　　　　蛋清的组成成分　　　　　　　　　　　　　　单位:%

种类	水分	蛋白质	脂类	葡萄糖	矿物质
鸡蛋	87.3~88.6	10.8~11.6	极少	0.10~0.50	0.6~0.8
鸭蛋	87.0	11.5	0.03	—	0.8

(四) 蛋黄的成分

蛋黄由蛋黄膜、蛋黄内容物和胚盘三部分组成。蛋黄的组成成分见表12-4。蛋黄含水约50%,其余大部分是脂肪和蛋白质。蛋黄干物质中脂肪所占比例最大。蛋黄中的蛋白质主要是脂蛋白,其中包括65%低密度脂蛋白、16%高密度脂蛋白、10%卵黄球蛋白和4%卵黄高磷蛋白。蛋黄中的微量元素和维生素在胚胎发育过程中具有重要作用。

表12-4　　　　　　　　　　　　　　蛋黄的组成成分　　　　　　　　　　　　　　单位：%

种类	水分	脂肪	蛋白质	碳水化合物	灰分
鸡蛋	51.5	28.2	15.2	3.4	1.7
鸭蛋	44.9	33.8	14.5	4.0	2.8
鹅蛋	50.1	26.4	15.5	6.2	1.8

二、产蛋的营养需要

(一) 产蛋禽的能量需要

1. 析因法

产蛋禽的能量需要主要包括维持、产蛋和体增重的能量需要,可采用析因法确定产蛋禽的能量需要。

(1) 维持的能量需要　　根据代谢体重估计维持的代谢能需要：

$$MEm = K_1 W^{0.75} \tag{12-1}$$

式中：K_1 为每千克代谢体重代谢能的需要（kJ/kg），$W^{0.75}$ 为代谢体重（kg）。

（2）产蛋的能量需要　根据蛋重、蛋的能量含量和产蛋率计算产蛋的代谢能需要：

$$MEe = K_2 W_0 E_0 / Ke \tag{12-2}$$

式中：K_2 为产蛋率，W_0 为每枚蛋的总质量（kg），E_0 为蛋的能量含量（kJ/kg），Ke 为产蛋代谢能转化为净能的效率。

（3）体增重的能量需要　体增重的代谢能需要：

$$MEg = E_1 W_c / K_4 \tag{12-3}$$

式中：E_1 为体增重的能量含量（kJ/kg），W_c 为每天体增重的变化量（kg），K_4 为代谢能转化为净能的效率。

（4）产蛋禽能量的总需要　产蛋禽能量的总需要：

$$ME = MEm + MEe \pm MEg \tag{12-4}$$

式中：MEm 为维持的代谢能需要，MEe 为产蛋的代谢能需要，MEg 为体增重的代谢能需要。

在实际生产中，由于家禽有根据饲粮能量浓度调节采食量的能力，可以根据正常的采食量确定适宜的能量浓度。NRC（2012）规定：商品产蛋鸡、蛋用种鸭和产蛋火鸡的饲粮代谢能浓度为 12.13MJ/kg。采食量可以根据产蛋率调整。

2. 综合法

通过能量梯度饲粮实验，以产蛋率、料蛋比、产蛋量等作为反应指标，通过折线或者二次曲线拟合等方法确定蛋鸡的最佳能量摄入量即为能量需要量。美国 NRC（2012）和我国 NY/T 33—2004《鸡饲养标准》都应用综合法来确定蛋鸡的能量需要。

3. 能量需要的影响因素

NY/T 33—2004《鸡饲养标准》公布的产蛋鸡开产至高峰期、高峰后期及肉用种鸡产蛋期代谢能的需要量分别为 11.29MJ/kg、10.87MJ/kg 和 11.70MJ/kg。影响产蛋能量需要的主要因素：① 环境温度可影响家禽机体内能量代谢的强度。当环境温度低时，家禽机体代谢速率加快，需要从饲粮中获得更多的能量以产生足够的热能来维持体温正常。环境温度超过30℃时，则每升高1℃每天采食量下降 2.5~4.0g，由于采食量的下降使各种营养物质不能满足机体需要，而导致生产水平下降；② 饲粮组成影响能量利用效率。碳水化合物、脂肪和蛋白质是家禽主要能量来源的营养物质，其中碳水化合物的体增热比脂肪体增热高，在饲粮中添加部分脂肪代替碳水化合物供给能量可降低热增耗，提高能量利用效率；③ 体重小的家禽能量需要较少，体重大的家禽需要的能量相对较多。如体重 1.5kg 的母鸡，每天需要代谢能 0.740MJ，而体重 2.5kg 的母鸡则需要 1.083MJ；④家禽产蛋率不同，能量需要不同。如体重为 2.0kg 的母鸡，日产蛋率 60% 时，每天需要代谢能 1.22MJ，而日产蛋率 90% 时，则每天需要代谢能 1.38MJ。

（二）产蛋的蛋白质和氨基酸需要

1. 蛋白质的需要

（1）采用析因法，蛋白质的需要包括维持、产蛋、体组织和羽毛的生长。

①产蛋的蛋白质的总需要：

$$\text{蛋白质的总需要} = \text{维持需要} + \text{产蛋需要} + \text{体沉积的需要} \tag{12-5}$$

② 产蛋的维持需要：根据成年产蛋家禽内源氮的日排泄量估算。

$$\text{维持蛋白质需要}(g/d) = 6.25KW^{0.75}/K_J \tag{12-6}$$

式中：K 为单位代谢体重内源氮排泄量（g/kg），$W^{0.75}$ 为代谢体重（kg），K_J 为饲料粗蛋白质转化为体蛋白质的效率。

③ 产蛋的蛋白质需要：根据蛋中的蛋白质含量和产蛋率确定。

$$\text{产蛋的蛋白质需要}(g/d) = W_e C_i K_m / K_n \tag{12-7}$$

式中：W_e 为每枚蛋的质量（g），C_i 为蛋中蛋白质含量（%），K_m 为产蛋率，K_n 为饲料蛋白质在蛋中的沉积效率。

④ 产蛋的体组织和羽毛生长的蛋白质需要：依据每天的蛋白质沉积量确定。

$$\text{体组织蛋白质沉积需要}(g/d) = GC/K_p \tag{12-8}$$

式中：G 为日增重（g/d），C 为体组织中蛋白质含量（%），K_p 为体组织蛋白质沉积效率。

（2）综合法也常被用于测定蛋禽的蛋白质需要量。通过粗蛋白质梯度饲粮实验，以产蛋率、料蛋比、产蛋量等作为反映指标，通过折线或者二次曲线拟合等方法确定蛋鸡的最佳粗蛋白质摄入量即为蛋白质需要量。美国 NRC（2012）和我国 NY/T 33—2004《鸡饲养标准》都应用综合法来确定蛋鸡的蛋白质需要。

（3）我国 NY/T 33—2004《鸡饲养标准》公布的产蛋期产蛋鸡开产至高峰期、高峰后期及肉用种鸡开产至高峰期、高峰后期蛋白质的需要量分别为 16.5%、15.5%、17% 和 16%。影响蛋白质需要量的因素有蛋禽的品种、体型、环境温度、生产阶段等。例如，① 体型大的家禽比体型小的家禽的维持需要多，体重 2.5kg 的鸡比体重 1.5kg 的鸡每天多需要 2g 维持蛋白质；② 环境温度主要通过影响采食量影响蛋禽产蛋的蛋白质需要量，一般在夏季提高蛋能比，在冬季降低蛋能比；③ 产蛋率越高的家禽蛋白质的需要量也越多。

2. 氨基酸的需要

产蛋家禽的必需氨基酸有甲硫氨酸、赖氨酸、色氨酸、精氨酸、组氨酸、异亮氨酸、亮氨酸、苯丙氨酸、缬氨酸和苏氨酸，其中甲硫氨酸、赖氨酸、色氨酸通常为家禽常用饲料的限制性氨基酸。

（1）根据析因法以维持、产蛋、体组织和羽毛生长为基础确定氨基酸的需要量。产蛋需要的氨基酸根据蛋中氨基酸的含量和饲粮中氨基酸转化为蛋中氨基酸的效率进行计算。饲粮氨基酸用于产蛋的效率一般为 0.55~0.88，受年龄、产蛋量、饲粮组成及饲粮中必需氨基酸的含量等因素的影响。全蛋中赖氨酸的含量为 7.9g/kg，每产 1kg 蛋饲粮中赖氨酸的需要量为 7.9÷0.85=9.3（g）。产蛋鸡赖氨酸需要量可用下式估计：

$$L = 9.5E + 60W \tag{12-9}$$

式中：L 为可应用赖氨酸（mg/g），E 为产蛋量（g/d），W 为体重（kg）。

氨基酸的维持需要可用 $60W$ 估计，可采用类似的方法估测甲硫氨酸、色氨酸和异亮氨酸。

（2）采用综合法确定氨基酸的需要量。采用饲养实验，根据产蛋率、产蛋量、孵化率以及生化指标确定氨基酸的需要量。但实际生产中无法单独地估计每只蛋鸡的氨基酸需要量，一般按照平均产蛋率来进行氨基酸需要量的确定。当产蛋率从 90% 下降至 55% 时，氨基酸需要量或其他养分需要量也相应下降。饲粮蛋白质的浓度也可从 170g/kg 降至约 150g/kg。

我国 NY/T 33—2004《鸡饲养标准》推荐的产蛋鸡和肉用种鸡产蛋期氨基酸需要量见

表 12-5。

表 12-5 产蛋鸡和肉用种鸡产蛋期氨基酸需要量　　　　　　单位：%

种类	产蛋鸡		肉用种鸡
	开产~高峰（产蛋>85%）	高峰后期（产蛋<85%）	开产~高峰期（产蛋>65%）
赖氨酸	0.75	0.70	0.80
甲硫氨酸	0.34	0.32	0.34
甲硫氨酸+胱氨酸	0.65	0.56	0.64
苏氨酸	0.55	0.50	0.55
色氨酸	0.16	0.15	0.17
精氨酸	0.76	0.69	0.90
亮氨酸	1.02	0.98	0.86
异亮氨酸	0.72	0.66	0.58
苯丙氨酸	0.58	0.52	0.51
苯丙氨酸+酪氨酸	1.08	1.06	0.85
组氨酸	0.25	0.23	0.24
缬氨酸	0.59	0.54	0.66
甘氨酸+丝氨酸	0.57	0.48	0.57

（三）产蛋的矿物质需要

1. 钙的需要

产蛋禽钙的需要量由维持需要量和产蛋需要量组成。产蛋禽对钙的需要量是非产蛋禽的4~5倍，保证钙的供给对产蛋禽非常重要。蛋壳品质的好坏直接关系到禽蛋破损率的高低，从而影响蛋禽的经济效益。饲粮中缺乏钙还会导致软壳蛋、薄壳蛋。因此，产蛋禽饲粮必须含有足够的钙，且钙可以被充分吸收利用。当产蛋鸡饲粮中的钙为3.6%时，蛋壳中80%的钙由饲粮提供，20%的钙由骨组织提供；当饲粮中的钙为1.9%时，30%~40%的钙由骨组织提供。高温环境降低家禽采食量，饲粮中钙的含量应当相应增加；低温环境增加家禽采食量，饲粮中钙的含量应当相应减少。磷是影响钙利用的主要元素。因而，饲粮中钙、磷比例很重要。饲粮中维生素D的含量也是影响蛋禽对钙吸收的因素之一，缺乏维生素D时会严重影响饲粮中钙的吸收，产软壳蛋、产蛋率和孵化率下降。NY/T 33—2004《鸡饲养标准》推荐的产蛋鸡产蛋期钙的需要量为3.5%。

2. 磷的需要

磷在鸡蛋中含量丰富。60g左右鸡蛋的蛋黄中含磷约98mg，蛋壳中含磷约20mg，蛋清中含磷约3.8g。饲粮缺乏磷可导致蛋禽骨骼去矿化，而高水平的磷会干扰肠道对钙的吸收，导致蛋壳质量下降。如果磷含量低，过早补充钙会对肾脏产生负面影响，但蛋禽生长早期如果没有提前补充钙源，钙代谢和骨钙储存会受到长期的负面影响。维生素D能促进钙、磷的吸收和利用。NY/T 33—2004《鸡饲养标准》推荐蛋鸡总磷的需要量为0.6%，非植酸磷需要量为 0.32%。

3. 钠、钾、氯的需要

钠、钾、氯在维持体内酸碱平衡和蛋壳形成中具有重要作用。另外，钾和钠在蛋清中含量丰富，每枚鸡蛋中钾含量约为 64mg，钠含量约为 61mg。由于家禽饲粮中含有丰富的钾，一般不在饲粮中额外添加钾。我国《鸡饲养标准》中蛋鸡对氯和钠的推荐需要量均为 0.15%，肉用种鸡对钠和氯的推荐需要量均为 0.18%。

4. 微量元素的需要

微量元素不仅是蛋的组成成分，而且对蛋的品质特别是蛋壳的品质会产生重要影响。例如，每枚鸡蛋含铁、锌和硒约为 1.1mg、0.7mg 和 10 μg；锰的缺乏会导致蛋壳变薄，产蛋量和孵化率降低。产蛋家禽和种禽对微量元素的需要量可根据产蛋量、微量元素在蛋中的沉积量、蛋的孵化率等指标进行评定。商品蛋鸡所产蛋作为商品，主要考虑产蛋量和蛋壳的质量。饲粮微量元素能否满足需要，应根据饲料微量元素含量和利用率进行考虑。NY/T 33—2004《鸡饲养标准》推荐的产蛋鸡和肉用种鸡产蛋期的主要微量元素需要量见表 12-6。

表 12-6　　产蛋鸡和肉用种鸡产蛋期的主要微量元素需要量　　单位：mg/kg

种类	铁	铜	锰	锌	碘	硒
产蛋鸡	60	8	60	80	0.35	0.30
肉用种鸡	80	8	100	80	1.00	0.30

（四）产蛋的维生素需要

1. 产蛋禽维生素需要量

我国 NY/T 33—2004《鸡饲养标准》推荐的产蛋鸡和肉用种鸡产蛋期维生素的需要量见表 12-7。

表 12-7　　产蛋鸡和肉用种鸡产蛋期维生素的需要量

维生素	产蛋鸡	肉用种鸡
维生素 A/(IU/kg)	8000	12000
维生素 D/(IU/kg)	1600	2400
维生素 E/(IU/kg)	5	30
维生素 K/(mg/kg)	0.5	1.5
维生素 B_1/(mg/kg)	0.8	2.0
维生素 B_2/(mg/kg)	2.5	9
泛酸/(mg/kg)	2.2	12
烟酸/(mg/kg)	20	35
维生素 B_6/(mg/kg)	3	4.5
生物素/(mg/kg)	0.10	0.20

续表

维生素	产蛋鸡	肉用种鸡
叶酸/(mg/kg)	0.25	1.2
维生素 B_{12}/(mg/kg)	0.004	0.012
胆碱/(mg/kg)	500	500

2. 影响产蛋禽维生素需要量的因素

①不同品种或品系对维生素的需要量有差异，新品系由于生产性能高，对维生素的需要量也高；②高温环境下，由于家禽采食量降低，需要提高饲料中维生素的浓度；③饲料中含有的某些抗营养因子会影响维生素的吸收利用，如亚麻饼、粕中含有吡哆醇的拮抗物，需要增加吡哆醇使用量。

（五）水的需要

家禽对于水的需要量一般认为料∶水为 1∶2，实际生产中采用不间断供水可保证供水量。水中亚硝酸盐含量高可导致产蛋鸡腹泻、产蛋率和孵化率下降。水中病原微生物是产蛋禽疾病的重要传染源，可引起产蛋量下降。因此，为产蛋禽提供充足、清洁、卫生饮水非常必要。

第二节　产毛的营养需要

一、毛的成分与形成

（一）毛的结构和成分

1. 毛的结构

毛是动物皮肤的衍生物，由真皮层的毛囊发育而成。羊毛的形态学构造分为三个部分，即毛干、毛根和毛球。毛干是指毛纤维长出皮肤表面，肉眼可见的部分。毛根是指毛纤维着生于皮肤内的部分。毛球是指毛纤维的生发点和基部。

羊毛的组织学结构可分为三层：覆盖在毛干外面的鳞片层，组成毛纤维主体的皮质层和处于毛纤维中心的髓质层（无髓毛和部分两型毛不具有髓质层）。鳞片层是毛纤维最外层的细胞组织结构，呈鱼鳞状覆盖整个纤维，是最重要的保护层。皮质层由皮质细胞和细胞间质组成，是羊毛纤维的重要组成部分，占羊毛总体积的 75%～90%。皮质层比例越大，羊毛越细，反之羊毛越粗。髓质层含有大量的谷氨酸和极少量的胱氨酸。

2. 毛的成分

毛的化学组成随纤维种类不同而差别很大。毛的主要成分为角蛋白质，并含少量脂肪和矿物质。毛角蛋白质含 20 种左右的 α-氨基酸，这些氨基酸以酰胺键方式连接成肽链，肽链的横向交联键（二硫键、盐键和氢键）将多条肽链联接成网状大分子结构。化学结构决定毛的特性。如毛纤维大分子长链受外力拉伸时由 α 型螺旋型过渡到 β 型伸展型，外力解除后又恢复到 α 型，则其外观表现为毛的伸长变形和回弹性优良。山羊绒毛化学组成与细毛绵羊品种相似。

绒毛纤维角蛋白质中α-角蛋白质、β-角蛋白质和γ-角蛋白质含量分别为8.48%~62.25%、9.86%~13.70%和25.45%~31.14%。绒毛纤维角蛋白质中含硫量高达3.39%。

（二）毛的形成

1. 毛纤维的形成

毛纤维由毛囊原始体发育而成。毛纤维在胚胎发育的第57天至70天，皮肤表皮生发层出现原始体，原始体从周围血管获得营养物质使细胞增殖而形成毛囊。毛囊管状物下端与毛乳头相联形成毛球。毛球围绕着毛乳头并与其紧密相连，从中获取营养物质，使毛球内的细胞不断增殖，促使毛纤维的生长。毛乳头由结缔组织构成，是毛纤维的营养器官，其中含有密集的毛细血管网和神经末梢。毛乳头对毛生长具有决定作用。因此，随着血液进入毛乳头的营养物质渗透到毛球内，保证了毛球细胞的营养。新细胞急剧增生，从毛鞘的生发层继续向上生长，并在毛球上部逐渐角化。不断通过角质化的细胞沿毛鞘增长形成毛纤维伸向体表，伴随毛囊周期性的规律运动，穿过表皮伸出体外，共需30~40d。毛囊原始体能否发育成毛纤维，主要取决于饲养管理条件。

2. 毛囊

毛囊在皮肤上成群分布，皮肤毛囊性状对羊毛产量和质量起决定性作用。毛囊分为初生毛囊和次生毛囊。初生毛囊有汗腺、皮脂腺和竖毛肌，而次生毛囊只有皮脂腺。毛纤维数量由次生毛囊决定。

二、产毛的营养需要

（一）能量需要

产毛的能量需要主要包括维持、体重变化以及产毛的需要。即：

$$E_t = E_m + E_g + E_w \tag{12-10}$$

式中：E_t为产毛动物总的能量需要，E_m为维持能量需要，E_g为体重变化的能量需要；E_w为产毛的能量需要。

1. 维持能量需要

维持能量需要可根据代谢体重估计，即：

$$E_m = K_m W^{0.75} \tag{12-11}$$

E_m可以用NE、ME、DE和总可消化养分（TDN）表示，绵羊的维持能量需要的K_m值分别为0.234kJ/d、0.410kJ/d、0.498kJ/d和0.027kg/d。

2. 体重变化能量需要

体重变化的能量需要可根据代谢体重和体增重估计，绵羊的估计方程为：

$$E_g = K_g W^{0.75}(1 + k\Delta W) \tag{12-12}$$

E_g用ME、DE和TDN表示时，绵羊体重变化的能量需要的K_g分别为0.469kJ/d、0.577kJ/d和0.029kg/d，k值分别为5.3、5.5和5.1。ΔW为体重变化（kg/d）。

3. 产毛的能量需要

产毛的能量需要包括合成毛消耗的能量和毛含有的能量。每克净干毛含能量22.18~24.27kJ。氨基酸合成角蛋白质所需的能量在羊生理和生产需要能量中所占比例很小。体重40kg的绵羊每天仅需430kJ的能量就能维持20g的净毛生长，相当于其基础代谢能量的9%。毛兔年产毛量为800g时，每产1g净毛约需消化能711.28kJ。美利奴羊平均每产1g净干毛需代谢能 628.024kJ。

(二) 蛋白质和氨基酸需要

羊毛的主要成分是角蛋白质。适当提高饲粮中粗蛋白质水平能改善羊毛质量。过瘤胃蛋白有助于绵羊在低质量饲粮的情况下提高羊毛产量。

胱氨酸和半胱氨酸是羊毛角蛋白质合成的限制性氨基酸。除含硫氨基酸外，其他氨基酸对羊毛的生长也有影响。如赖氨酸、亮氨酸或异亮氨酸不足则羊毛生长速度显著下降。饲粮中添加赖氨酸促进毛囊的生长。饲粮中不含赖氨酸时，不仅羊毛生长受到抑制，而且毛纤维长度与纤维直径的比例也发生改变。

(三) 矿物质需要

羊毛生长受钙、磷、硫、铜、硒、锌、铁、碘、钴和锰等矿物质影响。钙和磷对于产毛动物至关重要，绵羊和绒山羊理想的饲粮钙磷比为 1.5:1。

硫元素的营养生理功能主要是通过其在体内参与形成含硫有机物实现，参与体内的糖类、脂肪和蛋白质代谢。含硫有机物可促进与蛋白质和能量代谢有关的谷胱甘肽和辅酶A的合成，促进羊毛角蛋白质的角质化过程。0.6%的无水硫酸钠可显著提高羊毛强度，0.8%的无水硫酸钠可显著增加山羊肩胛和体侧的毛绒长度。硫源选择中有机硫以甲硫氨酸、胱氨酸形式添加，无机硫为硫酸钠。

铜对毛产量和毛品质有明显的影响。羊缺乏铜可引起产毛量下降、毛丧失弯曲、有色毛褪色或变色，纤维强度降低及产量下降，还可引起铁代谢紊乱，出现贫血现象。酪氨酸酶是酪氨酸转化为黑色素的关键酶与限制酶，且酪氨酸酶是一种含铜酶。因此，铜含量的多少会直接影响毛纤维色素颗粒的颜色、数量及其在皮质层细胞内的分布情况。一只羊每日需铜约 15mg。生产中需注意铜、硫和钼之间的平衡，低钼高铜会引起中毒。常用的铜源有碳酸铜、硫酸铜和氯化铜等。

绵羊补硒有利于羊毛生长，硒需要为 0.10mg/kg。绵羊纳米硒的适宜添加水平为 3g/d。

锌能维持羊毛正常生长发育。缺锌羊皮肤角化不完全、脱毛、毛易碎断和缺乏弯曲。成年绵羊和羔羊锌需要量为 40mg/kg（按干物质计算）。

铁对动物毛品质有影响。酪氨酸转化为黑色素的催化酶需要铁为辅助因子。缺铁毛的光泽下降及质量变差。饲粮中铁的含量要达到 30mg/kg。

钴缺乏的绵羊产毛量降低，毛变脆易断裂，失去纺织价值。每天每头绵羊需钴约 1mg。

锰的缺乏也会影响毛的形成和毛的质量。需要量为 60~130mg/d。

(四) 维生素需要

放牧的条件下，羊的瘤胃中能合成足够的B族维生素、维生素C和维生素K，所以很少发生维生素的缺乏问题。舍饲的情况下，维生素较易缺乏，必须注意给羊提供维生素A、维生素D和维生素E。缺乏维生素既可以通过影响毛囊的代谢而直接影响羊毛生长，也可以通过对采食量和整体代谢的影响而间接影响羊毛生长。维生素A的作用机制是维生素A可结合蛋白质和受体存在于动物的毛囊中，影响角细胞增殖与角化。绵羊补饲维生素A，羊毛的长度、直径及强度都会显著增加。维生素 B_1 和维生素 B_6 通过参与甲硫氨酸的代谢影响毛纤维的生长。生物素的缺乏会导致羊毛褪色和脱毛。绒山羊维生素的供给量为：维生素A 3500~11000IU/d，维生素D 250~1500IU/d，维生素E 5~100IU/d。

🔍 **思考题**

1. 如何确定产蛋的能量需要?
2. 影响产蛋蛋白质、能量需要的主要因素分别有哪些?
3. 如何确定产蛋的蛋白质需要?
4. 简述毛的主要结构与成分。
5. 简述影响毛形成和质量的主要营养因素。

第十三章 饲养标准

[学习目标]

1. 掌握饲养标准的概念。
2. 理解制定饲养标准对动物生产的意义。
3. 结合实际掌握如何合理利用饲养标准。

第一节 饲养标准

一、饲养标准的概念

饲养标准是根据大量动物饲养实验和生产实践的总结，结合饲料营养价值评定方面的结果，确定各种特定动物（不同种类、性别、年龄、体重、生理状况、生产目的、生产水平和环境条件）每天应给予的各种营养成分的数量，或日粮中应含有的各种营养成分的最低数量，把这些数据规定为动物从事正常生产所必须达到的基本营养标准，这种特定动物的营养定额就称为饲养标准。饲养标准一般是经动物营养学家制定，总结成一套系统、简明、实用的表册式资料，由有关权威机构定期或不定期颁布发行。

饲养标准是动物营养和饲料科学领域大量科学实验研究成果的客观概括和总结，所列数据都是以高度可信的、规范的重复实验资料为基础，体现了本领域的最新科学技术研究进展和生产实践经验。因此，颁布的饲养标准具有科学性、先进性、权威性、可变化性、条件性和局限性等特点。

二、饲养标准的种类

根据动物营养和饲料科学最新研究成果和进展，现行饲养标准以不同动物为基础并结合不同生理阶段、生产目的、生产水平等因素分类制定。现在已经制定并颁布了猪、禽、奶牛、肉牛、绵羊、山羊等动物的饲养标准或营养需要，并在养殖业和饲料工业中得到了广泛应用，对促进科学、安全、高效养殖起到了重要的推动作用，创造了显著的经济、环境和社会效益。

目前可参考的饲养标准主要有我国国家标准、美国国家研究会（NRC）标准、英国农业研究委员会（ARC）标准，以及日本、澳大利亚等国家颁布的饲养标准。另外，也可以参考一些著名育种公司颁布的饲养标准。

三、饲养标准的指标体系

饲养标准的指标体系包括能量指标体系、蛋白质指标体系、氨基酸指标体系等，除以上指标以外，还包括采食量、纤维素、脂肪酸、维生素、矿物元素、非营养素指标等体系。不同饲养标准或营养需要除了在制定能量、蛋白质和氨基酸定额时采用指标体系有所不同以外，其他指标所采用的体系基本相同。在确定营养指标的种类上，不同国家和地区则差异较大。

四、饲养标准数值的表示方法

1. 按单位饲粮中营养物质浓度表示

饲养标准中一般按特定水分含量给出风干饲粮基础浓度，如 NRC（2012）饲养标准中按 90% 的干物质浓度给出营养指标定额；GB/T 39235—2020《猪营养需要量》则按 88% 干物质浓度给出营养指标定额。根据给定的干物质浓度，用相对单位浓度表示营养需要，对动物饲养、饲粮配合、饲料工业生产全价配合饲料十分方便。多数饲养标准都列出按这种方式表示的营养浓度。

2. 按单个动物每天需要量表示

单个动物每天的需要量是结合单位饲粮中营养物质浓度和动物采食量计算所得的结果，明确给出每头动物每天对各种营养物质所需要的绝对数量。用这种方法表示动物的营养需要，对动物生产者估计饲料配制和饲喂量非常方便和适用。多数猪、禽和反刍动物的饲养标准均以这种方式列出各种营养物质的确切需要量。

3. 按单位能量浓度表示

该表示法列出了单位能量浓度推荐的营养物质组成，有利于衡量动物采食的营养物质是否平衡。如我国 NY/T 33—2004《鸡饲养标准》采用了这种表示方法。

4. 按体重或代谢体重表示

此表示法在析因法估计营养需要或动态调整营养需要中比较常用。按维持和生长或生产制定营养需要标准也采用这种表达方式。反刍动物饲养标准多采用这种方式表达营养需要。

5. 按生产力表示

此法即动物生产单位产品（肉、奶、蛋等）所需要的营养物质数量，如奶牛每产 1kg 标准乳需要蛋白质 58g。母猪带仔 10~12 头，每天需要 DE 66.9MJ。反刍动物饲养标准还可能有其他表示方法，如 NRC 奶牛的营养需要中，能量常列出可消化总养分（TDN），我国奶牛饲养标准中能量指标列出了奶牛能量单位（NND）等。

第二节 饲养标准的应用

一、饲养标准的基本特性

1. 饲养标准的科学性和先进性

饲养标准或营养需要是以动物营养和饲料科学理论为依据，以最新科学研究和生产实践研究结果为依据，真实客观地反映了动物维持和生产对饲粮营养物质的客观需求，是理论与实践的结合，具有高度科学性和广泛实用性。饲养标准中所涉及的营养数据指标均是来源于大量可信度高的、规范的重复实验。对重复实验资料不多的部分营养指标，在"标准"或"需要"中均有说明。表明"标准"是实事求是、严密认真科学工作的成果。

2. 饲养标准的权威性

饲养标准中基础数据来源的科学性和先进性是体现标准权威性的基础。而且饲养标准均是由有关权威机构定期或不定期颁布发行，也体现了标准的权威性。饲养标准中的基础数据来源于营养学家和生产者大量生产研究成果的总结，所得到的数据资料须经过有关专家组严格审定，最后提交至权威部门进行颁布，体现了饲养标准较高的严谨性和权威性。

3. 饲养标准的可变化性

随着科学技术不断发展、动物生产水平不断提高，饲养标准或营养需要也需要不断更新，以实现最大化生产效率。因此，饲养标准应当是与时俱进的。同时，饲养标准主要指导饲养者合理提供营养物质，饲养者必须结合动物的生理状态、饲养环境、生产水平等因素适当调整营养供给，灵活运用，才能保证经济高效饲养。总之，适当调整饲养标准的目的是使设定的营养定额尽可能满足动物对营养物质的客观需求。

4. 饲养标准的条件性和局限性

饲养标准中基础数据来源条件决定了标准的条件性，饲养标准中基础数据是根据特定的动物、特定的环境条件、特定的生理阶段或生理状态而获得的，因此数据的产生就具有条件性，这也决定了标准使用的局限性。实际生产条件变化多样性，如个体差异、不同的环境条件、不同的饲粮品质、不同的市场经济形势等因素都会不同程度地影响动物的饲养和营养需要量。因此，饲养标准都只在一定条件下、一定范围内适用，不能无条件生搬硬套"标准"。应对"标准"中的营养定额酌情进行适当调整，才能避免其局限性，增强实用性。

二、饲养标准的作用

1. 提高动物生产效率

饲养标准的科学性和先进性，不仅是保证动物适宜、快速生长和高产的技术基础，而且也是确保动物平衡摄入营养物质，避免因摄入营养物质不平衡而增加代谢负担，甚至罹病，为动物生长和生产提供良好体内外环境的重要条件。

饲养实践证明，在饲养标准指导下饲养动物，生长动物显著提高生长速度，生产动物产品的动物显著提高动物产品产量。与传统的用经验饲养动物相比，生产效率和动物产品产量提高一倍以上。在现代化的动物生产中，生长肥育猪的饲养周期已可以缩短到160~180d。产蛋鸡的产蛋能力已基本接近产蛋的遗传生理极限。

2. 提高饲料资源利用效率

利用饲养标准指导饲养动物，不但合理满足了动物的营养需要，而且显著节约饲料，减少浪费。用传统饲养方法养两头肥育猪耗用的能量饲料，仅通过添加少量饼（粕）生产成配合饲料后即可饲养三头肥育猪而不需要额外增加能量饲料，大大提高了饲料资源的利用效率。

3. 推动动物生产发展

饲养标准指导动物生产的高度灵活性，使动物饲养者在复杂多变的动物生产环境中，始终能做到把握好动物生产的主动权，同时通过适宜控制动物生产性能，合理利用饲料，达到始终保证适宜生产效益的目的，同时也提高生产者适应生产形势变化的能力，激励饲养者发展动物生产的积极性。一些经济和科学技术比较发达的国家和地区，动物饲养量减少，动物产品产量反而增加，明显体现了充分利用饲养标准指导和发展动物生产的作用。

4. 提高科学养殖水平

饲养标准除了指导饲养者向动物合理供给营养，也具有帮助饲养者计划和组织饲料供给，科学决策发展规模，提高科学饲养动物的能力。

三、应用饲养标准的基本原则

1. 选用合适的饲养标准

饲养标准都是有条件性和局限性的，是特定的动物在一定生产阶段具体的营养定额。因此所选用的饲养标准要尽可能和目标动物保持一致，重点把握饲养标准所要求的条件与应用对象实际条件的差异，尽可能选择最适合应用对象的饲养标准。如给我国地方黑猪配制饲料，应考虑我国地方猪与外种猪的生产水平、生理代谢差异，要尽可能选用地方猪的饲养标准，若选用NRC猪的营养需要则不符合我国地方猪种的营养需要量。除了动物遗传特性以外，绝大多数情况下均可以通过合理设定保险系数，适当调整饲粮营养物质配比或增减营养水平，使饲养标准规定的营养定额适合应用对象的实际情况。

2. 灵活使用饲养标准

饲养标准规定的营养定额一般只对具有广泛或比较广泛的共同基础的动物饲养有应用价值，对共同基础小的动物饲养则只有指导意义。要使饲养标准规定的营养定额变得可行，必须根据不同的具体情况对营养定额进行适当调整。选用按营养需要原则制定的饲养标准，一般都要增加营养定额。选用按"营养供给量"原则制定的"标准"，营养定额增加的幅度一般比较小，甚至不增加。选用按"营养推荐量"原则制定的"标准"，营养定额可适当增加。

3. 饲养标准与效益的统一性

应用饲养标准规定的营养定额，不能只强调满足动物对营养物质的客观要求，而不考虑饲料生产成本。必须贯彻营养、效益（包括经济、社会和生态等效益）相统一的原则。饲养标准中规定的营养定额实际上显示了动物的营养平衡模式，按此模式向动物供给营养，可使动物有效利用饲料中的营养物质。在饲料或动物产品的市场价格变化的情况下，可以通过改变饲粮的营养浓度，不改变平衡，而达到既不浪费饲料中的营养物质，又实现调节动物产品的量和质的目的，从而体现饲养标准与效益统一性原则。只有注意饲养标准的适合性和应用定额的灵活性，才能做到饲养标准与实际生产的统一，获得良好的结果。

> **思考题**
>
> 1. 饲养标准的概念是什么?
> 2. 制定饲养标准有什么意义?
> 3. 饲养标准包括哪些内容?
> 4. 饲养标准的指标体系和指标种类包括哪些?
> 5. 饲养标准的基本特点是什么?
> 6. 如何合理利用饲养标准?为什么不能照搬营养需要与饲养标准?
> 7. 当前我国实际生产中参考的主要饲养标准包括哪些?按动物种类进行简述。

第三篇

饲料学

第十四章 饲料分类

[学习目标]

1. 了解饲料分类的意义。
2. 掌握国际和我国饲料分类法。

　　饲料种类繁多，来源十分广泛，养分组成和营养价值差异较大。为了解各种饲料的特点，以便合理利用，对饲料进行科学分类是十分必要的。对饲料分类即是给每种饲料确定一个标准名称，使该名称能够反映该饲料的特性和营养价值。属于同一标准名称的饲料，其特性、成分与营养价值基本相似。

　　饲料分类方法多种多样，但需遵循简便、实用、科学的原则，常根据饲料来源、形态、营养特性等进行分类。如根据其来源可以分为植物性、动物性、矿物性和人工合成或提纯的产品；根据其形态可分为固体、液体、胶体、粉状、颗粒状及块状等类型；根据其营养特性可分为粗饲料、青绿饲料、青贮饲料、能量饲料、蛋白质饲料、矿物质饲料、维生素饲料和饲料添加剂等。

　　目前世界各国饲料分类（classification of feeds）方法尚未完全统一。美国学者 Harris（1956）的饲料分类原则和编码体系，迄今已为多数学者所认同，并逐步发展成为当今饲料分类编码体系的基本模式，被称为国际饲料分类法。但多数国家仍采用国际饲料分类与本国生产实际相结合的饲料分类方法。我国于20世纪80年代，在张子仪院士主持下，依据国际饲料分类原则与我国传统分类体系相结合，提出了我国的饲料分类法和编码系统。

第一节　国际饲料分类法

　　Harris 根据饲料的营养特性将饲料分为粗饲料、青绿饲料、青贮饲料、能量饲料、蛋白质补充料、矿物质饲料、维生素饲料、饲料添加剂共8大类，并对每类饲料冠以6位数的国际饲料编码（international feeds number，IFN），首位数代表饲料归属的类别，后5位数则按饲料的重要属性给定编码。编码分3节，表示为△-△△-△△△（表14-1）。

表14-1　　　　　　　　　　　　国际饲料分类依据原则

饲料类型	饲料编码	划分饲料类型依据		
		天然水分含量/%	干物质粗纤维含量/%	干物质粗蛋白质含量/%
粗饲料	1-00-000	<45.0	≥18.0	—
青绿饲料	2-00-000	≥45.0	—	—
青贮饲料	3-00-000	≥45.0	—	—
能量饲料	4-00-000	<45.0	<18.0	<20.0
蛋白质补充料	5-00-000	<45.0	<18.0	≥20.0
矿物质饲料	6-00-000	—	—	—
维生素饲料	7-00-000	—	—	—
饲料添加剂	8-00-000	—	—	—

一、粗饲料

粗饲料（roughage）是指天然水分含量在45%以下，干物质中粗纤维含量≥18%，以风干物为饲喂形式的饲料，如干草类、农作物秸秆等。IFN形式为1-00-000。

二、青绿饲料

青绿饲料（pasture range plants and forage fed fresh）是指天然水分含量≥45%的青绿牧草、饲用作物、树叶类及非淀粉质的根茎、瓜果类。IFN形式为2-00-000。

三、青贮饲料

青贮饲料（silage）是指以天然新鲜青绿植物性饲料为原料，在厌氧条件下，经过以乳酸菌为主的微生物发酵后调制成的青绿多汁饲料，如玉米青贮。IFN形式为3-00-000。

四、能量饲料

能量饲料（energy feeds）是指干物质中粗纤维含量<18%、粗蛋白质含量<20%的饲料，如谷实类、麸皮、淀粉质的根茎、瓜果类。IFN形式为4-00-000。

五、蛋白质补充料

蛋白质补充料（protein supplements）是指干物质中粗纤维含量<18%、而粗蛋白质含量≥20%的饲料，如鱼粉、豆饼（粕）、棉籽饼（粕）、菜籽饼（粕）以及工业合成的氨基酸和饲用非蛋白氮等。IFN形式为5-00-000。

六、矿物质饲料

矿物质饲料（mineral supplements）是指可供饲用的天然的、化工合成的或经特殊加工的无机饲料原料或矿物元素的有机螯合物（或络合物）。如石灰石粉、沸石粉、膨润土、动物骨粉、贝壳粉、磷酸氢钙、硫酸铜、甲硫氨酸锌、甲硫氨酸硒等。IFN 形式为 6-00-000。

七、维生素饲料

维生素饲料（vitamin supplements）是指由工业合成或提取的单一种或复合维生素制剂，但不包括富含维生素的天然青绿饲料。IFN 形式为 7-00-000。

八、饲料添加剂

饲料添加剂（feeds additive）是指为了利于营养物质的消化吸收，改善饲料品质，促进动物生长和繁殖，保障动物健康而掺入饲料中的少量或微量物质，但不包括矿物元素、维生素、氨基酸及以治病为目的的药物，主要指非营养性添加物质。IFN 形式为 8-00-000。

国际饲料分类法的特点主要有以下几个方面。一是主要以饲料营养价值来分类，符合人们的习惯，同时又有量的规定，如粗纤维、粗蛋白质含量，因而更能反映各类饲料的营养特性及在畜禽饲粮中的地位；二是规定的每个饲料均需描述来源、种及变种、饲用部分、调制处理方法、成熟阶段、刈割或切碎、等级与质量保证、分类 8 个商品特点，因而能更好地反映影响饲料营养价值的因素；三是每种饲料有一个标准编号，每一类饲料可供 99 999 种饲料编号用，8 大类可供 799 992 饲料编号，便于计算机管理和配方设计。

第二节　中国饲料分类法

20 世纪 80 年代初，张子仪院士等建立了我国饲料数据库管理系统及饲料分类方法。1987 年由农业部正式批准筹建中国饲料数据库，有关饲料各种成分分析和营养价值资料经过整理、核对和筛选后输入数据库中，可到国家饲料数据中心查阅。

我国饲料分类法和编码系统为：首先根据国际饲料分类原则将饲料分成 8 大类，然后结合中国传统饲料分类习惯划分为 17 亚类，两者结合，迄今可能出现的类别有 37 类，对每类饲料冠以相应的中国饲料编码（Chinese feeds number，CFN），共 7 位数，首位为 IFN 8 大类分类编号，第 2、第 3 位为 CFN17 亚类编号，第 4 至 7 位为具体饲料顺序号。编码分 3 节，表示为 △-△△-△△△△。

一、青绿饲料

凡天然水分含量≥45% 的栽培牧草、草地牧草、野菜、鲜嫩的藤蔓和部分未完全成熟的谷物植株等皆属此类。CFN 形式为 2-01-0000。

二、树叶类饲料

树叶类（leaves）有两种类型：采摘的树叶鲜喂，饲用时的天然水分含量≥45% 属青绿饲料。CFN 形式为 2-02-0000。采摘的树叶风干后饲喂，干物质中粗纤维含量≥18%，如槐叶、松针叶等属粗饲料。CFN 形式为 1-02-0000。

三、青贮饲料

青贮饲料（silage）有三种类型：其一是由新鲜的植物性饲料调制成的青贮饲料，一般是水分含量在65%~75%的常规青贮。其二是低水分青贮饲料（low moisture silage），又称半干青贮饲料（haylage），用天然水分含量为45%~55%的半干青绿植物调制成的青贮饲料。这两类CFN形式均为3-03-0000。其三是谷物青贮（grain silage），以新鲜玉米、麦类籽实为主要原料，不经干燥即贮于密闭的青贮设备内，经乳酸发酵制成，其水分含量在28%~35%。根据营养成分含量，属能量饲料，但从调制方法分析又属青贮饲料。CFN形式为4-03-0000。

四、块根、块茎、瓜果类饲料

天然水分含量≥45%的块根（roots）、块茎（tubers）、瓜（gourd）果（fruits）类，如胡萝卜、芜菁、饲用甜菜等，鲜喂则CFN形式为2-04-0000。这类饲料脱水后的干物质中粗纤维和粗蛋白质含量都较低，干燥后属能量饲料，如甘薯干、木薯干等。干喂则CFN形式为4-04-0000。

五、干草类饲料

干草类（hays）包括人工栽培或野生牧草的脱水或风干物，其水分含量在15%以下。水分含量在15%~25%的干草压块也属此类。干草类有三种类型。第一类干物质中的粗纤维含量≥18%，都属粗饲料，CFN形式为1-05-0000；第二类干物质中粗纤维含量<18%，而粗蛋白质含量<20%，属能量饲料，如优质草粉，CFN形式为4-05-0000；第三类指一些优质豆科干草，干物质中的粗蛋白质含量≥20%，而粗纤维含量<18%，如苜蓿叶粉和紫云英干草粉，属蛋白质饲料，CFN形式为5-05-0000。

六、农副产品类饲料

农副产品类（agricultural byproduct）有三种类型。其一是干物质中粗纤维含量≥18%，如秸、荚、壳等，都属于粗饲料，CFN形式为1-06-0000；其二是干物质中粗纤维含量<18%、粗蛋白质含量<20%，属能量饲料，CFN形式为4-06-0000（罕见）；其三是干物质中粗纤维含量<18%，而粗蛋白质含量≥20%，属蛋白质饲料，CFN形式为5-06-0000（罕见）。

七、谷实类饲料

谷实类饲料（cereals, grains）的干物质中，一般粗纤维含量<18%，粗蛋白质含量<20%，如玉米、稻谷等，属能量饲料，CFN形式为4-07-0000。

八、糠麸类饲料

糠麸类饲料（milling byproduct）有两种类型。其一是饲料干物质中粗纤维含量<18%，粗蛋白质含量<20%的各种粮食的碾米、制粉副产品，如小麦麸、米糠等，属能量饲料，CFN形式为4-08-0000；其二是粮食加工后的低档副产品，如统糠、生谷机糠等，其干物质中的粗纤维含量多大于18%，属粗饲料，CFN形式为1-08-0000。

九、豆类饲料

豆类饲料（beans）有两种类型。一类是豆类籽实干物质中粗蛋白质含量≥20%，而粗纤维含量<18%，属蛋白质饲料，如大豆等，CFN 形式为 5-09-0000；另一类个别豆类籽实的干物质中粗蛋白质含量在 20%以下，如江苏的爬豆，属能量饲料，CFN 形式为 4-09-0000。

十、饼粕类饲料

饼（cake）粕（meal）类有三种类型。一类干物质中粗蛋白质≥20%，粗纤维含量<18%，大部分饼粕属于此，为蛋白质饲料，CFN 形式为 5-10-0000；一类干物质中粗纤维含量≥18%，即使其干物质中粗蛋白质含量≥20%，仍属于粗饲料类，如含壳量多的葵花子饼及棉籽饼，CFN 形式为 1-10-0000；还有一些饼粕类饲料，干物质中粗蛋白质含量<20%，粗纤维含量<18%，如米糠饼、玉米胚芽饼等，则属于能量饲料，CFN 形式为 4-08-0000。

十一、糟渣类饲料

糟渣类饲料（distiller's dried grain soluble，DDGS；distiller's dried grain，DDG）有三种类型。干物质中粗纤维含量≥18%者属于粗饲料，CFN 形式为 1-11-0000；干物质中粗蛋白质含量<20%，且粗纤维含量<18%者属于能量饲料，如优质粉渣、醋糟、甜菜渣等，CFN 形式为 4-11-0000；干物质中粗蛋白质含量≥20%，而粗纤维含量<18%者，属蛋白质饲料，如含蛋白质较多的啤酒糟、豆腐渣等，CFN 形式为 5-11-0000。

十二、草籽、树实类饲料

草籽、树实类饲料（seed of grass and trees）有三种类型。一类干物质中粗纤维含量≥18%，属粗饲料，如灰菜籽等，CFN 形式为 1-12-0000；一类干物质中粗纤维含量<18%，而粗蛋白质含量<20%，属能量饲料，如干沙枣等，CFN 形式为 4-12-0000；一类干物质中粗纤维含量<18%，而粗蛋白质含量≥20%，属蛋白质饲料，但较罕见，CFN 形式为 5-12-0000。

十三、动物性饲料

动物性饲料（feed of animals sources）有三种类型，均来源于渔业、畜牧业的动物性产品及其加工副产品。一类干物质中粗蛋白质含量≥20%，属蛋白质饲料，如鱼粉、动物血、蚕蛹等，CFN 形式为 5-13-0000；一类干物质中粗蛋白质含量<20%，粗灰分含量也较低的动物油脂，属能量饲料，如牛油等，CFN 形式为 4-13-0000；一类干物质中粗蛋白质含量<20%，粗脂肪含量也较低，以补充钙磷为目的，属矿物质饲料，如骨粉、贝壳粉等，CFN 形式为 6-13-0000。

十四、矿物质饲料

矿物质饲料（minerals for feeds）指可供饲用的天然矿物质，如石灰石粉等；化工合成无机盐类和有机配位体与金属离子的螯合物、络合物，如磷酸氢钙、硫酸铜、甲硫氨酸锌等，CFN 形式为 6-14-0000。

十五、维生素饲料

维生素饲料（vitamins for feeds）是指由工业合成或提取的单一或复合维生素制剂，如硫胺素、核黄素、胆碱、维生素 A、维生素 D、维生素 E 等，但不包括富含维生素的天然青绿多汁饲料。CFN 形式为 7-15-0000。

十六、饲料添加剂

饲料添加剂（feed additives）是指为了补充营养物质、保证或改善饲料品质、提高饲料利用率、促进动物生长和繁殖及保障动物健康而掺入饲料中的少量或微量营养性及非营养性物质。在我国有两种类型：其一是营养性添加剂，如用于补充氨基酸的工业合成赖氨酸、甲硫氨酸等，CFN 形式为 5-16-0000；其二是非营养性添加剂，如生长促进剂、饲料防腐剂、饲料黏合剂、驱虫保健剂等非营养性物质，CFN 形式为 8-16-0000。

十七、油脂类饲料及其他

油脂类饲料（oil, fat for feeds）主要是以补充能量为目的，用动物、植物或其他有机物质为原料经压榨、浸提等工艺制成的饲料，属于能量饲料，CFN 形式为 4-17-0000。

表 14-2 列出了中国现行饲料分类依据原则。随着饲料科学研究水平的不断提高及饲料新产品的涌现，还会不断增加新的 CFN 形式。

表 14-2　　中国现行饲料分类依据原则

饲料类别	饲料编码（1、2、3位编码）	水分（自然含水）/%	粗纤维（以干物质计）/%	粗蛋白质（以干物质计）/%
一、青绿饲料	2-01-0000	≥45	—	—
二、树叶				
1. 鲜树叶	2-02-0000	≥45	—	—
2. 风干树叶	1-02-0000	—	≥18	—
三、青贮饲料				
1. 常规青贮饲料	3-03-0000	65~75		
2. 半干青贮饲料	3-03-0000	45~55		
3. 谷物青贮饲料	4-03-0000	28~35	<18	<20
四、块根、块茎、瓜果				
1. 含天然水分的块根、块茎、瓜果	2-04-0000	≥45	—	—
2. 脱水块根、块茎、瓜果	4-04-0000	—	<18	<20

续表

饲料类别	饲料编码 （1、2、3位编码）	水分 （自然含水）/%	粗纤维 （以干物质计）/%	粗蛋白质 （以干物质计）/%
五、干草				
1. 第一类干草	1-05-0000	<15	≥18	—
2. 第二类干草	4-05-0000	<15	<18	<20
3. 第三类干草	5-05-0000	<15	<18	≥20
六、农副产品				
1. 第一类农副产品	1-06-0000	—	≥18	—
2. 第二类农副产品	4-06-0000	—	<18	<20
3. 第三类农副产品	5-06-0000	—	<18	≥20
七、谷实	4-07-0000	—	<18	<20
八、糠麸				
1. 第一类糠麸	4-08-0000	—	<18	<20
2. 第二类糠麸	1-08-0000	—	≥18	—
九、豆类				
1. 第一类豆类	5-09-0000	—	<18	≥20
2. 第二类豆类	4-09-0000	—	<18	<20
十、饼粕				
1. 第一类饼粕	5-10-0000	—	<18	≥20
2. 第二类饼粕	1-10-0000	—	≥18	≥20
3. 第三类饼粕	4-08-0000	—	<18	<20
十一、糟渣				
1. 第一类糟渣	1-11-0000	—	≥18	—
2. 第二类糟渣	4-11-0000	—	<18	<20
3. 第三类糟渣	5-11-0000	—	<18	≥20
十二、草籽、树实				
1. 第一类草籽、树实	1-12-0000	—	≥18	—
2. 第二类草籽、树实	4-12-0000	—	<18	<20

续表

饲料类别	饲料编码 （1、2、3位编码）	水分 （自然含水）/%	粗纤维 （以干物质计）/%	粗蛋白质 （以干物质计）/%
3. 第三类草籽、树实	5-12-0000	—	<18	≥20
十三、动物性饲料				
1. 第一类动物性饲料	5-13-0000	—	—	≥20
2. 第二类动物性饲料	4-13-0000	—	—	<20
3. 第三类动物性饲料	6-13-0000	—	—	<20
十四、矿物质饲料	6-14-0000	—	—	—
十五、维生素饲料	7-15-0000	—	—	—
十六、饲料添加剂				
1. 营养性添加剂	5-16-0000	—	—	—
2. 非营养性添加剂	8-16-0000	—	—	—
十七、油脂类饲料及其他	4-17-0000	—	—	—

我国饲料分类方法特点为：一是增加了2、3位码层次，用户既可根据国际饲料分类原则判定饲料性质，又可根据传统习惯从亚类中检索饲料资源出处，是对国际饲料分类IFN系统的合理补充及修正；二是最多能容纳1 279 872种饲料，比国际饲料分类法容量大。

思考题

简述国际和我国饲料分类法有何区别与联系。

第十五章 青绿饼料

[学习目标]

1. 了解青绿饲料的营养特性和影响因素。
2. 了解青绿饲料的种类和加工利用方式。

青绿饲料是新鲜的、天然水分含量45%以上的植物性饲料，因富含叶绿素而得名。主要包括天然牧草、人工栽培牧草、青饲作物、叶菜类、非淀粉质根茎瓜类、水生植物及树叶类等。这类饲料种类多、来源广、产量高、营养均衡，对促进动物生长发育、改善畜产品品质、提高日粮适口性和饲料利用效率等具有重要作用，被人们誉为"绿色能源"。

第一节 青绿饲料的营养特性及影响因素

一、青绿饲料的营养特性

（一）水分含量高，能值较低

鲜嫩的青绿饲料水分含量一般较高，陆生植物的水分含量为60%~90%，而水生植物水分含量可高达90%~95%。因此其鲜草含干物质少，能值较低。如新鲜基础的陆生植物的消化能仅为1.20~2.50MJ/kg；以干物质为基础计算，其能量营养价值也较一般能量饲料低，消化能仅为8.37~12.55MJ/kg。

（二）蛋白质含量较高，品质较优

新鲜禾本科牧草和叶菜类饲料的粗蛋白质含量为1.5%~3.0%，而豆科牧草的粗蛋白质含量为3.2%~4.4%。若按干物质计算，前者粗蛋白质含量达13%~15%，后者可高达18%~24%。后者可满足动物在任何生理状态下对蛋白质的营养需要。除此之外，青绿饲料蛋白质品质较优，原因是青绿饲料是植物体的营养器官，含有各种必需氨基酸，尤其以赖氨酸、色氨酸含量较高，故蛋白质生物学价值较高，一般可达70%以上。

(三) 粗纤维含量较低

青绿饲料的粗纤维含量介于精饲料与粗饲料之间。一般幼嫩的青绿饲料含粗纤维较少，木质素低，无氮浸出物较高。若以干物质为基础，则其中粗纤维为15%~30%，无氮浸出物在40%~50%。但随着植物生长期的延长，其粗纤维和木质素的含量会显著增加。一般而言，植物开花或抽穗之前，粗纤维含量较低。猪对未木质化的纤维素消化率可达78%~90%，对已木质化的纤维素消化率仅为11%~23%。由此可见，掌握好适时的收割期十分重要。

(四) 矿物质含量丰富，钙磷比例适宜

青绿饲料中含有动物所需的各种矿物元素，但其含量因植物种类、土壤与施肥情况而异。一般而言，青绿饲料中钙和磷比例比较适宜，钙、磷含量分别为0.25%~0.5%和0.20%~0.35%，特别是豆科牧草钙含量较高，因此以青绿饲料为主食的动物不易缺钙。此外，青绿饲料还含有丰富的铁、锰、锌、铜等微量矿物元素。然而，牧草中钠和氯一般含量不足，故放牧家畜需要注意补给食盐。

(五) 维生素含量丰富

青绿饲料是动物维生素营养的良好来源。特别是胡萝卜素含量较高，1kg青绿饲料含量可高达50~80mg。在正常采食情况下，放牧家畜所摄入的胡萝卜素要超过其本身需要量的100倍。此外，青绿饲料中B族维生素、维生素E、维生素C和维生素K含量也较丰富，如青苜蓿中含硫胺素为1.5mg/kg、核黄素4.6mg/kg、烟酸18mg/kg，但缺乏维生素D，维生素B_6（吡哆醇）的含量也很低。

(六) 适口性好，易于消化

青绿饲料幼嫩、柔软和多汁，适口性好，还含有各种酶、激素和有机酸，易于消化。青绿饲料中有机物质的消化率：反刍动物为75%~85%，马为50%~60%，猪为40%~50%。

综上所述，从动物营养的角度来说，青绿饲料是一种营养相对平衡的饲料，但因其水分含量高，干物质中消化能相对较低，从而限制了其潜在的营养优势。尽管如此，优质的青绿饲料仍可与一些中等的能量饲料相比拟。因此在动物饲料方面，青绿饲料与由它调制的干草可以长期作为草食动物饲粮单独饲喂，并可提供一定的优质动物产品。青绿饲料在草食动物日粮的比例可占60%~70%。

对单胃杂食动物（如猪、鸡）来说，由于青绿饲料干物质中含有较多数量的粗纤维，而粗纤维消化的主要场所在动物的盲肠，因而其对青绿饲料的利用率较差。并且，青绿饲料容积较大，而猪、鸡的胃肠容积有限，使其采食量受到限制。因此，在猪、禽饲粮中不能大量加入青绿饲料，但可作为一种蛋白质与维生素的良好来源适量搭配于饲粮中，以补充饲料组成的不足，从而满足猪、禽对营养的全面需要。

二、影响青绿饲料营养价值的因素

(一) 种类

不同种类青绿饲料，其营养价值有很大差异。一般而言，豆科牧草钙、氮含量高于禾本科牧草，故其营养价值高于禾本科牧草，水生饲料营养价值最低。同一种青绿饲料，品种不同，营养价值也会有差异。研究者比较了紫花苜蓿品种的营养成分含量，各品种的粗蛋白质和粗纤维含量有一定的差异，且有些苜蓿品种之间这两种成分含量差异较大。这表明青绿饲料的营养成分除受栽培季节等影响外，品种特性也会发挥一定的作用。

(二)生长阶段和部位

植物在各生长阶段,其化学成分变化很大,营养价值也差异很大。幼嫩时期水分含量高,干物质中蛋白质含量较多而粗纤维较少,有机物质消化率较高;随着植物生长期(禾本科抽穗期、豆科孕蕾期到开花盛期)的延长,水分和粗蛋白质等养分含量逐渐减少,粗纤维特别是木质素含量则逐渐上升,导致其营养价值、适口性和消化率均逐渐降低。

植物体的部位不同,其营养成分差别也很大。如苜蓿的上部茎叶中粗蛋白质含量高于下部茎叶,而粗纤维含量则低于下部。一般来说,茎秆中粗蛋白质含量低而粗纤维含量高,叶片中则恰恰相反。因此,叶片占全株的比例越大,营养价值就越高。

(三)土壤与肥料

植物的生长主要是依赖于土壤、水和空气所提供的物质,植物体内所含的各种物质的多少与土壤的特性有很大的关系。肥沃和结构良好的土壤,青绿饲料的营养价值较高;贫瘠和结构较差的土壤,青绿饲料的营养价值较低。特别是青绿饲料中一些矿物质的含量,受土壤中元素含量与活性的影响较大。泥炭土与沼泽土中的钙、磷均较缺乏;干旱的盐碱地中的植物很难利用土壤中的钙;石灰质土壤中的植物对锰和钴吸收不良。有些微量元素往往在很大一个地区的土壤中含量不足或者过多,会形成流行的家畜地方性营养缺乏病或过多病。如我国内陆山区与西北地区土壤中缺碘,易引起放牧家畜甲状腺肿;东北克山地区土壤缺硒,易使家畜患白肌病等。

施肥可以显著影响植物中各种营养物质的含量,在土壤缺乏某些元素的地区施以相应的肥料,可防止该地区的动物营养性疾病的发生。如对植物增施适量氮肥,不仅可提高植物的产量,还可增加植物中粗蛋白质的含量,使植物生长旺盛,茎叶颜色浓绿,胡萝卜素含量显著增加。

(四)气候条件

气温、光照长短及降雨量等对青绿饲料的营养价值影响均较大。如在多雨地区或季节,土壤经常被冲刷,土壤中的钙质易流失,故植物体内钙质沉积较少,反之在干旱地区或季节,植物体内积累的钙质较多。在寒冷地区生长的植物,较温热地区的植物粗纤维含量高,粗蛋白质和粗脂肪的含量则较少。此外,在阳光充足的阳坡地生长植物,其粗蛋白质和糖的含量均会显著提高。

(五)管理因素

牧地放牧制度健全与否也会影响草地的总营养价值。放牧不足,植物变得粗老,营养价值降低;过度放牧则使许多优良草类如豆科牧草被频繁采食,以至不能恢复生长,逐渐从牧地上消失,从而降低牧地总营养价值。此外,草地经常刈割可打断植物生长发育规律,使其恢复到生理上幼嫩生长阶段,蛋白质和脂肪含量可保持在一个较高水平,而粗纤维含量降低。

三、青绿饲料的利用

(一)在动物日粮中的用量

青绿饲料在动物日粮中的用量,通常受动物种类的限制。反刍动物可以大量利用青绿多汁的饲料,单胃动物则不能。对反刍动物,青绿饲料可以作为它们唯一的饲料来源而不影响生产力(高产泌乳牛除外)。

猪只能在盲肠内少量消化青绿饲料中的粗纤维,对青绿饲料的利用率较差,特别是木质素含量高的青绿饲料。因此,仅能以幼嫩的牧草,如苜蓿、紫云英、三叶草等喂猪。另外,青绿饲料不能作为猪的唯一饲料来源,应适当搭配精料,以获得较好的饲喂效果。

(二)饲用青绿饲料应注意的问题

1. 防止亚硝酸盐中毒

青绿饲料如饲用甜菜、萝卜叶、芥菜叶、油菜叶等均含有硝酸盐,其本身无毒或低毒。但在细菌作用下,硝酸盐可被还原成具有毒性的亚硝酸盐。青绿饲料堆放时间过长,发霉腐败,或者在锅里加热或煮后焖在锅中、缸中过夜,都会使细菌将硝酸盐还原为亚硝酸盐。青绿饲料在锅中焖24~48h,亚硝酸盐含量可达200~400mg/kg。

亚硝酸盐中毒发病很快,多在1d内死亡,严重者可在0.5h内死亡。发病症状为动物不安、腹疼、呕吐、流涎、口吐白沫、呼吸困难、心跳加快、全身震颤、行走摇晃、后肢麻痹,体温无变化或偏低,血液呈酱油色。

治疗:可用注射特效药1%亚甲蓝溶液解毒,用量一般为0.1~0.2mL/kg体重。也可用甲苯胺蓝药物治疗,用量为5mg/kg体重。还可将维生素C加到5%~10%葡萄糖注射液中注射,猪、羊1g以上,马、牛5g以上。

2. 防止氢氰酸(HCN)和氰化物[NaCN、KCN、Ca(CN)$_2$]中毒

氰化物是剧毒物质,即使在饲料中含量很低也会造成中毒。青绿饲料中一般含有氢氰酸,而在高粱苗、玉米苗、马铃薯幼芽、木薯、亚麻叶、蓖麻籽饼、三叶草、南瓜蔓中含有氰苷配糖体。含氰苷配糖体的饲料经过堆放发霉或霜冻枯萎,在植物体内特殊酶的作用下,氰苷配糖体被水解为氢氰酸。玉米、高粱刈割后的再生苗,经霜冻后危害更大。

氢氰酸中毒症状为腹痛、腹胀,呼吸困难而且加快,呼出气体有苦杏仁味,行走站立不稳,可视黏膜由红色变为白色或紫色,肌肉痉挛,牙关紧闭,瞳孔放大,最后倒地不起,四肢划动,呼吸麻痹而死。

治疗:可注射1%亚硝酸钠,用量为1mL/kg体重,也可用1%~2%的亚甲蓝溶液,用量为1mL/kg体重。

3. 防止草木樨中毒

草木樨本身不含有毒物质,但含有香豆素。当草木樨发霉腐败时,在细菌作用下,使香豆素变为双香豆素,其结构与维生素K相似,二者具有拮抗作用,抑制家畜肝中凝血酶原合成,破坏维生素K,延长凝血时间。

双香豆素中毒主要发生于牛,其他动物很少发生。中毒发生缓慢,通常在饲喂草木樨2~3周后发病。牛中毒症状为食欲变化不大,机体衰弱,步态不稳,运动困难,有时发生跛行,体温低,发抖,瞳孔放大。该病病症是凝血时间延长,在颈部、背部,有时在后躯皮下形成血肿,鼻孔可能流出血样泡沫,奶里也可能出现血液。

治疗:可用维生素K治疗。注意饲喂草木樨时应逐渐增加喂量,不能突然大量饲喂,不要投喂发霉变质的草木樨。

4. 防止农药中毒

蔬菜园、棉花园、水稻田刚喷过农药后,其邻近的杂草或蔬菜不能用作饲料,等下雨过后或隔1个月后再割草利用,谨防引起动物农药中毒。另外,注意农村田间地埂上放牧羊只误食鼠药。

5. 防止有毒植物中毒

一些植物含有毒物质，如夹竹桃、含羞草、嫩栎树、青枫叶等不能饲喂动物。

第二节　主要青绿饲料

一、天然牧草

我国幅员广大，地域辽阔，在西北、东北、西南地区均有大面积的优良草原、草山和草坡，面积约 31908 万 hm^2，约占全国总面积的 33.6%，其中可利用草地 22434 万 hm^2，约为农业耕地面积的 3 倍。重要饲用植物在 6000 种以上，占世界主要禾本科和豆科牧草种类的 85% 以上。草原牧草中禾本科、豆科、菊科和莎草科四大类，构成了动物可采食的主要植被。另外，在内地农区还分散有许多小面积的草山、草坡，生长着许多天然低矮的草原植物，其中大部分为反刍动物可采食的牧草。因此，利用这些牧草资源发展畜牧生产，有很大的潜力。

天然草地的利用价值受许多因素的影响，如地形地势、草原类型、水源供应以及放牧制度等，但就草层的营养特性而论主要取决于牧草的种类和生产阶段。四类牧草干物质中无氮浸出物含量均在 40%~50%；粗蛋白质含量稍有差异，豆科牧草的蛋白质含量偏高，在 15%~20%，莎草科为 13%~20%，菊科与禾本科多在 10%~15%，少数可达 20%；粗纤维含量以禾本科牧草较高，约为 30%，其他三类牧草约为 25% 左右，个别低于 20%；粗脂肪含量以菊科含量最高，平均达 5% 左右，其他类在 2%~4%；矿物质中一般都是钙高于磷，比例恰当。

总的来说，豆科牧草的营养价值较高。禾本科牧草虽然粗纤维含量较高，对其营养价值有一定影响，但由于其适口性较好，特别是在生长早期，幼嫩可口，采食量高，因而也是质量优良的牧草。另外，禾本科牧草的匍匐茎或地下茎再生力很强，比较耐牧，对其他牧草起到保护作用。菊科牧草往往有特殊的气味，除羊外，一般家畜都不喜采食。

草地牧草的利用方式主要是放牧，或有计划地在生长适宜时期刈割，供晒制干草或青贮。放牧是一种节省人力的利用方式，家畜可以自由采食，且在野外有充分的光照和运动，有利于畜群的健康。

近年来因全球性气候恶化，加之长期以来超载放牧，使得草原牧草极度稀疏，草场退化严重，畜群"春乏、夏壮、秋肥、冬死"现象十分普遍。为有效遏制草场退化，缓解诸如"扬沙""沙尘暴"等恶劣气候现象的频频发生，草原畜牧业应结束游牧时代，按草原面积、牧草生长状况及放牧家畜种类和数量，做好规划，实行围栏放牧和划区轮牧。同时有计划扩大人工草场面积，科学确定放牧家畜品种、畜群结构及载畜量，以提高草场的实际畜牧业产值。

二、栽培牧草

栽培牧草是指人工播种栽培的各种牧草，其种类很多，但以产量高、营养好的豆科和禾本科牧草占主要地位。栽培牧草是解决青绿饲料来源的重要途径，可为家畜常年提供丰富而均衡的青绿饲料。

(一)豆科牧草

豆科牧草的共同特点是蛋白质含量高,粗纤维含量低,柔嫩多汁,适口性好,消化利用率高,各种家畜喜食。

1. 紫花苜蓿

紫花苜蓿(alfalfa;*Medicago sativa* L.)也称紫苜蓿、苜蓿,是世界上分布最广、最经济的豆科牧草,也是我国最古老、最重要的栽培牧草之一,总面积达3000万hm^2,堪称"牧草之王",广泛分布于西北、华北、东北地区,江淮流域也有种植。

紫花苜蓿为多年生牧草,管理良好时可利用5年以上,以第2~4年产草量最高,具有产量高、品质好、适应性强的特点。其营养价值也很高,在初花期刈割的干物质中粗蛋白质为20%~22%,且必需氨基酸组成较为合理,赖氨酸高达1.34%,比玉米高5倍之多;产奶净能5.4~6.3MJ/kg;钙1.5%~3.0%;含有丰富的维生素与微量元素,如胡萝卜素含量可达161.7mg/kg。紫花苜蓿中还含有各种色素,对家畜的生长发育及乳汁、卵黄颜色均有益处。紫花苜蓿的营养价值与刈割时期关系很大,幼嫩时含水多,粗纤维少;刈割过迟,则茎的比重增加、叶的比重下降,饲用价值降低。

一般认为紫花苜蓿最适刈割期是在第1朵花出现至1/10开花,根茎上又长出大量新芽的阶段,此时,营养物质含量高,根部养分蓄积多,再生良好。蕾前或现蕾时刈割,蛋白质含量高,饲用价值大,但产量较低,且根部养分蓄积少,影响再生能力。刈割时期还要视饲喂要求来定,青饲宜早,调制干草可在初花期刈割。喂猪禽可早割,喂牛羊可稍迟。

紫花苜蓿茎叶柔软、适口性强,利用方式很多,可青饲、放牧、调制干草或青贮,对各类家畜均适宜。用青苜蓿喂奶牛,奶牛泌乳量高、乳质好。成年泌乳母牛每日每头可喂15~20kg,青年母牛10kg左右。对舍饲的小尾寒羊或大尾寒羊,每只日喂2~3kg。用青苜蓿喂猪、鸡时,多利用植株上半部幼嫩枝叶,切碎或打浆饲喂效果较好。

但需要注意的是紫花苜蓿茎叶中含有皂苷,有抑制酶和降低液体表面张力作用,牛羊采食大量鲜嫩苜蓿后,可在瘤胃内形成大量泡沫样物质,引起膨胀病(bloating),使产奶量下降甚至死亡,故饲喂新鲜苜蓿草时应控制喂量,放牧地最好采用无芒雀麦、苇状羊茅等禾本科牧草与苜蓿混播。但苜蓿皂苷对单胃动物是一种活性成分,对降低动物体内胆固醇有重要作用。

2. 三叶草

三叶草属植物共有300多种,大多数为野生种,少数为重要牧草,目前栽培较多的为红三叶和白三叶。

红三叶(red clover;*Trifolium pratense* L.)又称红车轴草、红菽草、红荷兰翘摇等,为多年生草本植物,生长年限3~4年,是江淮流域和灌溉条件良好地区重要的豆科牧草之一。新鲜的红三叶含干物质13.9%,粗蛋白质2.2%,产奶净能0.88MJ/kg。以干物质计,其所含可消化粗蛋白质低于苜蓿,但其所含的净能值则较苜蓿高。红三叶草质柔软,适口性好,各种家畜都喜食。青饲奶牛时有助于提高泌乳量,每日每头最多可喂40~60kg。另外,也可以放牧或者制成干草、青贮利用,放牧时发生膨胀病的几率也较苜蓿低,但仍应注意预防。红三叶与多年生黑麦草、鸭茅、牛尾草等组成的混播草地可提供家畜近乎全价营养的饲草。与禾本科牧草混播的红三叶也可制作青贮。红三叶中有较高含量的黄酮,有提高动物抗氧化性能的作用。

白三叶(white clover;*Trifolium pratense* L.)也称白车轴草、荷兰翘摇,为多年生草本植物,生长年限可达10年以上,是华南、华北地区的优良草种。由于草丛低矮、耐践踏、再生性好,适于放牧利用。白三叶鲜草中粗蛋白质含量较红三叶高,而粗纤维含量较红三叶低,故草质柔嫩,适口性好,饲用价值高,牛、羊均喜食。但为了防止动物采食过量而发生膨胀病,和红三叶一样宜采用豆科、禾本科牧草混播。刈割白三叶草也可用来喂猪、禽和兔等动物。此外,白三叶抗逆性强,草丛浓厚,叶色花色美丽,是河堤、公路沿线的良好水土保持植物,也是城市环境美化的草坪植物。

3. 红豆草

红豆草(sainfoin; *Onobrychis viciifolia*)也称驴食豆、驴喜豆,原产于欧洲,是豆科红豆草属多年生草本植物,一次种植可利用4~6年,抗寒抗旱能力强,产量高,种子成熟早,其根瘤可固氮提高土壤肥力,有效阻碍水土流失,在山西、甘肃、内蒙古、陕西、青海等地种植较多。红豆草花色粉红艳丽,气味芳香,营养丰富,除蛋白质外,还有丰富的维生素和矿物质,是动物的优质牧草,饲用价值可与紫花苜蓿相媲美,被称为"牧草皇后"。开花期干物质中含粗蛋白质15.1%,粗脂肪2.0%,粗纤维31.5%,无氮浸出物43.0%,钙2.09%,磷0.24%,产奶净能6.01MJ/kg。

红豆草茎秆中空柔嫩,叶量丰富,适口性极好,各种家畜均喜食,可青饲或调制青干草,也可鲜草打浆喂猪。收种子后的秸秆也可作为牛、羊等草食家畜的良好粗饲料。无论单播,还是和禾本科牧草混播,其干草和种子产量均较高,而且易调制干草,其最大优点是在调制干草过程中叶片损失少、易晾干。同时其抗病虫害能力强,而且返青较早,是提供早期青饲料的牧草之一,在早春缺乏青饲料的地区栽培尤为重要。红豆草各个生育阶段的茎叶均含有较高的浓缩单宁(condensed tannins),可沉淀在瘤胃中形成大量持久性泡沫的可溶性蛋白质,故可使反刍动物在青饲、放牧时不致发生膨胀病。

4. 苕子

苕子是一年生或越年生豆科植物,在我国栽培的主要有普通苕子和毛苕子两种。

普通苕子(common vetch; *Vicia sativa* L.)又称春苕子、普通野豌豆、普通箭筈豌豆等,其营养价值较高,茎枝柔嫩,生长茂盛,叶多,适口性好,是各类家畜喜食的优质牧草。但因普通苕子汁液较多,调制干草时费时较长,故其利用方式以青饲为主,但也可青贮、放牧。

毛苕子(hairy vetch; *Vicia villosa* Roth)又称冬苕子(winter vetch)、毛野豌豆等,是水田或棉田的重要绿肥作物。其耐寒力较强,在-20℃以下仍能生存,也耐酸或耐碱,适宜与麦类作物混播以提高产量。它生长快,茎叶柔嫩,蛋白质和矿物质含量均很丰富,适口性好,营养价值较高。其利用方式同普通苕子,主要为青饲,以初花期刈割最好,也可放牧或青贮。此外,毛苕子也是良好的绿肥、水土保持和蜜源植物。

普通苕子或毛苕子的籽实中粗蛋白质高达30%,较蚕豆和豌豆稍高,可作精饲料用,但因其中含有生物碱(alkaloid)和氰苷(cyanogenetic glycoside),氰苷经水解酶分解后会释放出氢氰酸而使动物中毒,故饲喂前须浸泡、淘洗、磨碎、蒸煮,同时要避免大量、长期、连续使用。

5. 紫云英

紫云英(Chinese milkvetch; *Astragalus sinicus* L.)又称红花草,在我国长江流域及以南各地均有广泛栽培,属于绿肥、饲料兼用作物,产量较高,鲜嫩多汁,适口性好,尤以猪喜欢采食,也是牛、羊、马、禽、兔的良好青绿饲料。其在现蕾期营养价值最高,以干物质计,含粗蛋白质31.76%,粗脂肪4.14%,粗纤维11.82%,无氮浸出物44.46%,矿物质7.82%,产奶净能 8.49MJ/kg。但现蕾期产量仅为盛花期的 53%。就营养物质总量而言，盛花期虽粗蛋白质减少、粗纤维增加，但总养分含量仍比一般豆科牧草高，因此以盛花期刈割为佳。

在生产中，紫云英可青饲、青贮，也可制成干草或干草粉利用，饲喂牛、羊等反刍动物时不宜过多，以免发生膨胀病。有些地方直接利用紫云英作绿肥，但从经济效果上看，不如先紫云英喂猪，后以猪粪肥田，既可保持种植业高产，也可促进养殖业健康发展。

6. 草木樨

草木樨属植物约有 20 种，其中最重要的是二年生白花草木樨（white sweetclover；*Melilotus albus* Desr.）、黄花草木樨（yellow sweetclover；*Melilotus officinalis* Desr.）和无味草木樨（toothed sweetcloer；*Melilotus dentatus* Desr.）3 种。其适应性强、分布广，在我国东北、西北、华北以及华南等地均有分布。草木樨既是一种优良的豆科牧草，也是重要的水土保持植物和蜜源植物。草木樨的营养价值略逊于紫花苜蓿，以干物质计，含粗蛋白质 15.0%~19.0%，粗脂肪 1.8%，粗纤维 31.6%，无氮浸出物 31.9%，钙 2.74%，磷 0.02%，产奶净能 4.84MJ/kg。草木樨可青饲、调制干草、放牧或青贮。

草木樨含有香豆素，有苦味而致适口性较差；白花草木樨含 1.05%~1.40%、黄花草木樨含 0.84%~1.22%，无味草木樨仅含 0.01%~0.03%，因而适口性较佳。初喂草木樨家畜不喜食，可与谷草或紫花苜蓿等混喂，最好在现蕾期前或干制后饲用。饲喂时应由少到多，使家畜逐步适应。家畜采食了霉烂草木樨后，遇到内外创伤或手术，血液不易凝固，有时会因出血过多而死亡。减喂、混喂、轮换喂可防止出血症的发生。

7. 沙打旺

沙打旺（erect milkvetch；*Astralus adsurgens* Pall）又称直立黄芪、苦草，在我国北方各省、区均有分布。沙打旺适应性强，产量高，具有耐旱、耐寒、耐贫瘠和抗风沙能力，是饲料、绿肥、固沙保土等方面的优良牧草。沙打旺的茎叶鲜嫩，营养丰富，以干物质计，含粗蛋白质 23.5%，粗脂肪 3.4%，粗纤维 15.4%，无氮浸出物 44.3%，钙 1.34%，磷 0.34%，产奶净能 6.24MJ/kg。

沙打旺可青饲、放牧，调制青贮、干草或干草粉等，其干草适口性优于鲜草。沙打旺为黄芪属牧草，含有脂肪族硝基化合物（aliphatic nitrocompounds），有苦味，可在动物体内代谢为 β-硝基丙酸和 β-硝基丙醇等有毒物质。反刍动物可依靠瘤胃微生物将其分解，因而饲喂较为安全，但最好与其他牧草搭配使用。对单胃动物而言，沙打旺属于低毒牧草，但仍可在饲粮中占有一定比例。用沙打旺草粉喂猪时，可占饲粮的 10%~20%；在鸡饲粮中可占 5%~7%。沙打旺可与青刈玉米或禾本科牧草混合青贮，以减少有毒成分，饲喂更安全。

8. 小冠花

小冠花（crownvetch；*Coronilla varia* L.）也称多变小冠花，原产于南欧和东地中海地区，我国从 20 世纪 70 年代引进，在江苏、北京、陕西、山西、辽宁等地生长良好。小冠花根系发达、耐寒、耐贫瘠，繁殖力强，覆盖度大，花色多、鲜艳，既可作为牧草、保土、蜜源植物，又可作为美化庭院净化环境的观赏植物。小冠花茎叶繁茂柔软，叶量丰富，营养价值接近于紫花苜蓿，以干物质计，含粗蛋白质 20.0%，粗脂肪 3.0%，粗纤维 21.0%，无氮浸出物 46.0%，钙 1.55%，磷 0.30%，产奶净能 6.30MJ/kg。

小冠花茎叶有苦味，适口性比紫花苜蓿差，牛、羊喜食，特别是羊更喜食，除青饲和青贮外，也可调制干草或草粉。但小冠花草地耐牧性差，应在连续放牧之后围栏割草，待草地恢复生机后再行放牧。由于小冠花含有毒物质 β-硝基丙酸（beta-nitropropionic acid），单独或大量饲喂，易引起单胃动物中毒，尤以幼兔危害为大，故应限量或与其他牧草搭配饲喂。

（二）禾本科牧草

1. 黑麦草

本属有 20 多种，其中最有饲用价值的是多年生黑麦草（perennial ryegrass；*Lolium perenne* L.）和一年生黑麦草（Italian ryegrass；*Lolium multiflorum* Lam.），我国南北方都有种植。黑麦草生长快，分蘖多，一年可多次刈割，产量高，茎叶柔嫩光滑，适口性好，以开花前期的营养价值最高。新鲜黑麦草约含干物质 17%，粗蛋白质 2.0%，产奶净能 1.26MJ/kg。

黑麦草干物质的营养组成随其刈割时期及生长阶段而不同。随生长期的延长，黑麦草的粗蛋白质、粗脂肪、灰分含量逐渐减少，粗纤维明显增加，尤其是难以消化的木质素显著增加，故刈割时期要适宜。

黑麦草可青饲、放牧、调制干草或青贮，各类家畜都喜食。特别是多年生黑麦草，由于分蘖多、再生性强、耐践踏，是很好的放牧草，与红三叶、白三叶、百脉根等混播，能建成高产优质的刈牧兼用草地。黑麦草制成干草或干草粉再与精料配合，做肉牛育肥饲料效果很好。实验证明，周岁阉牛在黑麦草地上放牧，日增重为 700g；喂黑麦草颗粒料（占饲粮 40%、60%、80%），日增重分别为 994g、1000g、908g，而且肉质较好。

2. 无芒雀麦

无芒雀麦（smooth bromegrass；*Bromus inermis* Leyss.）又称无芒草、禾萱草，原产于欧洲、西伯利亚和中亚，在我国东北、西北、华北等地均有分布。无芒雀麦适应性广，生活力强，适口性好，茎少叶多，营养价值高，是世界重要的栽培牧草之一。幼嫩的无芒雀麦干物质中所含粗蛋白质不亚于豆科牧草，到种子成熟时，其营养价值明显下降。

无芒雀麦刈割后用于青饲、制备干草或青贮。同时，无芒雀麦有深且坚固的地下根茎，能形成絮结草皮，耐践踏，再生力强，也适于作为长期的放牧场。但单播时在 3~4 年后会迅速衰退，和苜蓿等豆科牧草混播因补充氮源可防止草地衰老。无芒雀麦春天早发，秋天晚枯，直到深秋，再生草适口性仍较好，所以能延长青草放牧期。据报道，无芒雀麦在 160d 左右放牧期内可获肉牛增重 45kg；用来放牧早期断奶的肥育羔羊，每公顷牧地可获增重 32.5kg，平均日增重 0.11kg。

3. 羊草

羊草［Chinese wildrye；*Aneurolepidium chinense* (Trin.) Kitag.］又称碱草，是欧亚大陆草原区东部草甸草原及干旱草原上重要建群种之一，在我国东北、华北、西北等地都有大面积分布。羊草为多年生禾本科牧草，在北方草原区多为群落的优势种或建群种，以羊草为主构成的各种类型草原草场的面积约达 333.3 万 hm² 以上。近年来，经过人工驯化栽培已成为北方地区的优良栽培草种。羊草叶量丰富，适口性好，马、牛、羊都喜食。羊草鲜草中含干物质 28.64%，粗蛋白质 3.49%，粗脂肪 0.82%，粗纤维 8.23%，无氮浸出物 14.66%，灰分 1.44%。

羊草营养生长期长，有较高的营养价值，种子成熟后茎叶仍可保持绿色，可放牧、青饲。羊草主要用于调制青干草，其干草产量高，营养丰富，但刈割时间要适当，过早过迟都会影响其质量，抽穗期刈割调制成干草，颜色浓绿，气味芳香，是各种家畜的上等青干草，也是我国出口的主要草产品之一。绿色的羊草干草，1 头奶牛日喂量可达 15~20kg，切短喂或整喂效果均好。放牧利用时宜从5月下旬开始至10月上旬结束,也可在冬季利用枯草放牧牛、羊、马。羊草幼嫩时切碎或打浆后也可喂猪。

4. 苏丹草

苏丹草 [Sudangrass; *Sorghum sudanense* (Piper) Stapf.] 也称野高粱,属一年生禾本科牧草,原产于非洲苏丹,现遍布全国各地,尤以西北和华北干旱地区栽培最多。苏丹草具有高度的适应性,抗旱能力特强,在夏季炎热干旱地区,一般牧草都枯萎,而苏丹草却能旺盛生长。苏丹草的营养价值取决于其刈割日期,抽穗期刈割要比开花期和结实期刈割营养价值高,适口性也好,草食家畜均喜采食,同时也是草食性鱼类的优质饲料。

苏丹草品质佳、产量高,可青饲、青贮或调制干草。但由于其茎叶比玉米、高粱柔软,故更适宜于调制干草。此外,苏丹草再生能力强,也可放牧利用。利用时第一茬适于刈割鲜喂或晒制干草,第二茬以后可用于牛、羊放牧。由于幼嫩茎叶含少量氢氰酸,为防止发生中毒,要等到株高达50~60cm以后才可以放牧、刈割。苏丹草喂牛时,每日每头可喂30~40kg鲜草或3~5kg干草。喂肉牛的效果和喂苜蓿、高粱干草差别不大。

5. 高丹草

高丹草 (sorghum, hybrid sorghum-sudangrass) 是由饲用高粱和苏丹草自然杂交形成的一年生禾本科牧草,由第三届全国牧草品种审定委员会第二次会议于1998年12月10日审定通过。高丹草综合了高粱茎粗、叶宽和苏丹草分蘖力、再生力强的优点,能耐受频繁的刈割,并能多次再生。其特点是产量高,抗倒伏和再生能力出色,抗病抗旱性好,茎秆更为柔软纤细,可消化的纤维素和半纤维素含量高,而难以消化的木质素低,消化率高,适口性好,营养价值高。经测定,高丹草在拔节期的营养成分为水分83%、粗蛋白质3%、粗脂肪0.8%、无氮浸出物8.3%、粗纤维3.2%、粗灰分1.7%,是饲喂草食家畜的一种优良青饲料,适于饲喂牛、羊、兔、鹅等多数畜禽和鱼类。

高丹草的主要利用方式是调制干草和青贮,也可直接用于放牧。干草生产适宜刈割期是抽穗期,即播种6~8周后,植株高度达到1.5~2.0m时可开始第1次刈割,此时的干物质中蛋白质含量较高,粗纤维含量较低,留茬高度应不低于15cm,过低的刈割会影响再生。再次刈割的时间以3~5周以后为宜,间隔过短会引起产量降低。高丹草青贮前应将水分含量由80%~85%降到70%左右。高丹草放牧时也应注意预防氢氰酸中毒,适宜放牧的时间是播种后5~6周、株高45~80cm时,此时消化率可达到60%以上,粗蛋白质含量高于15%。过早放牧会影响牧草的再生,放牧可一直持续到初霜前。

6. 黑麦

黑麦 (rye; *secale cereale* L.) 是禾本科黑麦属一年或越年生草本植物,原产于中东及地中海。于1979年由美国引入我国的黑麦品种为冬牧-70,在我国南北方推广面积均较大。次草株高1.7m左右,适应性广、耐旱、抗寒、耐瘠薄,分蘖再生能力强,生长速度快,产量高。冬牧-70具有营养丰富全面、适口性好、饲用价值高等优点,干物质中粗蛋白质占18%,尤其是赖氨酸含量较高,是玉米、小麦的4~6倍,脂肪含量也高,并含有丰富的铁、铜、锌等微量元素和胡萝卜素,是各类家畜冬春季节的良好青绿饲料,同时也是鱼类的好饲料。

冬牧-70以秋播为主,一般冬前不青割,待翌年3月初进入旺盛生长期开始刈割,直到夏播前还可刈割2~3次,每次刈割留茬7~10cm,最后一次麦收时刈割,但不留茬。随着黑麦物候期的延长,植株逐渐老化,粗蛋白质含量逐渐下降,头茬饲草粗蛋白质含量高,可以作为蛋白质饲料使用。冬牧-70青饲时,奶牛可日喂30~40kg,羊可日喂7kg。除将其青饲外,也可制作青贮或晒制青干草。

7. 鸭茅

鸭茅(cocksfoot, orchard grass; *Dactylis glomerate* L.)又称鸡脚草、果园草,为多年生草本植物,原产于欧洲西部,我国湖北、湖南、四川、江苏等省有较大面积栽培。鸭茅草质柔嫩,叶量多,营养丰富,适口性好,是牛、羊、马、兔等草食家畜和草食性鱼类的优良牧草,幼嫩时也可以喂猪、禽。抽穗期茎叶干物质中含粗蛋白质12.7%、粗脂肪4.7%、粗纤维29.5%、无氮浸出物45.1%、粗灰分8%。

鸭茅植株茂盛,产草量高,再生性强,适于放牧或调制干草,也可刈割后青饲,制作青贮料。由于鸭茅营养成分随其生长期延长而下降,茎秆也因木质化而变得粗硬,故其利用上一定要注意适时刈割。青饲宜在抽穗前或抽穗期进行刈割;晒制干草时收获期不迟于抽穗盛期;放牧时以拔节中后期至孕穗期为好。鸭茅耐阴性强,在果树或高秆作物下种植能获得较好效果。通常果树下的土地多荒芜,在果树行间套种鸭茅对改善土壤结构、防止杂草滋生和降低果树病虫害的发生具有很好作用,这样既有利于果树生产,又为畜牧业提供了优质牧草。

8. 象草

象草(elephant grass, napiergrass; *Pennisetum purpureum* Schumach)又称紫狼尾草,为多年生草本植物,原产于热带非洲,在我国南方各省区有大面积栽培。象草具有产量高、管理粗放、利用期长等特点,已成为南方青绿饲料的重要来源。象草营养价值较高,茎叶干物质中含粗蛋白质10.58%、粗脂肪1.97%、粗纤维33.14%、无氮浸出物44.70%、粗灰分9.61%。

象草质地柔软,叶量丰富,主要用于青饲和青贮,也可以调制成干草备用。象草适时刈割,柔软多汁,适口性好,利用率高,是牛、马、兔、鹅的好饲草。幼嫩时也可以喂猪、禽,也可以作养鱼饲料。象草为上繁草,再生性能好,耐践踏,故也可放牧利用。

三、青饲作物

青饲作物(soiling crop)是指农田栽培的农作物或饲料作物,在结实前或结实期刈割作为青绿饲料用。

(一)青刈玉米(corn soilage)

玉米是重要的粮食和饲料兼用作物,在全世界广泛栽培,其植株高大,生长迅速,产量高,茎中糖分含量高,胡萝卜素及其他维生素丰富,饲用价值高。玉米的种类很多,但作青饲用的常为传统农田种植的马齿型玉米,其味甜多汁,适口性好,消化率高,营养价值远远高于收获籽实后剩余的秸秆,是牛、羊、猪的良好青绿饲料。青饲玉米喂猪时,宜在株高50~60cm拔节以后开始刈割,到抽穗前后割完;作牛、羊饲料时,可从吐丝到蜡熟期分批刈割。

随着养殖业的发展和育种工作的有序推进,高产优质青饲青贮品种不断涌现,大面积推广种植这些专用或兼用品种已成为玉米种植的主导方向。大体分为两种不同类型:一是以利用茎叶为主的分蘖多穗型;二是茎叶和果穗同时利用的单秆大穗型。墨西哥玉米,又称大刍草(teosinte; *Euchlaena mexicana* Schrad.),属于玉米的野生近缘种,具有植株高大、分蘖多穗、根系发达、晚熟和产量高等特点,是许多新品种培育的良好基础。但通常不宜作为青刈玉米种植。依其培育出的"京多1号""新多2号""科多8号"等均属于多茎多穗型,既适合于青饲,也可青贮,草质优良,每公顷鲜草产量可达45~135t。"中原单32号""科青1号"则属于单秆大穗的粮饲兼用型品种，茎秆粗、果穗大、蛋白质含量高，适口性好，即使籽实成熟后茎叶仍保持鲜绿，因此也可在收获籽实后用秸秆青饲或青贮。

（二）青刈高粱（green sorghum）

高粱青刈时由于茎矮分蘖多，营养价值好，在籽实成熟时，茎叶绿色部分含糖量仍有10%左右，适口性好，家畜喜采食。但新鲜高粱茎叶中含有氰苷配糖体，尤以出苗后2~4周含量较高，成熟时大部分消失，生长期高温干燥时含量较高，土壤中氮肥多时含量也多。这些氰苷配糖体于堆放发霉或霜冻枯萎时，在植物体内特殊酶的作用下，将其转变为氢氰酸而使动物食入中毒。所以利用新鲜青刈高粱作为饲料时，应注意防止动物中毒。高粱也是很好的青贮作物。

（三）青刈大麦（green barley）

大麦也是重要的粮饲兼用作物之一，有冬大麦和春大麦之分。大麦有较强的再生性，分蘖能力强，及时刈割后可收到再生草，因此是一种很好的青饲作物。青割大麦可根据畜禽的要求，在拔节至开花时，分期刈割，随割随喂。延迟收获则品质迅速下降。早期收获的青刈大麦质地鲜嫩，适口性好，可粉碎或打浆后饲喂猪禽，稍老一些则可以作为牛、羊、马的饲料。或者供调制成干草或青贮利用。

（四）青刈燕麦（green oat）

燕麦叶多茎少，叶片宽长，柔嫩多汁，适口性强，是一种极好的青刈饲料。青刈燕麦可在拔节至开花时刈割，各种禽类、兔、鱼都喜食，喂猪可粉碎或打浆再饲用。若抽穗后刈割，产量高，以饲喂牛、羊、马等草食家畜为主。青刈燕麦营养丰富，干物质中含粗蛋白质14.7%、粗脂肪4.6%、粗纤维27.4%、无氮浸出物45.7%、粗灰分7.6%、钙0.56%、磷0.36%，产奶净能6.40MJ/kg。饲喂青刈燕麦可为畜禽提供早春的维生素、蛋白质，节约精料，降低成本，提高经济效益。

（五）青刈豆苗（green beans）

青刈豆苗包括青刈大豆、青刈秣食豆、青刈豌豆、青刈蚕豆等，也是很好的一类青饲作物。与青饲禾本科作物相比，其蛋白质含量高，且品质好，营养丰富，家畜喜食，但大量饲喂反刍家畜时易发生膨胀病。刈割时间因饲喂目的及对象不同而异，早期急需青绿饲料或作为猪、禽、鱼饲料时，可在现蕾至开花初期株高40~60cm时刈割，刈割越早品质越好，但产量低。通常在开花至荚果形成期刈割，茎叶生长繁茂，干物质产量最高，品质也好。

适时刈割的豆苗茎叶鲜嫩柔软，适口性好，富含蛋白质和各种氨基酸、胡萝卜素、维生素 B_1、维生素 B_2、维生素C和各种矿物质含量也高，是各种畜禽的优质青绿饲料。幼嫩的青刈豆苗是猪、鸡、鹅、兔、鱼的良好饲料，粉碎或打浆后拌入精料饲喂，效果很好。稍老一些的可用作牛、羊的饲料，可整喂或切短饲喂，但多量采食易患膨胀病，应与其他饲料搭配饲喂为宜。除供青饲外，在开花结荚中时期刈割的豆苗，还可供调制干草用。秋季调制的干草颜色深、品质佳，是牛、羊、马的优良越冬饲料。也可制成草粉，作为畜禽配合饲料的原料。

四、叶菜类

叶菜类主要是利用其宽大而浓密的叶片部分，来源广泛，种类很多，包含菊科、紫草科、藜科、蓼科、苋科等。

叶菜类一般在生长旺期利用，多汁而鲜绿，往往能保持较高的营养价值，特别是富含胡萝卜素、维生素 C、B 族维生素等和一些矿物元素。粗蛋白质含量因种类不同而有所差异，有些甚至高于紫花苜蓿等豆科牧草，但其中有部分属于非蛋白氮。粗纤维含量较低，钙磷比例适宜。利用方式多以刈割后直接饲喂，或切短打浆后饲喂。因水分含量高，一般较少调制青干草或青贮。

叶菜类含有一些抗营养因子或毒素，主要是草酸和硝酸盐，草酸易与钙结合形成不溶物而影响钙的吸收。所以，在饲喂大量叶菜类时应注意补钙。硝酸盐本身无毒，但在酶或细菌的作用下可被还原成亚硝酸盐而呈毒性。因此叶菜类利用要及时，切忌长期堆放或加热焖煮。

（一）苦荬菜

苦荬菜（Indian lettuce；*Lactuca indica* L.），又称苦麻菜或山莴苣等，是菊科莴苣属一年生或越年生草本植物。苦荬菜有生长快、再生力强、利用率高的特点，南方一年可刈割 5~8 次，北方 3~5 次，年产量一般在 75~100t/hm^2，高者可达 150t/hm^2。苦荬菜茎叶鲜嫩多汁，易消化，粗蛋白质含量较高，粗纤维含量较少；富含维生素，营养价值较高。其味稍苦、性甘凉，适口性好，不但猪、牛、兔和家禽喜食，也是喂鱼的良好饲料。

苦荬菜主要用于青饲，也可制作青贮。作为猪饲料时，常需切碎或打浆后拌糠麸类饲喂，给母猪饲喂可防止便秘，改善食欲和促进泌乳。一头成年母猪，日喂量可达 9~10kg，既节省精料又有利于繁殖。青贮时可在现蕾期至开花期刈割，水分含量过高时，要晒半天至 1d 后再青贮，也可和玉米、苏丹草等混贮。

（二）聚合草

聚合草（Comfrey；*Symphytum peregrinum* Ledeb.），又称饲用紫草、爱国草等，为紫草科多年生草本植物。其产量高，营养丰富，利用期长，适应性广，全国各地均可栽培，是畜、禽、鱼的优质青绿多汁饲料。聚合草再生性很强，南方一年可刈割 5~6 次，北方为 3~4 次，第一年每公顷产 75~90t，第二年以后每公顷产 112.5~150t。聚合草营养价值较高，其干草的粗蛋白质含量与苜蓿接近，高的可达 24%，而粗纤维则比苜蓿低。风干聚合草茎叶中含粗蛋白质 21.09%、粗脂肪 4.46%、粗纤维 7.85%、无氮浸出物 36.55%、粗灰分 15.69%、钙 1.21%、磷 0.65%、胡萝卜素 200.0mg/kg、核黄素 13.80mg/kg。

聚合草有粗硬刚毛，动物不喜食，可在饲喂前先经粉碎或打浆，则具有黄瓜香味，或与粉状精料拌和，则适口性提高，饲喂效果较好。聚合草也可调制成青贮或干草。如晒制干草，须选择晴天刈割，就地摊成薄层晾晒，宜快干，以免日久颜色变黑，品质下降。需要注意的是，聚合草茎叶中含吡咯双烷类生物碱（pyrrolizidine alkaloids），是一类损害动物肝脏的毒素，含量可达 0.2%~0.3%，因此要限饲，动物日粮中所占比例不宜超过干物质的 20%，最好与其他饲草搭配饲喂。

（三）牛皮菜

牛皮菜（leaf beet；*Beta vulgaris var. cicla* L.），又称莙达菜、叶用甜菜，为藜科甜菜属二年生草本植物，在我国国内各地均有栽培。牛皮菜为喜温作物，适宜生长温度为 15~25℃，温度过低，则生长缓慢或停止；产量高、叶量大、利用期长、易于种植，既可食用也可饲用。

牛皮菜叶厚柔嫩多汁，适口性好，营养价值也较高，是猪喜食的一种青绿饲料。喂时宜生喂，喂量逐渐增加，一次喂量过多易造成排稀粪。忌熟喂，煮熟放置时，易产生亚硝酸盐而致中毒。除可喂猪外，也可喂牛、兔、鸭、鹅等，也可打浆喂鱼。

（四）鲁梅克斯

鲁梅克斯又称高秆菠菜、杂交酸模（hybrid dock；*Rumex patientia X R. tianshanicus*）、酸模菠菜、鲁梅克斯 k-1 等。该品种是 1974~1982 年乌克兰国家科学院中央植物园以巴天酸模为母本、天山酸模为父本远缘杂交育成。我国于 1995 年开始引进，并在新疆、黑龙江、山东、江西等地推广利用。

鲁梅克斯为蓼科酸模属多年生草本植物，既有生长快、产量高和品质优等特点，又有极强耐寒性，可耐-40℃低温。同时，它也具有耐盐碱、耐旱涝、喜水肥、适应性广、抗逆性强等特点，适于在盐渍地种植。但易感白粉病，也易发生虫害。在水肥条件较好的情况下，每公顷产量可达 150~225t，折合干草为 15.0~22.5t。

鲁梅克斯蛋白质含量高，干物质中粗蛋白质含量在叶簇期达 30%~34%，可消化粗蛋白质达 78%~90%。此外还含有 18 种氨基酸，丰富的 β-胡萝卜素、维生素 C 等多种维生素及锌、铁、钾、钙等。鲜喂时将茎叶切碎直接喂或打浆拌入糠麸等饲料后再喂，喂牛时可整株。青贮时可加 20%~30% 的禾本科干草粉或秸秆，效果很好。因其水分很高，干物质含量低，故不适宜调制青干草。该草在利用方式和选择饲喂的畜种方面有一定的限制性，宜先少量引种实验后再推广。抗热性差，七八月份高温季节，生长缓慢或停止生长，故夏季产量很低；且因单宁含量高，对猪、牛、羊等适口性差，喂量不宜过多。

（五）菊苣

菊苣（common chicory, *Cichorium lntybus* L.）原产于欧洲，常用作蔬菜、饲料或制糖。1988 年山西农业科学院畜牧兽医研究所从新西兰引入饲用型普那（puna）菊苣，在山西、陕西、浙江、河南、河北、山东、四川等地推广种植。菊苣为菊科多年生草本植物，喜温暖湿润气候，抗旱、耐寒、耐盐碱、喜水肥，一年可刈割 3~4 次，每公顷产鲜草 120~150t。

菊苣产量高，叶片大，叶量多，营养丰富。莲座期干物质中含粗蛋白质 21.4%、粗脂肪 3.2%、粗纤维 22.9%、无氮浸出物 37.0%、粗灰分 15.5%，开花期干物质中含粗蛋白质 17.1%、粗脂肪 2.4%、粗纤维 42.2%、无氮浸出物 28.9%、粗灰分 9.4%。动物必需的氨基酸含量高而且齐全，茎叶柔嫩，适口性良好，牛、羊、猪、兔、鸡、鹅均极喜食。一般多用于青饲，还可与无芒雀麦、紫花苜蓿等混合青贮，以备冬、春饲喂奶牛。

（六）串串松香草

串串松香草为菊科多年生宿根草本植物，其鲜草产量和粗蛋白质含量高，水分含量 85.85%，干物质中含粗蛋白质 26.78%、粗脂肪 3.51%、粗纤维 26.27%、粗灰分 12.87%、无氮浸出物 30.57%。鲜草可喂牛、羊、兔，经青贮可饲养猪、禽；干草粉可制作配合饲料。

（七）菜叶、蔓秧和蔬菜类

菜叶是指人类不食用而废弃的菜用瓜果、豆类的叶子及一般蔬菜副产品。菜叶种类多、来源广、数量大。尤其是豆类叶子营养价值很高，能量大，蛋白质含量也较丰富，是值得重视的一类青绿饲料。以干物质计，其能量较高、易消化，畜禽都能利用。

蔓秧是指作物的藤蔓和幼苗，一般粗纤维含量较高，不适于喂鸡，可作猪饲料，但老化后只能饲喂反刍动物。

蔬菜类是指白菜、甘蓝和菠菜等食用蔬菜，也可用于饲料。在蔬菜旺季，大量剩余的蔬菜、次菜及菜梗等均可饲喂动物。为了均衡全年的青绿饲料供应，还可适时栽种这些蔬菜。

（八）野草野菜类

野草野菜类一般生长在山林、野地、渠旁、田边、屋前房后等地，挖掘后可喂猪、兔等动物。种类繁多，有豆科、菊科、旋花科、蓼科、苋科、十字花科等。这类饲料由于人的选择，多数是在幼嫩生长阶段用作饲料，故营养价值较高，蛋白质含量较多，粗纤维含量较低，钙磷比例恰当，均具有青绿饲料营养相对平衡的特点。但采集饲料的工作费时费力，采集时要注意鉴别毒草及是否喷洒过农药，以防中毒。

五、非淀粉质根茎瓜类饲料

非淀粉质根茎瓜类饲料主要有胡萝卜、芜菁甘蓝、甜菜及南瓜等，是家畜冬季重要青绿多汁饲料。其天然水分含量很高，可达70%~90%，粗纤维含量较低，矿物质中钙和磷含量都低，而无氮浸出物较高，且多为易消化的淀粉或糖分，故能量较高。维生素含量因饲料种类不同而有所差异，一般维生素C和B族维生素中硫胺素、核黄素和烟酸含量高，胡萝卜和南瓜中含有丰富胡萝卜素。

（一）胡萝卜

胡萝卜（carrot；*Daucus carota* L. var. *sativa* DC.）是伞形科胡萝卜属二年生草本植物，以肉质根作饲料用。其产量高、易栽培、耐贮藏、营养丰富，是家畜冬春季重要的多汁饲料。胡萝卜的营养价值很高，大部分营养物质是无氮浸出物，含有蔗糖和果糖，故具甜味。胡萝卜素尤其丰富，为一般牧草饲料所不及。胡萝卜还含有大量的钾盐、磷盐和铁盐等。一般来说，颜色越深，胡萝卜素或铁盐含量越高，红色的比黄色的高，黄色的又比白色的高。

胡萝卜按干物质计产奶净能为7.65~8.02MJ/kg，可列入能量饲料，但由于其鲜样中水分含量高、容积大，在生产实践中并不依赖它来供给能量。其重要作用是冬春季为动物供给多汁饲料和胡萝卜素等维生素。

在青绿饲料缺乏季节，向干草或秸秆比重较大的饲粮中添加一些胡萝卜，可改善饲粮口味，调节消化机能。奶牛饲料中若有胡萝卜作为多汁饲料，则有利于提高产奶量和乳品质，所制得的黄油呈红黄色。对于种畜，饲喂胡萝卜供给丰富的胡萝卜素，对公畜精子的正常生成及母畜的正常发情、排卵、受孕与怀胎，都具有良好作用。胡萝卜熟喂，其所含的胡萝卜素、维生素C及维生素E会遭到破坏，因此最好生喂，一般奶牛日喂25~30kg，成年猪日喂5~7.5kg，家禽可日喂20~30g。

（二）甜菜

甜菜（beet；*Beta vulgaris* L.）又名糖萝卜，属藜科甜菜属二年生草本植物，原产于欧洲中南部，我国主要分布在东北、华北、西北地区，其他地区种植较少。该作物品种较多，按其块根中干物质与糖分含量多少，可大致分为糖甜菜（sugar beet）、半糖甜菜（half sugar beet）和饲用甜菜（fodder beet）三种。

各类甜菜无氮浸出物主要是糖分（蔗糖），但也含有少量淀粉与果胶物质。由于糖用与半糖用甜菜中含有大量蔗糖，故其块根一般不用作饲料，而是先用以制糖，然后以其副产品甜菜渣作为饲料。

根据甜菜对不同动物消化率的差异，饲用甜菜喂牛、糖用甜菜喂猪最为适宜。用甜菜喂奶牛，产奶量与乳脂率无不良影响，且有所提高。甜菜尤适于饲喂生长肥育猪，但不宜长期饲喂种公羊和去势公羊，以免引起尿道结石。喂奶牛时，饲用甜菜可日喂40kg，糖用甜菜日喂

25kg；成年猪日喂饲用甜菜 5~7.5kg，糖用甜菜日喂 4~6kg；幼猪喂量应酌减，切碎或打浆饲喂效果较好。刚收获的甜菜不可立即饲喂家畜，否则易引起腹泻。这可能与块根中硝酸盐含量有关，当经过一个时期贮藏以后，大部分硝酸盐即可能转化为天冬酰胺而变为无害。用甜菜喂动物时，宜生喂，不可熟喂。煮熟后不仅破坏甜菜中的维生素，而且会生成较多的亚硝酸盐。

甜菜叶富含草酸，为避免其在动物体内积累，可在甜菜茎叶汁液中加适量的 0.2%石灰乳，以形成草酸钙。草酸钙不能被动物肠壁吸收，随粪便排出。未脱除草酸的甜菜不能长期作为种公羊等动物饲料利用，否则会提高其尿结石发病率。

（三）芜菁甘蓝

芜菁（turnip；*brassica rapa* L.）在我国较少用作饲料，但芜菁甘蓝（rutabaga；*Brassica hapobrassica* Mill.）（也称灰萝卜）在我国已有近百年栽培历史，二者均为十字花科芸薹属二年生草本植物。这两种块根饲料性质基本相似，水分含量都很高（约90%）。干物质中无氮浸出物含量相当高，大约为70%，因而能量较高，消化能可达 14.02MJ/kg 左右，鲜样由于水分含量高只有 1.34MJ/kg。

芜菁与芜菁甘蓝含有某种挥发性物质，在饲喂奶牛时，可通过空气扩散到牛乳中，使乳沾染某种特殊气味。另外，当奶牛采食后可立即由乳腺排出。所以只要注意牛舍清洁，不在挤乳前饲喂，减少牛乳在空气中的暴露机会，就可以避免牛乳异味的产生。

这两种块根在国外多用于喂牛、羊，在我国现在盛行用于喂猪。由于它们不仅能量价值高，而且其块根在田地里存留时间可以延长，即使抽薹也不空心。因而可以解决块根类饲料在部分地区夏初难以贮藏的问题。

（四）南瓜

南瓜（cushaw；*Cucurbita moschata* Duch.）又名倭瓜，属葫芦科南瓜属一年生植物，既是蔬菜，又是优质高产的饲料作物。南瓜营养丰富，耐贮藏，运输方便，是猪、牛、羊及鸡的好饲料，尤其适于猪的育肥。

南瓜中无氮浸出物含量高，且其中多为淀粉和糖类。中国南瓜含多量淀粉，而饲料南瓜含果糖和葡萄糖较多。南瓜中还含有很多的胡萝卜素和核黄素，各类畜禽饲喂都适宜，尤适宜饲喂繁殖和泌乳家畜。南瓜水分含量在90%左右，不宜单喂。喂奶牛时 10kg 南瓜（带籽）饲用价值与 1.5~1.8kg 混合干草或 3.65kg 玉米青贮料相当；喂猪时，10kg 南瓜的饲用价值约相当于 1kg 谷物。南瓜喂鸡效果也很好，有促进换羽、提前产蛋的作用。

六、水生饲料

水生饲料一般指"三水一萍"，即水浮莲、水葫芦、水花生、绿萍，大部分原为野生植物，经过长期驯化选育已成为青绿饲料和绿肥作物。这类饲料一般具有生命力强、生长快、适应性强、产量高、不占耕地和利用时间长等优点。但正是由于这些特点导致其易过度生长繁殖，形成单一的优势菌落，影响或抑制其他物种生长，破坏生态多样性，进而堵塞航道，影响水运。因此，在南方水资源丰富地区，要因地制宜发展水生饲料，并加以合理利用，才能既扩大青绿饲料来源，又可以减轻其对生态环境的破坏。

水生饲料茎叶柔软，细嫩多汁，富含胡萝卜素及微量元素。但这类饲料水分含量特别高，可达 90%~95%，因而干物质含量很低，营养价值也较陆生植物饲料低，因此，水生饲料应与其他饲料搭配使用，以满足家畜的营养需要。

此外，水生饲料最易带来寄生虫如猪蛔虫、姜片吸虫、肝片吸虫等，利用不当往往得不偿失。解决的办法除了注意水塘的消毒、灭螺工作外，最好将水生饲料青贮发酵或煮熟后饲喂，有的也可制成干草粉。熟喂时宜随煮随喂，不宜过夜，以防产生亚硝酸盐。

七、树叶类

我国的树木资源十分丰富，除少数不能饲用外，大多数树木的叶子、嫩枝及果实都可用作畜禽的饲料。合理采集可食树叶，多途径、多渠道开发和占领"空中牧场"，是扩大饲料资源，促进林、牧业并进的重要一环。供作饲料的树叶很多，有苹果叶、杏树叶、桃树叶、桑叶、梨树叶、榆树叶、柳树叶、紫穗槐叶、刺槐叶、泡桐叶、橘树叶及松针叶等。

思考题

1. 青绿饲料有哪些营养特性？
2. 禾本科和豆科牧草其各自饲喂价值有何区别？
3. 怎样才能科学合理利用树叶类这种非常规饲料资源？

第十六章 青贮饼料

[学习目标]

1. 了解青贮饼料的制作原理。
2. 掌握青贮饼料制作的方法步骤。
3. 掌握青贮饼料品质鉴定方法。

青贮饼料是指将新鲜的青饼料或秸秆铡短后装入青贮设施（青贮窖或壕）内，使之在与空气隔绝的条件下，经过微生物发酵作用，产生有机酸，制成的一种具有特殊芳香气味、营养丰富的多汁饼料。

第一节 青贮饼料的特点及青贮原理

一、青贮饼料的特点

（一）能有效保存青绿饼料的营养特性

青绿饼料在密封厌氧条件下贮藏，不受日晒、雨淋的影响，也不受机械损失影响。因此，在贮藏过程中氧化分解作用微弱，养分损失少，一般不超过10%，特别是蛋白质和胡萝卜素损失更小。实验表明，青绿饼料在晒制成干草的过程中，植物细胞并未立即死亡，仍在继续呼吸，需消耗和分解营养物质，当达到风干状态时，养分损失一般达20%~40%，特别是胡萝卜素损失可达90%。若在风干过程中遇到雨雪淋洗或发霉变质，则损失更大。每千克青贮甘薯藤干物质中胡萝卜素可达94.7mg，而在自然晒制的干藤中，每千克干物质只含2.5mg。据测定，在相同单位面积耕地上，所产的全株玉米青贮饼料的营养价值比所产的玉米籽粒加干玉米秸秆的营养价值高出30%~50%。

（二）消化性强，适口性好

青贮饼料经过乳酸菌发酵，产生大量乳酸和芳香族化合物，具香、酸、甜等味道，且含水量高于干草40%以上，柔软多汁，适口性好，各种家畜都喜食。特别是质地粗硬的粗饲料，家畜一般不爱吃，有些纤维在乳酸发酵过程中被分解，可使消化率提高10.7%，促进了青贮饲料被动物消化利用。青贮饲料对提高家畜日粮内其他饲料的消化也有良好的作用。用同类青草制成的青贮饲料和干草，青贮饲料的消化率有所提高。

（三）可调节青绿饲料供应的季节不平衡

我国西北、东北、华北地区，气候寒冷，生长期短，青绿饲料生产受到一定程度限制，整个冬春季节都缺乏青绿饲料，调制青贮饲料把夏秋多余的青绿饲料保存起来，供冬春季节利用，解决了冬春家畜缺乏青绿饲料的问题。我国中部和南部地区，夏季由于多雨导致牧草干草调制困难，青贮是一种理想的解决办法。调制良好的青贮饲料，管理得当，可长期保存，且仍能保持青绿饲料的柔嫩多汁、维生素含量高、颜色青绿、营养全面等优点。因此，可以保证家畜青绿饲料供应的季节平衡性，特别对奶牛饲料业和母畜的健康，提高产奶量和促进幼畜的生长发育是十分有利的。

（四）保存所需空间小，易于储存

青绿饲料青贮后，可直接在青贮设施中保存，储存空间减小。$1m^3$青贮饲料质量为450~700kg，其中含干物质150kg，而$1m^3$干草质量仅70kg，约含干物质60kg。1t青贮苜蓿占体积$1.25m^3$，而1t苜蓿干草则占体积$13.3~13.5m^3$。而且在贮藏过程中，青贮饲料不受风吹、日晒、雨淋等气候条件影响而发生质变，也不会发生火灾等事故，可以常年保存。

（五）提高饲料营养价值

制作青贮饲料时，可以同时添加尿素、甲酸、丙酮、甲醛、食盐和糖蜜等添加剂，提高饲料的营养价值。在正常情况下进行青贮，青贮的微生物发酵可使得饲料中的纤维素被分解，微生物自身又能合成菌体蛋白，从而使饲料的营养成分和消化率均相应提高。

（六）调制方便，可扩大饲料资源

青贮饲料的调制方法简单、易于掌握。修建青贮窖或制备塑料袋的费用较少，且一次调制可长久利用。调制过程受天气条件的限制较小，在阴雨季节或天气不好时，晒制干草困难，但对调制青贮饲料的影响较小。调制青贮饲料可以扩大饲料资源，一些植物和菊科类及马铃薯茎叶在青饲时，具有异味，家畜适口性差，饲料利用率低。但经青贮后，饲料气味改善，柔软多汁，提高了适口性，成为家畜喜食的优质青绿多汁饲料。有些农副产品如甘薯、萝卜叶、甜菜叶等，收获期很集中，收获量很大，短时间内用不完，又不能直接存放，或因天气条件限制不易晒干，若及时调制成青贮饲料，则可充分发挥此类饲料的作用。

（七）可以消灭害虫、病菌和杂草

青贮饲料在乳酸菌发酵的过程中会使青贮窖中形成缺氧环境，并且酸度高，会有效地杀死青绿植物中的病菌、寄生虫卵，减少对农田和畜禽生长发育的危害。如玉米螟的幼虫常钻入玉米秸秆越冬，翌年便孵化为成虫继续繁殖为害。秸秆青贮是防治玉米螟的有效措施之一。此外，许多杂草的种子，经过青贮后便可丧失发芽的机会和能力，如将杂草及时青贮，不仅给家畜贮备了饲料草，也能减少杂草的滋长。

二、青贮原理及青贮过程变化

青贮发酵是一个复杂的微生物活动和生物化学变化过程。当青贮原料铡碎入窖并压实密封后，植物细胞继续呼吸，有机物进行氧化分解，产生二氧化碳、水和热量，由于在密闭环境中空气逐渐减少，一些好气性微生物逐渐死亡，而乳酸菌在厌氧环境下迅速繁殖扩大。青贮过程是为青贮原料上的乳酸菌生长繁殖创造有利条件，使乳酸菌大量繁殖，将青贮原料中可溶性糖类变成乳酸，增加青贮环境内的酸度。当乳酸达到一定浓度并处于无氧状态时，就会抑制霉菌等有害微生物的生长，从而达到保存饲料的目的。因此，青贮的成败，主要取决于乳酸发酵的程度。

（一）青贮时各种微生物及其作用

刚刈割的青饲料中，带有各种细菌、霉菌、酵母等微生物，其中腐败菌最多，乳酸菌很少（表 16-1）。

表 16-1　　　　　　　　　　每克新鲜饲料微生物的数量

饲料种类	腐败菌/ $\times 10^6$ 个	乳酸菌/ $\times 10^6$ 个	酵母菌/ $\times 10^6$ 个	酪酸菌/ $\times 10^6$ 个
草地青草	12.0	8.0	5.0	1.0
野豌豆燕麦混播	11.9	1173.0	189.0	6.0
三叶草	8.0	10.0	5.0	1.0
甜菜茎叶	30.0	10.0	10.0	1.0
玉米	42.0	170.0	500.0	1.0

由表 16-1 看出，新鲜青饲料腐败菌的数量，远远超过乳酸菌的数量。青饲料如不及时青贮，在田间堆放 2~3d 后，腐败菌大量繁殖，每克青饲料中往往数亿个以上。因此，为促使青贮过程中有益乳酸菌的正常繁殖活动，必须了解各种微生物的活动规律和对环境的要求（表 16-2），以便采取措施，抑制各种不利于青贮的微生物活动，消除一切妨碍乳酸形成的条件，创造有益于青贮的乳酸菌活动的最适宜环境。

表 16-2　　　　　　　　　　几种微生物要求的条件

微生物种类	氧气	温度/℃	pH
乳酸链球菌	±	25~35	4.2~8.6
乳酸杆菌	-	15~25	3.0~8.6
枯草菌	+	—	—
马铃薯菌	+	—	7.5~8.5
变形菌	+	—	6.2~6.8
酵母菌	+	—	4.4~7.8
酪酸菌	-	35~40	4.7~8.3
醋酸菌	+	15~35	3.5~6.5
霉菌	+	—	—

1. 乳酸菌

乳酸菌种类很多，其中对青贮有益的主要是乳酸链球菌（*Streptococcus lactis*）、德氏乳酸杆菌（*Lactobacillus delbruckii*）。它们均为同质发酵乳酸菌，发酵后只产生乳酸。此外，还有许多异质发酵乳酸菌，除产生乳酸外，还产生大量乙醇、乙酸、甘油和二氧化碳等。乳酸链球菌属兼性厌氧菌，在有氧或无氧条件下均能生长繁殖，耐酸能力较低，青贮饲料中酸量达 0.5%~0.8%、pH 4.2 时即停止活动。乳酸杆菌为厌氧菌，只在厌氧条件下生长和繁殖，耐酸力强，青贮饲料中酸量达 1.5%~2.4%，pH 3 时才停止活动，各类乳酸菌在含有适量的水分和碳水化合物、缺氧环境条件下，生长繁殖快，可使单糖和双糖分解生成大量乳酸。

$$C_6H_{12}O_6 \longrightarrow 2CH_3CHOHCOOH$$
$$C_{12}H_{22}O_{11}+H_2O \longrightarrow 4CH_3CHOHCOOH$$

上述反应中，每摩尔六碳糖含能量 2832.6kJ，生成乳酸仍含能量 2748kJ，仅减少 83.7kJ，损失不到 3%。

五碳糖经乳酸发酵，在形成乳酸的同时，还产生其他酸类，如丙酸、琥珀酸等。

$$C_5H_{10}O_5 \longrightarrow CH_3CHOHCOOH+CH_3COOH$$

在青贮过程中，同型发酵乳酸菌是最有益的，因为它可以快速地产生乳酸，使青贮 pH 下降。而且，与异型发酵乳酸菌相比，同型发酵乳酸菌发酵的青贮饲料的干物质损失较低，主要是可溶性碳水化合物转化成乳酸的效率比较高。乳酸菌的发酵类型取决于底物的组成。己糖、葡萄糖、果糖和多糖是乳酸菌利用的主要底物，它们在青贮作物中的比例和可利用程度经常会影响乳酸菌的发酵类型。在作物的可溶性碳水化合物比较低时，如葡萄糖、果糖比例比较低，就会促进异型乳酸菌的发酵。当果糖含量不足时，某些乳酸菌会利用乳酸作为底物生成乙酸。

根据乳酸菌对温度要求的不同，可分为好冷性乳酸菌和好热性乳酸菌。好冷性乳酸菌在 25~35℃ 下繁殖最快，正常青贮时，主要是好冷性乳酸菌活动。好热性乳酸菌发酵可使温度达到 52~54℃，如超过这个温度，则意味着还有其他好气性腐败菌等微生物参与发酵。高温青贮养分损失大，青贮饲料品质差，应当避免。

乳酸的大量形成，一方面为乳酸菌本身生长繁殖创造了条件，另一方面产生的乳酸使其他微生物如腐败菌、酪酸菌等死亡。乳酸积累的结果使酸度增强，乳酸菌自身也受抑制而停止活动。在良好的青贮饲料中，乳酸含量一般占青贮饲料重的 1%~2%，pH 下降到 4.2 以下时，只有少量的乳酸菌存在。

2. 酪酸菌（丁酸菌）

酪酸菌是一种厌氧、不耐酸的有害细菌，主要有丁酸梭菌、蚀果胶梭菌、巴氏固氮梭菌等。其在 pH 4.7 以下时不能繁殖，原料中本来数量不多，只在温度较高时才能繁殖。酪酸菌活动使葡萄糖和乳酸分解产生具有挥发性臭味的丁酸，也能将蛋白质分解为挥发性脂肪酸，使原料发臭变黏，降低青贮饲料的品质。

$$C_6H_{12}O_6 \rightarrow CH_3CH_2CH_2COOH+2H_2\uparrow+2CO_2\uparrow$$
$$2CH_3CHOHCOOH \rightarrow CH_3CH_2COOH+2H_2\uparrow+2CO_2\uparrow$$

丁酸发酵程度是鉴定青贮饲料好坏的重要指标，丁酸含量越多，青贮饲料品质越差。另外，丁酸菌还能利用各种有机氮化合物，破坏青贮饲料中蛋白质，使营养损失。当青贮饲料中丁酸含量达到万分之几时，即可影响青贮饲料的品质。青贮原料幼嫩，碳水化合物含量不足，水分含量过高，装压过紧，均易促使酪酸菌活动并大量繁殖。

3. 腐败菌

凡能强烈分解蛋白质的细菌统称腐败菌。此类细菌很多，有嗜高温的，也有嗜中温或低温的;有好氧的如枯草杆菌、马铃薯杆菌,有厌氧的如腐败梭菌和兼性厌氧菌如普通变形杆菌。它们能使蛋白质、脂肪、碳水化合物等分解产生氨、硫化氢、二氧化碳、甲烷和氢气等,使青贮原料变臭变苦,养分损失大,不能饲喂家畜,导致青贮失败。青贮原料中腐败菌虽在数量上占主导地位,但它们不耐酸,在迅速足够酸化的青贮料中,其活动很快会被抑制。所以,腐败菌只有在青贮料装压不紧、残存空气较多或密封不好时才大量繁殖;在正常青贮条件下,当乳酸逐渐形成、pH下降、氧气耗尽后,腐败细菌活动即迅速抑制,以至死亡。

4. 酵母菌

酵母菌是好气性菌,喜潮湿,不耐酸。在青饲料切碎尚未装贮完毕之前,酵母菌只在青贮原料表层繁殖,分解可溶性糖,产生乙醇及其他芳香类物质。待封窖后,空气越来越少,其作用随即减弱。在正常青贮条件下,青贮料装压较紧,原料间残存氧气少,酵母菌活动时间短,只能在最初几天内繁殖,进行酒精发酵,随着氧气的耗尽和乳酸的积累而很快受到抑制,所产生的少量乙醇等芳香物质,使青贮具有特殊气味。但是在糖分不足的青贮原料中,由酵母菌引起的酒精发酵可造成糖分减少,影响乳酸的生成。

5. 醋酸菌

醋酸菌属好气性菌。在青贮初期有空气存在的条件下,可大量繁殖。酵母或乳酸发酵产生的乙醇,再经醋酸菌发酵产生乙酸。乙酸产生的结果是抑制了各种有害不耐酸的微生物如腐败菌、霉菌、酪酸菌的活动与繁殖。但在不正常情况下,青贮窖内氧气残存过多,乙酸产生过多,因乙酸有刺鼻气味,影响适口性并使饲料品质降低。

6. 霉菌

霉菌是导致青贮变质的主要好气性微生物,通常仅存在于青贮饲料的表层或边缘等易接触空气的部分。正常青贮情况下,霉菌仅生存于青贮初期,青贮过程中产生的酸性环境和厌氧条件,足以抑制霉菌的生长。霉菌可破坏有机物质,分解蛋白质产生氨,使青贮料发霉变质并产生酸败味,降低青贮饲料品质,甚至失去饲用价值。

(二)青贮发酵过程

1. 好气性菌活动阶段

好气性菌活动阶段又称发酵准备期。新鲜青贮原料在青贮容器中压实密封后,植物细胞并未立即死亡,在1~3d仍进行呼吸作用,分解有机物质,直至青贮饲料内氧气消耗尽、呈厌氧状态时才停止呼吸。这个阶段,青贮窖内pH为6.0~6.5,植物呼吸作用继续,且植物蛋白酶和需氧微生物均具有活性,其中呼吸作用和酶反应起到主导作用。饲料间的少量空气和青绿饲料渗出的可溶性糖等为附着在原料上的各种需氧菌和兼性厌氧菌提供了繁殖环境,使其迅速繁殖。其中腐败菌、霉菌繁殖最为强烈,破坏青贮料中的蛋白质,形成大量吲哚、气体和少量乙酸等。好气性微生物的活动以及植物细胞壁的呼吸作用,使得青贮原料间存在的少量氧气很快消耗殆尽,形成厌氧环境。另外,植物细胞的呼吸作用、酶氧化作用及微生物活动还放出热量。厌氧和温暖环境为乳酸菌发酵创造了条件。

如果青贮原料中氧气过多,植物呼吸时间过长,好气性微生物活动旺盛,会使原料内温度升高,有时高达60℃,因而削弱乳酸菌与其他微生物竞争能力,使青贮饲料营养成分损失过多,青贮饲料品质下降。一旦达到厌氧环境后,第一阶段就结束了。如果青贮原料为糖分高的理想作物,且管理措施较完善,则此过程仅需几个小时;如果青贮原料糖分低或管理不好,此过程会持续几周。因此,青贮技术的关键是尽可能缩短第一阶段时间,通过及时青贮和切短压紧密封好来减少呼吸作用和好气性有害微生物繁殖，以减少养分损失，提高青贮饲料质量。

2. 乳酸菌发酵阶段

厌氧条件及青贮原料中其他条件形成后，乳酸菌迅速繁殖，形成大量乳酸。酸度增大，pH下降，促使腐败菌、酪酸菌等活动受抑停止，甚至绝迹。当乳酸积累到青贮饲料湿重的1.5%~2.0%，pH下降到4.2以下时，各种有害微生物都不能生存，就连乳酸链球菌的活动也受到抑制，只有乳酸杆菌存在。当pH为3时，乳酸杆菌也停止活动，乳酸发酵即基本结束。

一般情况下，糖分适宜原料发酵5~7d，微生物总数达高峰，其中以乳酸菌为主。乳酸菌是第二阶段中的主要发酵菌，它们利用可溶性碳水化合物产生大量乳酸。乳酸是青贮中最好的发酵酸，其含量应占青贮中总有机酸含量的60%以上。饲喂青贮饲料时，乳酸会成为反刍动物的一种重要能源。玉米青贮过程中，各种微生物的变化情况见表16-3。从中可看出，玉米青贮0.5d后，乳酸菌数量即达到最高峰，每克饲料中达16.0亿个。第4天时下降到8.0亿个，pH达4.5，而其他微生物则已全部停止繁殖而绝迹。因此，玉米青贮发酵过程比豆科牧草快，青贮品质也好，是最优良的青贮作物。

表16-3　　　　　玉米青贮发酵过程中各种微生物数量的变化

青贮时间/d	每克饲料中细菌数量/ $\times 10^4$ 个			pH
	乳酸菌	大肠好气性菌	酪酸菌	
0	甚少	0.03	0.01	5.9
0.5	160000	0.025	0.01	—
4	80000	0	0	4.5
8	17000	0	0	4.0
20	380	0	0	4.0

青贮第二阶段是青贮发酵过程中最长阶段，它会一直持续到所有的微生物停止活动后而结束，一般为20d左右。糖分含量较高的玉米、高粱等青贮后20~30d就可进入稳定阶段，豆科牧草需3个月以上。当达到这个条件后，青贮就处于稳定状态。只要氧气不进入青贮窖，就不会有进一步的破坏过程发生。

3. 稳定阶段

此阶段青贮饲料内各种微生物停止活动，只有少量乳酸菌存在，营养物质不会再损失。在这种状态下，青贮饲料可储存很长一段时间，在生产上发现至少可以维持到下一次收获季节。此期间，如青贮管理不当，也会引发二次发酵。主要原因一是发酵过程中可溶性碳水化合物缺乏；二是乳酸产生速率过慢，未能抑制像梭状芽孢杆菌这样的孢子生长。梭状芽孢杆菌的生长会引起青贮饲料pH升高，使青贮饲料的厌氧环境不稳定，且干物质损失较多，饲喂价值降低。

三、青贮饲料分类

（一）根据原料组成分类

1. 单一青贮

即单独青贮一种禾本科或其他含糖量高的植物原料，含糖量较低的豆科牧草不适宜用此种方法。

2. 混合青贮

在满足青贮基本要求的前提下，将多种植物原料任意混合储存于密封容器内，可达到营养价值互补的作用，为乳酸菌的生长繁殖提供了更优质的环境，此种方法应用较为普遍，其营养价值比单一青贮饲料全面，适口性好。

3. 配合青贮

配合青贮是混合青贮的合理搭配，即按照家畜对各种营养物质需要，将多种青贮原料按照科学合理的比例，储存于密封容器内进行发酵，其营养价值较高。

（二）根据形状分类

1. 切短青贮

将青饲料切成 2~3cm 后进行青贮，此种方法有利于排除饲料间的空气，以求能够充分压实，能有效地缩短乳酸发酵准备期，为青贮饲料的良好发酵提供保证。

2. 长株青贮

长株青贮也称整株青贮，是指将植物原料不切短，整株储存于青贮窖或青贮壕内，这种方法不便于控制水分含量及空气的排除，要格外注意充分压实，必要时还可配合使用添加剂，以保证青贮饲料的质量。

（三）根据青贮方法分类

1. 一般青贮或高水分青贮

一般青贮或高水分青贮是普遍采用的方法。在收割后，立即在缺氧条件下储存，其优点是牧草不经晾晒直接储存，减少了气候影响和田间的损失。其水分含量为 60%~75%。它保存青贮饲料的原理是靠乳酸菌发酵饲料碳水化合物产生乳酸，使饲料 pH 降低，从而抑制其他杂菌繁殖，但水分越高对青贮要求的酸度也就越高，高水分对发酵有害，容易产生品质差和不稳定的青贮饲料，由于水分含量高，增加了运输中的困难，还会造成养分随水分的逸出而流失。

2. 半干青贮

半干青贮又称低水分青贮，与一般青贮方法的不同之处在于它要求原料的水分含量可降低到 40%~50%。基本原理是青饲料刈割后进行预干，经预干水分含量达 45%~50%，植物细胞的渗透压达 $55\times10^5 \sim 60\times10^5$ Pa。这种情况下，发酵作用受到抑制，尤其是丁酸菌、腐生菌等有害微生物区系的繁殖受到阻碍，从而使青贮料中的丁酸显著减少。因此，在青贮过程中，青贮原料中糖分的多少，最终 pH 的高低已不起主要作用，微生物发酵微弱，有机酸形成数量少，碳水化合物保存良好，蛋白质不被分解。虽然霉菌在风干植物体上仍可大量繁殖，但在切短压实和青贮厌氧条件下，其活动也很快停止。尽管半干青贮法会对微生物造成生理干燥状态，限制其生长繁殖，但低水分青贮也必须在高度厌氧环境下进行。

低水分青贮法近十几年来在国外盛行，我国也开始在生产上采用。它具有干草和青贮料两者的优点。调制干草常因脱叶、氧化、日晒等使养分损失 15%~30%，胡萝卜素损失 90%；而低水分青贮料只损失养分 10%~15%。低水分青贮料水分含量低，干物质含量比一般青贮料多一倍，具有较多的营养物质；低水分青贮饲料味微酸性，有果香味，不含酪酸，适口性好，pH 达 4.8~5.2，有机酸含量约 5.5%；优良低水分青贮料呈湿润状态，深绿色，结构完好。任何一种牧草或饲料作物，不论其含糖量多少，均可低水分青贮，难以青贮的豆科牧草如苜蓿、豌豆等尤其适合调制成低水分青贮料，从而为扩大豆科牧草或作物的加工调制范围开辟了新途径。

根据低水分青贮的基本原理和特点，制作时青贮原料应迅速风干，要求在刈割后 24~30h 内，豆科牧草水分含量应达 50%，禾本科达 45%。原料必须短于一般青贮，装填必须更紧实，才能造成厌氧环境，以提高青贮品质。

3. 高水分谷物青贮

高水分谷物青贮也称湿谷物青贮。用作饲料的谷物如玉米、高粱、大麦、燕麦等收获后水分含量为 22%~40%，无须干燥而直接进行密闭储存，经过轻度发酵产生一定量（0.2%~0.9%）的有机酸（主要是乳酸和乙酸），以抑制霉菌和细菌的繁殖，使谷物得以保存。此法储存谷物，青贮塔或窖一定要密封不透气，谷物最好压扁或轧碎，可以更好地排出空气，降低养分损失，并利于饲喂。其优点是节省籽粒干燥的费用和保持谷物原来的营养价值。整个青贮过程要求从收获至储存 1d 内完成，迅速造成窖内的厌氧条件，限制呼吸作用和好气性微生物繁殖。青贮谷物的养分损失，在良好条件下为 2%~4%，一般条件下可达 5%~10%。目前国外应用较多的是高水分玉米籽粒青贮和大麦籽粒青贮。高水分玉米籽粒青贮对于牛的营养价值高于或等于干燥玉米。此外，高水分玉米籽粒青贮也可以饲喂猪和肉鸡。

4. 添加剂青贮

添加剂青贮是现代青贮的重要方法之一。青贮原料因植物种类不同，本身含可溶性碳水化合物和水分不同，青贮难易程度也不同。采用普通青贮方法难以青贮的饲料，必须进行适当处理，或添加某些添加物，这种青贮方法称添加剂青贮法（表 16-4）。添加剂青贮所进行的各种处理，对青贮发酵的作用主要有 3 个方面，一是促进乳酸发酵，如添加各种可溶性碳水化合物，接种乳酸菌，加酶制剂等青贮，可迅速产生大量乳酸，使 pH 很快达到 3.8~4.2；二是添加保护剂，如添加各种酸类、抑菌剂等，抑制不良发酵，防止腐败菌和酪酸菌的生长以及饲料霉变作用；三是提高青贮饲料的营养物质，如添加尿素、氨化物等，可增加粗蛋白质含量。

表 16-4　　青贮饲料添加剂的分类

发酵促进剂		发酵抑制剂		腐败菌抑制剂	营养性添加剂	吸收剂
细菌培养剂	碳水化合物	酸	其他			
乳酸菌	葡萄糖	无机酸	甲醛	乳酸	尿素	大麦
纤维素酶	蔗糖	甲酸	多聚甲醛	丙酸	氨	秸秆
	糖蜜	乙酸	硝基酸钠	乙酸	双缩脲	稻草
	谷物	乳酸	二氧化硫	山梨酸	矿物质	聚合物
	乳清	安息酸	硫代硫酸钠	氨		甜菜粕
	甜菜粕	丙烯酸	氯化钠			斑脱土
	橘渣	羟基乙酸	二氧化碳			
		硫酸	抗菌素			
		柠檬酸	氢氧化钠			
		山梨酸				

（1）添加无机酸　对难贮的原料可以加盐酸、硫酸、磷酸等无机酸。盐酸和硫酸腐蚀性

强,对窖壁和用具有腐蚀作用,使用时应小心。用法是 1 份浓硫酸(或浓盐酸)加 5 份水,配成稀酸,100kg 青贮原料中加 5~6kg 稀酸。青贮原料加酸后,很快下沉,遂停止呼吸作用,杀死细菌,降低 pH,使青贮质地变软。

国外常用的无机酸混合液有 30%HCl 92 份和 40%H_2SO_4 8 份配制而成,使用时 4 倍稀释,青贮时每 100kg 原料加稀释液 5~6kg。或 8%~10% 的 HCl 70 份,8%~10% 的 H_2SO_4 30 份混合制成,青贮时按原料质量的 5%~6% 添加。

强酸易溶解钙盐,对家畜骨骼发育有不利影响,注意家畜日粮中钙的补充。使用磷酸价格高,腐蚀性强,能补充磷,但饲喂家畜时应补钙,使其钙磷平衡。

(2) 添加有机酸 添加在青贮料中的有机酸主要有甲酸(蚁酸)和丙酸等。甲酸是常用的青贮添加剂,有很好的发酵抑制作用。喷洒甲酸后,青贮饲料 pH 迅速下降,蛋白水解酶活性受到抑制,使蛋白质分解明显减少,抑制了植物细胞呼吸。同时,还可减少青贮料中的乳酸、乙酸含量,抑制梭菌引起的腐败,增加可溶性碳水化合物与真蛋白质含量。因此,不论是易青贮的禾本科牧草还是不易青贮的豆科牧草,以及水分含量高达 80%~85% 的青绿饲料,特别是多雨季节青贮,添加甲酸均可取得理想的效果。一般鲜草添加 2~4kg/t 的甲酸,在装窖时均匀喷洒。由于甲酸易挥发,对皮肤、眼睛及青贮容器具有一定的腐蚀性。因此,操作时须特别小心。

丙酸是防霉剂和抗真菌剂,能够抑制青贮中的好气性菌,作为好气性破坏抑制剂很有效,但作为发酵剂不如甲酸,其用量为青贮原料的 0.5%~1.0%。添加丙酸可减少青贮料的发酵,减少氨氮的形成,降低青贮原料的温度,促进乳酸菌生长。

加酸制成的青贮料,颜色鲜绿,具香味,品质好,蛋白质分解损失仅 0.3%~0.5%,而在一般青贮中则达 1%~2%。苜蓿和红三叶加酸青贮后,粗纤维减少 5.2%~6.4%,且减少的这部分纤维水解变成低级糖,可被动物吸收利用。而一般青贮的粗纤维仅减少 1% 左右。此外,加酸青贮时,胡萝卜素、维生素 C 等损失少。

(3) 添加尿素 青贮原料中添加尿素,通过青贮微生物的作用后形成菌体蛋白质,以提高青贮饲料中的蛋白质含量。尿素的添加量为原料质量的 0.5%,青贮后每千克青贮饲料中增加消化蛋白质 8~11g。

添加尿素后的青贮原料可使 pH、乳酸和乙酸以及粗蛋白质、真蛋白质、游离氨基酸含量提高。氨的增多增加了青贮缓冲能力,导致 pH 略上升,但仍低于 4.2,尿素还可以抑制开窖后的二次发酵。饲喂尿素青贮料可以提高干物质的采食量。

(4) 添加甲醛 甲醛能抑制青贮过程中各种微生物的活动。40% 的甲醛水溶液俗称福尔马林,常用于消毒和防腐。在青贮饲料中添加 0.15%~0.30% 的福尔马林,能有效抑制细菌,发酵过程中没有腐败菌活动。但甲醛异味大,影响适口性。

(5) 添加乳酸菌 用乳酸菌培养物制成的发酵剂或由乳酸菌和酵母培养制成的混合发酵剂青贮,可以促进青贮料中乳酸菌的繁殖,抑制其他有害微生物的作用,这是人工扩大青贮原料中乳酸菌群体的方法。值得注意的是,菌种应选择那些盛产乳酸而不产生乙酸和乙醇的同质型乳酸杆菌和球菌。一般每 1000kg 青贮料中加乳酸菌培养物 0.5L 或乳酸菌制剂 450g,每克青贮原料中加乳酸杆菌 10 万个左右。

(6) 添加酶制剂 在青贮原料中添加以淀粉酶、糊精酶、纤维素酶、半纤维素酶等为主的酶制剂,可使青贮料中部分多糖水解成单糖,有利于乳酸发酵。酶制剂由胜曲霉、黑曲霉、米曲霉等培养物浓缩而成，按青贮原料质量的 0.01%~0.25% 添加，不仅能保持青饲料特性，而且可以减少养分的损失，提高青贮料的营养价值。豆科牧草苜蓿、红三叶添加 0.25% 黑曲霉制剂青贮，与普通青贮料相比，纤维素减少 10.0%~14.4%，半纤维素减少 22.8%~44.0%，果胶减少 29.1%~36.4%。如酶制剂添加量增加到 0.5%，则含糖量可高达 2.48%，蛋白质提高 26.7%~29.2%。

第二节 青贮饲料制作

一、青贮饲料制作的原料

（一）农作物及其副产物

1. 禾本科作物副产物

（1）玉米 适时收割的玉米籽实含有大量的淀粉和糖，是青贮的最好原料之一，也是调节不易青贮植物的最佳混配原料，密植青玉米（青饲玉米），吐穗时收割可作为整株青贮原料，玉米秸秆既可以铡碎，也可以全株青贮。

（2）高粱 高粱也是良好的青贮原料之一，其营养成分虽不如玉米，但其秸秆中所含的糖分等是较好的糖分来源。

2. 豆科作物副产物

青绿的大豆、蚕豆、豌豆及杂豆的茎叶及花生秧，糖分低，蛋白质含量高，不宜单一品种青贮，但如与富含糖分的碳水化合物植物混合青贮，或外加淀粉、糖类等，也可以产生很好的青贮饲料。

3. 其他作物副产物

如鲜甘薯秧叶霜前收割，是良好的青贮原料；向日葵籽实成熟时，上部茎叶及花盘仍保持青绿，可以切碎制成良好的青贮饲料，葵花盘也可以打浆青贮。蔬菜的茎叶、瓜类作物的藤蔓及尚未成熟或不宜食用的蔬菜、果实均可作为青贮原料，这些植物的青贮性能，占主要地位的是直根类茎叶，如胡萝卜、萝卜及甜菜等。马铃薯茎叶含糖仅 1%，不易青贮；瓜类作物的藤蔓、西红柿茎叶须与青贮性能好的植物混合青贮，或外加添加剂青贮。

（二）野生植物及栽培牧草

1. 野生可饲喂植物

只要不含有毒有害物质，野生青草和杂草都是很好的青贮原料，一般在开花前或形成花穗前收割为宜。

2. 树叶及水生青饲料

树叶一般粗纤维含量较少，蛋白质含量高，一般春夏季修剪树木时的幼嫩枝叶可以作为青贮料，秋末凋谢的树叶可以与其他原料混合青贮。水生青饲料如水葫芦、水浮莲、水花生及绿萍等。

3. 栽培的牧草

禾本科牧草如无芒雀麦、披碱草、羊草、苏丹草及聚合草等，几乎都呈现出高度的饲用价值和青贮性能，是良好的青贮原料。豆科牧草如紫花苜蓿、红豆草、红三叶、白三叶、紫云英等，蛋白质含量高，可溶性糖分少，不易单独青贮，可进行混合青贮或者添加剂青贮。

（三）工业加工厂的副产物

如甜菜渣、淀粉渣、白酒糟、啤酒渣、饴糖渣等均可与其他青绿饲料混合青贮，也可单独青贮。

二、调制优良青贮料应具备的条件

在制作青贮饲料时，要使乳酸菌快速生长和繁殖，必须为乳酸菌创造良好的条件。有利于乳酸菌生长繁殖的条件是：青贮原料应具有一定的糖含量、适宜的水分含量以及厌氧环境。

1. 青贮原料要有适量的糖分

糖是乳酸菌生长繁殖必需的营养，糖分不足，乳酸菌生长繁殖就会受到限制。因此，原料必须有一定的糖含量，才能适应乳酸菌迅速生长发酵。若原料中可溶性糖分很少，即使其他条件都具备，也不能制成优质青贮料。青贮原料中的蛋白质及碱性元素会中和一部分乳酸，只有当青贮原料中 pH 4.2 时，才可抑制微生物活动。通常将乳酸菌形成乳酸，使 pH 达到 4.2 时所需要的原料糖含量称为最低需要糖含量，这是保证青贮成功的重要条件。原料中实际糖含量大于最低需要糖含量，即为正青贮糖差；相反，原料实际糖含量小于最低需要糖含量时，即为负青贮糖差。凡是青贮原料为正青贮糖差就容易青贮，且正数越大越易青贮；凡是原料为负青贮糖差就难于青贮，且差值越大，则越不易青贮。

最低需要糖含量可根据饲料的缓冲度计算，即：

$$\text{饲料最低需要糖含量}(\%) = \text{饲料缓冲度} \times 1.7 \tag{16-1}$$

其中饲料缓冲度是指中和每 100g 全干饲料中的碱性元素，并使 pH 降到 4.2 时所需的乳酸质量（g）。因青贮发酵消耗的葡萄糖只有 60% 变为乳酸，所以得系数为 $100/60 = 1.7$，即形成 1g 乳酸需葡萄糖 1.7g。

例如，玉米每 100g 干物质需 2.91g 乳酸，才能克服其中碱性元素和蛋白质等的缓冲作用，使其 pH 降低到 4.2，因此 2.91 是玉米的缓冲度，最低需要糖含量为 $2.91\% \times 1.7 = 4.95\%$。玉米的实际糖含量是 26.80%，青贮糖差为 21.85%。

紫花苜蓿的缓冲度是 5.58%，最低需要糖含量为 $5.58\% \times 1.7 = 9.50\%$，因紫花苜蓿中的实际糖含量只有 3.72%，所以青贮糖差为 -5.78%。

豆科牧草青贮时，由于原料中糖含量低，乳酸菌不能正常大量繁殖，导致产乳酸量少，pH 不能降到 4.2 以下，会使腐败菌、酪酸菌等大量繁殖，使得青贮饲料腐败发臭，品质降低。因此要调制优良的青贮料，青贮原料中必须含有适当的糖量（表 16-5）。

表 16-5　　　　　　　　　一些青贮原料干物质中糖含量

易于青贮原料			不易青贮原料		
饲料	青贮后 pH	糖含量/%	饲料	青贮后 pH	糖含量/%
玉米植株	3.5	26.8	紫花苜蓿	6.0	3.72
高粱植株	4.2	20.6	草木樨	6.6	4.5
菊芋植株	4.1	19.1	箭舌豌豆	5.8	3.62

续表

易于青贮原料			不易青贮原料		
饲料	青贮后 pH	糖含量/%	饲料	青贮后 pH	糖含量/%
向日葵植株	3.9	10.9	马铃薯茎叶	5.4	8.53
胡萝卜茎叶	4.2	16.8	黄瓜蔓	5.5	6.76
饲用甘蓝	3.9	24.9	西瓜蔓	6.5	7.38
芜菁	3.8	15.3	南瓜蔓	7.8	7.03

一般而言，禾本科饲料作物和牧草糖含量高，容易青贮；豆科饲料作物和牧草糖含量低，不易青贮。易于青贮的原料主要有玉米、高粱、禾本科牧草、甘薯藤、南瓜、菊芋、向日葵、芜菁、甘蓝等。不易青贮的原料主要有苜蓿、三叶草、草木樨、大豆、豌豆、紫云英、马铃薯茎叶等，只有与其他易于青贮的原料混贮或添加富含碳水化合物的饲料，或加酸青贮才能成功。常用的混贮有：玉米秸与苜蓿按 3∶1 左右的比例混贮；玉米秸与甘薯块切碎加 10% 左右的谷糠混贮；甘薯藤与花生秧按 2∶1 左右比例混贮；菜叶、野草中加入适量的谷壳混贮等。

2. 青贮原料的水分含量要适度

青贮原料中适度的水分含量，是保证乳酸菌正常活动的重要条件。水分含量过高或过低，均会影响青贮发酵过程和青贮饲料的品质。如水分过低，青贮时难以踩紧压实，窖内留有较多空气，造成好气性菌大量繁殖，使饲料发霉腐败。水分过多时，易压实结块，利于酪酸菌的活动。同时植物细胞液汁被挤后流失，使养分损失（表 16-6）。

表 16-6　　　　　　　青贮原料水分含量与排汁量、干物质损失的关系

原料水分含量/%	干物质含量/%	每100kg 青贮原料中		排汁中干物质损失/%
		排汁量/kg	排汁中干物质量/kg	
84.5	15.5	21.0	1.05	6.7
82.5	17.5	13.0	0.65	3.7
80.0	20.0	6.0	0.30	1.5
78.0	22.0	4.0	0.20	0.9
75.0	25.0	1.0	0.05	0.2
70.0	30.0	0	0	0

从表 16-6 可看出，青贮原料中水分含量为 84.5% 时，排汁中损失的干物质占青贮原料干物质的 6.7%，而水分含量为 70% 的青贮原料，已无液汁排出，干物质不受损失。青贮原料中水分过多时，细胞液中糖分过于稀释，不能满足乳酸菌发酵所要求的一定糖分浓度，反利于酪酸菌发酵，使青贮料变臭、品质变坏。因此，乳酸菌繁殖活动，最适宜的水分含量为 65%~75%。豆科牧草的水分含量以 60%~70% 为好。但青贮原料适宜水分含量因质地不同而有差别，质地粗硬的原料水分含量可达 80%，而收割早、幼嫩多汁的原料则以 60% 较合适。判断青贮原料水分含量的简单办法有以下几种。

（1）搓绞法　切碎之前，使饲草适当地凋萎，直到植物的茎被搓绞而不致折断的程度，

其柔软的叶子也未出现干燥的迹象时,这样的原料水分含量就适于青贮。

(2) 手抓测定法　手抓测定法也称挤压法,将切碎的原料紧握手中,然后手自然松开,若仍保持球状,手有湿印,其水分含量在68%~75%;若草球慢慢膨胀,手上无湿印,其水分含量在60%~67%,适于豆科牧草的青贮;若手松开后,草球立即膨胀,其水分含量在60%以下,只适于幼嫩牧草低水分青贮。

(3) 实验室检测法　实验室检测法取原料样品送到实验室测定。

水分含量过高或过低的青贮原料,青贮时应处理或调节。对于水分过多的饲料,青贮前应稍晾干调萎,使其水分含量达到要求后再青贮。如凋萎后还不能达到适宜水分含量,应添加干料进行混合青贮。也可以将水分含量高的原料和水分含量低的原料按适当比例混合青贮,如玉米秸和甘薯藤、甘薯藤和花生秧、玉米秸和紫花苜蓿是比较好的组合,但青贮的混合比例以水分含量高的原料占1/3为适合。

3. 保证厌氧环境

为给乳酸菌创造良好厌氧生长繁殖条件,须做到原料切短,装实压紧,青贮窖密封良好。

青贮原料切短是为了便于装填紧实,取用方便,家畜易于采食,且减少浪费。同时原料切短或粉碎后,青贮时易使植物细胞渗出液汁,湿润表面,糖分流出附在原料表层,有利于乳酸菌的繁殖。对牛羊来说,细茎植物如禾本科牧草、豆科牧草、草地青草、甘薯藤、幼嫩玉米苗等,切成3~4cm长即可;对粗茎植物或粗硬的植物如玉米、向日葵等,切成2~3cm较为适宜。叶菜类和幼嫩植物,也可不切短青贮。对猪、禽来说,各种青贮原料均应切得越短越好,细碎或打浆青贮更佳。

原料切短后青贮,易装填紧实,使窖内空气排出。否则,窖内空气过多,好气菌大量繁殖,氧化作用强烈,温度升高(可达60℃),使青贮料糖分分解,维生素破坏,蛋白质消化率降低。一般原料装填紧实适当的青贮,发酵温度在30℃左右,最高不超过38℃。温度过高或过低,都不利于乳酸菌的生长和繁殖,并影响青贮料的品质。一般情况下,温度在青贮后的1~15d上升,然后下降。如果青贮窖漏气,温度可急剧上升到54.4℃,这样会使青贮料变坏。

青贮的装料过程越快越好,这样可以缩短原料在空气中暴露的时间,减少由于植物细胞呼吸作用造成的损失,也可避免好气性菌大量繁殖。窖装满压紧后立即覆盖,确保密封良好,尽快造成厌氧环境,缩短乳酸菌发酵准备期,降低植物呼吸造成的损失,促使乳酸菌的快速繁殖和乳酸的积累,保证青贮饲料的品质。

三、青贮设施特点与选择

青贮设备设施的种类很多,主要有永久式(也称固定式)和可移动式两种。青贮的场址应选择土质坚硬、地势高燥、地下水位低、靠近畜舍、远离水源和粪坑的地方。青贮设备设施要坚固牢实,不透气,不漏水。

(一)永久式青贮设备

1. 地下式的青贮设备

地下式青贮(图16-1和图16-2)设备适用于地下水位低和土质坚实的地区,窖壕的底面与地下水位至少要保持0.5m的距离,以免底部出水。一般青贮窖呈圆形或长方形,以长方形为多。窖四周可用砖石砌成,三合土或水泥抹面,坚固耐用,内壁光滑,不透气,不漏水。圆形窖做成上大下小,便于压紧,长形青贮窖窖底应有一定坡度,以利于取用完的部分雨水流出。青贮窖容积，一般圆形窖直径2m，深3m，直径与窖深之比以1：(1.5~2.0)为宜。长方形窖的宽深之比为1：(1.5~2.0)，长度根据家畜头数和饲料多少而定。

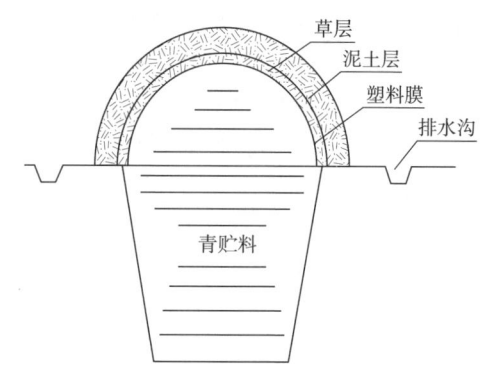

图16-1　地下式青贮窖立体图　　彩图16-1　　　　图16-2　地下式青贮窖侧面图

2. 半地下式的青贮设备

半地下式青贮窖适于地下水位较高或土质较差的地区。青贮窖的一部分位于地下，一部分又位于地上，如图16-3所示。若地下部分较浅，可利用挖出的湿黏土或用土坯、砖、石等材料向上垒砌1~1.7m高的壁。在砌成的壁上所有的孔隙都应用灰泥严密涂封，外面要用土培好，侧面图如图16-4所示。用黏土堆砌的窖壁厚度一般不应小于0.7m，以免漏气。这种临时性的半地下式设备比较省工，经济，如制成永久性的设备，可在壁的表面抹上水泥。

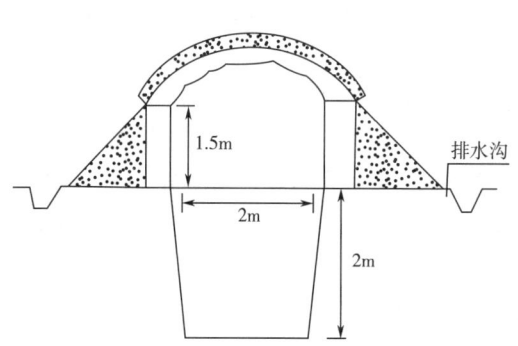

图16-3　半地下式青贮窖立体图　　　图16-4　半地下式青贮窖侧面图　　彩图16-4

青贮窖的主要优点是造价较低，作业比较方便，既可人工作业，也可机械化作业。青贮窖可大可小，能适应不同生产规模，比较适合我国农村现有生产水平。

青贮壕是一个长条形的壕沟状建筑，沟的两端呈斜坡（图16-5），沟底及两侧墙面一般用混凝土砌抹，底部和壁面必须光滑，以防渗漏。青贮壕也可建成地下式或半地下式，也有建于地面的地上青贮壕。青贮壕的优点是造价低，易于建造。缺点是密封面积大，储存损失率高，在恶劣的天气取用不方便。

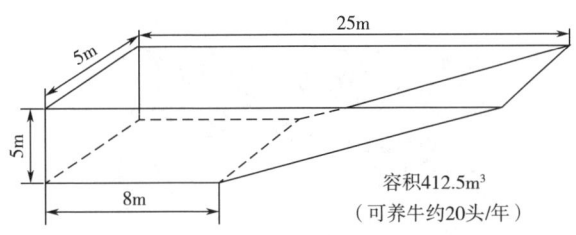

图 16-5　青贮壕设计简图

3. 地上式的青贮设备

（1）青贮塔　青贮塔是地上的圆筒形建筑，通常在地势低洼、地下水位较高的地方采用。一般用砖和混凝土修建而成，长久耐用，青贮效果好，适用于机械化水平较高、饲养规模较大、经济条件较好的饲养场。青贮塔的高度应根据条件而定，如有自动装料的青贮切碎机，建高可达 7~10m，甚至更高。一般高度应不小于其直径的 2 倍，不大于其直径的 3.5 倍，塔高 12~14m，直径 3.5~6.0m。在塔身一侧每隔 2m 高开一个 0.6m×0.6m 的窗口，装时关闭，取空时敞开。塔壁必须坚固不透气，可用钢筋加固，在用三合土和黏黄土堆砌时，塔壁的厚度不应小于 0.7m。

另外，近年来国外采用气密（限氧）的青贮塔，由镀锌钢板甚至钢筋混凝土构成，内边有玻璃层，防气性能好。提取青贮饲料可以从塔顶或塔底用旋转机械进行。可用于制作低水分青贮、湿玉米青贮或一般青贮，青贮饲料品质优良，但成本较高，只能依赖机械装填。

（2）饲料青贮分格池　这种分格池贮料取料方便，可避免因多次取料不慎造成的变质和浪费，适宜于青贮料用量不大的农户。农户可以根据自己的需要和地势的宽窄，建若干个这样的小池连在一起，看起来就像一个大长方形池分成若干个格子，所以称青贮分格池（图 16-6）。每格可以贮料 500~1000kg，贮料时不等料，装满一格封存一格；用料时，用完一格再开一格，格与格互不影响，适合农家养殖户青贮饲料。

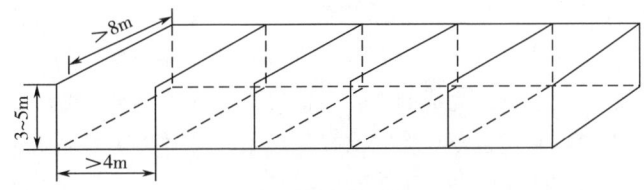

图 16-6　联体式青贮分格池

4. 青贮堆

选一块干燥平坦的地面，铺上塑料布，然后将青贮料卸在塑料布上垛成堆。青贮堆的四边呈斜坡，以便机械操作及防水。青贮堆压实之后，用塑料布盖好，周围用沙土压严。塑料布顶上用沙土或者重物压严，以防塑料布被风掀开。青贮堆的优点是节省了建窖的投资，储存地点也十分灵活，缺点是不易压实（图 16-7）。

（二）可移动式青贮设备

1. 青贮袋

应选用厚度在 0.8~1.2mm 的无毒聚乙烯塑料薄膜制成口袋，装入青贮原料后最好用废锯片等金属条加热压合塑料筒的一端，使之成为不漏气的袋子，抽成真空不要移动，存放过程中

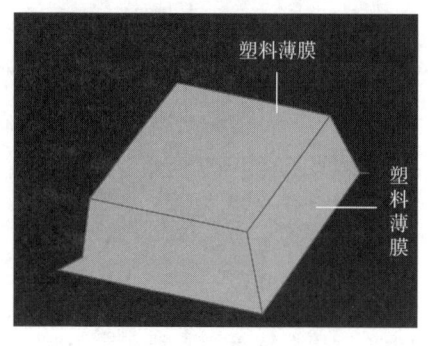

图 16-7　青贮堆　　　　　　　彩图 16-7

要注意保护青贮料，以免压重，避免阳光曝晒和雨淋，防止老鼠咬和人为损坏，青贮料用完后，用清水将袋子洗净收好，可连续使用几年。

2. 圆筒塑料袋

选用厚实的塑料膜作成圆筒形，可作为青贮容器进行少量青贮。为防穿孔，宜选用较厚结实的塑料袋，可用两层。袋大小以装满青贮料后 2 人能抬动为宜。塑料袋可用土埋住或放在畜舍内，要注意防鼠防冻。美国玉米生产带利用玉米穗轴破碎后填入塑料袋中，饲喂肉牛。

3. 裹包青贮

裹包青贮是指将青贮原料刈割后，用打捆机进行高密度打捆，然后通过裹包机拉伸膜包被起来，从而创造一个厌氧的发酵环境，最终完成乳酸发酵的过程。裹包青贮中干物质和营养物质含量因牧草种类、刈割时间、水分含量等因素的不同而产生较大差异，但也可以达到传统青贮方式的效果。这种青贮方式在欧洲各国、美国和日本等畜牧业发达国家已广泛应用。目前在欧洲国家 20% 的牧草青贮采用拉伸膜裹包技术，在瑞典的应用率甚至达到 40% 以上。我国有些地区也已使用这种青贮方式，并逐渐商品化。

裹包青贮与常规青贮一样，具有干物质损失少、可长期保存、质地柔软、饲料酸甜清香、适口性好、消化率高、营养成分损失少等特点。同时，裹包青贮的制作不受时间和地点的限制；机械化程度高，1~2 人就可以完成制作；与常规青贮方式相比，裹包青贮过程的封闭性较好，汁液营养物质损失少，而且也不存在二次发酵现象；运输和使用都比较方便，有利于商品化；特别有利于雨季首蓿的快速收获、加工和贮藏。

裹包青贮在实际应用中也存在一些不足。在制作过程中需要购买打捆机和裹包机等机械设备，初期投资较大；裹包机的使用和拉伸膜的选择不当容易造成密封性不良；在搬运和保管青贮料过程中拉伸膜一旦被损坏，酵母液和霉菌就会大量繁殖，青贮料也将变质；不同草捆之间或同一草捆的不同部位之间水分含量参差不齐，出现发酵品质差异，给饲料营养设计带来困难，难以精确掌握恰当的供给量；废旧的拉伸膜会造成白色污染。

（三）青贮建筑物设备大小的依据

1. 窖式或塔式青贮建筑

直径应按每天饲喂青贮饲料数量计算，深度或高度由饲喂青贮饲料家畜数量而定。

2. 青贮壕

宽度应取决于每天饲喂的青贮饲料数量，长度由饲喂青贮料的天数决定。每日取料的挖进量以不少于15cm为宜。

$$青贮壕的长度(cm) = 计划饲喂时间(d) \times 15(cm/d)$$

青贮建筑物容纳青贮饲料质量估算：

$$青贮饲料质量 = 青贮建筑设备的容积 \times 每立方米青贮料的平均质量$$

$$圆形窖（塔）的容积 = 3.14 \times 半径^2 \times 深度$$

$$长方形窖的容积 = 长 \times 宽（上、下宽的中数）\times 深$$

各种青贮原料的单位容积质量，因原料的种类、水分含量、切碎和踩实程度不同而不同。一般来说，叶菜类、紫云英、甘薯块根为 $750\sim800kg/m^3$，甘薯藤为 $700\sim750kg/m^3$，牧草、野草为 $600\sim700kg/m^3$，全株玉米为 $600kg/m^3$，青贮玉米秸为 $450\sim500kg/m^3$，水生饲料为 $800\sim1000kg/m^3$。

四、青贮饲料的调制方法和步骤

青贮的操作要点，概括起来要做到"六随三要"，即随割、随运、随切、随装、随踩、随封，连续进行，一次完成；原料要切短、装填要踩实、窖顶要封严。

（一）原料适时收割

优质青贮原料是调制优良青贮料的物质基础。适时收割，不但可以在单位面积上获得最大营养物质产量，而且水分和可溶性碳水化合物含量适当，有利于乳酸发酵，易于制成优质青贮料。一般收割宁早勿迟，随收随贮。

整株玉米青贮应在蜡熟期，即在干物质含量为25%～35%时收割最好。其明显标记是，靠近籽粒尖的几层细胞变黑而形成黑层。检查方法为在果穗中部剥下几粒，然后纵向切开或切下尖部。寻找靠近尖部的黑层，如果黑层存在，就可刈割作整株玉米青贮。

收果穗后的玉米秸青贮，宜在玉米果穗成熟、玉米茎叶仅有下部1～2片叶枯黄时，立即收割；或玉米成熟时削尖后青贮，但削尖时果穗上部要保留一片叶片。

高粱在尚有一半以上的绿叶，营养物质未损前收获。

一般来说，豆科牧草宜在现蕾期至开花初期进行收割，禾本科牧草在孕穗至抽穗期收割；饲用牧草、野青草、菜叶等，要在生长旺盛、茎叶未枯黄前收贮；豆类（蚕豆、豌豆）要在花前期或花蕾期收割；甘薯藤、马铃薯茎叶在收薯前1～2d或霜前期叶未黄、未落，藤未枯，寒露后、霜降前收获；萍类（红浮萍、细绿萍）要在春秋盛繁期收贮；原料收割后应立即运至青贮地点切短青贮（表16-7）。

表16-7　　　　　　　　　　　　青贮饲料原料收割时期

青贮原料种类	适宜的收割期
全株玉米（带果穗）	蜡熟期至黄熟期，如遇霜害也可在乳熟期收割，即在干物质含量为25%～35%时收割最好。其明显标记是，靠近籽粒尖的几层细胞变黑而形成黑层。检查方法是：在果穗中部剥下几粒，然后纵向切开或切下尖部寻找靠近尖部的黑层，如果黑层存在，就可刈割作整株玉米青贮
收果穗后的玉米秸	玉米果穗成熟，有一半以上的叶为绿色时，立即收割玉米秸青贮，或玉米成熟时（削尖青贮，削尖青贮时果穗上都应保留一片叶）

续表

青贮原料种类	适宜的收割期
高粱	蜡熟期收割，即在其籽粒刚开始变硬时
豆科牧草及野草	现蕾期至开花初期
禾本科牧草及野草	抽穗初期
甘薯藤	霜前或收薯前 1~2d
水生饲料	霜前捞收，凋萎 2d，以减少水分含量

各种青贮原料要清洁新鲜，无泥沙杂质，无腐败霉变，严禁将腐败霉变的原料用于青贮。

（二）原料适度切短

青贮前原料切短的目的有两个：一是便于青贮时压实以排除原料空隙中的空气；二是使原料中含糖汁液渗出，湿润原料表面，有利于乳酸菌的迅速繁殖和发酵，提高青贮料的质量。根据原料的不同，原料的切短常使用青贮联合收割机、青贮料切碎机等，原料的切碎程度按饲喂家畜的种类和原料的不同质地来确定，一般切成 2~3cm 长度，饲喂牛、羊的饲料可切成 2~5cm，一般说来，水分含量多，质地细软的原料可以切得长一些，水分含量少，质地较粗的原料可以切得短一些，凋萎的半干饲草和空心茎的饲草要比水分含量高的饲草切得更短一些。

切短处理与青贮饲料品质的关系见表 16-8。

表 16-8　　　　　　　　切短处理与青贮饲料品质的关系

水分	高（85%）		中（70%）		低（60%）	
切短处理	有	无	有	无	有	无
pH	4.1	4.8	4.5	4.9	4.5	4.7
乳酸/%	1.58	0.52	1.08	0.88	0.68	0.90
氨态氮，总氮/%	15	26	9	13	9	8
干物质消化率/%	68	63	65	68	60	59

少量青贮原料的切短可用人工铡草机，大规模青贮可用青贮切碎机。大型青贮料切碎机每小时可切 5~6t，最高可切割 8~12t。小型切草机每小时可切 250~800kg。若条件具备，可使用青贮玉米联合收获机，在田内通过机器一次完成割、切作业，然后迅速送回装窖，功效大大提高。

（三）快速装填压紧

青贮原料填装，要快速并要压实，一旦开始装填，速度就要快，以避免原料在装满和密封之前腐败。一般说来，即使是大型青贮建筑物，也必须在 2d 内装满，压实。装窖前，先将窖或塔打扫干净，窖底部可填一层 10~15cm 厚的切短干秸秆或软草，以便吸收青贮液汁。若为土窖或四壁密封不好，可铺塑料薄膜。青贮设备内装入的原料应混匀较为平整，原料装入圆形青贮设备时要一层一层地铺平，每层装 15~20cm 厚，即应踩实，然后再继续装填；装入青贮壕时，可酌情分成几段，顺序装填。青贮料要压得越实越好，特别要注意四角和靠壁地方，不能留有空隙，要达到弹力消失的程度，如此边装边踩实，一直装满并高出窖口 70cm 左右。长方形窖或地面青贮时，可用拖拉机进行碾压，小型窖也可用人力踏实。青贮料紧实程度是青贮成败的关键之一，青贮紧实度适当，发酵完成后饲料下沉不超过深度 10%。

（四）密封和覆盖

青贮料装满后，须及时密封和覆盖。严密封窖，防止漏水、漏气是调制优良青贮料的一个重要环节。青贮容器密封不好，进入空气或水分，会有利于腐败菌、霉菌等繁殖，使青贮料变坏。具体作法：填满窖后，先在上面盖一层切短秸秆或软草（厚 20~30cm）或铺塑料薄膜，然后再用土覆盖拍实，厚 30~50cm，并做成馒头形，有利于排水。青贮窖密封后，为防止雨水渗入窖内，距离四周约 1m 处应挖排水沟。以后应经常检查，窖顶下沉有裂缝时，应及时覆土压实，防止雨水渗入。

密封延缓对青贮饲料品质的影响见表 16-9。

表 16-9　　　　　　　　　密封延缓对青贮饲料品质的影响

密封条件	鸭茅		紫苜蓿	
	早期密封	延迟密封	早期密封	延迟密封
pH	4.15	5.12	4.71	5.85
乳酸（占鲜样比）/%	1.45	0.85	1.34	0.12
乙酸（占鲜样比）/%	0.28	0.58	0.73	1.07
丁酸（占鲜样比）/%	0	1.01	0	1.09
总酸（占鲜样比）/%	1.73	2.42	2.07	2.28
Flieg 计点	100	10	77	-10
氨态氮/(mg/100mL)	34.3	111.2	86.1	217.1

第三节　青贮饲料质量评定和利用

一、青贮过程中营养物质的变化

（一）碳水化合物

在青贮发酵过程中，由于各种微生物和植物本身酶体系的作用，使青贮原料发生一系列生物化学变化，引起营养物质的变化和损失。在青贮的饲料中，只要有氧存在，且 pH 不发生急剧变化，植物呼吸酶就有活性，青贮作物中的可溶性碳水化合物就会被氧化为二氧化碳和水。在正常青贮时，原料中可溶性碳水化合物，如葡萄糖和果糖，发酵成为乳酸和其他产物。另外，部分多糖也能被微生物发酵作用转化有机酸，但纤维素仍然保持不变，半纤维素有少部分水解，生成的戊糖可发酵生成乳酸。

（二）蛋白质

正在生长的饲料作物，总氮中有75%～90%的氮以蛋白氮的形式存在。收获后，植物蛋白酶会迅速将蛋白质水解为氨基酸，在12～24h内，总氮中有20%～25%被转化为非蛋白氮。青贮饲料中蛋白质的变化，与pH的高低有密切关系，当pH<4.2时，蛋白质因植物细胞酶的作用，部分蛋白质分解为氨基酸，且较稳定，并不造成损失；但当pH>4.2时，由于腐败菌的活动，氨基酸便分解成氨、胺等非蛋白氮，使蛋白质受到损失。

（三）色素和维生素

青贮期间最明显的变化是饲料的颜色。由于有机酸对叶绿素的作用，使其成为脱镁叶绿素，从而导致青贮料变为黄绿色。青贮料颜色的变化，通常在装贮后3～7d内发生。窖壁和表面青贮料常呈黑褐色。但当青贮温度过高时，青贮料也呈黑色，不能利用。

维生素A前体物β-胡萝卜素的破坏与温度和氧化的程度有关。二者值均高时，β-胡萝卜素损失较多。但储存较好的青贮料，β-胡萝卜素的损失一般低于30%。

（四）有毒物质

某些青贮原料中含有毒物质，但经过青贮过程后其安全性明显升高。如硝酸盐、亚硝酸盐含量高的青绿饲料经青贮后饲喂则比较安全，原因是在青贮过程中微生物可将非蛋白氮硝酸盐和亚硝酸盐转化为菌体蛋白质。双香豆素（腐香草樨醇）是草木樨等豆科牧草在制作干草或青贮时腐败后产生的有毒物质，有抗凝血作用，而青贮后这种作用明显减少。据报道，有毒物质单宁可以通过青贮降低含量，减少毒性。未成熟和发芽的马铃薯含有龙葵素，但含有毒物质龙葵素的马铃薯茎叶，经青贮后毒素减少或降低，可供猪、牛饲用。

（五）抗营养因子

在青贮过程中一些抗营养因子含量会降低，青贮可以降低的抗营养因子有非淀粉多糖等。因为在青贮过程中微生物可以产生一些酶，如β-葡聚糖酶可以有效地消除β-葡聚糖的抗营养特性，提高饲料的利用率。

二、青贮过程中养分的损失

（一）田间损失

刈割和青贮在同一天进行时，养分的损失极微，即使萎蔫期超过了24h，损失的养分也不足干物质的1%或2%。萎蔫期超过48h，则养分的损失较大，其程度取决于当地的气候状况。据报道，在田间萎蔫5d后，干物质的损失达6%。受萎蔫期影响的主要养分是可溶性碳水化合物和易被水解为氨基酸的蛋白质。

（二）氧化损失

养分的氧化损失是由于植物和微生物的酶在有氧条件下对基质如糖的作用生成CO_2和水而引起的。在迅速填满并密封的青贮窖内，植物组织中的存氧无关紧要，它引起的干物质损失仅1%左右。而持续暴露在有氧环境中的青贮作物，如青贮窖边角和上层的青贮作物，会形成不可食用的堆肥样干物质，在其形成过程中已有75%以上的干物质损失掉。

（三）发酵损失

在青贮过程中发生了许多化学变化，特别是可溶性碳水化合物和蛋白质变化较大，但总干物质和能量损失却并未因乳酸菌的活动而有大的提高。一般认为，干物质的损失不会超过5%，而总能的损失则更少,这是因为形成了诸如乙醇之类的高能化合物。在梭菌发酵中,由于产生了 CO_2、H_2 和 NH_3,养分的损失高于乳酸发酵。

(四)流出液损失

许多青贮窖可自由排水,这些液体或青贮流出液带走了可溶性养分。对于水分含量85%的牧草,青贮流出物的干物质损失可达10%,但将作物萎蔫至水分含量70%左右时,产生的流出液极少。

三、青贮饲料的营养价值

(一)化学成分

从表16-10可以看出,常规营养成分分析,黑麦草青草与其青贮料没有明显差别,但从其组成的化学成分看,青贮料与其原料相比,则差别很大。青贮料中粗蛋白质主要由非蛋白氮组成;而无氮浸出物中,青贮料中糖分极少,乳酸与乙酸则相当多。虽然这些非蛋白氮(主要是游离氨基酸)与脂肪酸使青贮料在饲喂性质上比青饲料发生了改变,但对动物营养价值还是比较高的。青贮料的另一个目的是保存青饲料的维生素。因此,青贮饲料中维生素的有效含量是很重要的营养价值指标。在青贮过程中,特别是在青贮过程的开始阶段,维生素仍有一些损失,但最终可以保存大部分。

表16-10 黑麦草与其青贮料的化学成分比较(以干物质为基础)

名称	黑麦草青草		黑麦草青贮	
	含量	消化率	含量	消化率
有机物质/%	89.8	77	88.3	75
粗蛋白质/%	18.7	78	18.7	76
粗脂肪/%	3.5	64	4.8	72
粗纤维/%	23.6	78	25.7	78
无氮浸出物/%	44.1	78	39.1	72
蛋白氮/%	2.66	—	0.91	—
非蛋白氮/%	0.34	—	2.08	—
挥发氮/%	0	—	0.21	—
糖类/%	9.5	—	2.0	—
聚果糖类/%	5.6	—	0.1	—
半纤维素/%	15.9	—	13.7	—
纤维素/%	24.9	—	26.8	—
木质素/%	8.3	—	6.2	—
乳酸/%	0	—	8.7	—
乙酸/%	0	—	1.8	—
pH	6.3	—	3.9	—

（二）营养物质的消化利用

从常规分析成分的消化率看，各种有机物质的消化率在原料和青贮料之间非常相近，二者无明显差别，因此它们的能量价值也是近似的。据测定，青草与其青贮料的代谢能分别为10.46MJ/kg 和 10.42MJ/kg，二者非常相近。由此可见，我们可以根据青贮原料当时的营养价值来考虑青贮料。

青贮料同其原料相比，蛋白质的消化率相近，但是它们被用于增加动物体内氮素的沉积效率则往往低于原料。其主要原因是由大量青贮料组成的饲粮，在反刍动物瘤胃中往往产生相当大量的氨，这些氨被吸收后，相当一部分以尿素形式从尿中排出。因此，为了提高青贮料对氮素的作用，可以按照反刍动物应用尿素等非蛋白氮的办法，在饲粮中增加玉米等谷实类富含碳水化合物的比例，可获得较好的效果。如果由半干青贮或甲醛保存的青贮料来组成饲粮，则可见氮素沉积的水平提高。常见青贮饲料的营养价值见表 16-11。

表 16-11 常见青贮饲料的营养价值（DM 基础）

饲料	干物质（DM）/%	产奶净能（NEL）/（MJ/kg）	奶牛能量单位（NND）/（MJ/kg）	粗蛋白质（CP）/%	粗纤维（CF）/%	钙（Ca）/%	磷（P）/%
青贮玉米	29.2	5.02	1.60	5.5	31.5	0.31	0.27
青贮苜蓿	33.7	4.82	1.53	15.7	38.4	1.48	0.30
青贮甘薯藤	33.1	4.48	1.43	6.0	18.4	1.39	0.45
青贮甜菜叶	37.5	5.78	1.84	12.3	19.4	1.04	0.26
青贮胡萝卜	23.6	5.90	1.88	8.9	18.6	1.06	0.13

（三）动物对青贮的随意采食量

许多实验指出，动物对青贮料的随意干物质采食量比其原料和同源干草都要低些。其可能原因如下。

1. 青贮酸度

青贮料中游离酸的浓度过高会抑制家畜对青贮料的随意采食量。用碳酸氢钠部分中和后，能提高青贮料的采食量。游离酸对采食量的影响可能有两个原因，一是在瘤胃中酸度增加，二是由体液酸碱平衡的紧张所致。

2. 酪酸菌发酵

动物对青贮料的采食量与其中含有的乙酸、总挥发性脂肪酸含量及氨浓度呈显著的负相关，而这些往往与酪酸发酵相联系。对不良的青贮，家畜采食往往较少。

3. 青贮料中干物质含量

一般青贮料品质良好，而且含干物质较多者，家畜的随意采食量较多，可以接近采食干草的干物质量。因此，青贮良好的半干青贮料效果良好。半干青贮料中发酵程度低，酪酸发酵也少，故适口性增加。

四、青贮饲料的品质鉴定

青贮饲料品质的优劣与青贮原料种类、刈割时期以及青贮技术等密切相关。正常青贮条件下,含糖量高的原料一般经17~21d的乳酸发酵,即可开窖取用。通过品质鉴定,可以检查青贮技术是否正确,判断青贮饲料营养价值的高低。

(一)感官评定

开启青贮容器时,从青贮饲料的色泽、气味和质地等进行感官评定,见表16-12。

表16-12　　　　　　　　　　青贮饲料的感官评定

品质等级	色泽	气味	酸味	结构
优良	绿色或黄绿色,有光泽,近于原色	芳香酒酸味,给人以舒服感	浓	湿润、紧密,茎叶花保持原状,容易分离
中等	黄褐或暗褐色	有刺鼻酸味,香淡味	中等	茎叶部分保持原状,柔软,水分稍多
低劣	黑色、褐色或暗墨绿色	具有特别刺鼻臭味或霉味	淡	腐烂,污泥状,黏滑或干燥或黏结成块,无结构

1. 色泽

优质青贮饲料非常接近于原料的颜色。若青贮前作物为绿色,青贮后仍为绿色或黄绿色最佳。青贮器内原料发酵的温度是影响青贮饲料色泽的主要因素,温度越低,青贮饲料就越接近于原先的颜色。对于禾本科牧草,温度高于30℃,青贮饲料颜色变成深黄;当温度为45~60℃,颜色近于棕色;温度超过60℃,由于糖分焦化近乎黑色。一般来说,品质优良的青贮饲料颜色呈绿色或黄绿色,中等的为黄褐色或暗绿色,劣等的为褐色或黑色。

2. 气味

品质优良的青贮饲料具有轻微的酸味和水果香味。若有刺鼻的酸味,则乙酸较多,品质较次。腐烂腐败并有臭味的则为劣等,不宜喂家畜。总之,芳香而喜闻者为上等,而刺鼻者为中等,臭而难闻者为劣等。

3. 质地

植物的茎叶等结构应当能清晰辨认,结构破坏及呈黏滑状态是青贮腐败的标志,黏度越大,表示腐败程度越高。优良的青贮饲料,在窖内压得非常紧实,但拿起时松散柔软,略湿润,不黏手,茎叶花保持原状,容易分离。中等青贮饲料茎叶部分保持原状,柔软,水分稍多。劣等的结成一团,腐烂发黏,分不清原有结构。

(二)化学分析鉴定

1. pH(酸碱度)

pH是衡量青贮饲料品质好坏的重要指标之一。实验室测定pH,可用精密雷磁酸度计测定,生产现场可用精密石蕊试纸测定。优良青贮饲料pH在4.2以下,超过4.2(低水分青贮除外)说明青贮发酵过程中,腐败菌、酪酸菌等活动较为强烈。劣质青贮饲料pH在5.5~6.0,中等青贮饲料的pH介于优良与劣等之间。

2. 氨态氮

氨态氮与总氮的比值反映青贮饲料中蛋白质及氨基酸分解的程度,比值越大,说明蛋白质分解越多,青贮质量不佳。由于豆科牧草蛋白质含量高,降解程度严重,氨态氮含量远高于禾本科等其他青贮牧草含量，对青贮发酵品质影响较大，故在豆科牧草评价体系中需要将氨态氮作为一种评价指标。

3. 有机酸含量

有机酸总量及其构成可以反映青贮发酵过程的好坏，其中最重要的是乳酸、乙酸和丁酸，乳酸所占比例越大越好。优良的青贮饲料，含有较多的乳酸和少量乙酸，而不含酪酸。品质差的青贮饲料，含酪酸多而乳酸少，见表16-13。

表16-13　　　　　　　　　　不同青贮饲料中各种酸含量　　　　　　　　　　单位:%

等级	pH	乳酸	乙酸		丁酸	
			游离	结合	游离	结合
优良	4.0~4.2	1.2~1.5	0.7~0.8	0.1~0.15	—	—
中等	4.6~4.8	0.5~0.6	0.4~0.5	0.2~0.3	—	0.1~0.2
低劣	5.5~6.0	0.1~0.2	0.1~0.15	0.05~0.1	0.2~0.3	0.8~1.0

4. 饲用价值评定

上述方法虽然在某种程度上可以评定青贮饲料的品质，但对于制定以青贮饲料为基础的家畜营养配方指导性不强，青贮饲料的质量最终应以饲用价值来实现。目前较为常用的评定方法主要是通过能量、总可消化养分和中性洗涤纤维的消化率（neutral detergent fiber digestibility，NDFD），进一步计算干物质采食量、消化能、奶牛泌乳净能、肉牛生产净能和生长净能，在奶牛生产中应用较为成熟，得到普遍认可。

五、青贮饲料的利用

（一）取用方法

青贮过程进入稳定阶段，一般糖分含量较高的玉米、高粱等禾本科牧草需要30~35d，即可发酵成熟，开窖取用，或待冬春季节饲喂家畜。苜蓿、花生秧和其他豆科牧草含糖量低，发酵时间要长一些。

开窖取用时，如发现表层呈黑褐色并有腐败臭味时，应把表层弃掉，注意不要让泥土掉进饲料中。对于直径较小的圆形窖，应由上到下逐层取用，保持表面平整。对于长方形窖，自一端开始分段取用，不要挖窝掏取，取后最好覆盖，以尽量减少与空气的接触面。每次用多少取多少，不能一次取大量青贮料堆放在畜舍慢慢饲用，要用新鲜青贮料。青贮料只有在厌氧条件下，才能保持良好品质，如果堆放在畜舍里和空气接触，就会很快地感染霉菌和杂菌，使青贮料迅速变质。尤其是夏季，正是各种细菌繁殖最旺盛的时候，青贮料也最易霉坏。

当青贮窖被打开，青贮被暴露在空气中时，氧气的存在会激活有害微生物的活性，这些微生物会利用剩余的发酵底物和发酵产物，从而引起营养物质的损失显著增加。有氧腐败的主要现象是产生大量的二氧化碳和释放出大量的热，导致乳酸浓度降低，pH增加。有研究发现，在这个过程中发生腐败的青贮，每天有1.5%~4.5%的干物质损失，几乎与密封保存几个月的损失一样。只要青贮料暴露在空气中，此阶段就会发生。因此，为了降低这些损失和改善青贮料的好氧稳定性，必须加强青贮料的管理和科学利用。

（二）饲喂技术

青贮饲料可以作为草食家畜牛羊的主要粗饲料，一般占饲粮干物质的50%以下。青贮饲料虽然是一种优质粗饲料，但不能作为家畜的单一饲粮，否则不利于家畜的生长发育。饲喂时应根据牛羊的实际需要与精饲料、优质干草搭配使用，以提高瘤胃微生物对氮素和饲料的利用率，以及动物干物质采食量。刚开始喂时家畜不喜食，喂量应由少到多，逐渐适应后即可习惯采食。训练方法：先空腹饲喂青贮饲料，再饲喂其他草料；先将青贮饲料拌入精料喂，再喂其他草料；先少喂，后逐渐增加；或将青贮饲料与其他料拌在一起饲喂。在饲喂初期或青贮饲料酸度较高时，可以添加适量的小苏打饲喂，以降低酸度，提高适口性，促进消化吸收，避免酸中毒现象发生。由于青贮饲料含有大量有机酸，具有轻泻作用，患有胃肠炎家畜应少喂或不喂；母畜妊娠后期不宜多喂，产前15d停喂，产后10~15d在饲粮中重新加入青贮饲料。劣质的青贮饲料有害畜体健康，易造成流产，不能饲喂。冰冻的青贮饲料也易引起母畜流产，应待冰融化后再喂。

（三）饲喂量

青贮饲料的饲喂量依畜禽种类、性别、生长期、生产力和青贮料成分不同而有差异，一般成年牛每100kg体重日喂青贮量（kg）：泌乳牛5~7kg，肥育牛4~5kg，役牛4~4.5kg，种公牛1.5~2.0kg。小母牛每50kg体重饲喂1.25~1.5kg。

绵羊每100kg体重日喂量：成年羊4~5kg，羔羊0.4~0.6kg。奶山羊每100kg体重日喂量：泌乳母羊1.5~3.0kg，青年母羊1.0~1.5kg，公羊1.0~1.5kg。

马的日喂量：役马每匹每天可喂12~15kg，种母马和1岁以上的幼驹每天可喂6~10kg。

繁殖母猪每天饲喂2~3kg。

思考题

1. 哪些饲料可作为青贮的原料？
2. 一般青贮的原理是什么？青贮饲料有哪些特点？
3. 调制优质青贮饲料的关键技术有哪些？
4. 制作优质青贮饲料方法步骤是什么？
5. 怎样进行青贮饲料的品质鉴定？
6. 如何对青贮饲料合理取用和饲喂？用量如何把握？

第十七章 粗饲料及其加工

[学习目标]

1. 理解青干草的特点和调制原理。
2. 掌握干草的调制方法。
3. 掌握粗饲料的加工方法和技术。
4. 掌握氨化饲料的品质鉴定方法。

粗饲料是指自然状态下水分含量≤45%、饲料干物质中粗纤维含量≥18%，能量价值低的一类饲料。其特点是粗纤维含量高，可达25%~45%；可消化营养成分含量较低，有机物消化率在70%以下，干物质的消化能低于10.45MJ/kg，质地较粗硬，适口性差。不同类型的粗饲料，粗纤维的组成不一，但大多数是由纤维素、半纤维素、木质素、果胶、多糖醛和硅酸盐等组成，其组成比例又常因植物生长阶段变化而不同。虽然粗饲料消化率低，但它是各种家畜不可缺少的饲料，对单胃动物也有促进肠胃蠕动和增强消化力的作用。

第一节 青干草与草粉及其加工调制

一、青干草调制原理与方法

干草是将青草或栽培青绿饲料在结籽前的生长植株地上部分刈割，经一定的方法干燥的制成品。制备良好的干草仍保持青绿色，故也称为青干草。青干草是青绿饲料的加工产品，是为了保存青绿饲料的营养价值而制成的贮藏产品，因此，它与农作物秸秆是完全不同性质的粗饲料。青干草可常年供家畜饲用。优质的干草，颜色青绿，气味芳香，质地柔松，叶片不脱落或脱落很少，绝大部分的蛋白质、脂肪、矿物质和维生素被保存下来，是家畜冬季和早春不可缺少的饲草。

调制青干草，方法简便，成本低，便于长期大量贮藏，在畜禽饲养上有重要作用。随着农业现代化和智能化的发展，牧草刈割、搂草、打捆实现了机械化，并向智能化方向迈进，使得调制的青干草质量不断提升。

（一）青干草调制过程中营养物质变化规律

在青草干燥调制过程中，草中的营养物质发生了复杂的物理和化学变化，一些有益的变化有利于草的保存。一些新的营养物质产生，同时一些营养物质被损失掉。结合调制过程中营养物质变化特点，干草的调制尽可能地向有益方面发展。为了减少青干草的营养物质损失，在牧草刈割后，应该使其迅速脱水，促进植物细胞死亡，减少营养物质不必要的分解浪费。

1. 牧草干燥水分散失的规律

正常生长的牧草水分含量为80%左右，青干草达到能贮藏时的水分含量则为15%~18%，最多不得超过20%，而干草粉水分含量13%~15%，为了获得这种水分含量的青干草或干草粉，必须将植物体内的水分快速散失。刈割后的牧草散发水分过程大致分为两个阶段。

第一阶段也称凋萎期。此时植物体内水分向外迅速散发，良好天气，经5~8h，禾本科牧草水分含量减少到40%~50%，豆科牧草减少到50%~55%。这一阶段从牧草植株体内散发的是游离于细胞间隙的自由水，散失水的速度主要取决于大气水分含量和空气流速，所以干燥、晴朗、有微风的条件，能促使水分快速散失。

第二阶段是植物细胞酶解作用为主的过程。这个阶段牧草植物体内的水分散失较慢，这是由于水分的散失由第一阶段的蒸腾作用为主，转为以角质层蒸发为主，而角质层有蜡质，阻挡了水分的散失。使牧草水分含量由40%~55%降到18%~20%，需1~2d。

为了使第二阶段水分快速散失，采取勤翻晒的办法。不同植物保水能力也不相同，豆科牧草比禾本科保水能力强，所以其干燥速度比禾本科慢，这是由于豆科牧草含碳水化合物少，蛋白质多，影响了蓄水能力的缘故。另外，幼嫩的植物纤维素含量低，而蛋白质物质多，保水能力强，不易干燥；相对枯黄的植物则相反，易干燥。同一植物不同器官，水分散失也不相同，叶片的表面积大，气孔多，水分散失快，而茎秆水分散失慢。因此，在干燥过程中要采取合理的干燥方法，尽量使植物各个部位均匀干燥。

2. 晒制过程中其他养分的变化

在晒制青干草时，牧草经阳光中紫外线的照射作用，植物体内麦角固醇转化为维生素D，这种有益的转化，可为家畜冬春季节提供维生素D，而且是维生素D的主要来源。另外，在牧草干燥后，贮藏时牧草植物体内的蜡质、挥发油、萜烯等物质氧化产生醛类和醇类，使青干草有一种特殊的芳香气味，增加了牧草的适口性。

3. 干燥过程中营养物质的损失及其影响因素

（1）生理呼吸作用　牧草刈割以后，晒制初期植物细胞并未死亡，仍能通过呼吸作用分解牧草中碳水化合物以维持其生命。呼吸作用的结果，可使水分通过蒸腾作用减少；植物体内贮藏的部分无氮浸出物水解成单糖，作为能源被消耗；少量蛋白质也被分解成肽、氨基酸等。当水分降低到40%~50%时，细胞才逐渐死亡，呼吸作用才会停止。这部分营养物质损失一般为5%~10%。因此，在田间无论采用哪一种方法晒制青干草，都应迅速使水分下降到40%~50%，以减少呼吸等作用引起的损失。

（2）酶的作用　细胞死亡以后，植物体内仍继续进行着氧化破坏过程。参与这一过程的既包括植物本身的酶类，又包括微生物活动产生的分解酶，破坏的结果使糖类分解成二氧化碳和水，氨基酸被分解成氨而损失；胡萝卜素在体内氧化酶和阳光的漂白作用下遭到破坏。该过程直到水分减少到17%以下时才会停止。因此，调制过程中，应注意曝晒方法和时间，既要使水分迅速降到17%以下，又要尽量减少氧化破坏作用。

(3) 阳光照射与漂白作用 晒制干草时主要是利用阳光和风力使青草水分降至足以安全贮藏的程度。阳光直接照射会使植物体内所含胡萝卜素、叶绿素遭到破坏，维生素C几乎全部损失。叶绿素、胡萝卜素破坏的结果，使叶色变浅，且光照越强，曝晒时间越长，漂白作用造成的损失越大。通常，日晒超过1d，胡萝卜素损失75%；超过7d，损失96%。所以，为了减少阳光对胡萝卜素及维生素C等营养物质的破坏，应尽量减少曝晒时间。即在牧草水分达40%~50%时拢成小堆，这样不仅减少机械损失，也减少了阳光漂白作用。

(4) 雨水的淋洗作用 在收割牧草、采用日晒调制干草、运输及储存时，应尽量避免受到雨水的直接浇淋。否则，会造成营养物质严重损失，其中包括大部分易消化的可溶性碳水化合物、B族维生素和可溶性矿物质等。如可消化蛋白质损失40%，胡萝卜素损失约为65%。下面是苕子干草雨淋前后养分变化的情况（表17-1）。

表17-1　　　　　　　　　苕子晒干过程遇雨淋后的养分变化　　　　　　　　　单位：%

处理	颜色	水分	粗蛋白质	粗脂肪	粗纤维	无氮浸出物	灰分
淋过一次大雨	黄褐	13.40	15.99	1.19	35.11	29.54	5.03
未淋过雨	青绿	13.52	22.45	1.91	27.93	27.34	6.85

(5) 机械损失 干草在晒制和保藏过程中，由于受搂草、翻草、搬草、堆垛等一系列机械操作的影响，不可避免地会造成部分细枝嫩叶破碎脱落。豆科牧草叶片中含有比茎更多的粗蛋白质。一般其茎和叶在相同蒸发和干燥条件下，失水差异较大，使得叶片、叶柄和细枝等在干草调制和运输过程中，极易脱落、丢失，造成营养物质大量损失。由此项引起的损失可使干草饲用价值降低30%左右。禾本科牧草的叶片着生较牢固，因为茎中空，在相同条件下，叶与茎的干燥速度差不多，一般有2%~5%的叶片脱落，比豆科牧草营养物质损失相对较少。

总之，晒制干草过程中营养物质的损失较大，总的营养物质要损失20%~30%，可消化蛋白质损失在30%左右，维生素损失50%以上。

（二）青干草调制的方法

1. 自然干燥

自然干燥是利用阳光或环境温度使饲料脱水，达到干制的目的。此法干制的干草，营养成分损失在20%左右，胡萝卜素损失在70%~80%，是由于机械作用、光、热、氧化、细胞呼吸作用等共同作用的结果。

(1) 田间干燥法 牧草刈割后就地干燥4~6h，使其水分含量降至40%~50%时，用搂草机搂成草垄继续干燥。当牧草水分含量降到35%~40%，牧草叶片尚未脱落时，用集草器集成草堆，经2~3d可完全干燥。

豆科牧草在叶子水分含量26%~28%时叶片开始脱落；禾本科牧草在叶片水分含量22%~23%，即牧草全株总水分含量在35%~40%时，叶片开始脱落。为了保存营养价值高的叶片，搂草和集草作业应在叶片尚未脱落以前，即牧草水分含量不低于35%~40%时进行。

我国东北、内蒙古、新疆等草原区，草场面积大、地势平坦，可采用机引割草机刈割，每天可割 $40\sim50\text{hm}^2$。割下的青草可就地曝晒数小时至十余小时，然后用搂草机自刈割行侧面或垂直面将青草搂集成高度约 30cm 的草垄，在草垄内使水分含量下降为 20%～25%，即抓一把草能打成草绳，既不断裂，也不出水时，便可运回畜舍附近堆集成 1～2t 的大堆，最后完成干燥过程。

(2) 草架干燥法　在湿润地区或多雨季节晒草，地面干燥容易导致牧草腐烂和养分损失，故宜采用草架干燥。在草架上晾晒青草，要堆放成圆锥形或屋脊形，要堆得蓬松些，厚度不超过 70～80cm，离地面应有 20～30cm。堆中应留通道，以利于空气流通，外层要平整保持一定倾斜度，以便排水。在草架上干燥时期需 1～3 周，据天气情况确定。

草架干燥法在北欧最为盛行，一般比地面晒制法营养物质损失可减少 5%～10%。

(3) 褐色干草调制　晒草季节如遇阴雨连绵，可将已割下的青草平铺风干，使水分减少到 50%左右，然后分层堆积高 3～5cm。新割的草也可堆为草堆，为防止发酵过度应逐层堆紧，每层可撒上为青草质量 0.5%～1%的食盐。该方法实质上是介于干草与青绿青贮之间，经堆放 2～3d 后，堆内温度可上升到 60～70℃。未干草料所含水分即受热蒸发，并产生一种酸香味。调制褐色干草需 30～60d 才可完成，也可适时打开草堆，使水分蒸发。

这种经过高温发酵的干草，可消化营养物质的损失达 50%以上，蛋白质消化率也明显下降，胡萝卜素受到严重破坏，干草颜色变成棕褐色，但褐色干草适口性好，家畜爱吃，当无法采用正常方法晒制干草时可以采用这种方法。

2. 人工干燥

在自然条件下晒制干草，营养物质的损失相当大。如果采用人工快速干燥法，则营养物质的损失可降到最低限度，只占鲜草总量的 5%～10%。

(1) 常温通风干燥　又称"草库干燥"，是利用高速风力，将半干青草所含水分迅速风干，它可以看成是晒制干草的一个补充过程。通风干燥的青草，事先须在田间将草茎压碎并堆成垄行或小堆风干，使水分含量下降到 30%～40%，然后在草库内完成干燥过程。

(2) 低温烘干法　此法采用加热的空气，将青草水分烘干，干燥温度如为 50～70℃，需 5～6h；如为 120～150℃，经过 5～30min 完成干燥。未经切短的青草置于浅箱或传送带上，送入干燥室（炉）干燥。

(3) 高温快速干燥法　利用液体或煤气加热的高温气流，可将切碎成 2～3cm 长的青草在数分钟甚至数秒内使水分含量降到 10%～12%。目前最普遍采用的干燥机是转鼓气流式烘干机，进风口温度高达 900～1100℃，出风口温度 70～80℃。

高温快速干燥的产品，绝大部分再粉碎成干草粉，作为家禽或猪配合日粮的组成部分，或者再进一步加工成颗粒饲料。

在合理加工情况下，青草中营养物质可保存 90%～95%，营养物质消化率，特别是蛋白质消化率并未显著降低。鲜草在含有可蒸发水分的条件下，草温不会上升到危及消化率的程度；只有当已干的草继续处在高温下，才可能发生营养物质消化率降低和产品碳化的现象。

3. 物理化学干燥

(1) 压裂草茎干燥法　牧草干燥时间的长短主要取决于其茎秆干燥所需要的时间，叶片干燥的速度比茎秆要快的多。为了使牧草茎叶干燥保持一致，减少叶片在干燥中的损失，常利用牧草茎秆压裂机将茎秆压裂压扁，消除茎秆角质层和纤维束对水分蒸发的阻碍，增大导水系数,加快茎中水分蒸发的速度,最大限度地使茎秆与叶片的干燥速度同步。

(2)化学添加剂干燥法　将一些化学物质(如碳酸钾、碳酸钾加长链脂肪酸混合液、碳酸氢钠等)添加或者喷洒到牧草(主要是豆科牧草)上,经过一定的化学反应使牧草表皮的角质层破坏,以加快牧草株体内的水分蒸发,提高干燥的速度。这种方法不仅可以减少牧草干燥过程中叶片损失,而且能够提高干草营养物质消化率。

另外,还可以采用红外线干燥法、微波干燥法、冷冻干燥法等来制作干草。

二、青干草的营养价值及其影响因素

(一)青干草的营养价值

青干草的营养价值与植物种类、生长阶段、调制方法有关。优质干草叶多,适口性好,蛋白质含量较高,胡萝卜素、维生素 D、维生素 E 及矿物质丰富。粗蛋白质含量在禾本科干草中为 7%~13%,豆科干草中为 10%~21%;粗纤维含量高,为 20%~35%,粗纤维的消化率较高,可达 70%~80%;所含能量为玉米的 30%~50%。有机物质消化率为 46%~70%。胡萝卜素平均含量为 5~40mg/kg,维生素 D 含量可达 16~150mg/kg。干草中矿物元素含量也比较丰富,豆科牧草中的钙含量超过 1%,足以满足一般家畜需要;禾本科牧草中的钙也比谷类籽实高。

青干草营养价值高低还与其利用有关,干草利用好坏,涉及干草营养物质利用的效率和经济效益。利用不好,可使损失超过 15%。猪、禽等单胃动物只宜利用高质量或粗纤维含量较低的某些干草,如紫花苜蓿、紫云英等,且需限量饲喂,粉碎拌以精饲料饲喂为宜。牛、羊利用干草可不受限制,但要注意采食过程中的浪费,最好适当切短,高低质量干草搭配饲喂,用饲槽让牛、羊随意采食较好。有条件的情况下,可将干草制成颗粒饲用,可明显提高干草利用率。粗蛋白质含量低的干草可配合尿素使用,有利于补充牛、羊粗蛋白质摄入不足。

(二)影响青干草营养价值的因素

1. 成熟期(收获期)

成熟期是影响粗饲料营养价值的最主要因素。随着粗饲料的成熟,由多叶的青苗期生长至多茎的繁殖期(即盛花或结籽阶段)。粗饲料的茎秆部分不断长高,叶片部分则很少变化,叶茎比例降低。由于叶片部分所含的粗蛋白质较茎秆部分多,而粗纤维的含量少,故粗饲料叶片部分的营养价值较其茎秆部分高。对同时还积累大量籽粒的粗饲料而言,随着作物的成熟,籽粒在整个植株中的比重也增加,带籽粒的粗饲料营养价值会因成熟而略有改善。

随着粗饲料作物的成熟,其消化率会降低。禾本科牧草叶片部分的消化率也不断降低,而豆科牧草叶片部分的消化率则不会因成熟而发生显著变化。

2. 粗饲料品种

豆科牧草和禾本科牧草无论在组织构造上,还是在化学成分上,均存在着较大的差异,这些差异决定了其营养价值上的差异。豆科牧草所含的粗蛋白质比禾本科的要高许多。在细胞壁物质组成上,豆科牧草的细胞壁内容物、半纤维素比禾本科牧草的相应含量低,而木质素与纤维素的含量则比禾本科牧草的相应含量高。

3. 粗饲料收获与储存

不科学刈割,会造成大量叶片脱落,大大降低粗饲料的质量。另外,干草储存时的湿度过高会显著降低粗饲料的质量。

4. 环境（气候）

湿度、温度与日照量都会影响粗饲料营养价值。暖季牧草较冷季牧草具有较高可溶性化合物与瘤胃不可降解粗蛋白质，较低叶茎比、消化率与采食量。雨淋对粗饲料品质的危害最大，干燥保存可避免雨淋造成的损失。因恶劣天气推迟收割，会造成粗饲料作物过熟，而降低品质。高温会增加木质素与可溶性化合物的积聚，改变粗饲料营养价值，从而降低其品质。

5. 土壤肥力

土壤肥力对粗饲料产量的影响要大于其对质量的影响。土壤中磷、钾含量适中有利于禾、豆混播时豆科粗饲料作物的生长，减少杂草的生长。保持土壤肥力，可避免反刍家畜矿物质不平衡。当然，土壤肥力过低或过高，同样会降低粗饲料品质。对土壤肥力进行检测再选择最能适应现有土壤肥力的粗饲料作物品种，是提高粗饲料营养价值的重要举措之一。

三、草粉的生产与应用

草粉及青干草粉与草捆、草颗粒一样，属于草产品，而且是一种主要的牧草产品形式，在发展畜牧业尤其是猪、禽、鱼养殖业中有重要的作用。

（一）草粉生产

加工草粉的原料主要是紫花苜蓿、三叶草等优质豆科牧草以及豆科与禾本科混播的牧草，优良的黑麦草、黑麦、羊草等禾本科牧草也可作为原料。生产草粉时对牧草的质量要求较高，故对刈割期的选择尤为重要，一般在牧草蛋白质和维生素含量以及产量较高的时期刈割，具体刈割期与青干草基本相同。采用先平铺后小堆的田间干燥或人工烘干法，有利于保持草粉的绿色和良好的品质。牧草干燥至水分含量为13%~15%时，用锤片式粉碎机粉碎。粉碎的粒度依据饲养畜禽的种类而定，一般在鱼类饲料中应用粉碎细度为过0.30mm筛，或至少过0.45mm筛，禽类和仔猪饲料比鱼类稍粗些，草屑长度1mm左右为宜，育肥猪和母猪草屑可长至2mm左右。为了减少草粉在储存过程中的营养损失和便于运输，生产中常把草粉压制成草颗粒。一般草粒的密度为草粉的2~2.5倍，减少草的运输体积，同时也减少了与空气的接触面积，从而减少养分的氧化。在压制过程中，还可加入抗氧化剂，以减少胡萝卜素及其他维生素的损失。

（二）干草粉的饲用价值

优质的豆科、禾本科或豆科和禾本科混播的牧草草粉，具有蛋白质、维生素、β-胡萝卜素含量高的特点，可在反刍动物和单胃动物饲粮中应用。如在现蕾至初花期刈割并且调制良好的优质紫花苜蓿草粉，在雏鸡和产蛋鸡饲粮中可用至5%，青年鸡饲料中可用至15%；育肥猪和母猪饲粮中可分别用至10%~15%和15%~30%；兔饲粮中可用至20%~50%。

维生素草粉有很高的营养价值。当维生素干草粉含蛋白质达到19%时，每千克草粉含赖氨酸11.6g、甲硫氨酸2.1g、色氨酸2.9g、胱氨酸3.8g；钙21.6g、磷3.5g、钾14.9g、钠0.79g。虽然草粉的能量较低而纤维素含量偏高，但是蛋白质、胡萝卜素和矿物质的含量大大优于谷物，故优质草粉是配合饲料良好的补充剂，对畜禽日粮的营养平衡作用很大。在国际市场上，优质牧草的价格相当于黄玉米的价格。欧美生产大量的维生素草粉，美国每年产百余万吨。

影响草粉质量的因素很多。首先与原料的种类有关；其次是刈割期，过早刈割时牧草质量好但产量低，过迟刈割虽产量高，但因木质化严重影响草及草粉的品质；牧草的年收获次数不同，草粉的营养成分也不同（表17-2）。

表17-2　　　　　　　　每年收获次数对草粉质量的影响

次数	可消化含氮物/%	纤维素/%	胡萝卜素/（mg/kg）
3	14.00	32.57	181
4	18.19	26.67	209
5	20.80	23.13	226

牧草干燥方法对干草营养物质的损失率有决定性影响。当采用人工快速干燥法干燥牧草时，损失率最小，胡萝卜素损失3%~10%，其他营养物质损失3%~8%。采用其他干燥方法牧草营养物质的损失见表17-3。

表17-3　　　　　　不同干燥方法牧草营养物质的损失　　　　　　　　单位：%

方法	干物质损失	胡萝卜素损失	可消化蛋白质损失	总能量损失
地面干燥（雨淋）	36.6	99.1	50.9	47.2
地面干燥	21.0	96.8	31.9	29.6
棚架上干燥	19.0	93.7	28.8	28.6

因此，美国、俄罗斯、新西兰、德国、丹麦、法国等国家多用滚筒式高温快速烘干机来干制牧草。初始被干燥牧草与400~1150℃的热气流接触，终端热气流温度为90~120℃。对草茎段干燥时间为5~25min，草叶段为0.2~2min。滚筒式烘干机可以通过调整工作参数，将牧草段烘干至某个最终水分含量。

第二节　藁秕与饲用林产品饲料

藁秕饲料是指农作物秸秆在籽实成熟后，收获籽实所剩余的副产物，其来源广，数量多，总量是粮食产量的1~4倍之多。其最大营养特点是粗纤维含量高，一般都在33%~45%；质地坚硬，粗蛋白质含量很低，一般不超过10%；粗灰分含量高；消化能多在8.37MJ/kg以下；有机物的消化率一般不超过60%。藁秕饲料对于草食家畜尤为重要，在某种情况下（如冬季耕牛），它们还是唯一的家畜饲料。另外，草食家畜消化道容积大，可采用秸秆等粗饲料来填充，以保证消化器官的正常蠕动，使家畜有饱感。对于奶牛，饲粮中使用一定比例的秸秆饲料，可提高奶的乳脂率。

一、秸秆

秸秆又称藁秆，是指农作物籽实收获以后所剩余的茎秆和残存的叶片，主要可分为豆科和禾本科两大类。营养特点是粗纤维含量高，占干物质的31%~45%，木质素和硅酸盐含量高。

如燕麦秸秆木质素为14.6%，硅酸盐约占灰分的30%。而且纤维素、半纤维素和木质素紧密结合，质地粗硬，适口性差，消化率低。秸秆中粗蛋白质含量低，豆科秸秆粗蛋白质含量较禾本科高。秸秆饲料经过加工调制后，营养价值和适口性均有所提高。

（一）稻草

稻草是水稻收获后剩下的茎叶，其营养价值很低，但数量非常大。据统计，我国稻草产量为1.88亿t，应引起注意。研究表明，牛、羊对其消化率为50%左右，猪一般在20%以下。

稻草粗蛋白质含量为3%~5%（可消化蛋白质0.2%），粗脂肪为1%左右，粗纤维为35%；粗灰分含量较高，为12%~18%，但主要是无利用价值的硅酸盐；钙、磷含量低，分别为0.29%和0.07%，远低于家畜的生长和繁殖需要。稻草营养价值低于玉米秸、谷草，但优于小麦秸。据测定，稻草的产奶净能为3.39~4.43MJ/kg，增重净能0.21~7.32MJ/kg，消化能（羊）为7.32MJ/kg。为了提高稻草的饲用价值，除了添加矿物质和能量饲料外，还应对稻草作氨化、碱化处理。经氨化处理后，稻草的含氮量可增加一倍，且其中氮的消化率可提高20%~40%。

（二）玉米秸

玉米秸具有光滑外皮，质地坚硬，一般作为反刍家畜的饲料，若用来喂猪，则难以消化。反刍家畜对玉米秸粗纤维的消化率在65%左右，对无氮浸出物的消化率在60%左右。玉米秸青绿时，胡萝卜素含量较高，为3~7mg/kg。

生长期短的夏播玉米秸，比生长期长的春播玉米秸粗纤维少，易消化。同一株玉米，上部比下部的营养价值高，叶片又比茎秆的营养价值高，牛、羊较为喜食。玉米秸的营养价值优于玉米芯，和玉米苞叶的营养价值相似。

为了提高玉米秸的饲用价值，一方面，在果穗收获前，在植株的果穗上方留下一片叶后，削取上梢饲用，或制成干草、青贮料，割取青梢由于改善了通风和光照条件，并不影响籽实产量。另一方面，收获后立即将全株分成上半株或上2/3株切碎直接饲喂或调制成青贮饲料。

（三）麦秸

麦秸的营养价值因品种、生长期的不同而有所不同。常用作饲料的有小麦秸、大麦秸、燕麦秸和荞麦秸。

小麦秸粗纤维含量高，并含有硅酸盐和蜡质，适口性差，营养价值低。小麦秸主要用于饲喂牛、羊，经氨化或碱化处理后效果较好。

大麦秸的产量比小麦秸要低得多，但适口性和粗蛋白质含量均高于小麦秸，可作为反刍动物的饲料。在麦类秸秆中，燕麦秸是饲用价值最好的一种，其对牛、羊、马的消化能分别达9.17MJ/kg、8.87MJ/kg和11.38MJ/kg。荞麦秸适口性好，但要控制用量。

（四）豆秸

豆秸有大豆秸、豌豆秸和蚕豆秸等种类。由于豆科作物成熟后叶子大部分凋落，因此豆秸主要以茎秆为主，茎已木质化，质地坚硬，维生素与蛋白质也减少，但与禾本科秸秆相比，其粗蛋白质含量和消化率都较高。

风干大豆茎含有的消化能为：猪0.71MJ/kg、牛6.82MJ/kg、绵羊6.99MJ/kg。大豆秸适于饲喂反刍家畜，尤其适于喂羊。在各类豆秸中豌豆秸营养价值最高，但是新豌豆秸水分较多，容易腐败变黑，要及时晒干后储存。在利用豆秸类饲料时，要很好地加工调制，搭配其他精粗饲料混合饲喂。

（五）谷草

谷草即粟的秸秆，其质地柔软厚实，适口性好，营养价值高。在各类禾本科秸秆中，以谷草的品质最好，是马、骡的优良粗饲料，还可铡碎喂牛、羊，与野干草混喂，效果更好。

二、秕壳

秕壳是农作物籽实脱壳后的副产物，包括谷壳、稻壳、高粱壳、花生壳、豆荚等。实际上，农作物在收获脱粒时，还会分离出很多包被籽实的颖壳、荚皮、外皮与瘪籽等物，都统称为秕壳。由于脱粒时常沾染很多尘土异物，也混入一部分瘪的籽实和碎茎叶，使它们的成分与营养价值往往变异很大。总的来看，除稻壳、花生壳外，一般秕壳的营养价值略高于同一作物的秸秆。

（一）豆荚类

如大豆荚、豌豆荚、蚕豆荚等，其营养价值比其他荚壳要高，尤其是粗蛋白质含量较高，特别是大豆荚，是一种较好的粗饲料。豆荚含无氮浸出物 12%~15%，粗纤维 33%~40%，粗蛋白质 5%~10%，牛和绵羊消化能分别为 7.0~11.0MJ/kg、7.0~7.7MJ/kg，饲用价值较好，尤其适于反刍家畜利用。

（二）谷类秕壳

有稻壳、小麦壳、大麦壳、荞麦壳和高粱壳等，营养价值仅次于豆荚，但数量大，来源广，值得重视。其中稻壳的营养价值很差，对牛的消化能低，适口性也差，仅能勉强用作反刍家畜的饲料。稻壳经过适当的处理，如氨化、碱化、高压蒸煮或膨化均可提高营养价值。另外，大麦秕壳带有芒刺，易损伤口腔黏膜引起口腔炎，应当注意。

三、树叶和其他饲用林产品

利用针、阔叶林嫩枝叶作为畜禽饲料，在国外已有几十年的历史。俄罗斯、罗马尼亚、加拿大等早已工厂化生产，且用叶粉代替草粉在全价配合饲料中应用，质优价廉，很受市场青睐。日本曾利用刺槐叶粉代替苜蓿草粉养鸡，效果很好。我国现有森林面积1.3亿多公顷，树叶产量占全树生物量的5%。每年各类乔木的嫩枝叶约有5亿多吨，薪炭林及灌木林的嫩枝叶数量也相当巨大，树木的籽实也是良好的饲料，如果能合理利用这一宝贵资源，对我国饲养业的发展将会起到重要作用。

但应注意，有些树叶含有单宁，有苦涩味，家畜不喜采食，必须加工调制（发酵或青贮）后饲喂；有的树木有剧毒，如夹竹桃等，严禁饲喂。

第三节　粗饲料的加工调制及品质鉴定

粗饲料经过适宜加工处理，可明显提高其营养价值。大量科学研究和生产实践证明，粗饲料经一般粉碎处理可提高采食量 7%；加工制粒可提高采食量 37%；而经化学处理可提高采食量 18%~45%，提高有机物的消化率 30%~50%。因此，粗饲料的合理加工处理对开发粗饲料资源具有重要的意义。

一、物理加工

物理加工主要是通过人工、机械、热和压力等方法改变粗饲料的性状，但不改变饲料的化学性质，包括切短、撕裂、粉碎、压块、浸泡和蒸煮软化等。

（一）机械加工

机械加工是指利用机械将粗饲料铡碎、粉碎或揉碎，这是粗饲料利用最简便而又常用的方法。尤其是秸秆饲料比较粗硬，加工后便于咀嚼，减少能耗，提高采食量，并减少饲喂过程中的饲料浪费。实验表明，切短和粉碎的饲料可增加采食量，但饲料颗粒过小，在瘤胃中停留时间也会缩短，从而引起纤维物质消化率下降和瘤胃内挥发性脂肪酸生成速度和丙酸比例有所增加，反刍减少，瘤胃内 pH 下降，因此，粗饲料长度应适宜。

1. 铡碎

利用铡草机将粗饲料切短至 1~2cm，稻草较柔软，可稍长些，而玉米秸秆较粗硬且有结节，以 1cm 左右为宜。玉米秸青贮时，应使用铡草机切短至 2cm 左右，以便于踩实。

2. 粉碎

粗饲料粉碎可提高饲料利用率和便于混拌精饲料。冬春季节饲喂绵、山羊的粗饲料应加以粉碎。但粉碎不应太细，否则会影响反刍。粉碎机筛底孔径以 8~10mm 为宜。优质花生秧等在制作干草粉用于猪、禽的配合饲料时，要粉碎成较细的粉状，以便充分搅拌。

3. 揉碎

为适应反刍家畜对粗饲料利用的特点，利用揉碎机械将秸秆饲料揉搓成丝条，可饲喂牛、羊、骆驼等反刍家畜，尤其是玉米秸适于揉碎。秸秆揉碎不仅可提高适口性，也可提高饲料利用率，是当前秸秆饲料利用比较理想的加工方法。但秸秆揉碎会使能耗增加。

4. 压块

秸秆或低质牧草等压块，可使其密度增加 10 倍以上，既方便运输和储存，又能减少损失 20%~30%，可以增加动物采食量 20%~30%。

5. 碾青

碾青是将藁秕铺在地面上，上铺同样高度的青饲料，最上面再铺藁秕，然后用碌碡碾压。青饲料流出的汁液被上下两层秸秆吸收。经过碾青处理，可缩短青饲料晒制的时间，并提高粗饲料的适口性和营养价值。

（二）热加工

1. 蒸煮

将切碎的粗饲料放在容器内加水蒸煮，以提高秸秆饲料的适口性和消化率。蒸煮稻草时还添加尿素，以增加饲料中蛋白质的含量。据报道，在压力 $2.07×10^6$ Pa 下处理稻草 1.5min，可获得较好的效果。如压力为 $7.8×10^5$~$8.8×10^5$ Pa 时，需处理 30~60min。

2. 膨化

膨化是利用高压水蒸气处理后突然降压以破坏纤维结构的方法。膨化可使木质素低分子化和分解结构性碳水化合物，从而增加可溶性成分。麦秸在气压 $7.8×10^5$ Pa 处理 10min，喷放压力为 $1.37×10^6$~$1.47×10^6$ Pa 时，干物质消化率和动物增重速度均有显著提高。但膨化设备投资较大，在生产上广泛应用较难。

3. 高压蒸汽裂解

高压蒸汽裂解是将各种农林副产物，如稻草、蔗渣、刨花、树枝等置入热压器内，通入高压蒸汽，使物料连续发生蒸汽裂解，以破坏纤维素-木质素的紧密结构，并将纤维素和半纤维素分解出来，以利于牛、羊消化。此法与膨化法一样实用性较差。

（三）盐化

盐化是指铡碎或粉碎的秸秆饲料，用1%的食盐水，与等质量的秸秆充分搅拌后，放入容器内或在水泥地面堆放，用塑料薄膜覆盖，放置12~24h，使其自然软化，可明显提高适口性和采食量。在东北地区广泛利用，效果良好。

（四）其他

除上述三种途径外，还可利用射线照射以增加饲料的水溶性部分，提高其饲用价值。有人曾用γ射线对低质饲料进行照射，有一定的效果，但由于设备造价高，难以在生产上应用。

二、化学处理

利用酸碱等化学物质对劣质粗饲料——秸秆饲料进行处理，降低纤维素和木质素中部分营养物质，以提高其饲用价值。

（一）氨化处理

氨化处理秸秆饲料始于20世纪70年代。粗饲料蛋白质含量低，但当与氨相遇时，其有机物与氨发生氨解反应，破坏木质素与多糖（纤维素、半纤维素）链间的酯键结合，并形成铵盐，成为牛、羊瘤胃内微生物的氮源。同时，氨溶于水形成氢氧化铵，对粗饲料有碱化作用。因此，氨化处理是通过氨化与碱化双重作用以提高秸秆的营养价值。秸秆经氨化处理后，粗蛋白质含量可提高100%~150%，纤维素含量降低10%，有机物消化率提高20%以上。氨化后的秸秆质地松软，气味煳香，颜色棕黄，提高了饲料的适口性，增加了采食量，是牛、羊反刍家畜良好的粗饲料。

氨化饲料的质量，受秸秆饲料本身的质地优劣、氨源的种类及氨化方法诸多因素的影响。氨源的种类很多，国外多利用液氨，需有专用设备，进行工厂化加工或流动服务。由于氨化饲料制作方法简便，饲料营养价值提高显著，近年来世界各国普遍采用。我国自20世纪80年代后期开始推广应用，尤其是小麦秸、稻草氨化较多。

1. 氨源

（1）尿素　尿素含氮量44%~46%，为白色结晶颗粒，易溶于水，易潮解，在一定温度条件下，经脲酶和微生物的作用分解产生氨。用量：每100kg秸秆用尿素4~5kg。一般气温30℃以上时，经7d即可开封；气温20~30℃时，经10d开封；气温10~20℃时，经20d开封；气温0~10℃时，经30d才能开封饲喂。开封后，要让饲料通风10~24h，以散发氨气，再用于饲喂。

（2）液氨　NH_3是具有刺激性的无色气体，在高压作用下，气体液化为无水液氨，含氮量82.3%，易溶于水，液氨须储存在专用钢瓶中，注意防爆和泄漏对人畜的危害。运输和使用须有专用设备，秸秆中常用量为3%~3.5%。

（3）氨水　氨水是氨溶于水而成的溶液，有强烈的氨味和刺激性，含氮量20%~25%，需要有专用运输设备和防护装备，以防伤害人畜皮肤和黏膜，常用量占秸秆的12%左右。

（4）碳酸氢铵　碳酸氢铵含氮量15%~17%，是一种化肥，低温下分解不完全，适宜分解温度30~60℃，适宜在气温高的季节或有加热设施时使用，常用量占秸秆干重的8%~12%。

此外，还有硫酸铵、氯化铵等，上述氨源要根据各自的化学性质特点来使用，才能产生较理想的效果。

2. 氨化方法

（1）堆垛法　将准备堆草垛的场所整平，铺一块厚 0.12mm 左右的塑料膜，收获的秸秆用手工或机械打捆，排列整齐堆成方形草垛［图 17-1（1）］，垛顶缩小，以便封盖后顶部不积雨雪。垛周边留出 30~50cm 的薄膜，再用一块大的塑料膜由上往下覆盖，到底部与垫底的膜重叠，包一木棍或铁管卷起来，最后压上沙包［图 17-1（2）］，四周用绳固定，防风吹破。施氨的方法依所用氨源而异，如为液氨，在堆垛至中部，埋放一根管壁打了许多小孔的铁管，草垛盖严后伸出薄膜，以便与氨槽车的输氨管连接［图 17-1（3）］，往垛里输氨［图 17-1（4）］。也可不事先埋管，草垛封严后，将输氨槽车上的管子连接一根尖头的氨枪，直接插入，分 2~3 个点往草垛里输氨，拔出氨枪，立即用胶带将破口粘补严实。新收获的秸秆，如果潮湿则不要再加水，如果太干，在堆垛的同时，按每吨秸秆 150~200kg 水均匀喷洒，可提高氨化效果。氨源为尿素，按每吨秸秆加水 400~450kg 计算，将尿素溶于水中，用潜水泵分层喷洒到秸秆上，其余操作相同。此法适于较大的养殖场采用。

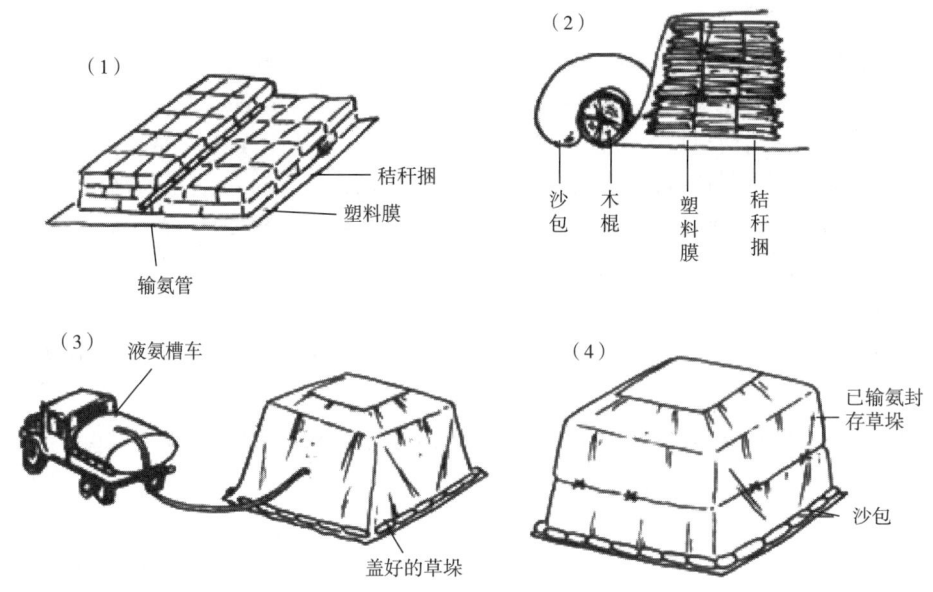

图 17-1　草垛液氮氨化示意图

（2）窖池法　可建立类似青贮窖的水泥、砖、石结构的窖，由于氨化秸秆在温暖季节每天都可制作，故每个窖或池不宜过大，具体大小按养牛头数与每天饲喂氨化秸秆的数量而定。举例说明，养牛 10 头，日粮中氨化秸秆每头每日 5kg，5d 共 250kg，设计一组四联池，长、宽各 360cm，深 75cm，从中交叉隔成 4 个小池，池壁厚 20cm，容积 6.75m，按切短秸秆的密度 150kg/m³ 计算，共可加工氨化秸秆约 1t（图 17-2）。每小池 250kg，每池秸秆氨化时间按 15d 设计，依环境温度决定氨化的时间，则每个小池的启用、喂完、再加工及 4 个小池轮流使用的计划见表 17-4。若养牛头数少，可建二联池，按此作出加工和使用的计划表。

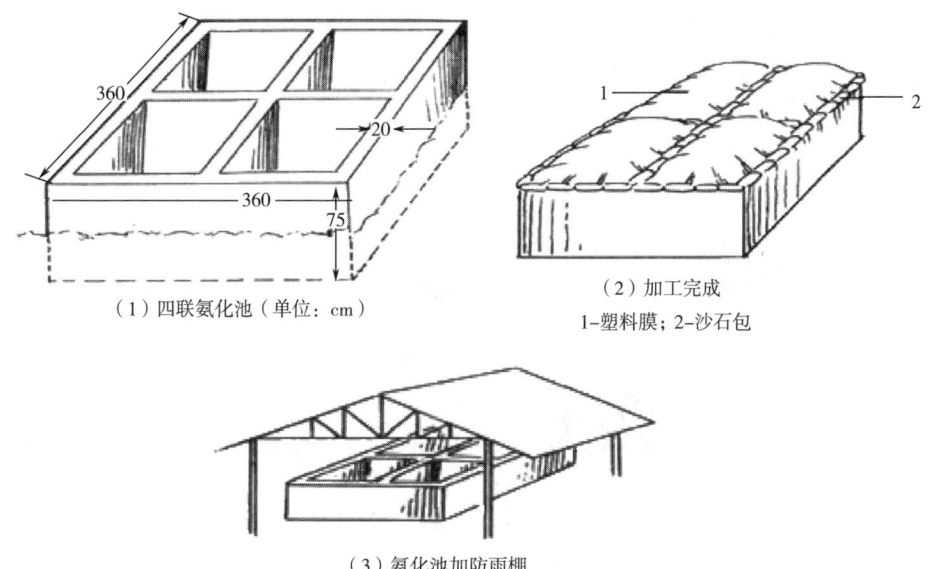

(1) 四联氨化池（单位：cm）

(2) 加工完成
1-塑料膜；2-沙石包

(3) 氨化池加防雨棚

图 17-2　加工氨化秸秆的四联池示意图

表 17-4　　　　　　　　　　　　　　计划表

池号	启用/d	加工/d	开始喂/d	用完/d
1	1	6	15	20
2	6	11	21	25
3	11	16	26	30
4	16	21	31	35
1	21	26	36	40

窖池法适用于养殖规模较小的农户。秸秆中施氨的方法同堆垛法。只是氨源用液氨时，可用装液氨的专用钢瓶，连接氨枪穿过薄膜插入秸秆中输氨。若用尿素，将尿素溶于水中均匀浇喷到秸秆上，拌匀、压实，再用薄膜封严，其加工流程参见图17-3。

(3) 氨化炉法　氨化炉是处理秸秆的专用设备，可以用电热加温。当温度低时，氨处理秸秆需要较长时间，氨化炉可调节温度。较高的温度可加快氨的循环和穿透秸秆，加速尿素和碳酸氢铵的分解，使氨化过程包括处理后的通风时间在24h以内完成。用液氨时升温到90℃，用尿素与碳酸氢铵为氨源升温到60~70℃。将成捆的秸秆堆在托板小车上，喷水湿润关闭炉门，连接液氨钢瓶与氨管，从输氨孔输入液氨，关闭小孔，稳定片刻，通电升温，设定温度后，自动操作，完成氨处理过程。处理后质地均匀，效率高。但要注意温度的控制，防止过热。除炉体设备外，还需有叉车、托板车、较高的耗电等，因而加工成本较高。用尿素或碳铵为氨源时，在托板车上湿润秸秆的同时，分层撒布尿素与碳铵，然后送入炉内，关闭，调温通电等方法相同。

(二) 碱化处理

碱化作用是通过碱类物质的氢氧根离子打断木质素与半纤维素之间的酯键，使大部分木质

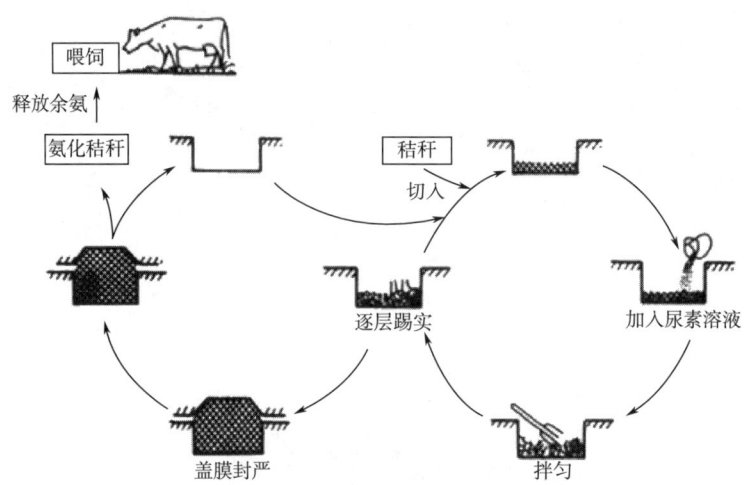

图 17-3 尿素氨化秸秆流程图

素（60%~80%）溶于碱中，把镶嵌在木质素-半纤维素复合物中的纤维素释放出来，同时，碱类物质还能溶解半纤维素，也有利于反刍动物对饲料的消化，提高粗饲料的消化率。

1. 氢氧化钠处理

（1）湿法处理 1921年由德国化学家贝克曼首次提出。具体作法：用8倍于秸秆质量的15g/L氢氧化钠溶液浸泡秸秆24h，然后用水反复冲洗至中性，晾干后饲喂反刍家畜，有机物消化率可提高25%。但此法用水量大，许多有机物被冲掉，且污染环境。

（2）干法处理 1964年威尔逊等提出了改进方法，即"干法处理"，用占秸秆质量4%~5%的氢氧化钠，配制成300~400g/L的溶液，喷洒在粉碎的秸秆上，堆放数日，不经冲洗直接喂用，可提高有机物消化率12%~20%。此法虽较湿法有较多改进，但家畜采食后粪便中含有相当数量的钠离子，对土壤和环境也有一定程度的污染。

目前已对碱化处理进行了改进，主要包括半干处理和干处理。半干处理秸秆经氢氧化钠溶液浸泡后不用水洗，而是通过压榨机将秸秆压成半干状态，然后烘干饲喂。干处理是将秸秆切短，通过螺旋混合器加入300g/L的氢氧化钠溶液，混匀，使秸秆含氢氧化钠的量为其干物质的3%~5%，然后将这种秸秆送入颗粒机压成颗粒，冷却后饲喂。

2. 石灰水处理

生石灰加水后生成的氢氧化钙是弱碱溶液，经充分熟化和沉积后，用上层的澄清液（即石灰乳）处理秸秆。具体方法是：每100kg秸秆，需3kg生石灰，加水200~300kg，将石灰乳均匀喷洒在粉碎的秸秆上，堆放在水泥地面或塑料布上，上面加盖塑料布以防水分流失，经1~2d后可直接饲喂牛、羊。此法成本低，生石灰来源广，方法简便，效果明显。

（三）氨-碱复合处理

为了使秸秆饲料既能提高营养成分含量，又能提高饲料的消化率，把氨化与碱化二者的优点结合利用。即秸秆饲料氨化后再进行碱化。如稻草氨化处理的消化率仅55%，而复合处理后则达到71.2%。具体作法：秸秆可铡成2~3cm，也可粉碎。每100kg秸秆，用尿素3kg、生石灰4kg、食盐1kg、水50kg、贮料水分含量最后达到35%~40%为宜。复合处理虽投入成本较高，但能够充分发挥秸秆饲料的经济效益和生产潜力。

（四）酸处理

使用硫酸、盐酸、磷酸和甲酸处理秸秆饲料称为酸处理，其原理和碱化处理相同，用酸破坏木质素与多糖（纤维素、半纤维素）链间的酯键结构，以提高饲料的消化率。但酸处理成本太高，在生产上很少应用。

三、生物学处理

生物学处理的目的是利用某些有益微生物和酶的作用，分解秸秆中难以被家畜利用的纤维素或木质素，并增加菌体蛋白质、维生素等有益物质，软化秸秆，改善适口性和消化率，从而提高粗饲料的营养价值。生产实践中主要采用微贮、酶解和发酵三种方式。生物学处理不仅可以对粗饲料起到水浸、软化作用，而且能产生一些糖、有机酸，可提高适口性。但在发酵时产生热能，使饲料中能量损失。

秸秆微贮是在秸秆中加入微生物活性菌种，放入一定容器进行发酵，使秸秆变成带有酸、香、酒味的家畜喜食的粗饲料。由于它是利用微生物使饲料进行发酵，故称微贮。微生物种类很多，但用于饲料生产真正有价值的是乳酸菌、纤维分解菌和某些真菌。应用这些微生物加工调制的粗饲料与青贮饲料、发酵饲料一样，也是在厌氧条件下，加入适当的水分、糖分，在密闭的环境下，进行乳酸发酵。在粗饲料微生物的处理方面，国外筛选出一批优良菌种用于发酵秸秆，如层孔菌（*Fomes lividus*）、裂褶菌（*Schizophyllum commune*）、多孔菌（*Polyporus anceps*）、担子菌（*Basidiomycete*）、酵母菌、木霉等。我国已培育出一些可供生产应用的优良菌株，并有了成形的固体培养技术，已有一定的优势。

生物酶解处理是利用自然界存在着的、能分解植物纤维素的微生物分泌的酶，来提高粗饲料的利用率的一种方法，通过筛选纤维素分解酶活性强的菌株进行发酵培养，分离出纤维素酶或将发酵产物连同培养基制成含酶的添加剂，用来处理秸秆或加入日粮中饲喂，能有效地提高秸秆的利用率。

思考题

1. 粗饲料有哪些？各自有什么营养特点？
2. 青干草有哪些营养特点？其调制方法有哪几种？
3. 影响干草及产品的质量的因素有哪些？如何才能减少牧草调制过程中的营养损失？
4. 藁秕饲料有哪些？其营养特点如何？
5. 粗饲料的加工方法主要有哪些？各有何特点？怎样合理选用？
6. 粗饲料氨化、微贮有何不同？

第十八章 能量饲料

[学习目标]

1. 理解能量饲料概念。
2. 了解能量饲料种类。
3. 掌握能量饲料的营养特点和饲喂特性。

第一节 能量饲料概念及营养特性

一、能量饲料概念

能量饲料是以干物质（DM）为基础，粗蛋白质含量低于20%，粗纤维含量低于18%，每千克干物质含有消化能（猪）10.46MJ 以上的一类饲料。其中，消化能大于 12.55MJ/kgDM 的属于高能量饲料，如玉米、高粱、小麦等；其他属于低能量饲料，如麸皮、米糠等。能量饲料在动物饲粮中所占比例最大，一般为 50%~70%，对动物主要起着供能作用。

二、能量饲料营养特性

（1）干物质中无氮浸出物含量高，占干物质含量的 70%~80%，能量饲料中淀粉占无氮浸出物含量的 70%~80%，禾谷类籽实达 82%~90%。

（2）粗纤维含量低，平均 6% 左右，一般 6% 以下。

（3）粗蛋白质含量较低，平均 10% 左右，而且蛋白质品质较差，缺乏动物所必需的赖氨酸、甲硫氨酸等必需氨基酸。因此，这类饲料中蛋白质的生物学价值较低，只有 50%~70%。

（4）含有一定的脂肪，一般为 2%~5%，以真脂肪为主。脂肪中主要的脂肪酸为油酸和亚油酸。脂肪大部分分布于胚与种皮内，因此加工时大部分包括在禾谷类加工副产物中。

（5）矿物质含量普遍偏低，糠麸类饲料较高。矿物质中钙少磷多，而且大部分是植酸磷，钙磷比例不平衡。

（6）B 族维生素较丰富，但维生素 B_2 含量低，缺乏维生素 A、维生素 D。

能量饲料的这些营养特性决定了该类饲料的适口性好，易于消化，消化能高。但由于蛋白质含量低，品质差，矿物质含量不平衡，因此在饲喂时应搭配优质的蛋白质饲料；同时注意钙、磷的配比。对于育肥动物，由于能量饲料中脂肪的不饱和程度较高，饲喂过多，易导致出现软脂胴体，应注意合理利用。

第二节 谷实类饲料

一、生物学结构与营养分布

谷实类饲料主要是指禾本科作物的籽实。一般谷类籽实的种子结构可分为种皮（籽实最外层）、糊粉层（种皮下面一层）、胚乳（在糊粉层内面）和胚（种子尖部）四部分。

（一）种皮

种皮是种子外面的保护层，通常在种皮的外面有一层果皮，即颖壳。颖壳是一层木质化程度很高的硬壳，粗纤维与木质素含量都比较高。颖壳一般在农作物收获脱粒时已经去掉（如小麦），但有一些不能去掉（如稻谷），种皮与果皮合生，二者一般不易分离。种子的粗纤维绝大部分集中在种皮层中（13%~15%），维生素和矿物质含量也丰富。

（二）糊粉层

糊粉层紧贴种皮层，含有大量的蛋白质（20%左右）与脂肪，淀粉含量极少，也包含一部分维生素。

（三）胚乳

胚乳是种子中比例最大的部分，主要由胚乳细胞构成，含有大量淀粉及部分单糖与还原双糖，如麦芽糖、纤维二糖、乳糖、蜜二糖、龙胆二糖等；也含少量蛋白质，主要是醇溶蛋白。

（四）胚

胚在种子中所占比例虽小，但它是构成种子的最重要的部分。胚含有大量的脂肪，可高达30%以上，如稻谷高达35%；蛋白质主要是贮藏蛋白，其中谷蛋白占20%左右。此外，还含有矿物质和维生素。

二、营养特性

谷实类饲料富含无氮浸出物，一般都在70%以上，其中主要是淀粉，达50%~60%。淀粉是谷实类饲料中最有饲用价值的营养物质，谷类淀粉主要由直链淀粉和支链淀粉组成，单胃动物对支链淀粉的利用率高于直链淀粉。粗纤维含量少，平均为2%~6%，带颖壳的大麦、燕麦、水稻和粟可达10%左右。粗蛋白质含量低，平均为10%，变动范围为7%~13%，但也有一些品种的籽实蛋白质含量可达16%以上。但谷实类饲料蛋白质的品质较差，因其中的赖氨酸、甲硫氨酸、色氨酸等含量较少，且生物学价值只有50%~70%。所有谷类籽实的蛋白质中80%~90%是由赖氨酸与色氨酸比较缺乏的醇溶蛋白和谷蛋白组成，而富含赖氨酸和色氨酸的清蛋白与球蛋白都比较少。粗脂肪含量低，平均为2.5%左右，大部分集中在胚中，可达10%~20%，且以不饱和脂肪酸为主，容易氧化酸败。矿物质中钙少磷多，钙磷比例不平衡，且磷多以植酸盐形式存在，对单胃动物的有效性差。维生素 E、维生素 B_1 较丰富，但维生素 B_2、维生素 C、维生素 D 贫乏。谷实类饲料容重较大，因而有效能值也高。因此，谷实类饲料具有适口性好、消化率和有效能值高的特点，是动物最主要的能量饲料来源，营养价值较高。

三、常见的谷实类饲料

（一）玉米

玉米（maize，corn，*Zea mays* L.）又名玉蜀黍、苞谷、苞米等，为禾本科玉米属一年生草本植物。玉米亩产量高，有效能量多，是最常用而且用量最大的一种能量饲料，故有"饲料之王"的美称。玉米是动物生产的基础饲料，全世界玉米的 70%~75% 被用作饲料。

世界上玉米栽培面积最多的国家为美国、中国、俄罗斯、巴西等，而其产量最高的是美国、中国、加拿大和意大利等。在我国，玉米主要分布在东北、华北、西北、西南、华东等地，其栽培面积和产量仅次于水稻和小麦，占第三位。我国玉米产区可分为北方春玉米区、黄淮海套种复种玉米区、西北灌溉玉米区、西南山地套种玉米区和南方丘陵玉米区等。

玉米按品种可分为凹玉米、硬玉米、甜玉米和爆玉米等；按形状可分为硬粒型、半马齿型、马齿型等；按颜色可分为黄玉米、白玉米、红玉米和混合色玉米（含黄白色）。饲用玉米以黄玉米为主。为了克服普通玉米品种的营养缺陷，国内外培育出许多饲料专用的玉米品种，主要有高蛋白玉米、高赖氨酸玉米、高油脂玉米等。如美国在 20 世纪 50 年代育成的奥帕克 2 号（Opaque-2）和弗洛里 2 号（Floury-2）等高赖氨酸玉米品种，其籽粒中赖氨酸含量在 0.5% 以上，色氨酸含量在 0.2% 以上。高油玉米的含油量、总能水平、粗蛋白质含量均高于普通玉米，还含有较多维生素 E、胡萝卜素，且其单产已达到普通玉米的水平。此外，高油玉米籽实成熟时，茎、叶仍碧绿多汁，含较多蛋白质和其他养分，是草食动物的良好饲料。以"高油玉米 115"为代表的高油玉米杂交种，其含油量均在 8% 以上。

1. 营养特点

玉米中碳水化合物含量高，一般在 70%~72%，多存在于胚乳中，主要是淀粉，单糖和双糖较少；粗纤维含量较低，约 1.6%；粗蛋白质含量也较低，一般为 7%~9%，且其品质较差，缺乏赖氨酸、甲硫氨酸、色氨酸等必需氨基酸。但改良后的高蛋白玉米和高赖氨酸玉米显著提高了玉米的蛋白质含量以及赖氨酸和色氨酸等必需氨基酸的含量，使赖氨酸和色氨酸比普通玉米高 40%~50%，明显改善了其营养价值。

粗脂肪含量为 3%~4%，是小麦和大麦的两倍；高油玉米中粗脂肪含量可达 8% 以上，主要存在于胚芽中。玉米粗脂肪主要是甘油三酯，构成的脂肪酸主要为不饱和脂肪酸，如亚油酸占 59%，油酸占 27%，亚麻酸占 0.8%，花生四烯酸占 0.2%，硬脂酸占 2% 以上。因此，必需脂肪酸含量高达 2%，是谷实类饲料中含量最高者。在动物日粮中玉米比例达 50% 以上，一般可满足动物对亚油酸的需要。而高油玉米脂肪含量为 6%~10%，甚至高达 17%，亚油酸含量也提高 40%~60%。因此，玉米有效能值在谷实类饲料中是最高的。如普通玉米消化能（猪）为 14.27MJ/kg，代谢能（鸡）为 13.56MJ/kg，产奶净能（奶牛）为 7.70MJ/kg。

玉米矿物质含量很低，约 1.4%，钙少磷多，比例不平衡，且磷多以植酸盐形式存在，对单胃动物的有效性低；铁、铜、锰、锌、硒等微量元素也很少。维生素含量较少，但维生素 A 原含量丰富，约 2.0mg/kg；维生素 E 含量较多，为 20~30mg/kg；几乎不含维生素 D、维生素 K；B 族维生素中，含维生素 B_1 较多，约 3.1mg/kg，而其他的 B 族维生素则含量很少。黄玉米胚乳中含有较多的色素，主要是叶黄素和玉米黄素等。其中，叶黄素平均含量达 20mg/kg，有利于家禽的蛋黄、脚、皮肤和喙的着色。

2. 饲用价值

（1）猪　玉米是猪配合饲料中的主要能量饲料，通常占到日粮的 50%~70%。成年猪能很好地消化玉米中的淀粉，消化率可达 90% 以上；但对幼龄仔猪而言，由于其肠道淀粉酶活性不高，对玉米淀粉的消化有困难。加热处理，如炒熟、制粒或膨化等有利于提高幼龄仔猪对玉米淀粉的消化率；对断奶仔猪而言，将玉米炒熟或部分炒熟的饲用效果好于未炒熟。玉米对肥育猪的饲用效果虽好，但应避免过多饲用，否则猪背膘增厚，瘦肉率下降，甚至产生"黄膘肉"。这种肉的特点是脂多、质软、色黄、品质差。由于玉米中缺少赖氨酸，所以任何体重的猪日粮中均应添加赖氨酸。大猪以粗粒为好，20kg 以内的小猪应以细粒为宜，不宜粉碎过细，否则，会降低猪采食量，诱发胃溃疡，而且容易氧化酸败，不易久贮。氧化酸败后的玉米易感染霉菌，产生黄曲霉毒素。黄曲霉毒素是一种致癌物质，对动物的危害极大。

（2）家禽　玉米是家禽优良的饲料原料，饲用价值很高。玉米适口性好，易消化，容重大，有效能值高，无论蛋鸡还是肉鸡饲喂效果都较好。同时黄玉米富含色素，对鸡的皮肤、脚、喙等以及蛋黄有良好的着色效果。玉米在家禽配合饲料中的用量可达 50%~70%，基本满足亚油酸的需要。但玉米蛋白质含量低、品质差，且钙、磷含量低，因此日粮必须搭配一些优质蛋白质和矿物质饲料进行利用。此外，在肉鸡饲粮中应避免过量使用玉米，否则肉鸡腹腔内过量蓄积脂肪而使屠体品质下降。玉米粉碎过细会影响采食量，以粗碎为宜，粒度应大小一致。

（3）草食动物　玉米是牛、羊、马、兔等草食动物的良好能量补充饲料。玉米适口性好，有效能值高，可大量用于反刍动物精料补充料中，但因其容重大，最好与其他体积大的糠麸类饲料并用，以防积食和引起膨胀。玉米也是马、兔优良的热能来源。此外，黄玉米的色素为牛、羊奶油色素的重要来源。玉米用作牛、羊饲料时不应粉碎过细，宜磨碎或破碎。对于青年牛或育肥肉牛，玉米整粒饲喂比粉碎效果好。

（4）鱼　用玉米作为鱼类等水生动物的饲料时，效果不佳。原因之一是鱼类对糖类物质消化吸收和利用能力均较低；二是多数品种的玉米淀粉颗粒较硬，不易被鱼类消化。但是，黄玉米由于富含色素，对鱼体着色有一定的效果。

（5）培育玉米新品种　如高蛋白玉米、高赖氨酸玉米及高油玉米与普通玉米相比，在蛋白质、氨基酸或油脂含量方面均显著增加，提高了其营养价值，可提高猪、禽与反刍动物的生产性能和饲料转化率，改善饲料的制粒效果，降低饲料厂的粉尘。大量实验证明，高赖氨酸玉米可以全部或部分代替豆饼，是解决必需氨基酸供应不足的重要途径。

（二）小麦

小麦（wheat，*Triticum aestivum* L.）为禾本科小麦属一年生或越年生草本植物，是人类最重要的粮食作物之一，全世界有 1/3 以上的人口以其为主食。只有少量小麦用作饲料，通常用作饲料的主要是其副产物小麦麸和次粉。我国是世界上第二大小麦生产国，小麦产量占我国粮食总产量的 1/4，仅次于水稻而位居第二，主要分布于华北、东北和淮河流域。小麦按籽粒硬度可分为硬质小麦和软质小麦；按籽粒颜色又可分为红小麦和白小麦等。我国粮食用小麦的国家标准将小麦分为白色硬质小麦、白色软质小麦、红色硬质小麦、红色软质小麦、混合硬质小麦、混合软质小麦和特殊品种小麦七类。按栽培季节分为春小麦和冬小麦。

1. 营养特点

小麦有效能值高，其消化能（猪）为 14.18MJ/kg，代谢能（鸡）为 12.72MJ/kg，产奶净能为 7.49MJ/kg，略低于玉米，高于大麦和燕麦，这是由于其粗脂肪含量低所致，只相当于玉米的一少半。小麦粗蛋白质含量居谷实类之首，一般达 13% 左右，为玉米含量的 150%，因而各种氨基酸的含量好于玉米，但必需氨基酸尤其是赖氨酸不足，蛋白质品质较差。无氮浸出物多，在其干物质中可达 75% 以上，而且主要是易消化的淀粉。粗脂肪含量低于玉米，约 1.7%，而且必需脂肪酸亚油酸的含量低，仅有 0.8%。粗纤维含量低，约 1.9%。矿物质含量低，1.7% 左右，略高于玉米，但钙磷比例不平衡，钙少磷多，且半数以上的磷为无效态的植酸磷，对单胃动物的有效性低。铁、铜、锰、锌、硒等微量元素含量高于玉米。B族维生素和维生素E较多，但维生素A、维生素D、维生素C、维生素K含量很少。生物素的利用率比玉米、高粱要低。小麦中非淀粉多糖含量较多，可达小麦干重 6% 以上，主要是阿拉伯木聚糖，这种多糖不能被动物消化酶消化，而且有黏性，具有抗营养作用，使用量高时会影响小麦的能量利用效率。目前主要通过添加外源性酶制剂以消除其抗营养作用。

2. 饲用价值

（1）猪　小麦籽实在我国很少用作饲料，但在欧洲一些国家被广泛用作能量饲料。小麦对猪的适口性优于玉米，添加以阿拉伯木聚糖酶为主的复合酶用作猪的能量饲料，效果很好，不仅能减少饲粮中蛋白质饲料的用量，而且可提高肉质。在等量取代玉米时，虽可能因为能值低于玉米而降低饲料利用率，但可以节约部分蛋白质饲料，改善胴体品质，防止背膘变厚。小麦用作育肥猪饲料时，宜磨碎；小麦用作仔猪饲料时，宜粉碎。

（2）家禽　通常由于小麦含有较高的可溶性非淀粉多糖，影响了能量价值，因而鸡的饲用价值约为玉米的 90%。一般情况下，日粮中使用较高比例小麦，易引起蛋鸡产蛋率下降，肉鸡生长减慢，垫料过湿、氨气过多、趾关节损伤和胸部水泡发病率增加，宰后等级下降等现象。因此，若用小麦和玉米作鸡的能量饲料时，可使用相应的酶，并在饲粮中使二者的比例为 1∶2。小麦作鸡的饲料时，不宜粉碎过细。否则会引起黏嘴现象，适口性降低。

（3）反刍动物　小麦是牛、羊等反刍动物的良好能量饲料，但用量不宜超过 50%，用量过多会引起消化障碍和瘤胃酸中毒。饲喂反刍动物以粗碎为宜，整粒饲喂或粉碎过细均不利，压片和糊化处理可改善利用率。

（4）鱼　小麦所含淀粉较软，而且又具黏性，是所有谷物中最适于杂食鱼和草食鱼的淀粉质原料，能改善颗粒料硬度，是鱼类首选的能量饲料。

（三）稻谷

稻谷（paddy）为禾本科稻属一年生草本植物，是世界上最重要的谷物之一。世界上稻谷有两个栽培种，即亚洲栽培稻（*Oryza sativa* L.）和非洲栽培稻（*O. glaberrima* Steud.），前者被广泛栽种。2009 年国际统计数据显示，全世界稻谷总产量约为 6.85 亿 t；中国稻谷总产量为 1.93 亿 t，居世界第一位。

在我国，稻谷是第一大粮食作物，约占粮食总产量的 1/2，主产于长江、淮河流域以及华南地区等。稻谷脱壳后，大部分种皮仍残留在米粒上，称为糙米。稻谷按粒形和粒质可分为籼稻、粳稻和糯稻三类；按栽培季节可分为早稻和晚稻，早粳稻和晚粳稻，早糯稻与晚糯稻等。通常稻谷很少用作饲料，但在产稻区有时因玉米供应不足而采用。

1. 营养特点

稻谷的外壳坚硬，占稻谷重的 20%～25%；粗纤维主要集中于稻壳中，含量较高，可达 8% 以上，且半数以上为木质素；粗脂肪含量低，约 1.6%；无氮浸出物在 60% 以上，但低于玉米，因此稻谷有效能值低于玉米和糙米，其营养价值相当于玉米或糙米的 80%，与燕麦相似。稻谷的粗蛋白质含量低，为 7%～8%，而且蛋白质的品质差，氨基酸组成不平衡，赖氨酸、甲硫氨酸与色氨酸等必需氨基酸含量低。稻谷的矿物质含量低，粗灰分含量为 4.6%，钙极少，磷多，钙磷比例不平衡，磷多以植酸磷形式存在，对单胃动物的利用效果差。

加工除去外壳的糙米，粗纤维含量可降到 2% 左右，粗灰分降低到 1.3% 左右，而无氮浸出物含量增加到 70% 以上，主要是淀粉，微粒呈多角形，易糊化，因此有效能值高，与玉米能值相当。糙米的蛋白质含量略高于稻谷，为 8.8%，但品质差，赖氨酸、甲硫氨酸与色氨酸等必需氨基酸含量低。粗脂肪含量约 2%，不饱和脂肪酸比例较高，油酸和亚油酸分别占 45% 及 33%。与稻谷一样，糙米的矿物质中钙极少，而磷多，钙磷比例不平衡，磷多以植酸磷形式存在，对单胃动物利用效果差。糙米中 B 族维生素丰富，但随着精制程度提高而减少，而其他维生素含量则很低。

碎米中养分含量因加工程度变异很大，如其中粗蛋白质含量变动范围为 5%～11%，无氮浸出物含量变动范围为 61%～82%，而粗纤维含量最低仅 0.2%，最高可达 2.7% 以上。因此，用碎米作饲料时，要对其养分进行实测。

2. 饲用价值

稻谷因被坚硬外壳包被，粗纤维含量较高，且一半以上为木质素，因此饲喂效果较差，一般不宜用作猪、鸡等杂食动物饲料。在生产中，如用稻谷饲喂泌乳猪、肥育猪、妊娠猪及肉鸡时，须严格控制用量。用稻谷作为牛、羊、兔等的饲料时，应粉碎后饲用。

糙米及碎米是猪、禽优良能量饲料，饲喂效果与玉米相当，且饲料效率高，肉质较好，但对鸡皮肤与蛋黄的着色效果差，应注意补充必要的色素。通常肉鸡糙米用量以 20%～40% 为宜；猪饲料中可完全取代玉米，即使用量 40% 也不影响增重，且饲料效率更高；喂肉猪可增加背脂硬度，肉质优良。糙米以粉碎较细为宜。糙米或碎米用于反刍家畜，可完全取代玉米，但仍以粉碎后使用为宜。变质糙米对肉质及增重均不利且影响适口性，不能用作饲料。

（四）大麦

大麦（barley，*Hordeum Sativum*）为禾本科大麦属一年生草本植物，是重要的谷物之一，其种植面积为全世界谷物作物的第六位，广泛种植于欧洲北部、北美和亚洲西部地区。大麦按品种可分为皮大麦和裸大麦，裸大麦又称裸麦、元麦或青稞；按麦粒在穗上的位置可分为六棱大麦和二棱大麦；按栽培季节可分为春大麦、冬大麦。我国冬大麦主要产区为长江流域各省和河南等地，春大麦则分布在东北、内蒙古、青藏高原及山西等地。大麦在我国很少用作动物饲料，但在一些欧洲国家用大麦作为饲料较为普遍。

1. 营养特点

大麦籽实包有一层质地坚硬的颖壳，粗纤维含量高，为 5%～6%，是玉米的 2 倍左右。无氮浸出物含量为 67%～68%，是玉米的 92% 左右，主要是淀粉；其中，支链淀粉占淀粉总量的 74%～78%，直链淀粉占 22%～26%。脂肪含量低，约 2%，为玉米的一半；主要组分是甘油三酯，占 73.3%～79.1%；饱和脂肪酸含量比玉米高，亚油酸含量仅有 0.78%。因此，大麦有效能值较低，代谢能约为玉米的 89%，净能约为玉米的 82%。正是由于大麦的饱和脂肪酸含量高于玉米，用粉碎大麦饲喂肥育猪可形成硬脂胴体。大麦的粗蛋白质含量较高，一般为11%~13%，平均为12%，且蛋白质品质稍优于玉米；赖氨酸含量较高，为0.4%，是玉米的2倍。大麦矿物质含量较低，钙少磷多，其中60%以上的磷为植酸磷，利用率差。富含B族维生素，如维生素B_1约4.1mg/kg、维生素B_2约1.4mg/kg、维生素B_6约19.3mg/kg、泛酸约11.9mg/kg；烟酸含量较高，约87.0mg/kg，但多与低分子蛋白质结合，单胃动物利用率只有10%；生物素、叶酸及脂溶性维生素A、维生素D、维生素K含量低，只有少量的维生素E存在于大麦的胚芽中。

大麦中可溶性非淀粉多糖含量较高，达10%以上，其中主要由β-葡聚糖（43g/kg干物质）和阿拉伯木聚糖（76g/kg干物质）组成，其中大麦中的葡聚糖含量是所有谷实类中最高者。因单胃动物消化液中不含消化非淀粉多糖的酶，因而不能消化这些成分。因此，猪、鸡日粮中大量使用大麦，会引起腹泻，有效能值降低。目前主要通过添加外源性β-葡聚糖酶为主的复合酶制剂以消除其抗营养作用。大麦还含有抗胰蛋白酶和抗胰凝乳酶，前者含量低，后者可被胃蛋白酶分解，故对动物一般影响不大。此外，大麦经常有许多由霉菌感染的疾病，其中最重要的是麦角病，可产生多种有毒的生物碱，如麦角胺、麦角胱胺酸等，会阻止乳腺发育，造成产科疾病。

2. 饲用价值

大麦中粗纤维含量较高，尤其是皮大麦更高，同时含较多β-葡聚糖和阿拉伯木聚糖，有效能值低，故不宜用大麦饲喂仔猪，但脱壳、蒸汽处理的大麦片或粉可部分替代玉米喂仔猪。用大麦作肥育猪的能量饲料，饲养效果好，但大量使用会降低增重和饲料报酬，一般大麦取代玉米的量不超过50%，或在配合饲料中比例不宜超过25%。大麦脂肪的饱和程度较玉米高，因此，猪育肥后期饲喂大麦，可增加胴体瘦肉率，改善风味，生产优质硬脂猪肉。金华火腿闻名于世，其原因之一就与用大麦作肥育猪的能量饲料有关。大麦宜粉碎后饲喂，但不能粉碎太细，以免影响适口性。大麦喂猪时，其第一、二、三限制性氨基酸分别是赖氨酸、苏氨酸、组氨酸。在饲粮中，玉米和大麦以2:1比例配合，可获得最佳养猪效果。

大麦含较多粗纤维、阿拉伯木聚糖和β-葡聚糖，对鸡饲养效果明显比玉米差，有效能值低。同时大麦不含色素，对鸡产品（鸡肉、鸡蛋黄）着色效果差。因而大麦不是鸡理想饲料。

反刍动物对大麦中所含的β-葡聚糖有较高的利用率，因此，大麦是牛、羊、兔、马等草食动物的良好能量饲料。大麦用于肉牛肥育与玉米价值相当，饲喂奶牛可提高牛乳和黄油的品质。饲用时，不宜粉碎过细，宜压扁或磨碎。大麦粉碎太细易引起瘤胃膨胀，但用水浸数小时或压片后饲喂可起到预防作用。

用大麦作为鱼类饲料优于玉米，但逊于小麦。将经蒸汽处理的大麦粉加入饲粮中，能增强其黏结性，有助于饲粮成型。鱼类采食含大麦的饲粮后，肉质有变硬趋势。

（五）高粱

高粱（sorghum kaolian, *sorghum vulgare Dears*）为禾本科高粱属一年生草本植物，是重要的粗粮作物。高粱按用途可分为食用高粱、饲用高粱、糖用高粱、酒用高粱与帚用高粱等；按籽粒颜色可分为褐高粱、白高粱、黄高粱（红高粱）和混合型高粱。我国高粱总产量约占世界总产量的1/10，居第四位，而在国内各类谷物产量中居第五位；主要生产区为东北和华北等地。

1. 营养特点

高粱的有效能值较高，如消化能（猪）为 13.18MJ/kg，代谢能（鸡）为 12.30MJ/kg，产奶净能为 6.61MJ/kg，但低于玉米。高粱能值与单宁含量有关，单宁含量越高，有效能值越低。高粱的无氮浸出物含量高，淀粉含量与玉米相似，一般约占籽实质量的 70%；粗蛋白质含量略高于玉米，为 8%~9%，但品质较差，主要是必需氨基酸赖氨酸、甲硫氨酸等含量较少。另外，高粱蛋白质以交链高粱醇溶蛋白为主，占总蛋白质的 31%，同时，蛋白质与淀粉之间存在很强的结合链，致使酶不易进入分解，导致高粱蛋白质不易消化。粗脂肪含量稍低于玉米，但脂肪中饱和脂肪酸的比例高于玉米，而必需脂肪酸亚油酸含量低于玉米，约为 1.13%。高粱中蜡质含量是玉米的 50 倍。所含矿物质钙少磷多，所含磷 70% 为植酸磷，利用率低。维生素 B_1 和维生素 B_6 与玉米相当；但泛酸、烟酸、生物素含量高于玉米，烟酸以结合型存在，利用率低，肉用仔鸡对高粱中生物素的利用率仅为 20%，其余维生素含量少，尤其缺乏维生素 A。

单宁是高粱的主要抗营养因子，具有苦涩味，影响其适口性、营养物质消化率和有效能值，尤其是影响蛋白质的消化率。高粱籽实中的单宁为缩合单宁。按照单宁含量可将高粱分为三种：单宁含量低于 0.4% 的低单宁高粱；单宁含量达到 0.66% 的中单宁高粱；单宁含量在 1.5% 以上的高单宁高粱。黄高粱和白高粱一般单宁含量低，为 0.2%~0.4%，而褐高粱含单宁则较高，为 0.6%~3.6%。高粱中单宁可采用水浸泡或煮沸处理、氢氧化钠处理、氨化处理等去除，也可通过饲料中添加甲硫氨酸或胆碱等含甲基的化合物来缓解单宁的不良影响。

2. 饲用价值

高粱饲喂价值与单宁的含量密切相关，一般低单宁高粱的营养价值为玉米的 95% 左右，当高粱的价格为玉米价格的 95% 以下时，可考虑使用高粱。高单宁高粱在肉鸡、蛋鸡、火鸡等饲粮中添加 10%~20% 为宜，低单宁高粱用量为 40%~50%。但高粱中叶黄素等色素含量比玉米低，对鸡的蛋黄、皮肤、脚等着色效果较差，故应与苜蓿草粉、叶粉搭配使用。高粱在猪日粮中可取代 25%（深色高粱）至 50%（浅色高粱）的玉米。

高粱因蛋白质含量低，品质差，在饲喂猪、鸡时，需与优质蛋白质饲料配合使用或添加适量赖氨酸、苏氨酸等必需氨基酸，可取得良好饲养效果。高粱籽粒小且硬，整粒喂猪效果不好，但粉碎太细，影响适口性，且易引起胃溃疡，所以以压扁或粗粉碎效果好。

高粱是牛、马、兔等草食动物的良好能量饲料，与玉米的营养价值相当。高粱整粒饲喂效果较差，压扁、压片、浸泡、蒸煮、膨化或粉碎可改善反刍动物对高粱的利用，提高利用率 10%~15%。水产动物一般不适宜使用高粱作为饲料原料。

（六）燕麦

燕麦（oat, *avena sativa* L.）为禾本科燕麦属一年生草本植物，又名雀麦、野麦，主要生产国为俄罗斯（产量占世界总产量的 1/3），其次为美国和加拿大。我国燕麦生产主要分布于青海、甘肃、内蒙古及山西等地。燕麦可分为皮燕麦和裸燕麦；根据籽实颜色不同又可分为白、灰、红、黑及混合 5 种；根据栽培季节又分为春燕麦和冬燕麦。生产中的燕麦一般都是指皮燕麦，其籽实可作能量饲料，茎叶可作青贮饲料。

1. 营养特点

燕麦的无氮浸出物含量在谷实类中最低，淀粉含量不足 60%；燕麦的秕壳比例大，粗纤维含量较高，为 10%~13%，因此有效能值低，为玉米能量价值的 56%~75%，如燕麦含消化能（猪）11.07MJ/kg，代谢能（鸡）10.62MJ/kg。燕麦的蛋白质含量在谷实类中较高，为 10% 左右,其蛋白质品质较低,但略优于玉米,赖氨酸含量达 0.4% 左右。粗脂肪含量高于其他谷实类,在 4.5% 以上,且不饱和脂肪酸含量高,不宜久存。其中,亚油酸 40%~47%,油酸 34%~39%,棕榈酸 10%~18%。燕麦矿物质含量低,且钙少磷多;富含 B 族维生素,但烟酸比小麦少,脂溶性维生素缺乏。

2. 饲用价值

燕麦对猪、禽的饲用价值较低。带皮的燕麦粗纤维含量高、有效能值低。在配制肥育猪、雏鸡、肉鸡及产蛋鸡日粮时,宜少用或不用燕麦;肥育猪饲粮中燕麦用量过高,会使猪脂变软,肉质下降;但对于种猪、种鸡可适量使用,尤其是对母猪具有预防胃溃疡的效果,但应控制用量。一般建议,在种猪饲粮中用量 10%~20% 为宜。此外,燕麦对啄羽等异嗜现象有一定防治作用。燕麦饲用前宜磨碎,但不宜太细,制粒、压片以及添加纤维素酶可提高燕麦的饲用价值,改善饲喂效果。经过脱皮、压片等处理的燕麦,纤维素含量显著降低,而且适口性好,是幼龄仔猪日粮配方中一种优质原料。

燕麦是牛、羊、马等草食动物的良好能量饲料,尤其是马属动物(特别是赛马)最适宜的饲料,因其有松散的质地,颇适合于马的消化生理特点,经常采食不会引起疝痛等消化道疾病。燕麦容重低,适口性好,饲用价值较高,饲用前宜粉碎,也可磨碎或整粒饲喂。对奶牛饲喂效果最好;饲用肉牛时,因含稃壳较多,育肥效果比玉米差,精料中可使用 50%,其效果约为玉米的 85%。绵羊也嗜食燕麦,可整粒喂给。

(七)粟

粟 [foxtail millet, *Setaria italica* (L.) Beauv.] 为禾本科狗尾草属一年生草本植物,脱壳前称为"谷子",脱壳后称为"小米"。粟原产于我国,现今在全国各地均有栽培。其中山东、山西、河北、湖北、河南各省与东北地区种粟较多。粟既是粮食作物,又为饲料作物。

1. 营养特点

粟包含壳和种皮,粗纤维含量较高,为 6.8%,无氮浸出物含量低于玉米,为 65%,有效能值低于玉米与小麦。粟的粗蛋白质含量较低,为 9.7%,且品质较差。在谷实中,粟的粗脂肪含量较高。脱壳后的小米粗蛋白质含量 11%,粗脂肪 4%,富含 B 族维生素及维生素 E,叶黄素和胡萝卜素含量也较高。粟的矿物质含量低,钙少磷多,钙磷比例不平衡,且磷多数以植酸磷的形式存在。

2. 饲用价值

粟对鸡饲用价值高,为玉米的 95%~100%。并且粟中含较多的叶黄素和胡萝卜素,对鸡皮肤、蛋黄有较好的着色效果,也是观赏鸟类的良好饲料。用粟作禽类饲料时,不必粉碎,可直接饲用。粟对猪的饲用价值较高,为玉米的 85%。饲用时,粉碎粒度以 1.5~3.0mm 为宜。用作猪、鸡的能量饲料时,需与其他优质蛋白质饲料配合使用,同时应考虑钙磷的平衡。

第三节 糠麸类饲料

谷实经加工后形成的一些副产品统称为糠麸类,其中,制米的副产品统称为糠,制粉的副产品一般称为麸,主要包括小麦麸、大麦麸、米糠、玉米糠、高粱糠、谷糠等。糠麸类饲料主要由种皮、糊粉层、胚及颖壳中纤维残渣部分组成，有时还包括少量胚乳。糠麸成分不仅受原粮种类影响，而且还受原粮加工方法和精度影响。与原粮相比，糠麸中粗蛋白质、粗纤维、B族维生素、矿物质等含量较高，但无氮浸出物含量低，故属于一类有效能较低的饲料。另外糠麸结构疏松、体积大、容重小、吸水膨胀性强，其中多数对动物有一定轻泻作用。

一、小麦麸

小麦麸俗称麸皮，是以小麦籽实为原料加工面粉后的副产品，主要由种皮、糊粉层和少量胚及胚乳组成。按面粉加工精度，可分为精粉麸和标粉麸；按小麦品种，可分为红粉麸和白粉麸；按制粉工艺产出获的形态、成分等，可分为大麸皮、小麸皮、次粉和粉头等。小麦麸来源广，数量大，在我国是动物常用的能量饲料原料。

（一）营养特点

小麦麸中无氮浸出物较少，为60%左右；粗纤维含量高达10%，甚至更高；矿物质含量丰富，钙少（0.1%~0.2%）磷多（0.9%~1.4%），钙磷比例（约1:8）极不平衡，且磷多为植酸磷（约75%）。因此，小麦麸中有效能较低，如消化能（猪）为9.37MJ/kg，代谢能（鸡）为6.82MJ/kg，产奶净能（奶牛）为6.23MJ/kg，属能量价值较低的能量饲料。小麦麸粗蛋白质含量高于小麦，一般为12%~17%，氨基酸组成较佳，赖氨酸含量可达0.6%左右，蛋白质品质优于玉米，但甲硫氨酸含量少。粗脂肪约4%，以不饱和脂肪酸居多，易变质生虫。微量元素铁、锰、锌含量较高。富含B族维生素与维生素E，如含核黄素3.5mg/kg，硫胺素8.9mg/kg；缺乏维生素A和维生素D。小麦麸质地疏松，体积大，容重小，为225g/L左右。

（二）饲用价值

小麦麸是猪的优质饲料原料。小麦麸质地疏松，适口性好，生长肥育猪可用小麦麸，用量一般控制在饲粮的15%~25%。但小麦麸粗纤维多，难消化，有效能值低，一般不宜用作仔猪的饲料。育肥后期使用小麦麸过多，降低日粮能量浓度，育肥效果不佳，用量以15%以下为宜。小麦麸含有轻泻性的盐类，有助于胃肠蠕动和通便润肠，所以是妊娠后期和哺乳期母猪的良好饲料；同时，由于小麦麸的有效能值低，质地疏松，容重小，通常在限饲情况下大量使用；如在后备种猪日粮中使用，可降低日粮的能量浓度，控制种用体况。

小麦麸是家禽的优良饲料原料，在种鸡和产蛋鸡饲粮中用量为5%~10%；在后备种鸡饲粮中可增加到15%~20%，以降低日粮能量浓度，维持种鸡体况；育成鸡饲粮中用量30%。但小麦麸纤维物质含量高，有效能值低，因此在肉鸡饲粮中一般不用或少用，如要用，用量控制在5%以内；雏鸡阶段可以使用少量小麦麸。

小麦麸是牛、羊、马、兔等草食动物的良好饲料。小麦麸体积大，纤维含量高，适口性好，同时又具有轻泻作用，在草食动物日粮中用量可达25%~30%，甚至更高。小麦麸在泌乳母牛混合精料中用量25%~30%时，有助于其泌乳；但对于泌乳前期的高产奶牛用量过多，会引起能量不足，影响产奶性能的发挥；肉牛育肥期用量也不宜过高。小麦麸在马属动物饲粮中用量可达50%，但长期比例过高，有诱发肠结石的危险。

小麦麸可调节饲料原料中的养分浓度，改善其物理性状，对于调节鱼饵料比重起着很重要的作用。

二、次粉

次粉也是小麦加工后的副产品，是介于小麦麸与面粉之间的产品，主要由小麦的糊粉层、胚乳及少量细麸组成。小麦精制过程中可得到 23%~25% 的小麦麸，3%~5% 的次粉和 0.7%~1% 的胚芽。次粉分为普通次粉和高筋次粉。受加工工艺的影响，次粉中小麦各部分比例和营养成分差异较大。

（一）营养特点

饲料用次粉含较高的糊粉层，无氮浸出物含量高于小麦麸，为 66.7%~67.1%，纤维物质含量低于小麦麸，为 1.5%~2.8%，因此能量价值高于小麦麸。粗脂肪含量稍低于小麦麸，为 2.1%~2.2%，粗蛋白质含量为 13.6%~15.4%，略低于小麦麸。次粉的矿物质和维生素含量均低于小麦麸，矿物质中钙少磷多，尤其是植酸磷含量较高。

（二）饲用价值

次粉的饲用价值与小麦麸相似，但由于能量较高，可取代较多的谷物原料，如玉米。对于鸡日粮，次粉的用量可达 10%~12%，但粉状饲料太细，易造成黏嘴现象，影响适口性，故最好制成颗粒状饲料。次粉是仔猪、生长肥育猪的优良能量饲料，但次粉中抗营养物质可溶性非淀粉多糖含量较高，可通过添加外源性酶制剂消除其抗营养作用。次粉的容重高于小麦麸，能量价值高，用于反刍动物宜搭配部分体积大的饲料。

高筋次粉主要用于水产颗粒饲料，有很好的黏结作用。用于虾饲料、鳗鱼饲料有特殊的黏性和弹性，既能提高成品饲料的物理质量和饲用价值，又能减少黏合剂的使用，降低成本。对虾料用量可达 15%~20%；鳗鱼料可用 5%~10%；罗非鱼料可使用 30%；鲤鱼料可使用 25%~30%。

三、米糠、米糠饼和米糠粕

水稻加工大米的副产品，称为稻糠。稻糠包括砻糠（稻壳）、米糠和统糠。砻糠是稻谷的外壳或其粉碎品，仅含 3% 的粗蛋白质，但粗纤维含量在 40% 以上，且粗纤维中半数以上为木质素。猪、鸡对砻糠的消化率为负值，因此不能将砻糠作猪、鸡的饲料。砻糠对反刍动物的饲用价值也很低。米糠是糙米精制时加工的副产品，是果皮、种皮、外胚乳和糊粉层等的混合物。米糠的品质与成分，因糙米精制程度而不同，精制的程度越高，米糠的饲用价值越大。统糠是砻糠和米糠的混合物。例如，通常所说的三七统糠，意为其中含三份米糠、七份砻糠。二八统糠，意为其中含二份米糠、八份砻糠。统糠营养价值视其中米糠比例不同而异，米糠所占比例越高，统糠的营养价值越高。米糠含脂肪多，易氧化酸败，不能久存，所以常对其脱脂，全脂米糠经过脱脂后成为脱脂米糠，其中压榨法脱脂生产的是米糠饼，有机溶剂浸提脱脂生产的是米糠粕。米糠、米糠饼、米糠粕中有效能值较高，属能量饲料。

（一）营养特点

米糠脂肪含量高，为 10%~18%，最高可达 22.4%，比同类饲料高得多，约为麦麸、玉米糠的 3 倍多，因而有效能值位于糠麸类饲料之首，如含消化能（猪）为 12.64MJ/kg，代谢能（鸡）为 11.21MJ/kg，产奶净能（奶牛）为 7.61MJ/kg，与玉米相当。脂肪酸组成中多为不饱和脂肪酸，油酸和亚油酸占 79.2%。米糠的粗蛋白质和赖氨酸均高于玉米，粗蛋白质含量约为 13%，赖氨酸含量达 0.74%，品质优于玉米，但蛋白质含量低于小麦麸。粗纤维含量较多，质地疏松，容重较轻，但无氮浸出物含量较低，一般在 50% 以下。米糠中矿物质丰富，但钙少（0.07%）磷多（1.43%），80% 以上的磷为植酸磷，钙磷比例极不平衡（1∶20）；微量元素铁和锰含量丰富。脂肪中含有丰富的维生素 E，约 60mg/kg。B 族维生素含量也很高，如维生素

B_1约22.5mg/kg、维生素B_2约2.5mg/kg、泛酸约23.0mg/kg、烟酸约293mg/kg、生物素约0.42mg/kg、叶酸约2.20mg/kg、维生素B_6约14mg/kg，但缺乏维生素A、维生素D和维生素C。

米糠中含有较多的抗营养因子，如植酸（9.5%~14.5%）、胰蛋白酶抑制因子、非淀粉多糖［阿拉伯木聚糖、果胶、β-（1,3）、（1,4）D-葡聚糖等］、生长抑制因子等，采食过多易引起蛋白质消化障碍和雏鸡胰腺肥大，加热处理可使胰蛋白酶抑制因子失活。另外，由于米糠含有脂肪水解酶和较高的不饱和脂肪酸，易发生氧化酸败和水解酸败，发热霉变，严重影响米糠的质量和适口性，所以饲料生产加工中常用脱脂米糠。

米糠饼/粕与米糠相比，脂肪含量和有效能值降低。米糠粕中脂肪含量更低，属低能饲料；无氮浸出物、粗蛋白质、钙、磷含量均略高于米糠，赖氨酸含量较高。与米糠一样，米糠饼/粕的矿物质中钙少磷多，钙磷比例极不平衡。

砻糠即稻壳，是所有谷物外壳中营养价值最低的产品，不能用作饲料，但可以用作填充物、抗结块剂及赋形剂。砻糠的粗蛋白质含量约3%，粗纤维含量约39.3%，无氮浸出物34%。粗灰分含量很高，为22.7%，脂肪含量很低，仅为0.74%。统糠是米糠的混合物，随着米糠比例的下降，统糠的蛋白质、脂肪、无氮浸出物含量下降，而粗纤维和粗灰分含量增加，营养价值降低。

（二）饲用价值

新鲜米糠适口性好，是猪很好的能量饲料。一般新鲜米糠在生长猪饲粮中可用到10%~12%；肥育猪饲粮可达30%，但用量过大，可导致猪背膘变软，胴体质量变差。所以，用量宜控制在15%以下。米糠粗纤维含量较多，同时含有一些抗营养物质，易引起腹泻，因此仔猪宜少用或不用米糠。

米糠对家禽的饲喂效果较差，不适宜作为鸡的能量饲料，但可少量使用以补充鸡所需的B族维生素、矿物质和必需脂肪酸。一般在成年鸡饲粮中用量10%以下，在雏鸡饲粮中用量5%以下，用量过高会影响适口性、降低饲料报酬。米糠中含胰蛋白酶抑制因子，生长抑制因子，但它们均不耐热，加热可破坏其抗营养作用，故米糠宜熟喂或制成脱脂米糠后饲喂。如全脂米糠未经加热高压处理，直接大量饲喂雏鸡，可造成其胰腺肥大。

米糠是牛、羊、马、兔等草食动物的良好饲料，适口性好，能值高，奶牛和肉牛精料中用量可达20%~30%，但添加比例过高，会影响肉牛体脂组成，产生软体脂，奶牛则影响牛乳质量。

米糠是鱼类尤其是草食性及杂食性鱼类饲粮的重要原料，脂肪利用率高，可提供鱼类所需的必需脂肪酸，对鱼的生长效果好。米糠同时含有丰富的肌醇，是鱼类所缺乏的主要维生素。米糠在鱼类饲粮中用量一般控制在15%以下。

米糠饼/粕由于去除了大部分脂肪，属低能量纤维性饲料，质量较稳定，耐储存，使用范围可以扩大，使用也比较安全。米糠饼/粕由于有效能值降低，不适宜饲喂肉鸡，但可以用于种鸡和蛋鸡，用量宜控制在12%以下。对猪的适口性较好，对胴体品质无不良影响，是很好的纤维性饲料。考虑到能量不足，用量应控制在20%以下，对仔猪也可少量使用。米糠饼/粕在奶牛、肉牛的精料中可用至30%，应考虑能量平衡。

第四节 块根、块茎及其加工副产品

一、甘薯

甘薯（sweet potato, *ipomoea batatas Poir*）为旋花科甘薯属蔓生草本植物，又名红薯、白薯、山芋、红苕、地瓜等。甘薯原产于南美洲，现几乎遍及全世界。甘薯在我国分布很广，是我国主要的薯类作物之一，产量居世界首位，在我国种植面积和总产量仅次于水稻、小麦、玉米而居第四位。主产区主要在四川、山东、河南、安徽、江苏、广东等。我国生产的甘薯除供作粮食、酿造业、淀粉工业等的原料外，还可作为重要的能量饲料来源。

（一）营养特点

新鲜甘薯中水分多，达75%左右，甜而爽口，适口性好。脱水甘薯块中无氮浸出物含量高，达75%以上，其中主要是淀粉，含量为43%~53%，甚至更高；甘薯的粗纤维含量低，因此有效能值较高，但明显低于玉米等谷实，如其消化能（猪）为11.80MJ/kg，代谢能（鸡）为9.79MJ/kg，产奶净能（奶牛）为6.61MJ/kg。粗蛋白质含量低，约4.5%，且蛋白质品质较差，缺乏赖氨酸、甲硫氨酸和色氨酸等必需氨基酸，其含量分别为0.16%、0.06%和0.05%。甘薯矿物质含量低，钙、磷含量均少，磷略高于钙，钾含量较高；微量元素铁、铜、锰、锌、硒等的含量都很低，居于能量饲料末位。红心甘薯中胡萝卜素及叶黄素含量丰富，B族维生素含量很少。自然晒干的甘薯，胡萝卜素和叶黄素含量大大减少。

甘薯含有胰蛋白酶抑制因子，加热可使其失活，提高蛋白质消化率。

（二）饲用价值

新鲜甘薯块是优良的多汁饲料，不论生喂或熟喂，其适口性均佳。但都应切碎或切成小块，以防动物食道梗塞。育肥动物和泌乳动物饲用新鲜甘薯，能促进其肥育和泌乳。动物对生、熟甘薯的消化率有较大差异，甘薯含有胰蛋白酶抑制因子，熟甘薯的蛋白质消化率明显高于生甘薯。

甘薯粉体积大，动物食之易产生饱腹感，故应控制其在饲粮中用量；雏鸡、肉鸡较少使用，蛋鸡日粮中控制在10%以内。猪日粮中可占日粮15%左右或替代1/4的玉米，经热喷处理的薯片饲喂生长猪，可取代50%以上的玉米。仔猪对于该饲料利用率差，应尽量少用。

甘薯是反刍动物良好的能量来源，对奶牛有促进消化和增加泌乳量的效果，可取代能量饲料的50%，但必须同时补充蛋白质饲料与氨基酸。

甘薯忌冻，贮存在13℃左右的环境下比较安全。当温度高于18℃、相对湿度为80%时，会发芽。甘薯贮存不当，在碰伤处易受微生物侵染而出现黑斑或腐烂。有黑斑甘薯味苦，含有毒性酮，家畜食后有腹痛和喘息症状，严重者死亡。

二、马铃薯

马铃薯（potato, *solanum tuberosum*）为茄科多年生草本植物，又名土豆、地蛋、山药蛋、洋芋等，原产于南美洲的秘鲁、智利等国，目前世界各地均有栽培。我国马铃薯主产区在东北、内蒙古与西北黄土高原。马铃薯既可作为粮食、蔬菜和工业原料，又是一种重要的饲料作物。

（一）营养特点

新鲜马铃薯块茎含干物质17%~26%。干物质中无氮浸出物含量为80%~85%，淀粉占无氮浸出物的80%，其中直链淀粉占淀粉的20%~25%，支链淀粉占75%~80%，糊化温度为55~65℃；粗纤维含量少，因此马铃薯中干物质消化率相当高，有效能值高于甘薯，低于玉米。粗蛋白质约占干物质的9%，主要是球蛋白、赖氨酸含量较高，生物学价值高，非蛋白氮含量也较高。矿物质和维生素含量较低，矿物质中钙少磷多。维生素中胡萝卜素含量极低，其他维生素与玉米相近。

马铃薯含有一种配糖体，即龙葵素，又名龙葵精（solanine），是有毒物质，采食过多会使动物中毒。龙葵素在马铃薯各部位含量差异很大：绿叶中含0.25%，芽内含0.5%，花内含0.7%，果实内含1.0%，果实外皮中含0.01%，成熟的块茎含0.004%。若将发芽的块茎放在阳光下，则块茎内龙葵素含量可增至0.08%~0.5%，芽内可增到4.76%。霉变的马铃薯中龙葵素含量一般可达0.58%~1.34%。随着储存时间的延长，龙葵素含量逐渐增多。此外，还含有胰蛋白酶抑制因子，影响蛋白质的消化。

（二）饲用价值

马铃薯可生喂，也可熟喂。生喂时宜切碎后投喂。脱水马铃薯块茎粉碎后加到动物饲粮中，是动物良好的能量饲料。蛋鸡日粮中马铃薯粉可用到10%左右，肉鸡日粮中使用20%~30%无不良影响。肥育猪日粮中可取代50%的玉米，熟喂可提高适口性和消化率，生喂不仅消化率低，有时会有轻泻作用，而且还会引起动物生长受阻。对牛、羊和马，马铃薯生喂或熟喂饲养效果相似，可作为反刍动物的补充精料，如与尿素等非蛋白氮配合使用效果更佳。

一般成熟的马铃薯中龙葵素含量少，不会引起动物中毒。未成熟、腐烂或经阳光长时间照射的马铃薯，颜色变绿或发芽，毒素含量多，大量投喂会引起消化道炎症和中毒，严重时死亡。预防动物马铃薯中毒的措施为：①不用发芽、未成熟和霉烂的马铃薯作饲料。若用，须将嫩芽与腐烂部分除去，加醋充分煮熟后饲喂；②饲用的马铃薯秧禾要青贮发酵，或开水浸泡，或煮熟除水后再喂。用马铃薯粉渣喂饲时，也应煮熟后再喂；③储藏马铃薯时，应选阴凉干燥处，以防其发芽变绿。

三、木薯

木薯（cassava，tapioca，*Manihot esculenta Crantz*）为大戟科木薯属多年生植物，又名树薯、木番薯，其茎秆的基部形成块茎，为热带多年生灌木。木薯可分为苦木薯和甜木薯两大类，其主要区别在于氢氰酸的含量不同。其中甜木薯含氢氰酸50mg/kg以下，而苦木薯可高达250mg/kg以上。国产木薯含氢氰酸102.9~319.9mg/kg，平均为176.5mg/kg，皮层部比肉层部高4~5倍。木薯主产于巴西、泰国、印度尼西亚和非洲，我国南方特别是广东、广西地区种植较多，此外，贵州、湖南、江西等省也有少量种植。木薯不仅是杂粮作物，而且也是良好的饲料作物，其块根用作能量饲料，叶片还可喂蚕。

（一）营养特点

木薯干（脱水木薯）中无氮浸出物含量高，可达80%，且主要是淀粉，粗纤维含量低，因此有效能值较高，如消化能（猪）为13.10MJ/kg，代谢能（鸡）为12.38MJ/kg，产奶净能

(奶牛) 为 6.90MJ/kg。粗蛋白质含量很低，仅为 2.5%，其中 50% 为非蛋白氮，以亚硝酸和硝酸态氮居多，对单胃动物无利用价值，木薯中必需氨基酸含量低，特别是赖氨酸、甲硫氨酸、胱氨酸和色氨酸严重缺乏，其含量分别为 0.13%、0.05%、0.04% 和 0.03%。另外，木薯中矿物质贫乏，钙、钾含量较高，而磷较低，微量元素含量很少，而且植酸含量较高，维生素含量几乎为零。

木薯粉是木薯经粉碎、洗粉、晒（烘）干后的产物，内含粗蛋白质 2.51%、粗脂肪 1.14%、粗纤维 7.43%、灰分 3.77%、无氮浸出物 72.02%、钙 0.39%、磷 0.05%。

木薯中含有氰苷，包括亚麻苦苷和百脉根苷，其含量随品种、气候、土壤、加工条件等不同而异。这类糖苷在酶的作用下会释放出有毒物质氢氰酸。脱皮、加热、切片水煮、切片干燥制粉可除去或减少木薯中氢氰酸。

（二）饲用价值

木薯作为配合饲料的原料，因其含有生长抑制因子（氰苷），用量超过 50% 时，会出现适口性差，生长减缓，死亡率增加等现象。因此，木薯在饲用前，最好要测定其中氢氰酸含量，符合卫生标准方能饲用。若超标，要对其脱毒处理。脱毒方法为：将木薯去皮或切片浸泡在自来水中 1~2d，或切片晒干磨粉放在无盖锅内煮沸 3~4h，或切片后在 60℃ 温水中浸泡 3~5min，待分离出氢氰酸后干燥处理，使 90% 的氢氰酸挥发除去后再饲喂。

在家禽饲粮中，木薯干粉用量一般控制在 10% 以下；蛋鸡可使用 20% 左右，但会使蛋黄颜色变浅；肉鸡可用到 10%~16%。木薯氢氰酸含量对猪的生长影响较大，尤其以小猪最为敏感，断奶仔猪应尽量少用。品质良好且经制粒的木薯在肥育猪日粮可用到 30%~50%，但适口性不好时对增重影响较大。如未经加热或制粒处理的品质不良的高氢氰酸木薯，使用 7.5% 即可造成生长抑制或麻痹现象，对母猪的繁殖影响很大。奶牛使用量过高时，其泌乳量也相应减少，且出现腹泻，一般控制在 30% 以下为宜。肉牛饲料使用量也不宜超过 30%。

四、甜菜渣

甜菜渣是将洗净并除茎叶的甜菜萃取制得砂糖后剩下的副产品。甜菜渣为淡灰色或灰色，略具甜味，干燥后呈粉状、粒状或丝状。

（一）营养特点

甜菜渣中无氮浸出物含量较高，60% 左右，因而其消化能值较高，达 12MJ/kg 以上。粗蛋白质较少，9% 左右，且品质差，必需氨基酸少，特别是甲硫氨酸极少。矿物质含量较低，但钙、镁、铁等矿物元素含量较高，磷、锌等元素很少，钙磷比不平衡。甜菜渣中维生素较贫乏，但胆碱、烟酸含量较多。需要注意的是甜菜渣如有烤焦味，则表示热过度，则利用率降低；甜菜渣如有过长纤维丝或过粗料，则应加以粉碎；甜菜渣如果水分含量多时，不易储存，应充分干制。

（二）饲用价值

干甜菜渣因含较多的粗纤维，所以主要适于作反刍动物的饲料，一般可取代混合精料中一半以上的谷实类饲料。用干甜菜渣作马的饲料时，应控制其用量，一般应少于日粮的 30%。由于甜菜渣粗纤维多，体积大，故不宜作仔猪与鸡的饲料，但可用于母猪和肥育猪，用量可占日粮的 20%。

新鲜甜菜渣有甜味，适口性好，可直接喂给动物，而且对母畜有催乳作用。但因甜菜渣含有游离酸，大量饲喂易引起动物腹泻，故应控制鲜甜菜渣的喂量。

五、糖蜜

糖蜜为制糖工业副产品，又称糖浆。根据制糖原料不同，可将糖蜜分为甘蔗糖蜜、甜菜糖蜜、玉米葡萄糖蜜、柑橘糖蜜、木糖蜜、高粱糖蜜等。糖蜜一般呈黄色或褐色液体，大多数糖蜜具甜味，但柑橘糖蜜略有苦味。我国南方以甘蔗糖蜜为主，北方以甜菜糖蜜为主。

（一）营养特点

糖蜜的无氮浸出物含量高，主要是单糖和双糖等糖类物质，如甘蔗糖蜜含蔗糖24%~36%，甜菜糖蜜含蔗糖47%左右。糖蜜的有效能值较高，属于能量饲料。如甘蔗糖蜜含消化能（猪）和代谢能（鸡）分别为12.54MJ/kg和9.82MJ/kg；甜菜糖蜜在猪、牛、绵羊中消化能分别为10.62MJ/kg、12.12MJ/kg、11.70MJ/kg。糖蜜粗蛋白质含量较低，且多数属非蛋白氮，如氨、硝酸盐和酰胺等，其中氨态氮占38%~50%。蛋白质组成中非必需氨基酸天门冬氨酸与谷氨酸含量高，蛋白质生物学价值低。糖蜜中矿物质含量较高，其中钾、氯、钠、镁含量丰富，因此具有轻泻性。维生素含量较低。

（二）饲用价值

糖蜜对鸡的适口性好，但采食过多易造成软便现象，故不宜用作雏鸡的饲料；在蛋鸡、肉鸡日粮中用量不宜超过5%。猪饲料中使用糖蜜，由于有甜味，可掩盖日粮中其他成分的不良气味，改善适口性，提高采食量，但仔猪避免使用，以防引起腹泻。生长育肥猪日粮中糖蜜用量以10%~20%为宜，使用过多易引起软便。母猪日粮中添加糖蜜，有利于预防便秘。糖蜜可为反刍动物瘤胃微生物提供充足的速效能源，因而提高了微生物的活性。但由于其具有轻泻性，应控制用量。糖蜜在反刍动物混合精料中适宜用量如下：奶牛5%~10%，肉牛10%~20%，肉羊10%以下。

另外，由于糖蜜具有黏稠性，故能减少饲料加工过程中产生的粉尘，并能作为颗粒饲料的优质黏结剂。

第五节　其他能量饲料

一、油脂

随着动物营养与饲料工业的快速发展，动物生产性能不断提高，对日粮养分含量尤其是日粮能量的要求越来越高。要配制高能量饲粮，成本无疑会大大提高。用常规的饲料难以配制出高能量日粮，尤其是高能高蛋白日粮，以满足肉用仔鸡、产蛋高峰期的产蛋鸡及泌乳前期的高产奶牛的高能高蛋白营养需要。另外，对高产奶牛，常通过增大精饲料用量、减少粗饲料用量来配制高能量饲粮，但这会引起瘤胃酸中毒等营养代谢疾病，并导致乳脂率下降。鉴于这些原因，油脂作为能量饲料在动物日粮中的应用越来越普遍。

(一)油脂的分类

1. 动物油脂

动物油脂是指用家畜、家禽和鱼体组织(含内脏)提取的一类油脂,其成分以甘油三酯为主,且总脂肪酸含量在90%以上,不皂化物在2.5%以下,不溶物在1%以下。动物油脂中脂肪酸主要为饱和脂肪酸,但鱼油中不饱和脂肪酸含量高。

2. 植物油脂

植物油脂是从植物种子或果实中提炼的油脂,主要成分为甘油三酯,总脂肪酸含量在90%以上,不皂化物2%以下,不溶物1%以下,如大豆油、菜籽油、棕榈油等是这类油脂的代表。植物油脂中的脂肪酸主要为不饱和脂肪酸。

3. 饲料级水解油脂

饲料级水解油脂是指制取食用油或生产肥皂过程中所得的副产品,其主要成分为脂肪酸。

4. 粉末状油脂

粉末状油脂是对油脂进行特殊处理,使其成为粉末状。这类油脂便于包装、运输、贮存和应用。

(二)油脂的生产工艺

1. 动物油脂制取工艺

动物油脂制取工艺见图18-1。

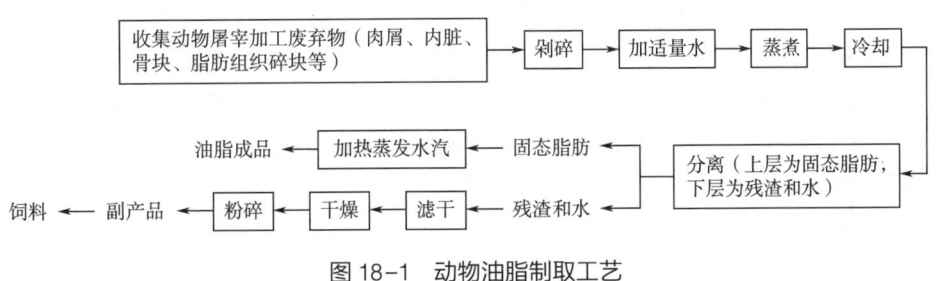

图18-1 动物油脂制取工艺

2. 粉末状油脂制取工艺

(1)欧美国家及日本等制作粉末状油脂的方法如下:将油脂与水、乳化剂在一起搅拌,制成乳浊液,再加入酪蛋白、乳糖、糊精等赋形物,搅拌均匀后,喷雾干燥,制成内层为油脂、外层为赋形物的粉末状油脂颗粒。

该法加入了10%以上的酪蛋白、乳糖,大大地提高了粉末化油脂的生产成本。由于该法成本太高,故难以推广应用。

(2)我国科研人员研究建立了油脂粉末化技术,制作工艺见图18-2。

用该法生产的产品外观为红褐色粉末,分散性好,不结块。

(三)添加油脂的目的

(1)油脂是一种高能饲料。油的有效能远比一般的能量饲料高,是其他能量饲料的2.5倍以上,可提供比其他任何能量饲料都多的能量,成为配制高能量饲粮的首选原料。如大豆油代谢能为玉米代谢能的2.87倍;棕榈酸钙泌乳净能为玉米泌乳净能的3.33倍。动物油脂的饱和度高于植物油脂,因此一般情况下动物对动物油脂的消化率低于植物油脂,其有效能值低于

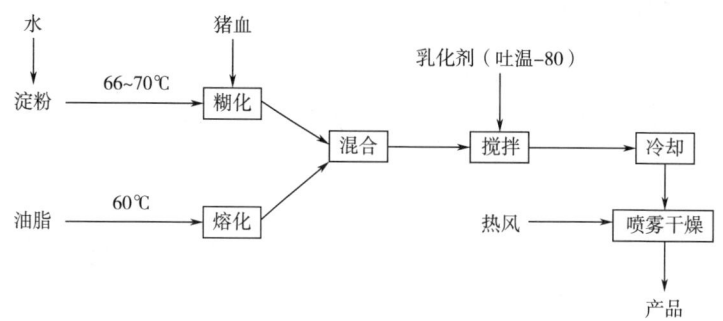

图 18-2 我国建立的油脂粉末化技术

植物油脂,如猪对牛油与菜籽油的消化能值分别为 33.47MJ/kg、36.65MJ/kg。

(2) 油脂是动物必需脂肪酸的重要来源。植物油、鱼油等富含动物所需的必需脂肪酸,是动物必需脂肪酸的最好来源。

(3) 油脂能促进色素和脂溶性维生素的吸收。油脂在动物消化道内可作为脂溶性维生素和色素的溶剂,促进脂溶性维生素的吸收,在血液中有助于脂溶性维生素的运输。

(4) 油脂可延长饲料在消化道内停留时间,从而能提高饲料养分的消化率和吸收率。

(5) 油脂能减轻动物的冷热应激。油脂的热增耗值比碳水化合物、蛋白质都低。因此油脂的添加能降低动物的热增耗,提高代谢能的利用率,减轻动物的冷热应激。

(6) 添加油脂,能增强饲粮风味,改善饲粮外观,防止饲粮中原料分级。在饲料加工过程中,若加有油脂,则产生的粉尘少,使得饲料养分损失少,加工车间空气污染程度也低。另外,饲料中加有油脂,可使加工机械磨损程度降低,延长机器寿命。

(四) 油脂的饲用价值

1. 奶牛

(1) 给奶牛补饲油脂的必要性 目前多数高产奶牛在泌乳前期存在着能量不平衡。为此,在奶牛日粮中加适量油脂,或用高脂饲料,可使奶牛摄入较多能量,满足能量需要。油脂用于泌乳的效率高、热增耗少,因此补饲油脂可缓解奶牛的热应激;饲喂油脂补充能量的同时,可减少精料的用量,保证粗饲料的饲喂比例,保证粗纤维摄入量,降低瘤胃酸中毒和酮病的发生率,使泌乳高峰期维持较长。日粮添加适量油脂,可提高乳脂率,但乳蛋白质含量降低。补饲油脂,可减少奶牛体组织中的脂肪动员,减少脂肪酸前体储量,因此可减少代谢病的发生率。补饲油脂,减少奶牛在泌乳前期的失重,有利于提高奶牛的妊娠率与受胎率。

(2) 添加油脂过高的负面影响 给奶牛补饲油脂比例过高时,也会出现不良后果:①一些脂肪酸,尤其是在瘤胃内可溶的脂肪酸,如 $C_8 \sim C_{14}$ 脂肪酸和较长碳链不饱和脂肪酸,能抑制瘤胃微生物的生长,引起纤维素消化率的降低;使瘤胃液中挥发性脂肪酸比例发生改变,导致乳脂率的降低;②奶牛总采食量可能下降;③乳中蛋白质含量也可能下降。为了避免上述不足,目前在生产中常使用过瘤胃保护脂肪(包被脂肪)。

(3) 过瘤胃保护脂肪的应用 过瘤胃保护脂肪可以保护脂肪不被瘤胃微生物降解,既增加了日粮能量,又减弱了脂肪对瘤胃纤维素消化的不利影响。富含油脂的籽粒(如棉籽粒和大豆粒等)就是一种天然的包被油脂。研究表明,奶牛日喂 4kg 这种整籽粒,能取得良好饲养效果；但若将其磨碎，则效果显著减小。

一般认为，油脂在奶牛日粮中的添加量不超过7%。适宜用量：在含谷粒与粗料的奶牛日粮中可用3%的脂肪酸，再加3%的瘤胃保护性脂肪（瘤胃旁脂肪）。

2. 猪和鸡

在蛋鸡饲粮中添加2%~5%油脂，尤其是添加富含不饱和脂肪酸油脂，可增加蛋重，在炎热夏季，效果尤为明显。李素芬等（1998）报道，在蛋鸡日粮中加亚麻酸，可提高其产蛋性能。于会民等（1998）报道，日粮添加油脂，可提高肉仔鸡对干物质和粗蛋白质的表观消化率。在断奶仔猪日粮中添加油脂，有助于生产性能的发挥，显著增加日增重。在生长肥育猪日粮中添加脂肪，可提高日增重和饲料转化率，并减少采食量，但添加量过高会增加育肥猪背膘厚度，降低胴体品质。哺乳母猪补饲油脂后，可增加日产奶量、乳脂率，提高仔猪成活率与断奶重，一般认为，哺乳母猪日粮中脂肪的适宜添加量为5.0%~7.5%。

3. 水产动物

鱼类日粮中补饲油脂，可提高蛋白质的利用率，节省鱼类对蛋白质的需要量，日增重也有所提高。另外，鱼类日粮中补饲油脂，可提供必需脂肪酸和磷脂等。油脂在不同鱼类饲粮中的适宜添加量一般为：罗非鱼10%、鲤鱼5%~10%、青鱼4.5%~6.0%、草鱼4.5%、团头鲂3.6%。长吻鮠、虹鳟、斑点叉尾鮰约12%。

需要注意的是，添加油脂后，日粮能量浓度提高，动物采食量降低，因此应相应提高日粮中其他养分的含量，尤其是蛋白质的浓度，以保证日粮的能量蛋白比。脂肪容易氧化酸败，添加脂肪的饲料需添加抗氧化剂妥善保管，同时避免使用劣质油脂。此外，油脂添加量不宜过高，添加量超过6%~7%会影响饲料加工。

（五）油脂储存

油脂应储存于非铜质的密闭容器中，储存期间应防止水分混入和气温过高。为了防止油脂酸败，可向油脂中添加占油脂0.01%的抗氧化剂。常用的抗氧化剂为丁基羟基茴香醚（BHA）和二丁基羟基甲苯（BHT）。对液态油脂，可将抗氧化剂直接加入到油脂中混匀；对固态油脂，将油脂加热熔化，再加入抗氧化剂混匀。

二、乳清粉

乳清粉，即用牛乳生产工业酪蛋白和酸凝乳干酪的副产物（乳精）脱水干燥而成的产品。

（一）营养特点

乳清粉中乳糖含量很高，一般高达70%以上，至少也在65%以上。因此，乳清粉常被看作一种糖类物质。乳清粉中含有较多量的蛋白质，主要是β-乳球蛋白，且营养价值很高。乳清粉中钙、磷含量较多，且比例适宜。乳清粉中缺乏脂溶性维生素，但富含水溶性维生素。例如，乳清中含生物素30.4~34.6mg/kg、泛酸3.7~4.0mg/kg、维生素B_{12} 2.3~2.6μg/kg。乳清粉中食盐含量高，若动物采食较多，往往会引起食盐中毒。乳糖和食盐等矿物质含量较高常是限制乳清粉在动物饲粮中用量的主要因素。

（二）饲用价值

乳清粉主要被用作猪的饲料，尤其是仔猪的能量、蛋白质补充饲料。仔猪在开始饮水时，就可投喂乳清。但在生产实践中，仔猪8周龄时才投喂乳清或乳清粉。在仔猪玉米型补料中加30%脱脂乳和10%乳清粉，饲养效果最好。

若乳清粉价格低时，也可将其作为生长肥育猪的饲料，但用量不能过多，以免产生肠胀气。乳清粉在生长猪饲粮中用量应少于 20%，在肥育猪饲粮中用量宜在 10% 以内。喂超量乳清粉产生肠胀气的原因是乳糖在猪大肠内发酵而产生大量的气体。

可用乳清或乳清粉投喂母猪。喂用时，要注意维生素 A、维生素 D、维生素 E 的补充。对妊娠母猪或泌乳母猪，可日喂 10~15L 乳清或与其相当的乳清粉。喂量不能过多，否则有肠胀气的危险。

乳清或乳清粉也可喂牛。对 6 周龄犊牛，可日喂 4~6L 乳清或与其相当的乳清粉；对泌乳母牛，开始时日喂 10~20L 乳清或与其相当的乳清粉，而后可酌情增加日喂量。

三、苹果渣

苹果渣为果汁加工的副产品，主要由果皮、果核和残余果肉组成，约占鲜果重的 25%。苹果鲜渣水分含量 70%~82%，经过人工干燥或晾晒后成为苹果干渣，味甘酸。

鲜苹果渣主要有四种加工方式，自然干燥、人工干燥、青贮和发酵。新鲜苹果渣含多种营养物质，且适口性好，但水分含量大，季节性强，不耐储存，因此可通过自然干燥和人工干燥相结合的方式对其进行干燥处理，然后可粉碎制成干粉，作为各种畜禽的配合饲料和颗粒饲料的原料。

苹果渣青贮也是一种比较理想的利用方法。将鲜苹果渣用麸皮和草粉调节水分至 65% 左右，单独青贮或与农副产品混合青贮，可生产出良好青贮饲料。苹果渣单独青贮时，可加草粉和麸皮 10%~20%；与干玉米秸秆、甘薯蔓或禾本科草类混贮时，鲜果渣宜占 30%~50%。

苹果渣中含可溶性营养物质多，也很适合作发酵基质，发酵后，其粗蛋白质含量提高，粗纤维含量下降。

（一）营养特点

干苹果渣中无氮浸出物为 62.5%，其中总糖占 15% 以上，总能量高于小麦麸；粗蛋白质含量较少，一般为 4%~6%，赖氨酸、甲硫氨酸和精氨酸的含量分别是玉米的 1.7、1.2 和 2.75 倍；钙、磷含量为 0.1% 左右，微量元素含量丰富，其中，铁含量是玉米的 4.9 倍。苹果渣中还含有丰富的维生素和果酸、果胶、果糖，有利于微生物的直接吸收和利用。但苹果渣也含有苹果中残留的果胶、单宁等抗营养因子。苹果渣中的重金属、农药残留量均在我国饲料卫生标准和食品卫生标准范围之内。

（二）饲用价值

因新鲜苹果渣水分含量高，酸性大（一般 pH 为 3~4），纤维素含量较高，且含有少量果胶和单宁成分，一般对幼畜和家禽消化吸收有不良影响，故应不喂或少喂。但对山羊、肉牛和猪的肥育是良好的饲料，尤其对肥育山羊和肉牛效果好。用于奶牛饲养，能提高牛乳中乳脂率和乳蛋白含量，但过量使用则影响奶品质；适量饲喂蛋鸡，不影响产蛋率，但能提高蛋重。

每 10t 鲜苹果渣干燥后能出干粉渣 2t 左右，用于配合饲料中可取代部分玉米和麸皮。苹果渣干粉使用较为广泛，单胃家畜日粮中玉米和麸皮的取代量大致为：仔猪 3%~7%，肥育猪 10%~25%，雏鸡 2%~4%，育成鸡 5%~10%，蛋鸡 3%~5%；可在反刍家畜中，如牛、羊精料补充料中按 10%~25% 添加。

青贮苹果渣为黄色或黄褐色，手感柔软，果皮（肉）结构清晰，具有酸甜芳香气味，适口性好，较好地保留了鲜果渣中的营养成分，饲喂家畜效果较好，但也要注意控制用量。生产中苹果渣青贮取代一定量的玉米青贮料饲喂奶山羊，可增加奶山羊的采食量和产奶量，降低饲养成本。

思考题

1. 什么是能量饲料？常见的能量饲料有哪些？
2. 谷实类饲料与糠麸类饲料的营养特性有哪些区别？
3. 玉米在猪、禽饲粮中用量过多时，会导致瘦肉率下降、体脂变软。为什么？
4. 为什么小麦可作为鱼类能量饲料的首选原料？
5. 小麦和大麦中有什么抗营养因子？它对动物生产有哪些影响？如何解决这一生产实际问题？
6. 油脂类的营养特点如何？有哪些特殊用途？怎样在生产合理使用？

第十九章 蛋白质饲料

[学习目标]

1. 理解蛋白质饲料概念。
2. 熟悉蛋白质饲料种类。
3. 掌握蛋白质饲料的营养特点和饲喂特性。
4. 懂得非蛋白氮的使用原理及注意事项。

蛋白质饲料是指干物质中粗纤维含量<18%、粗蛋白质含量≥20%、消化能>10.45MJ/kg 的饲料。

第一节 植物性蛋白质饲料

植物性蛋白质饲料主要包括豆类籽实、油料作物籽实及其加工副产品饼/粕类和其他谷物籽实的工业副产品糟渣类,是动物生产中使用量最多、最常用的蛋白质饲料。该类饲料具有以下共同特点。

①蛋白质含量高,且品质较好。一般植物性蛋白质饲料粗蛋白质含量在 20%~50%,因种类不同差异较大。其蛋白质主要由球蛋白和清蛋白组成,必需氨基酸含量和平衡程度明显优于谷蛋白和醇溶蛋白,因此蛋白质品质高于谷物类蛋白,蛋白质利用率是谷类的 1~3 倍。但植物性蛋白质的消化率一般仅有 80% 左右,原因在于大量蛋白质与细胞壁多糖结合(如球蛋白),有明显抗蛋白酶水解的作用;存在蛋白酶抑制剂,阻止蛋白酶消化蛋白质;含胱氨酸丰富的清蛋白,可能产生一种核心残基,能对抗蛋白酶的消化。此类饲料经适当加工调制,可提高其蛋白质利用率。

②粗脂肪含量变化大,油料籽实脂肪含量在 15%~30%,非油料籽实只有 1% 左右。饼粕类脂肪含量因加工工艺不同差异较大,高的可达 10%,低的仅 1% 左右。

③粗纤维含量一般不高,基本上与谷类籽实近似,饼粕类稍高些。

④矿物质中钙少磷多，且主要是植酸磷。

⑤维生素含量与谷实相似，B族维生素较丰富，而维生素A、维生素D较缺乏。

⑥大多数含有一些抗营养因子，影响其饲用价值。

一、豆类籽实

豆类籽实包括大豆、豌豆、蚕豆等，曾是我国主要的蛋白质饲料，主要作为役畜和猪的饲料。现在一般以人类食用为主，只有生产过剩而廉价时才考虑用作饲料。特别是在需要添加油脂的配合饲料中，应用含脂肪高的豆类可生产出相当于添加油脂的高热能饲料，在颗粒饲料中可减少直接添加油脂的用量，有利于获得品质较佳的粒状饲料。豆类籽实具有的共同营养特点：蛋白质含量一般都在25%以上，其中大豆含量最高，可达42%；无氮浸出物含量低于谷实类（28%~62%）；除大豆外，其他豆类的粗脂肪含量较低；B族维生素含量较丰富，而其他维生素缺乏。

（一）全脂大豆

大豆［soybean, *glycine max* (L.) Merr］为双子叶植物纲豆科大豆属一年生草本植物，俗称黄豆，是我国主要的豆类作物。全国各地都有栽培，但主要分布在东北、华北、西北、内蒙古等地，以东北为多，因其脂肪含量高，所以从中提取食用油，所剩副产品大豆饼粕是优质的蛋白质饲料。根据种皮颜色可分为黄、青、黑、褐等色，以黄种最多而得名黄豆，其次为黑豆。

1. 营养特点

大豆籽实属于蛋白质含量和脂肪含量都高的蛋白质饲料，蛋白质含量为32%~40%。生大豆中蛋白质多属水溶性蛋白质（约90%），加热后即溶于水。氨基酸组成良好，植物性蛋白质中普遍缺乏的赖氨酸含量较高，如黄豆和黑豆分别为2.30%和2.18%，但含硫氨基酸含量不足。大豆脂肪含量高，达17%~20%，其中不饱和脂肪酸较多，亚油酸和亚麻酸可占55%。脂肪的代谢能约比牛油高出29%。脂肪中还含有1%的不皂化物，由植物固醇、色素、维生素等组成。另外还有1.8%~3.2%的磷脂，其具有乳化作用。大豆碳水化合物含量不高。无氮浸出物仅26%左右，其中蔗糖占无氮浸出物总量的27%，水苏糖、阿拉伯木聚糖、半乳糖分别占16%、18%、22%；淀粉在大豆中含量甚微，仅0.4%~0.9%；纤维素占18%。阿拉伯木聚糖、半乳聚糖及半乳糖醛结合成黏性的半纤维素，存在于大豆细胞壁中，有碍消化。矿物质中钾、磷、钠较多，但60%磷为不能利用的植酸磷。铁含量较高。维生素与谷实类相似，含量略高于谷实类，B族维生素较多，而维生素A、维生素D少。

生大豆中存在多种抗营养因子，其中加热可被破坏的包括胰蛋白酶抑制因子、血细胞凝集素、抗维生素因子、植酸十二钠、脲酶等。加热无法被破坏的包括皂苷、雌激素、胃肠胀气因子等。此外大豆还含有大豆抗原蛋白，该物质能够引起仔猪肠道过敏、损伤，进而腹泻。

2. 饲用价值

生大豆饲喂畜禽可导致腹泻和生产性能的下降，但将全脂大豆经焙炒、压扁、微波处理、挤压处理以及制粒等加热处理后饲喂畜禽，有良好的饲养效果。在肉鸡饲粮中，因加工全脂大豆比例低，用于肉鸡粉状料宜在10%以下，否则会影响采食量，造成增重降低，而颗粒料则无此虑。以颗粒料饲喂时，添加全脂大豆与豆粕+豆油相比可更多的提高肉鸡的代谢能和肉鸡对饲料脂肪的消化率。饲喂全脂大豆的肉鸡胴体和脂肪组织中亚油酸和$\omega-3$脂肪酸含量较高。

加工全脂大豆在蛋鸡饲粮中能完全取代豆粕，可提高蛋重，并明显改变蛋黄中脂肪酸组成，显著提高亚麻酸和亚油酸含量，降低饱和脂肪酸含量，从而提高鸡蛋的营养价值。

用生大豆作为唯一蛋白质来源时，会增加仔猪腹泻率、降低生长肥育猪的增重和饲料转化率、降低母猪生产性能，而经过加热处理的全脂大豆，有良好的饲养效果，在养猪生产中的应用越来越广泛。全脂大豆因其蛋白质和能量水平都较高，是配制仔猪全价料的理想原料。经过充分处理的全脂大豆可以代替仔猪饲粮中的乳清粉、鱼粉或豆粕，而对仔猪无不良影响。用全脂大豆饲喂生长肥育猪，比用大豆粕能获得更快的增重速度和更高的饲料转化率，增加胴体中的 $\omega-3$ 脂肪酸含量，在一定程度上还可提高屠宰率，其添加比例一般为 10%~15%，添加比例过大，则会影响胴体品质，尤其是影响脂肪的硬度。用全脂大豆饲喂母猪，可以产生高脂初乳和乳汁，提高母猪产奶量，增加仔猪糖原储备，可获得更多的断奶仔猪，提高仔猪断奶体重。不同猪品种对大豆抗营养因子的反应不同，在饲料转化率、日增重、采食量等方面中国地方品种比西方猪种耐受能力强。

牛饲料中可使用生大豆，但不宜超过精料的 50%，且需配合胡萝卜素含量高的粗料使用，否则会降低维生素 A 的利用率，造成牛乳中维生素 A 含量剧减，生大豆也不宜与尿素同用，这是由于生大豆中含有尿素酶，会加速尿素分解。全脂大豆具有催乳和提高乳脂率效果，但生产的黄油变软。大豆作为犊牛代用乳的蛋白源价值很高，可在某种程度上代替脱脂奶粉，但宜预先将充分加热的大豆粉用酸或碱处理，再添加蛋白酶以提高其消化率。肉牛饲料中使用过高会影响采食量，且有软脂倾向；全脂大豆嗜口性高于生大豆，并具有较高的瘤胃蛋白质非降解率。

在鱼饲料中，全脂大豆可部分代替鱼粉，达到比豆粕更高的营养价值。全脂大豆中含有较高的油脂，可减少鱼类自身的能量分解，这对冷水鱼很有意义。全脂大豆中含有的亚油酸和亚麻酸，为鱼类如鲑鱼、鲤鱼、罗非鱼等提供了所必需的大量不饱和脂肪酸。

（二）豌豆与蚕豆

1. 营养特点

豌豆与蚕豆的粗蛋白质含量较低，为 22%~25%，二者的粗脂肪含量也低，仅 1.5% 左右，淀粉含量高，无氮浸出物可达 50% 以上，能值虽比不上大豆，但也与大麦和稻谷相似。豌豆风干物中粗蛋白质含量 24%，蛋白质中含有丰富的赖氨酸，而其他必需氨基酸含量都很低，特别是含硫氨基酸与色氨酸。豌豆中粗纤维含量约 7%，粗脂肪约 2%，含有各种矿物质，微量元素含量都偏低。豌豆中也含有胰蛋白酶抑制因子、外源植物凝集素、致胃肠胀气因子，不宜生喂。

2. 饲用价值

豌豆在鸡料中可使用 10%~20%。粉碎后肉猪可用到 12%，但需补充甲硫氨酸，对生长及屠体品质无不良影响，种猪也可用，煮熟后可用到 20%~30%。奶牛精料可用 20% 以下，肉牛 12% 以下，肉羊 25% 以下。

总之，豆类籽实饲料中含有一些抗营养物质，如抗胰蛋白酶、致甲状腺肿大的物质、皂素和血凝集素等。这些抗营养物质影响豆类籽实的适口性、消化率和动物的代谢，一般可以通过加热（110℃，30min）处理，使这些物质失活。常用的加工处理方式是膨化处理。大豆的膨化处理需要使用膨化机，处理温度为 120~130℃，从大豆进入膨化机，到挤出成品，约需要 30s。经过膨化处理的大豆，大部分抗营养因子被灭活。动物对膨化大豆的利用率有较大的提高，能改善反刍动物体组织的脂肪酸组成，提高共轭亚油酸的含量。

二、饼粕类

饼粕类饲料是油料作物籽实被榨取油脂后的副产品。通常称使用压榨法榨油后的副产品为饼，使用浸提法提取油脂后的副产品为粕。压榨法脱油效率低，油饼内常残留4%以上的油脂，能值较高，但易氧化酸败，不易久贮；浸提法脱油效率高，油粕中残油量少，有的可在1%以下，而蛋白质含量高。油饼和油粕是我国主要的植物性蛋白质饲料，使用广泛，且用量大。

（一）大豆饼粕

大豆饼粕的加工方法有4种：液压压榨法、旋压压榨法、溶剂浸出法和预压后浸出法。压榨法的取油工艺主要分为两个过程，第一过程为油料的清选、破碎、软化、轧胚，油料温度保持在60~80℃；第二过程为料胚蒸炒（100~125℃）后再加机械压力，使油与饼分离。浸提法取油其工艺为，利用有机溶剂在55~65℃下浸泡料胚，提取油脂后将其残余烘干（105~120℃）后得到粕。浸提法比压榨法可多取油4%~5%，且粕中残脂少易保存，为目前生产上主要采用的工艺。大豆饼粕的生产工艺流程见图19-1。

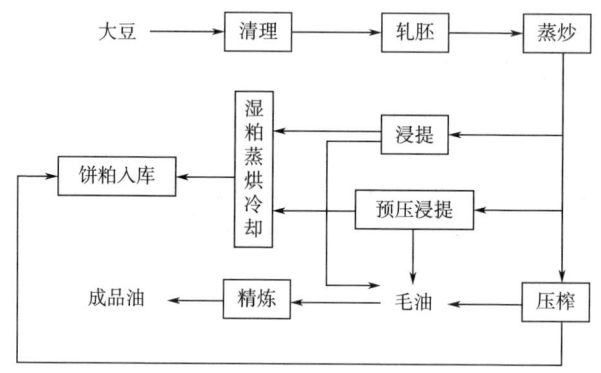

图 19-1　大豆饼粕的生产工艺流程

大豆饼粕是使用最广泛、用量最多的植物性蛋白质原料，世界各国普遍使用，一般其他饼粕类的使用与否以及使用量都以与大豆饼粕的比价来决定。

1. 营养特点

大豆饼粕粗蛋白质含量高，一般为40%~50%，必需氨基酸含量高，组成合理。赖氨酸含量在饼粕类中最高，为2.4%~2.8%，赖氨酸与精氨酸比约为100∶130，比例较为恰当。若配合大量玉米和少量的鱼粉，很适合家禽氨基酸营养需求。异亮氨基酸含量在饼粕饲料中也最高，约2.39%，是异亮氨基酸与缬氨酸比例最好的一种。大豆饼粕色氨酸、苏氨酸含量也很高，与谷实类饲料配合可起到互补作用。甲硫氨酸含量不足，在玉米-大豆饼粕为主的日粮中，一般要额外添加甲硫氨酸才能满足畜禽营养需求。大豆饼粕粗纤维含量较低，主要来自大豆皮。无氮浸出物主要是蔗糖、棉子糖、水苏糖和多糖类，淀粉含量低，可利用能量较低，这是其他饼粕类饲料的共同特点。胡萝卜素含量少，仅0.2~0.4mg/kg，硫胺素和核黄素含量也少，为3.6mg/kg，烟酸和泛酸含量稍多，为15~30mg/kg，胆碱含量很丰富，达2200~2800mg/kg，维生素E在脂肪残量高和储存不久的饼粕中含量较高。矿物质中钙少磷多，磷多为植酸磷，约占61%；硒含量低，尤其是东北缺硒地区产的大豆饼粕更严重。

此外，大豆饼粕色泽佳、风味好，加工适当的大豆饼粕仅含微量抗营养因子，不易变质。

大豆粕和大豆饼相比，具有较低的脂肪含量，而蛋白质含量较高，且质量较稳定。大豆在加工过程中先经去皮而加工获得的粕称去皮大豆粕，近年来此产品有所增加，其与大豆粕相比，粗纤维含量低，一般在3.3%以下，蛋白质含量为48%~50%，营养价值较高。

2. 饲用价值

大豆饼粕适口性很好，各种动物都喜欢采食，甚至肉食动物，如水貂、虾、鱼、猫、犬等全价日粮中也常使用。大豆饼粕适当加热后添加甲硫氨酸，即为养鸡最好的蛋白质来源，适用任何阶段的家禽，尤其对幼雏效果更为明显，是其他饼粕难以取代的。此外，大豆饼粕含有未知营养因子，可代替鱼粉应用于家禽饲料。加热不足的大豆饼粕能引起家禽胰脏肿大，发育受阻，添加甲硫氨酸也无法改善，对雏鸡影响尤甚，这种影响随着动物的年龄增长而下降。

处理良好的大豆饼粕同样是猪的优质蛋白质原料，任何阶段的猪饲料中都可使用。对肉猪、种猪其适口性很好，喂时要防止过食。大豆饼粕因已脱去油脂，故多用也不会造成软脂现象。因大豆饼粕中粗纤维含量较多，多糖和低聚糖含量较高，幼畜体内无相应消化酶，故在人工代乳料中，其用量应加以限制，以小于10%为宜，否则易引起下痢。乳猪宜饲喂熟化的脱皮大豆粕，肥育猪无用量限制。在以豆粕为唯一蛋白源的饲粮中，添加甲硫氨酸可提高猪生产性能；若同时添加甲硫氨酸、赖氨酸和苏氨酸，对提高猪生产性能效果更好。

大豆饼粕也是奶牛、肉牛优质蛋白质原料，各阶段牛饲料中均可使用，适口性好，长期饲喂也不会厌食。采食过多会有软便现象，但不会下痢。牛也可有效利用未经加热处理的大豆饼粕，含油脂较多的豆饼对奶牛有催乳效果，在人工代乳料和开食料中，大豆粕可代替部分脱脂乳。羊、马也可使用，效果优于生大豆，但幼小动物及人工乳中不宜过量。目前我国大豆饼粕用于反刍动物的量逐渐下降，代之为NPN和其他粗纤维含量高而价格低的饼粕类。

在水产动物中，草食鱼及杂食鱼对大豆粕中蛋白质利用率很好，可达90%左右，能够取代部分鱼粉作为蛋白质主要来源。肉食鱼对大豆粕利用率低，应尽量少用。

（二）菜籽饼粕

油菜（rape, *Brassica napus*）是十字花科芸薹属植物，我国的主要油料作物之一。我国油菜籽总产量约为1210万t，主产区在四川、湖北、湖南、江苏、浙江、安徽等省。除作种用外，95%用作生产食用油。

油菜籽实含粗蛋白质20%以上，去油后饼粕中粗蛋白质达34%~38%，是一种品质较好的蛋白质饲料。但因菜籽饼粕含有毒物质，使其应用受到限制，部分用作肥料，极大浪费蛋白质饲料资源。因此，菜籽饼粕的合理利用是解决我国蛋白质饲料资源不足的重要途径之一。

油菜品种可分为4大类，甘蓝型、白菜型、芥菜型和其他型油菜，不同品种含油量和有毒物质含量不同。为解决菜籽的毒性问题，改善菜籽饼粕的饲用价值，植物育种学家一直致力于"双低"油菜品种的培育，并于1974年在加拿大培育出第一个"双低"油菜品种，之后许多"双低""三低"或"三零"（黄色种皮的双低油菜，还具有纤维含量低的特点，被称为"三低"或"三零"油菜）油菜品种陆续育种成功并得到迅速推广，到20世纪80年代末，欧洲一些国家基本实现了油菜品种双低化。我国双低油菜品种的研究始于20世纪70年代中后期，但发展迅速，已选育出多个双低油菜品种，推广面积也迅速扩大，达到油菜种植总面积的30%以上。

我国菜籽加工的生产工艺主要有以下三类：①低温压榨。主要是个体户和小型乡镇企业油机生产，其工艺特点是压榨温度低，所得的菜饼为深绿色。②螺旋压榨。采用 95 型和 200 型螺旋压榨机，加工温度高，产油率较高，所得的菜籽饼呈棕黄色，工艺流程见图 19-2。③预压-浸提。实际上是"压榨-浸提"工艺，一般是经螺旋压榨工艺加工后再用正己烷等溶剂浸提出残油，所得到的菜籽粕呈棕黄色粗粉状，工艺流程见图 19-3。在我国油菜籽的实际加工中，以后两者为主，占总产量的 95% 以上。

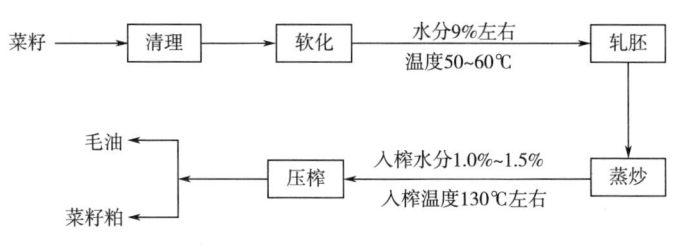

图 19-2　动力螺旋压榨法工艺流程

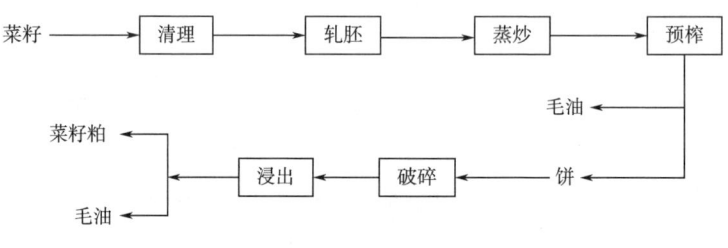

图 19-3　预压-浸提法工艺流程

1. 营养特点

菜籽饼粕均含有较高的粗蛋白质，为 34%~38%。与豆粕相比，尽管菜籽饼粕蛋白质含量较低，但氨基酸组成平衡。豆粕含有较多的赖氨酸，而菜籽饼粕则含较多的含硫氨基酸（甲硫氨酸和胱氨酸）；菜籽饼粕精氨酸含量低，精氨酸与赖氨酸的比例适宜，苏氨酸含量在豆粕与菜籽粕中相近。因此，在配合猪和家禽日粮时，把菜籽饼粕和豆粕配合使用，可以相互补充和完善氨基酸平衡，其饲养效果好于单独使用任何一种原料。

菜籽饼粕组成成分中的另一突出特点是：油菜籽粒小，壳占比例大，因此其饼粕中粗纤维水平显著高于豆粕，且纤维组分中木质素和多酚含量也比豆粕高。菜籽饼粕中粗纤维为 12%~13%，有效能值较低。碳水化合物为不易消化的淀粉，且含有 8% 的戊聚糖，雏鸡不能利用。菜籽外壳几乎无利用价值，是影响菜籽饼粕代谢能的根本原因。

菜籽饼粕中钙、铁、镁、锰和锌等含量比豆粕高；磷的含量是豆粕中的两倍。磷是猪和家禽营养中一种昂贵的成分，在这方面，菜籽饼粕与豆粕相比具有非常突出的优势。但是，菜籽饼粕中植酸和纤维含量高，从而降低了磷、钙、镁、铜、锰和锌的生物学价值。尽管如此，菜籽饼粕仍是有效钙、铁、磷、锰和镁的良好来源。由于硒在配合日粮中具有越来越重要的作用，而菜籽饼粕中硒含量和有效性均比豆粕中高，因此也是十分宝贵的。维生素中胆碱、叶酸、烟酸、核黄素、硫胺素均比豆粕高，但胆碱与芥子碱呈结合状态，不易被肠道吸收。

菜籽饼粕含有硫苷、芥子碱、植酸、单宁等抗营养因子，不仅影响适口性，而且是降低氨基酸利用率和其营养价值的主要原因。

硫苷一直被认为是菜籽饼粕中最重要的抗营养因子。完整的硫苷相对无毒，但具有严重的抗营养作用，其主要机理是降低了动物的食欲；当有活性的黑芥子酶存在时，产生硫苷的水解产物，其毒性远远大于完整硫苷。动物采食菜籽饼粕日粮后，在大肠微生物作用下产生的噁唑烷硫酮和异硫氰酸酯，是对甲状腺毒性最强的因子，常导致血液中甲状腺激素的严重耗竭，从而对动物的整体代谢产生干扰。

菜籽饼粕中酚类化合物以游离的、酯化的和不溶的酚酸三种形式存在。游离酚酸主要是芥子酸，是造成菜籽饼粕和双低菜籽粕辛辣味和涩味的原因。游离酚酸可以和蛋白质形成酚酸-蛋白质复合物，从而降低蛋白质的营养价值。芥子碱是芥子酸的胆碱酯，是菜籽粕中的主要酚类化合物，常导致褐壳蛋鸡品系的鸡蛋产生鱼腥味。

单宁是多酚类化合物的复合体，但油菜中单宁的抗营养作用很小。

双低菜籽饼粕与普通菜籽饼粕相比，粗蛋白质、粗纤维、粗灰分、钙、磷等常规成分含量差异不大，但有效能略高。赖氨酸含量和消化率显著高于普通菜籽饼粕，甲硫氨酸、精氨酸略高。

2. 饲用价值

菜籽饼粕因含有多种抗营养因子，饲喂价值明显低于大豆粕，并可引起甲状腺肿大，采食量和生产性能下降。国内外培育的双低（低芥酸和低硫苷）品种已在我国部分地区推广，并获得较好效果。

在鸡配合饲料中，菜籽饼粕应限量使用。一般幼雏应避免使用。如果超过安全范围，过量采食即造成甲状腺肿大、甲状腺及肾脏的上皮细胞剥脱现象，破蛋、软蛋增加及引起脱腱、死亡、肝出血等现象。品质优良的菜籽饼粕，肉鸡后期可用至10%~15%，但为防止肉鸡风味变劣，用量宜低于10%。蛋鸡、种鸡可用至8%，超过12%即引起蛋重和孵化率下降。褐壳蛋鸡采食多时，鸡蛋有鱼腥味，应谨慎使用。

毒物含量高的菜籽饼粕，对猪的适口性差，过量使用也会引起不良反应，如甲状腺、肝、肾肿大等，生长率下降30%以上，显著影响母猪繁殖性能。因此，在肉猪饲粮中用量应限制在5%以下，母猪则低于3%。经处理后的菜籽饼粕或"双低""三低"品种的菜籽饼粕，肉猪日粮中可用至15%，但为防止软脂现象，用量应低于10%；种猪可用至12%对繁殖性能并无不良影响，但也应限量使用。1987年研究生产的6107菜籽饼解毒添加剂，据称可使菜籽饼的最大用量达20%，而对畜禽安全无害。

菜籽饼粕对牛适口性差，长期大量使用可引起甲状腺肿大，但影响程度小于单胃动物。肉牛精料中使用5%~10%对胴体品质无不良影响，奶牛精料中使用10%以下，产奶量及乳脂率正常。低毒品种菜籽饼粕饲养效果明显优于普通品种，可提高使用量，奶牛最高可用至25%。

（三）棉籽饼粕

棉籽是棉花的种子，是棉花收获后的重要农副产品，其油脂含量高达24.7%。棉油是我国人民的重要食用油之一。以棉籽为原料，经脱壳或部分脱壳后，再去油后的副产品为棉籽饼粕。我国棉籽饼粕主产区在新疆、河南、山东等省（自治区）。棉籽饼粕的工艺流程见图19-4、图19-5。

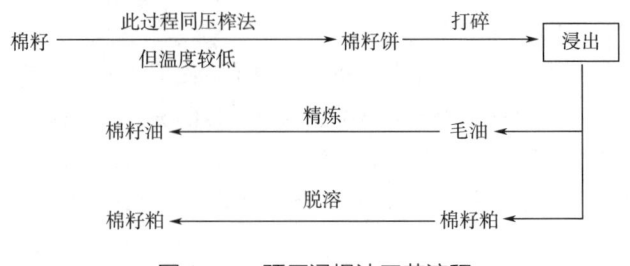

图 19-4　预压浸提法工艺流程

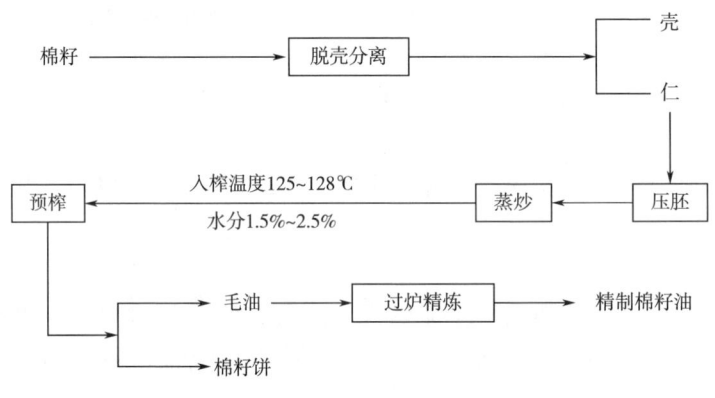

图 19-5　螺旋压榨法工艺流程

1. 营养特点

棉籽饼粕粗纤维含量主要取决于制油过程中棉籽脱壳程度。国产棉籽饼粕粗纤维含量较高，达 13% 以上，有效能值低于大豆饼粕。而脱壳较完全的棉仁饼粕粗纤维含量约 12%，代谢能水平较高。

棉籽饼粕粗蛋白质含量较高，达 34% 以上，棉仁饼粕粗蛋白质可达 41%～44%。氨基酸中赖氨酸较低，仅相当于大豆饼粕的 50%～60%，甲硫氨酸也低，约为 0.4%，精氨酸含量过高，精氨酸含量位居饼粕类原料中第二位，赖氨酸与精氨酸之比在 100∶270 以上。因此，棉仁饼粕与菜籽饼粕搭配不仅可缓冲赖氨酸与精氨酸的拮抗作用，而且还可减少甲硫氨酸的添加量。矿物质中钙少磷多，其中 71% 左右为植酸磷，含硒少，约为 0.06mg/kg。维生素 B_1 含量较多，维生素 A、维生素 D 少。

棉籽饼粕中的抗营养因子主要为棉酚、环丙烯脂肪酸、单宁和植酸。其中，游离棉酚对动物有很大毒害作用。动物摄食游离棉酚过量或摄食时间过长可导致中毒。表现为生长受阻、生产能力下降、贫血、呼吸困难、繁殖能力下降、甚至不育，有时发生死亡。

2. 饲用价值

棉籽饼粕的游离棉酚，不仅对动物的生理机能（主要是繁殖机能）有毒害作用，而且对蛋白质品质也有不良影响。棉酚是一种复杂的多元酚类化合物，有数种同分异构体，一般把具有活性羟基、活性醛基的棉酚称为游离棉酚。这是一种包含在棉仁色腺体中的黄色色素。

棉籽饼粕对鸡的饲用价值主要取决于游离棉酚和粗纤维含量。含壳多的棉籽饼粕，粗纤维含量高,热能低,应避免在肉鸡中使用。用量依游离棉酚含量而定,通常游离棉酚含量在0.05%以下的棉籽饼粕,在肉鸡中可用到饲粮的10%~20%,在产蛋鸡饲粮可占5%~15%。未经脱毒处理的饼粕,饲粮中用量不得超过5%。蛋鸡饲粮中棉酚含量在200mg/kg以下,不影响产蛋率,但影响蛋品质,出现"桃红蛋",即鸡蛋在储存期间蛋清可能出现桃红色,蛋黄出现黄绿或暗红色并有斑点。蛋黄的pH高时,会加速变色反应。若要防止"桃红蛋",棉酚含量应限制在50mg/kg以下。亚铁盐的添加可增强鸡对棉酚的耐受力。鉴于棉籽饼粕中的环丙烯脂肪酸对动物的不良影响,棉籽饼粕中的脂肪含量越低越安全。

品质好的棉籽饼粕是猪良好的蛋白质饲料原料,可代替猪饲料中50%大豆饼粕,但需补充赖氨酸、钙、磷和胡萝卜素等。品质差的棉籽饼粕用量过大则会影响适口性,并有中毒可能。棉籽仁饼粕是猪良好的色氨酸来源,但其甲硫氨酸含量低,一般乳猪、仔猪不宜使用。游离棉酚含量低于0.05%的棉籽饼粕,在肉猪饲粮中可用至10%~20%,母猪可用至3%~5%;若游离棉酚高于0.05%,这时应谨慎使用饼粕。

棉籽饼粕对反刍动物不存在中毒问题,是反刍家畜良好的蛋白质来源。奶牛饲料中添加适当棉籽饼粕可提高乳脂率,若用量超过精料的50%则影响适口性,同时乳脂变硬。棉籽饼粕属便秘性饲料原料,必须搭配芝麻饼粕等软便性饲料原料使用,一般用量以精料中占20%~35%为宜。喂幼牛时,以低于精料的20%为宜,且需搭配含胡萝卜素高的优质粗饲料。肉牛可以棉籽饼粕为主要蛋白质饲料,但应供应优质粗饲料,再补充胡萝卜素和钙,方能获得良好的增重效果,一般在精料中可占30%~40%。棉籽仁饼粕也可作为羊的优质蛋白质饲料来源,同样需配合优质粗饲料。

因棉籽饼粕易感染黄曲霉,故水产动物一般不用。

游离棉酚可使种用动物,尤其是雄性动物生殖细胞发生障碍,因此种用雄性动物应禁止用棉籽饼粕,雌性种畜也应尽量少用。

(四)花生(仁)饼粕

花生(仁)饼粕是花生脱壳后,经机械压榨或溶剂浸提油后的副产品。以中国、印度、英国最多。我国年加工花生饼粕约150万t,主产区为山东省,产量约近全国的1/4,其次为河南、河北、江苏、广东、四川等地,是当地畜禽的重要蛋白质来源。

1. 营养特点

花生饼粕适口性好,营养价值高。花生(仁)饼蛋白质含量约44%,花生(仁)粕蛋白质含量约47%,蛋白质含量高,但63%为不溶于水的球蛋白,可溶于水的白蛋白仅占7%。氨基酸组成不平衡,赖氨酸含量为1.5%~1.8%,甲硫氨酸+胱氨酸含量为1.05%,色氨酸含量为0.48%。粗蛋白质含量在花生饼粕中最高,但赖氨酸和甲硫氨酸含量较低,精氨酸含量在所有植物性饲料中最高,赖氨酸与精氨酸之比为100:380以上,饲喂家畜时适于和精氨酸含量低的菜籽饼粕、血粉等配合使用。在无鱼粉的玉米-豆粕型饲粮中,产蛋鸡的第一、二、三、四位限制性氨基酸依次是甲硫氨酸、亮氨酸(肉仔鸡为赖氨酸)、精氨酸、色氨酸。甲硫氨酸、赖氨酸有合成品,可直接添加补充,精氨酸和色氨酸无合成品,可用花生(仁)饼粕补其不足。花生(仁)饼粕的有效能在饼粕类饲料中最高,约12.26MJ/kg,无氮浸出物中大多为淀粉、糖分和戊聚糖。残余脂肪熔点低,脂肪酸以油酸为主,不饱和脂肪酸占53%~78%。钙、磷含量低,磷多为植酸磷,铁含量略高,其他矿物元素较少。胡萝卜素、维生素D、维生素C含量低,B族维生素较丰富,尤其烟酸含量高,约174mg/kg。核黄素含量低,胆碱1500~

2000mg/kg。

花生（仁）饼粕中含有少量胰蛋白酶抑制因子，适当加热处理可消除其影响。花生（仁）饼粕极易感染黄曲霉，产生黄曲霉毒素。黄曲霉毒素可侵害肝脏、血管及神经系统，引起动物黄曲霉毒素中毒。我国饲料卫生标准中规定，黄曲霉毒素 B_1 含量不得大于 0.05mg/kg。

2. 饲用价值

为避免黄曲霉毒素中毒，幼雏应避免使用花生（仁）饼粕。应用于成鸡，因其适口性好，可提高鸡的食欲，育成期可用到 6%，产蛋鸡可用到 9%，若补充赖氨酸、甲硫氨酸或与鱼粉、豆饼、血粉配合使用，效果更好。在鸡饲粮中添加甲硫氨酸、硒、胡萝卜素、维生素或提高饲粮蛋白质水平，都可以降低黄曲霉毒素的毒性。

花生（仁）饼粕是猪的优良蛋白质饲料，适口性极好。因赖氨酸、甲硫氨酸含量低，其饲喂价值不及大豆饼粕，肥育猪在满足赖氨酸、甲硫氨酸需要的前提下可代替全部大豆饼粕，但为了防止下痢和体脂变软，用量宜低于 10%。为防止黄曲霉毒素中毒，哺乳仔猪最好不用。

花生饼粕对奶牛、肉牛的饲用价值与大豆饼粕相当。花生（仁）饼粕有通便作用，采食过多易导致软便。经高温处理的花生仁饼粕，蛋白质溶解度下降，可提高过瘤胃蛋白量，提高氮沉积量。挤奶期奶牛用量宜在 2% 以下，其他阶段在 4% 以下。

水产动物禁用花生饼粕。

（五）芝麻饼粕

芝麻属于芝麻科芝麻属一年生草本植物。原产于我国云贵高原，后分布到长江、黄河流域，并传入南亚、东南亚各国。芝麻饼粕是芝麻取油后的副产品。全世界总产量约 250 万 t，印度居首位，约占 1/3，其次为中国、苏丹、缅甸。我国年产芝麻饼粕不足 20 万 t，主产区为河南，其次为湖北、安徽、江苏、河北、四川、山东、山西等省。芝麻饼（sesame cake）和芝麻粕（sesame meal）是很有价值的蛋白质来源。

1. 营养特点

芝麻饼粕蛋白质含量较高，为 40%~46%。香味浓、适口性好。氨基酸含量丰富，甲硫氨酸 1.22%、胱氨酸 0.73%、色氨酸 0.80%、精氨酸 3.99%，含量均高于豆饼，其中甲硫氨酸含量位于饼粕类之首，赖氨酸缺乏，精氨酸极高，赖氨酸与精氨酸之比为 100∶420，比例严重失衡，配制饲料时应注意。粗纤维含量低于 7%，代谢能低于花生、大豆饼粕，约为 9.0MJ/kg。矿物质中钙、磷较多，但多以植酸盐形式存在，故钙、磷、锌的吸收均受到抑制。维生素 A、维生素 D、维生素 E 含量低，核黄素、烟酸含量较高。

芝麻饼粕中的抗营养因子主要为植酸和草酸，二者都能影响矿物质的消化和吸收。植酸的存在还降低了饲料中锌、钙、镁和铁的吸收利用率，并且植酸还可以与蛋白质结合，形成植酸钙镁蛋白复合物，降低蛋白质的可溶性，不易为蛋白水解酶所消化。

2. 饲用价值

芝麻饼粕是一种略带苦味的优质蛋白质饲料，同时含有草酸和植酸两种抗营养因子，均会影响营养物质的消化吸收，故其使用效果不如大豆饼粕。

在鸡饲料中用量不宜超过 10%，在家禽和猪日粮中使用大量芝麻饼时，同时添加适量植酸酶制剂，可以提高饲喂效果。雏鸡少用。因含有较多植酸，用量过高会引起脚软和生长抑制等。

仔猪尽可能避免使用，对肥育猪效果远不如大豆饼粕，用量宜小于 10%，且须补充赖氨酸。在饲料中添加4%~6%鱼粉的同时补足赖氨酸，可代替50%的大豆饼粕，但采食过多会使体脂变软。芝麻饼粕还有一定轻泻作用。

芝麻饼粕是牛良好的蛋白质来源，可使被毛光泽良好，但过量采食可降低乳脂率，使体脂和乳脂变软，宜与其他蛋白质饲料配合使用。对肉牛和绵羊也是一种良好的蛋白质来源。

（六）向日葵仁饼粕

向日葵又名葵花，属于菊科植物，原产于墨西哥和秘鲁。俄罗斯和阿根廷为世界两大生产国。向日葵仁饼粕是向日葵籽生产食用油后的副产品，可制成脱壳或不脱壳两种，是较好的蛋白质饲料。我国的主产区在东北、西北和华北，年产量25万t左右，以内蒙古和吉林产量最多。

向日葵仁饼粕榨油工艺有压榨法、预压浸提法和浸提法，其加工工艺流程见图19-6。

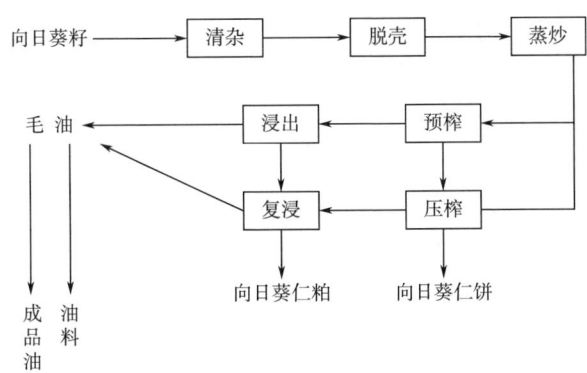

图19-6 向日葵仁饼粕加工工艺流程

1. 营养特点

向日葵仁饼粕的营养价值取决于脱壳程度，完全脱壳的饼粕营养价值很高，其饼、粕的粗蛋白质含量可分别达到41%和46%，与大豆饼粕相当。但脱壳程度差的产品，其营养价值较低。氨基酸组成中，赖氨酸低，甲硫氨酸含量高于大豆饼粕，且赖氨酸和甲硫氨酸的真利用率都在90%左右，与大豆饼粕相当。粗纤维含量较高，有效能值低，残留脂肪6%~7%，其中50%~75%为亚油酸。矿物质中钙、磷含量高，但磷以植酸磷为主，微量元素中锌、铁、铜含量丰富。B族维生素含量丰富，其中烟酸在所有饼粕类饲料中最高（200mg/kg以上），烟酸、泛酸、硫胺素和胆碱含量也很高。

向日葵仁饼粕中的难消化物质，有外壳中的木质素和高温加工条件下形成的难消化糖类。此外还有少量的酚类化合物，主要是绿原酸，含量0.70%~0.82%，氧化后变黑，是饼粕色泽变暗的内因。绿原酸对胰蛋白酶、淀粉酶和脂肪酶有抑制作用，加甲硫氨酸和氯化胆碱可抵消这种不利影响。

2. 饲用价值

未脱壳的向日葵仁饼粕粗纤维含量高，有效能值低，肥育效果差，不宜做肉鸡饲料，但脱壳者可以少量使用；因赖氨酸、亮氨酸等缺乏，需和大豆饼粕搭配使用。未脱壳饼粕蛋鸡用量应低于10%，脱壳后可用到20%，用量过多会造成蛋壳斑点。火鸡采食过多会引起赖氨酸缺乏和羽毛变白。

仔猪饲粮中不宜使用,否则影响消化和氨基酸平衡。其适口性不如豆粕和花生粕,肥育猪可适当使用,但不能作为唯一蛋白质补充料,同时需补充维生素和赖氨酸。脱壳后可取代50%的豆粕,用量过多易导致软脂现象,影响胴体品质。

向日葵仁饼粕对反刍动物适口性好,饲用价值与豆粕相当,是良好的蛋白质原料。对奶牛饲用价值高,但含脂肪高的压榨饼采食过多,易造成乳脂和体脂变软。牛、羊采食向日葵饼后,瘤胃内容物pH下降,可提高瘤胃内容物溶解度,添加甲醛可抑制瘤胃内脱氨反应,提高氮蓄积量。向日葵壳含粗蛋白质4%、粗纤维50%、粗脂肪2%、粗灰分2.5%,可以作为粗饲料喂牛。

(七)亚麻仁饼粕

亚麻仁饼粕是亚麻籽经脱油后的副产品。亚麻籽在我国西北、华北地区种植较多,主要产区有内蒙古、吉林、河北省北部、宁夏、甘肃等沿长城一带,是当地食用油的主要来源。我国年产亚麻仁饼粕超过30万t,以甘肃最多。因亚麻籽中常混有芸芥籽及菜籽等,所以部分地区又将亚麻称为胡麻。亚麻籽榨油工艺流程见图19-7。

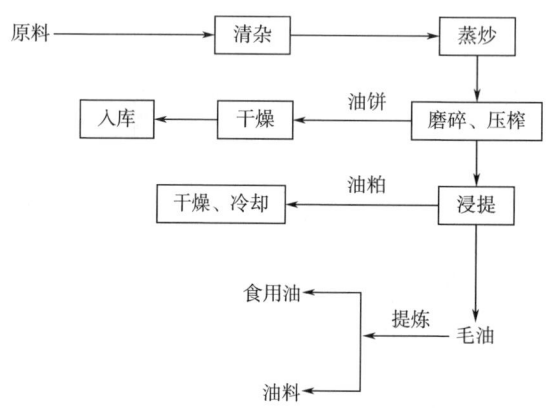

图19-7 亚麻籽榨油工艺流程

1. 营养特点

亚麻仁饼粕粗蛋白质含量一般为32%~36%,氨基酸组成不平衡,赖氨酸、甲硫氨酸含量低,色氨酸、精氨酸含量高,赖氨酸与精氨酸之比为100:250,因此饲料中使用亚麻仁饼粕时,应添加赖氨酸或搭配赖氨酸含量较高的饲料。粗纤维含量高,为8%~10%,热能值较低,代谢能仅约9.0MJ/kg。脂肪中亚麻酸含量可达30%~58%。钙、磷含量较高,硒含量丰富,是优良的天然硒源之一。维生素中胡萝卜素、维生素D含量少,但B族维生素含量丰富。

亚麻仁饼粕中的抗营养因子包括氰苷、亚麻籽胶、抗维生素B_6。氰苷本身没有毒性,但在40~50℃、pH 5.0左右条件下,在自身所含亚麻酶作用下,生成氢氰酸而有毒。亚麻籽胶含量为3%~10%,它是一种可溶性糖,主要成分为乙醛糖酸,它完全不能被单胃动物消化利用,饲粮中用量过多,影响畜禽食欲。用其粉料湿喂时,可黏喙而影响采食,长期下去可使喙发生畸形。即使作为颗粒料干喂时,由于不能被消化利用,使动物排出黏性粪便,常黏附在肛门周围的羽毛上,严重者引起大肠或肛门梗阻。抗维生素B_6是D-脯氨酸的衍生物,可与维生素B_6结合,使维生素B_6失去生理作用,从而影响体内氨基酸代谢。因此在使用亚麻籽饼粕时,要

加大维生素 B_6 的用量。

2. 饲用价值

鸡饲料中应尽量少用或不用亚麻仁饼粕，用量达5%时，即造成动物食欲下降，生长受阻，用量达10%即有死亡现象。火鸡对亚麻籽饼粕更为敏感。亚麻仁饼粕经水浸、高压蒸汽处理后添加可缓解其毒害。

用作猪饲料，其饲用价值高于芝麻饼粕和花生仁饼粕，但氨基酸不平衡，需同其他优质蛋白质饲料配合使用，补充其缺乏的氨基酸后，可获得良好的饲养效果。肥育猪饲料中可用至8%，不会影响增重和饲料效率；过多使用则会造成腹脂融点下降，引起软脂现象，并导致维生素 B_6 缺乏症。在母猪饲料中适当添加可预防便秘。

亚麻仁饼粕是反刍动物良好的蛋白质来源，适口性好，牛、羊饲料中均可使用，可提高肉牛肥育效果、奶牛产奶量，还可改善反刍动物被毛光泽。犊牛、羔羊、成年牛羊及种用牛羊均可使用，并可作为唯一蛋白质来源，配合其他蛋白质饲料，可预防乳脂变软。由于其含有黏性胶质，具有润肠通便的效果，可当作抗便秘剂。

第二节　动物性蛋白质饲料

动物性蛋白质饲料主要是指水产、畜禽加工、乳品业及桑蚕业等加工副产品。该类饲料的主要营养特点是：蛋白质含量高（40%~85%），氨基酸组成比较平衡，并含有促进动物生长的动物性蛋白因子（animal protein factor，APF）；碳水化合物含量低，不含粗纤维；粗灰分含量高，钙、磷含量丰富，比例适宜；维生素含量丰富（特别维生素 B_2 和维生素 B_{12}）；脂肪含量较高，虽然能值含量高，但脂肪易氧化酸败，不宜长时间储藏。

一、水产品加工副产品

（一）鱼粉

1. 概述

鱼粉是以新鲜的全鱼或鱼品加工过程中所得的鱼杂碎为原料，经或不经脱脂加工制成的洁净、干燥和粉碎的产品。全世界的鱼粉生产国主要有秘鲁、智利、日本、丹麦、美国、挪威等，其中秘鲁与智利的出口量约占总贸易量的70%。中国鱼粉产量不高，主要生产地在山东省、浙江省，其次为河北省、福建省、天津市、广西壮族自治区等。

（1）分类　①根据来源将鱼粉分为国产鱼粉和进口鱼粉。显然，这种分类方法比较粗略，反映不出鱼粉的品质。②按原料性质、色泽分类，将鱼粉分为普通鱼粉（橙白或褐色）、白鱼粉（灰白或黄灰白色，以鳕鱼为主）、褐鱼粉（橙褐或褐色）、混合鱼粉（浅黑褐或浓黑色）、鲸鱼粉（浅黑色）和鱼粕（鱼类加工残渣）6种。③按原料部位与组成鱼粉可分为全鱼粉（以全鱼为原料制得的鱼粉）、强化鱼粉（全鱼粉+鱼溶浆）、粗鱼粉（鱼粕，以鱼类加工残渣为原料制成）、调整鱼粉（全鱼粉+粗鱼粉）、混合鱼粉（调整鱼粉+肉骨粉或羽毛粉）、鱼精粉（鱼溶浆+吸附剂）6种。上述分类方法因国家不同而异，我国饲料行业目前还没有标准，多种方法都采用。

（2）加工工艺　目前国内外鱼粉的加工多根据鱼脂肪含量采用不同的方法，分为高脂鱼和低脂鱼 2 种加工工艺。

① 高脂鱼的加工工艺：是对脂肪含量较高的鱼粉先进行脱脂，然后再干燥制粉的加工过程。首先，用蒸煮或干热风加热的方法，使鱼体组织蛋白质发生热变性而凝固，促使体脂分离溶出。然后对固形物进行螺旋压榨法压榨，将固体部分烘干制鱼粉。干燥的方法分为干热风和蒸汽法 2 种。干热风的温度因热源形式不同，可从 100~400℃ 不等；蒸汽法为间接加热，干燥速度慢，但鱼粉质量好。整鱼经过去油、去浸汁、干燥、粉碎后的产品，蛋白质含量为 50%~60%。榨出的汁液经酸化、喷雾干燥或加热浓缩成鱼膏。鱼膏还可以用鱼类内脏生产，原料经加酶水解、离心分离、去油，水解液浓缩制成鱼膏。制成后的鱼膏可直接桶装出售，也可用淀粉或糠麸作为吸附剂再经干燥、粉碎后出售，后者称为鱼汁吸附饲料或混合鱼溶粉，其营养价值因载体而异。加工工艺流程见图 19-8。

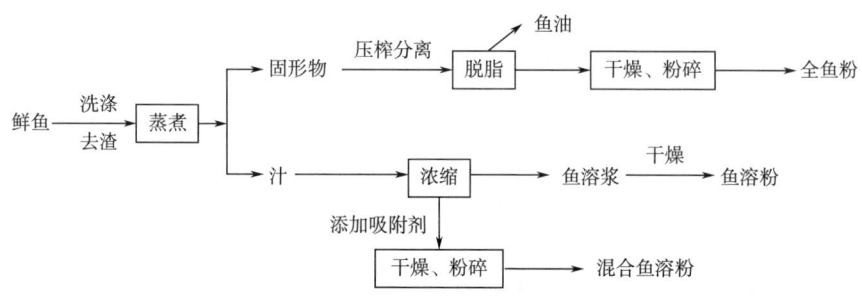

图 19-8　用高脂肪鱼生产鱼粉加工工艺

② 低脂鱼的加工工艺：是对体脂肪相对含量低的鱼及其他海产品的加工过程。根据原料的种类一般分为全鱼粉和杂鱼粉两类。全鱼粉是对脂肪含量少的鱼进行整体直接加热干燥，失去部分水分后再进行脱脂，固形物经第 2 次干燥至水分含量达 18%，粉碎制成鱼粉。通常每 100kg 全鱼约可出全鱼粉 22kg，蛋白质含量在 60% 左右。杂鱼粉是将小杂鱼、虾、蟹以及鱼头、尾、鳍、内脏等直接干燥粉碎后的产品，又称鱼干粉，含粗蛋白质 45%~55%；或在产鱼旺季，先采用盐腌原料，再经脱盐，然后干燥粉碎制得。这种鱼粉往往因脱盐不彻底（含盐 10% 以上），使用不当易造成畜禽食盐中毒。加工工艺流程见图 19-9。

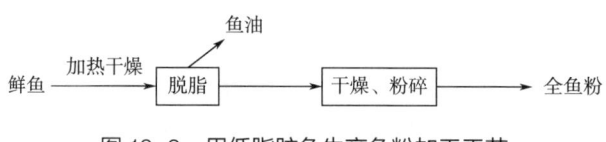

图 19-9　用低脂肪鱼生产鱼粉加工工艺

2. 营养特点

鱼粉的主要营养特点是蛋白质含量高，一般脱脂全鱼粉的粗蛋白质含量高达 60% 以上。氨基酸组成齐全、平衡，尤其是主要氨基酸与猪、鸡体组织氨基酸组成基本一致。鱼粉是高能量饲料，没有纤维素和木质素等难消化和不能消化的物质。鱼粉脂肪含量一般在 1.3%~15.5%，灰分 14.4%~45%，钙 0.8%~10.7%，磷 1.2%~3.35%，钙、磷含量高，比例适宜。微量元素中碘、硒含量高。富含维生素 B_{12}、脂溶性维生素 A、维生素 D、维生素 E 和未知生长因子。

所以，鱼粉不仅是一种优质蛋白源，而且是一种不易被其他蛋白质饲料完全取代的动物性蛋白质饲料。但鱼粉营养成分因原料质量不同差异较大。

通常真空干燥法或蒸汽干燥法制成的鱼粉，蛋白质利用率比用烘烤法制成的鱼粉约高10%。鱼粉中一般含有6%~12%的脂类，其中不饱和脂肪酸含量较高，极易被氧化产生异味。进口鱼粉因生产国的工艺及原料而异，质量较好的是秘鲁鱼粉及白鱼鱼粉，粗蛋白质含量可达60%以上。含硫氨基酸约比国产鱼粉高1倍，赖氨酸也明显高于国产鱼粉。国产鱼粉由于原料品种、加工工艺等因素，产品质量参差不齐。

鱼浸膏中水分含量约为50%，粗蛋白质为30%，含硫氨基酸、色氨酸等含量均低于鱼粉。

3. 饲用价值

因鱼粉中不饱和脂肪酸含量较高并具有鱼腥味，故在畜禽饲粮中使用量不可过多，否则导致畜产品异味。在家禽饲粮中使用鱼粉过多可导致禽肉、蛋产生鱼腥味，因此当鱼粉中脂肪含量约10%时，在鸡饲粮中用量应控制在10%以下。鱼油含量要求小于1%。火鸡宰前8周应停喂鱼粉。生长肥育猪饲粮中鱼粉用量应控制在8%以下，否则会使体脂变软、肉带鱼腥味。幼龄畜禽饲粮中鱼粉添加量应小于10%，成年畜禽小于5%。为降低成本，猪育肥后期饲粮可不添加鱼粉。

鱼粉应储藏在干燥、低温、通风、避光的地方，防止发生变质。鲱鱼、西鲱鱼及鲤科鱼类，体内含有破坏硫胺素的酶，特别是鱼粉不新鲜时，会释放出硫胺素酶，大量摄入会引起硫胺素缺乏症。因此，在使用劣质鱼粉时应考虑提高硫胺素的添加量。当加工温度过高、时间过长或运输、储藏过程中发生自燃，都会使鱼粉产生过多的肌胃糜烂素，这是鱼粉中的组胺（组氨酸的衍生物）与赖氨酸反应生成的一种化合物，以沙丁鱼制得的鱼粉（红鱼粉）最易生成这种化合物。正常的鱼粉中含量不超过0.3mg/kg，如果鱼粉中这种物质含量过高，喂鸡常因胃酸分泌过度而使鸡嗉囊肿大，肌胃糜烂、溃疡、穿孔，最后呕血死亡。此病又称为"黑色呕吐病"，生产中对该类鱼粉应慎用或不用。

配方计算时应考虑鱼粉的含盐量，以防食盐中毒。

（二）虾粉、虾壳粉、蟹粉

虾粉、虾壳粉是指利用新鲜小虾或虾头、虾壳，经干燥、粉碎而成的一种色泽新鲜、无腐败异臭的粉末状产品。蟹粉是指用蟹壳、蟹内脏及部分蟹肉加工生产的一种产品。这类产品的共同特点是含一种被称为几丁质（chitin，又名壳多糖、甲壳素）的物质，其化学组成类似纤维素，很难被动物消化。几丁质在昆虫、甲壳类（虾、蟹）等动物的骨骼中与碳酸钙相伴存在，可占甲壳有机物质50%~80%，在酵母、霉菌等微生物中也有发现。随着科学技术发展，人们发现几丁质是由β-1,4键连接的氨基葡萄糖多聚体，分解产物为2-氨基葡萄糖，并证实对于虾、蟹壳的形成具有重要作用，还可用作蛋白质的凝聚剂和鱼生长促进剂。

1. 营养特点

一般虾粉蛋白质含量为40%左右，虾壳、蟹壳粉粗蛋白质约达30%，其中1/2为几丁质氮。粗灰分30%左右，并含大量不饱和脂肪酸、胆碱、磷脂、固醇和具着色效果的虾红素。

2. 饲用价值

虾、蟹壳粉不仅可为畜禽提供蛋白质，而且还有一些其他特殊作用。鸡饲料中添加3%，有助于肉鸡脚趾和蛋黄着色。猪饲料中添加3%~5%，是肠道中双歧乳酸杆菌的生长因子，可提高仔猪的抗病力，改善猪肉色泽。虾料中添加10%~15%，也可取得良好的促生长效果。有报道指出，几丁质的水解产物 N-乙酰氨基葡萄糖（壳多糖），可降低血中胆固醇含量，并具抗感染生理活性和促进消化、提高增重等功能。利用时，应注意其含盐量和新鲜度。

二、畜禽加工副产品

畜禽加工副产品是指屠宰厂或肉联加工厂处理屠体后所得的副产物，经灭菌等加工处理而用于畜禽饲料的一类产品。

（一）肉骨粉

肉骨粉是以洁净、新鲜的动物组织和骨骼（不得含排泄物、胃肠内容物及其他外来物质）经高温高压蒸煮灭菌、干燥、粉碎制成的产品。肉粉是以纯肉屑或碎肉制成的饲料。骨粉是由洁净、新鲜的动物骨骼经高温高压蒸煮灭菌、脱脂和（或）脱胶、干燥、粉碎后的产品。

肉骨粉一般含有一定量的骨粉，骨粉作为动物的钙磷来源，但其蛋白质营养价值很低。肉骨粉中骨粉的比例增加时，其营养价值下降。肉骨粉中一般含有较高的动物脂肪，因此不能储存太久，否则会产生脂肪酸败。另外，肉骨粉中蛋白质、脂肪含量都比较高，是微生物天然的培养基，容易滋生微生物，所以在迫不得已要储存时，应添加抗氧化剂和防腐剂。

肉骨粉和肉粉的加工方法，根据加工过程可分为湿法、干法生产两种。典型加工工艺流程见图 19-10。

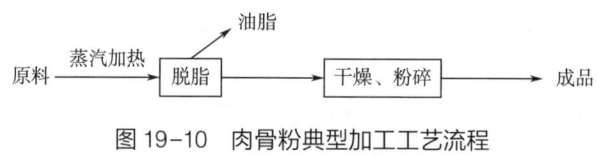

图 19-10　肉骨粉典型加工工艺流程

1. 营养特点

因原料组成和肉、骨的比例不同，肉骨粉的质量差异较大，粗蛋白质 20%～50%，赖氨酸 1%～3%，含硫氨基酸 3%～6%，色氨酸低于 0.5%，含量较低；粗灰分 26%～40%，钙 7%～10%，磷 3.8%～5.0%，是动物良好的钙磷供源，不仅含量高，且比例适宜，磷都为可利用磷；微量元素锰、铁、锌的含量也较高；脂肪 8%～18%；维生素 B_{12}、烟酸、胆碱含量丰富，维生素 A、维生素 D 含量较少。

2. 饲用价值

肉骨粉和肉粉虽作为一类蛋白质饲料原料，可与谷类饲料搭配补充蛋白质的不足。但由于肉骨粉主要由肉、骨、腱、韧带、内脏等组成，还包括毛、蹄、角、皮及血等废弃物，所以品质变异很大。若以腐败的原料制成产品，品质更差，甚至可导致中毒。加工过程中热处理过度的产品适口性和消化率均下降，储存不当时，脂肪易氧化酸败，影响适口性和动物产品品质，因此，其总体饲养效果不优于鱼粉。

肉骨粉的原料很易感染沙门氏菌，故在加工处理畜禽副产品过程中，要进行严格的消毒。例如，英国曾经由于对动物副产品未进行正确的处理，用感染有传染性沙门氏菌的禽副产品制成的肉粉去饲喂家禽，导致禽蛋和仔鸡肉的沙门氏菌感染。另外，用患病家畜的副产品制成的肉粉尽量不喂同类动物。由于疯牛病的原因，许多国家已禁止用反刍动物副产品制成的肉粉去饲喂同类动物。

一般鸡日粮中用量在6%以下,猪日粮在5%以下,幼龄动物不宜使用。

(二)血粉

血粉是以畜、禽血液为原料,经蒸煮、干燥、粉碎等加工处理后的产物。血粉是一种红褐色至深褐色的细粉状产品。动物血液一般占活体重的4%~9%,血液中的固形物约达20%。血粉在加工过程中有部分损失,以100kg体重计算,牛的血粉为0.6~0.7kg,猪为0.5~0.6kg。

利用全血生产血粉的工艺方法主要有喷雾干燥法、蒸煮法和晾晒法。

1. 营养特点

血粉干物质中粗蛋白质含量一般在80%以上。赖氨酸含量居天然饲料之首,达6%~9%,色氨酸、亮氨酸、缬氨酸含量也高于其他动物性蛋白质,但缺乏异亮氨酸、甲硫氨酸,总的氨基酸组成非常不平衡。血粉中蛋白质、氨基酸利用率与加工方法、干燥温度、时间长短有很大关系。通常持续高温会使氨基酸的利用率降低,低温喷雾法生产的血粉优于蒸煮法生产的血粉。血粉中含钙、磷少,但含有多种微量元素,如铁、铜、锌等,尤其是铁达2800mg/kg,是所有原料中最丰富者。

2. 饲用价值

血粉适口性差,不容易消化吸收(消化率为60%~70%),氨基酸组成不平衡,并具黏性,过量添加会黏着喙,妨碍采食,同时易引起腹泻,因此添加量不宜过高。一般仔鸡、仔猪饲料中用量应小于2%,成年猪、鸡饲料中用量不应超过4%。血粉对幼龄反刍动物适口性差,育成牛和成牛饲料中可少量使用,范围在6%~8%为宜。

不同种类动物的血源及新鲜度是影响血粉品质的一个重要因素。使用血粉要考虑新鲜度,防止微生物污染。由于血粉自身的氨基酸利用率不高,氨基酸组成也不理想,因此,应科学利用血粉的营养特性,在设计饲料配方时尽可能与异亮氨酸含量高和缬氨酸含量较低的饲料配伍。

(三)水解羽毛粉

水解羽毛粉是将家禽羽毛经过清洗、水解、干燥、粉碎或膨化制成的粉状产品。一般每羽成年鸡可得风干羽毛80~150g,为体重的4%~5%。所以羽毛粉是一种潜力很大的蛋白质饲料资源。

禽类羽毛是皮肤的衍生物。羽毛蛋白质中85%~90%为角蛋白质,属于硬蛋白质类,肽与肽之间由二硫键(—S—S—)和硫氢键相连,具有很大的稳定性,不经加工处理很难被动物利用。通过水解可破坏羽毛粉蛋白二硫键,使不溶性角蛋白质变为可溶性蛋白质,有利于动物消化利用。

羽毛粉的加工工艺有高压水解法、酶解法和膨化法三种。

1. 营养特点

羽毛粉中含粗蛋白质80%~85%,胱氨酸2.93%,居天然饲料之首。据分析,其缬氨酸、亮氨酸、异亮氨酸含量分别约为6.05%、6.78%、4.21%,高于其他动物性蛋白质,但赖氨酸、甲硫氨酸和色氨酸含量相对缺乏。由于胱氨酸在代谢中可代替50%甲硫氨酸,所以配方中添加适量水解羽毛粉可补充甲硫氨酸不足。同时水解羽毛粉还具有平衡其他氨基酸的功能,应充分合理利用这一资源。此外,水解羽毛粉的过瘤胃蛋白含量约为70%,所以是反刍动物良好的过瘤胃蛋白源,营养价值与棉籽饼相当。矿物质中含硫很高,可达1.5%,是所有原料中含硫最高者,但钙、磷含量较少。此外,羽毛粉中微量元素硒含量较高,约为0.84mg/kg。维生素B_{12}

含量较高，而其他维生素含量则很低。

2. 饲用价值

在养殖生产中，水解羽毛粉常因蛋白质生物学价值低、适口性差、氨基酸组成不平衡而被限量利用。水解羽毛粉的赖氨酸、甲硫氨酸、色氨酸、组氨酸明显低于鲱鱼粉，但胱氨酸、精氨酸、亮氨酸、异亮氨酸、苯丙氨酸、苏氨酸、缬氨酸、甘氨酸、酪氨酸均高于鲱鱼粉。而可溶性血粉蛋白质中氨基酸除精氨酸、异亮氨酸、甘氨酸、酪氨酸和甲硫氨酸的含量低于鲱鱼粉外，其余氨基酸含量都高于鲱鱼粉，其中异亮氨酸含量居天然饲料之首。羽毛粉可以和血粉合理配伍，除甲硫氨酸外，其余必需氨基酸均可获得营养互补，若补加甲硫氨酸可获得良好的饲喂效果。

水解羽毛粉一般在单胃动物饲料中的添加量不应过高，控制在5%~7%比较合适。研究表明，水解羽毛粉在蛋、肉鸡日粮中的添加量以4%为宜；生长猪日粮中，以3%~5%为宜；鱼、鹿饲粮中以3%~10%为宜；火鸡饲粮中以2.5%~5.0%为宜；奶牛饲粮中用量应控制在5%以下。

（四）皮革粉

皮革粉是制革工业的副产品，是用鞣制前或鞣制后的各种动物皮革副产品制成的一种高蛋白质粉状饲料，主要成分是骨胶原蛋白。

1. 营养特点

水解皮革粉因原料的来源和加工方法不同，粗蛋白质含量差异很大，为50%~80%，除赖氨酸较高外，其他氨基酸的比例不平衡，利用率较差，属中低档动物性蛋白质饲料。另外，金属铬的含量较高，使用时应注意合理搭配或添加合成氨基酸，以使氨基酸平衡。

2. 饲用价值

皮革粉可作为猪、鸡及水产动物的蛋白质原料。特别对鱼虾有独特的用途，因其有天然黏性，可代替进口鱼粉，既可提高蛋白质含量，又可作为营养性黏合剂，延长鱼虾颗粒饲料在水中散开的时间，提高饵料的利用率。在蛋鸡日粮中可用到3%左右，肉猪日粮中可用至4%~5%，鱼虾饵料中可使用4%~10%。

（五）乳清粉

乳清粉一般含有65%~75%的乳糖和12%的粗蛋白质。

乳清粉可以为仔猪提供大量的乳糖。乳糖在消化道内发酵可以产生大量乳酸，降低pH，促进有益菌群的生长，抑制有害菌群的生长，有利于仔猪的健康。仔猪开食料中，乳清粉的比例可占20%，早期断奶仔猪的日粮中，乳清粉可占20%~30%。

第三节 单细胞蛋白饲料

单细胞蛋白是单细胞或具有简单构造的多细胞生物菌体蛋白的统称。由单细胞生物个体组成的蛋白质含量较高的饲料，被称为单细胞蛋白饲料。单细胞蛋白饲料主要包括一些微生物或单细胞藻类如各种酵母、蓝藻与小球藻等（图19-11）。

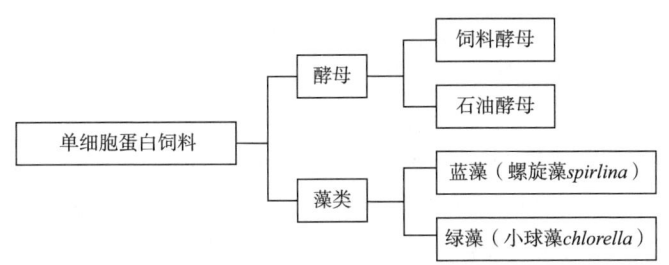

图 19-11 单细胞蛋白饲料分类

一、单细胞蛋白饲料特点

（1）单细胞生物繁殖特别快，世代周转迅速。在良好发酵条件下，每接种 100kg，1d 之后可得到 2500kg 干酵母，其生长繁殖速度约为大豆的 1300 倍，为动物生长速度的 2000 倍。

（2）作为培养基的物质来源广泛，如纸浆废弃液、制糖业的糖蜜及废弃物、合成纤维工业的副产品及天然气和石油加工副产品等均可利用。

（3）单细胞生物粗蛋白质含量高，而且动物对其消化率高。例如，猪对啤酒酵母的消化率可达 92%，对木糖酵母的消化率可达 88%。

（4）单细胞生物是 B 族维生素的良好来源，如啤酒酵母含核黄素 38.5mg/kg，硫胺素 94.6mg/kg。

二、生产单细胞蛋白的原料

1. 工业废液类

工业废液类包括造纸废液、酒精废液、味精废液、淀粉废液、生产柠檬酸废液、糖蜜废液、木材水解废液和豆制品废液等。

2. 工农业糟渣类

工农业糟渣类包括白酒糟、啤酒糟、果酒糟、醋糟、酱油糟、豆渣、粉渣、玉米淀粉渣、药渣、甜菜渣、甘蔗渣、果渣等。

3. 化工产品类

化工产品类包括石油、石蜡、柴油、天然气、正烷烃、甲醇、乙醇和乙酸等。

除以上所介绍的外，农作物秸秆、秕壳、饼粕类、畜禽粪便、有机垃圾、风化煤等也可作为原料生产单细胞蛋白。可见，生产单细胞蛋白的原料来源广，可充分利用工农业的废物，净化污水，减少环境污染；同时，可工业化生产，不与农业争地，也不受气候条件限制。

三、单细胞蛋白

（一）酵母菌类

1. 石油酵母

（1）营养特点　石油酵母粗蛋白质含量约 60%，水分含量 5%~8%，粗脂肪 8%~10%，干物质中消化能（猪）为 14.98MJ/kg，代谢能（鸡）为 9.29MJ/kg。赖氨酸含量接近优质鱼粉，但甲硫氨酸含量很低。粗脂肪多以结合型存在细胞质中，不易被氧化，利用率较高。矿物质中铁高、碘低。维生素 B_{12} 不足。

(2) 饲用价值　根据石油酵母赖氨酸含量高、甲硫氨酸含量低的特点,最好用于育成鸡、蛋鸡和肥育猪后期饲料中。从能值、蛋白质含量和适口性等方面综合考虑,石油酵母不宜单独取代鱼粉。石油酵母适于高水温鱼利用。因为高水温鱼体温高,肠道酵素活性大,对酵母消化率高,其效果鲤、鳗鱼优于鲱、鲇鱼。畜禽饲粮中酵母的最大添加量:肉鸡、产蛋鸡 5%~10%,肥育猪 5%~15%,鲤鱼、鳗鱼 20%~40%,鲱鱼、鲇鱼 10%~30%。

一般以石油蜡烃为原料生产的石油酵母因其原料中不含有高分子致癌性多环芳香物,所以安全性高。而以轻油或重质油直接作发酵原料生产的石油酵母含有致癌物质 3,4-苯并芘,应慎用。

2. 工业废液酵母

工业废液酵母是指以发酵、造纸、食品等工业废液(如酒精、啤酒、纸浆废液和糖蜜等)为碳源和一定比例的氮(硫酸铵、尿素)作营养源,接种酵母菌液,经发酵、离心提取和干燥、粉碎而获得的一种菌体蛋白饲料。

(1) 营养特点　饲用酵母因原料及工艺不同,其营养组成有相当大的变化,一般风干制品中含粗蛋白质 45%~62%,如酒精液酵母 45%,味精菌体酵母 62%,纸浆废液酵母 46%,啤酒酵母 52%。这类单细胞蛋白的必需氨基酸含量和鱼粉接近,赖氨酸为 5%~7%,甲硫氨酸+胱氨酸为 2%~3%。蛋白质生物学价值不如鱼粉,与优质豆饼相当,但适口性差。有效能值与玉米近似。富含锌和硒,含铁量很高。

(2) 饲用价值　在酵母的综合利用中,可先提取酵母中的核酸再制成脱核酵母粉。同时酵母产品不断开发,种类不断增加,如含硒酵母、含铬酵母、含锌酵母已有商品化产品,均有其特殊营养功能。工业废液酵母从环保及物尽其用的原则出发,最具有开发前途。

(二) 单细胞藻类

单细胞藻类是指以阳光为能源,以天然有机和无机物为培养基,生活于水中的小型单细胞浮游生物体,目前主要饲用的藻类有绿藻和蓝藻两种。绿藻呈单细胞微球状,直径 5~10μm。蓝藻因呈相连螺旋状又名螺旋藻,长 300~500μm,易培养捕捞,色素和蛋白质的利用率高。

1. 绿藻属

绿藻 (*chlorella*) 呈深绿色,可生长在咸水中或以脏水、动物粪便或其他废弃物为肥料的池塘内。稍具苦味,营养成分较全,含有动物未知生长因子和丰富的类胡萝卜素,所以被认为是一种既可作为动物饲料,又可净化动物及人类废弃物的有机物。但绿藻细胞壁厚,叶绿素不易消化,所以畜禽和水产动物对其消化率低,用量受到限制。一般可少量用于猪、鸡饲料,在鸡饲料中用量应<10%,用量达 10%时可引起轻度下痢,20%时出现发育不良等症;在生长猪饲料中用量为 15%;在水产动物,如金鱼、锦鲤、斑节虾饲料中用量约为 20%。

2. 蓝藻属

蓝藻 (*spirulina*) 可生长在因碱性强而不能用于灌溉的淡水和湖泊里。这种高 pH 的水可以为蓝藻的光合作用提供丰富的 CO_2,有利于提高产量。蓝藻的粗蛋白质含量为 65%~70%,粗脂肪、粗纤维含量比绿藻低,无氮浸出物含量比绿藻高。赖氨酸、甲硫氨酸含量低,精氨酸、色氨酸含量高,氨基酸组成略欠平衡。脂肪以软脂酸、亚油酸、亚麻油酸居多,维生素 C 含量丰富,其他与绿藻相近。蓝藻适口性好,可大量用于猪、牛、羊饲料。禽类对其利用率稍差。蓝藻是水产动物的优质诱食料,对金鱼、锦鲤鱼尤为明显。

蓝藻的蛋白质产量非常高，单位面积蓝藻所产蛋白质是玉米的 125 倍，鱼类的 70 倍，肉牛产品的 600 倍，是一种极具发展前景的藻类。

第四节　非蛋白氮饲料

非蛋白氮饲料是指所有含氮的非蛋白质可饲物质，主要包括饲料用尿素、氨、铵盐及其他合成的简单含氮化合物。非蛋白氮饲料作为简单的纯化合物质，对动物并无能量营养效应，其作用只是供给瘤胃微生物合成蛋白质所需的氮源，以节省饲料蛋白质。

一、尿素

尿素为白色、无臭、结晶状物质。其易溶于水，吸湿性强，味微咸苦，适口性差，分子式为 $CO(NH_2)_2$，结构式为：

$$\begin{array}{c} H_2N \\ \diagdown \\ C=O \\ \diagup \\ H_2N \end{array}$$

尿素纯品含氮量为 46.67%，工业生产的饲料级尿素含氮量一般为 45%。每千克尿素相当于 2.8kg 的粗蛋白质，或相当于 7kg 豆饼的粗蛋白质含量。在生产实践中，适量使用尿素代替牛、羊饲粮中的部分蛋白质饲料，不仅可降低生产成本，还可提高生产力。

瘤胃细菌能产生活性很强的脲酶，当尿素进入瘤胃后，很快被脲酶水解为氨和二氧化碳。尿素水解后的氨与饲料蛋白质降解产生的氨一起，均可被用于合成菌体蛋白质。菌体蛋白质在真胃和小肠内经酶的作用，转化为游离氨基酸，在小肠被吸收利用。

（一）影响尿素利用的因素

（1）饲粮中易被消化吸收的碳水化合物数量是影响尿素利用效率的最主要因素。谷类饲料中的碳水化合物很易被发酵成淀粉和糖，由于瘤胃中尿素可以迅速转化为氨，所以能快速利用尿素的微生物数量对尿素的利用起主要作用。如果这些微生物数量少，当尿素转化为氨后，过多的氨就会被瘤胃壁吸收，并随尿排出体外，造成饲料中氮的浪费。微生物利用碳水化合物的实质是满足自身生长繁殖的能量，同时为合成菌体蛋白质提供碳源，保证尿素的充分利用。

（2）供给反刍动物适量的天然饲料蛋白质，其水平占饲粮的 9%～12%，以促进菌体蛋白质的合成。粗饲料中粗纤维含量高，不利于利用尿素的微生物繁殖，也达不到使用尿素的目的。

（3）供给适量的硫、钴、锌、铜、锰等微量元素，可为微生物合成含硫氨基酸和吸收利用氮素提供有利条件。

（4）供给适量的维生素，特别是维生素 A、维生素 D，以保证微生物的正常活性。

（5）控制尿素在瘤胃中分解的速度。瘤胃微生物合成蛋白质速度比非蛋白氮分解速度慢，因此，必须抑制脲酶，使尿素分解缓慢或加速微生物合成。能使瘤胃微生物最大程度地发挥其利用效率的氨的最适宜量为 20mg/100mL（100mL 瘤胃液中含有 20mg 氨）。

（6）尿素的饲喂对象为 6 个月以上反刍动物，用量不能超过饲粮总氮量的 1/3，或占精料补充料干物质的1%。产奶量高于27kg/d的奶牛饲粮不应添加。

(二) 尿素毒性

尿素本身并不具有毒性，但用量过多可引起氨中毒。当饲料中尿素水平过高时，反刍动物吸收的氨的量就会超过肝脏降解氨的量，氨就会参与动物体的循环，大脑组织对氨很敏感，当血氨水平高于正常量时，会导致神经症状的发生。

尿素不宜单一饲喂，应与其他精料合理搭配。生豆粕、生大豆、南瓜等饲料含有大量脲酶，切不可与尿素一起饲喂，以免引起中毒。浸泡粗饲料投喂或调制成尿素青贮料（0.3%~0.5%）饲喂，与糖浆制成液体尿素精饲料投喂或做成尿素颗粒料、尿素精料砖等也是有效的利用方式。利用乙酰氧肟酸（acetohydroxamic acid，AHA）等脲酶抑制剂能抑制脲酶活性，提高尿素氮与饲料氮的利用效率。

二、胺盐类

(一) 脂肪酸尿素

脂肪酸尿素又称脂脲，是脂肪膜包被的尿素，目的是提高能量、改善适口性和降低尿素分解速率。含氮量一般大于30%，呈浅黄色颗粒。

(二) 腐脲

腐脲（硝基腐脲）是尿素和腐植酸按4:1在100~150℃下生产的一种黑褐色粉末，含氮24%~27%。

(三) 羧甲基纤维素尿素

用1份羧甲基纤维素钠盐包被9份尿素，再以20%水拌成糊状，制粒（直径12.5mm），经24℃干燥2h即成。用量可占牛日粮2%~5%。另外也可将尿素添加到苜蓿粉中制粒。

(四) 氨基浓缩物

氨基浓缩物是用20%尿素、75%谷实和5%膨润土混匀，在高温、高湿和高压下制成。

(五) 磷酸脲

磷酸脲（尿素磷酸盐）$[CO(NH_2)_2 \cdot H_3PO_4]$含氮10%~30%，含磷8%~19%。毒性低于尿素，对牛、羊增重效果明显。

(六) 铵盐

铵盐包括无机铵盐（如硫酸铵、碳酸氢铵、多磷酸铵、氯化铵）和有机铵盐（如醋酸铵、丙酸铵、乳酸铵、丁酸铵）两类。部分介绍如下。

1. 硫酸铵

工业级硫酸铵$[(NH_4)_2SO_4]$一般呈白色或微黄色结晶，少数呈微青或暗褐色，易溶于水。含氮20%~21%，蛋白质当量为125%。硫酸铵既可作氮源也可作硫源。生产中多将其与尿素以（2~3）:1混后饲用。

2. 碳酸氢铵

碳酸氢铵（NH_4HCO_3）为白色结晶，易溶于水。当温度升高或温度变化时可分解成氨、二氧化碳和水。味极咸，有氨臭味，含氮20%~21%，含氮17%，蛋白质当量106%。

3. 多磷酸铵

多磷酸铵属一种高浓度氮磷复合肥料，由氨和磷酸制得。一般含氮22%、含P_2O_5 34.4%，易溶于水。蛋白质当量为137%，可供作反刍动物的氮、磷源。

（七）液氨（NH_3）和氨水（$NH_3 \cdot H_2O$）

液氨又称无水氨，一般由气态氨液化而成，含氮82%。氨水是氨的水溶液，含氮15%~17%，具刺鼻气味，可以用来处理秸秆、青贮饲料及糟渣等饲料。

> **思考题**
>
> 1. 什么是动物性蛋白质饲料？有什么特点？
> 2. 为什么血粉、羽毛粉、蚕蛹粉相互间搭配饲喂更科学合理？
> 3. 大豆饼粕、棉籽饼粕、菜籽饼粕中各有哪些抗营养因子？有哪些有害作用？怎样才能去除这些抗营养因子？
> 4. 鱼粉有哪些营养特点和饲用价值？如何科学合理的使用鱼粉？
> 5. 怎样安全有效地使用非蛋白氮饲料？
> 6. 为什么说水解羽毛粉是反刍动物较好的蛋白质饲料？

第二十章 矿物质饲料

[学习目标]

1. 了解常见矿物质饲料的类别、化学组成及其主要成分含量。
2. 理解不同动物对矿物元素需求量的差异。

矿物质饲料指可供饲用的天然的、化学合成的或经特殊加工的无机饲料原料或矿物元素的有机络合物原料。

第一节　常量矿物质饲料

根据含量一般将矿物元素分为常量和微量元素。动物所需要的常量元素包括钙、磷、钠、钾、氯、镁、硫等。常用的基础饲料中，一般钾含量较高，能满足动物需要，不需要额外补充，而其他元素含量一般不能满足动物需要，必须利用矿物质饲料进行补充。因此，常量矿物质饲料包括钙源性、磷源性、钠源性饲料以及含硫和含镁的饲料。

一、钙源性饲料

钙源性饲料是指能给动物提供钙元素的饲料。

（一）石粉

石粉又称石灰石粉，由优质石灰石粉碎而得，为天然的碳酸钙（$CaCO_3$），纯度90%以上，含钙36%~39%。由于来源广、价格低、利用率高，故被认为是最简单、最方便的单一钙源。国外对饲料级石粉的要求是钙含量不低于33%，烘干物水分含量0.5%左右，铅含量1mg/kg以下，砷含量0.5mg/kg以下，汞含量0.1mg/kg以下，镁含量0.5mg/kg以下。

石粉在配合饲料中的用量依畜禽种类和生长阶段而定。一般雏鸡1%~2%，蛋鸡和种鸡7%~7.5%，仔猪1%~1.5%，种猪2%~3%，肥育猪2%。石粉过量饲喂，会降低饲粮有机养分的消化率，还对青年鸡的肾脏有害，使泌尿系统尿酸盐过多沉积而发生炎症，甚至形成结石。蛋鸡过量饲喂石粉，蛋壳上会附着一层薄薄的细粒，影响蛋的合格率。石粉最好与贝壳粉按1∶1比例配合使用。

石粉作为钙的良好来源，粒度以中等为好，一般粒径猪用0.50mm，禽用0.60mm。对蛋鸡而言，较大的粒度有助于保持血液中钙的浓度，满足形成蛋壳的需要，从而增加蛋壳强度，减少蛋的破损率。如果石粉粉碎过细，则会造成蛋壳颜色变浅，质脆，起沙，无光泽，软、破壳蛋率增加。但要注意粗粒影响饲料的混合均匀度。

将石灰石锻烧成氧化钙（CaO，生石灰），加水调制成石灰乳，再经二氧化碳作用生成碳酸钙，即为沉淀碳酸钙。沉淀碳酸钙是一种人工合成的优质钙源，产品细而轻，又称为轻质碳酸钙，其含碳酸钙在95%以上，钙含量为34%~38%。

（二）贝壳粉

贝壳粉是各种贝类外壳（蚌壳、牡蛎壳、扇贝壳、蛤蜊壳、螺蛳壳等）经加工粉碎而成的粉状或粒状产品，多呈灰白色、灰色、灰褐色。主要成分也为碳酸钙，其含量为90%~95%，含钙量应不低于33%，一般为34%~38%。贝壳粉中还含有动物体内所必需的微量矿物元素，如铜、镁、钾、钼、磷、锰、铁、锌等。此外，贝壳粉中还有少量的氨基酸成分。

贝壳粉能促进畜禽骨骼生长，增强消化功能，增加蛋、奶产量和改善其品质，提高抗病力。研究表明，在蛋鸡饲粮中添加贝壳粉可明显提高产蛋率，改善蛋壳质量，减少破蛋、软蛋。午后选择性地添加贝壳粉，具有提高年老蛋鸡（48周龄以上）产蛋率、周产蛋量趋势。

不同畜禽对贝壳粉的粒度要求：猪以25%通过0.36mm、蛋鸡以70%通过1.80mm、肉鸡以60%通过0.30mm筛为宜。

贝壳粉内常掺杂砂石和泥土等杂质；若贝肉未除尽，储存不当，堆积日久易出现发霉、腐臭等情况，故选购及应用时要特别注意。

贝壳粉还具有吸附性、分散性、矿化性、无毒性等特点，可作为饲料添加剂的优良载体。

（三）蛋壳粉

鸡蛋的可食部分为88%，以蛋壳为主的副产品，包括残留蛋清、蛋壳内膜，占12%左右。因此，蛋壳中除含有34%~36%的钙外，尚含有7%左右的粗蛋白质和0.1%左右的磷。对蛋壳的合理利用既可以减少环境污染，又可以节省资源。

禽蛋加工厂或孵化厂的副产品，由蛋壳、壳膜及蛋白残留物经干燥灭菌、粉碎后即得到蛋壳粉。蛋壳粉是理想的钙源饲料，利用率高，用于蛋鸡、蛋鸭饲料中可增加蛋壳硬度。但需注意的是蛋壳干燥的温度应超过82℃，以保证灭菌，防止蛋白质腐败，甚至传播疾病。

（四）石膏

石膏主要成分为硫酸钙（$CaSO_4 \cdot xH_2O$），通常是二水硫酸钙（$CaSO_4 \cdot 2H_2O$），为灰色或白色的结晶粉末。石膏原料分为天然石膏和化学石膏，其中90%为天然石膏。化学石膏是来自磷肥生产、磷酸工业的副产品，最主要的是氟石膏和磷石膏，但因其含有高量的氟、砷、铝等而品质较差，使用时应加以处理。

石膏含钙量为20%~23%，含硫16%~18%，既可提供钙，又是硫的良好来源，生物利用率高。

石膏是防治鸡病的良药。在鸡饲粮中添加1%~2%的石膏粉，有预防鸡啄羽、啄肛的作用。在饲粮中添加0.5%~1.0%石膏粉，并配以维生素AD_3粉补钙，用于治疗产蛋期笼养疲劳症，比常用的增加骨粉、贝壳粉方式效果更好。石膏有生肌敛疮功效，在使用抗生素或其他药物治疗大肠埃希氏菌病的同时，在饲粮中添加适量石膏粉可促进肠道和器官炎症的消除。石膏粉以2%的比例拌料，可用于治疗传染性法氏囊病的后遗症。

石膏粉内掺杂滑石粉的问题，需要注意识别。

此外，大理石、白云石、白垩石、方解石、熟石灰、石灰水等均可作为补钙饲料。至于利用率很高的葡萄糖酸钙、乳酸钙等有机酸钙，因其价格较高，多用于水产饲料，畜禽饲料中应用较少。其他还有甜菜制糖的副产品——滤泥，也属于碳酸钙产品，是由石灰乳清除甜菜糖汁中杂质经二氧化碳中和沉淀而成，除含碳酸钙外，还有少量有机酸钙盐和其他微量元素。滤泥钙源饲料尚未很好地开发利用，如果以加工甜菜量的4%计，全国每年可生产40万~50万t此类钙源饲料。

钙源饲料很便宜，但不能用量过多，否则会影响钙磷平衡，使钙和磷的消化、吸收和代谢都受到影响。微量元素预混料常常使用石粉或贝壳粉作为稀释剂或载体，使用量占配比较大时，配料时应注意把其含钙量计算在内。

二、磷源性饲料

富含磷的矿物质饲料很多，主要是饲料级磷酸盐，如磷酸钙类、磷酸钠类、骨粉及磷矿石等。在畜禽饲粮中应用这类饲料，可促进体内新陈代谢，提高生产性能，增强机体抗病能力。但值得注意的是，除了不同磷源有着不同的利用率外，还要注意原料中有害物质如氟、铝、砷等是否超标。

（一）磷酸钙类

在饲料级磷酸盐中钙盐占95%以上，主要有磷酸二氢钙（磷酸一钙）、磷酸氢钙（磷酸二钙）、脱氟磷酸钙（磷酸三钙）和磷酸一二钙 $[CaHPO_4 \cdot 2H_2O \cdot Ca(H_2PO_4)_2 \cdot H_2O]$。

1. 磷酸二氢钙

磷酸二氢钙，又称磷酸一钙或过磷酸钙，纯品为白色结晶粉末，多为一水盐。市售品是以湿式法磷酸液（脱氟精制处理后再使用）或干式法磷酸液作用于磷酸二钙或磷酸三钙所制成的。因此，常含有少量未反应的碳酸钙及游离磷酸，吸湿性强，呈酸性。其含磷22%左右，钙15%左右，主要用于水产动物饲料。本品磷高钙低，在配制饲粮时可用于调整钙磷平衡。

2. 磷酸氢钙

磷酸氢钙，又称磷酸二钙，为白色或灰白色粉末或粒状产品，是一种枸溶性磷酸盐，分为无水盐（$CaHPO_4$）和二水盐（$CaHPO_4 \cdot 2H_2O$）两种，一般生产中多用后者，其稍溶于水，易溶于稀盐酸、稀硝酸及乙酸，不溶于乙醇，能溶于柠檬酸铵溶液。由于$CaHPO_4 \cdot 2H_2O$属于一种热敏性物质，其结晶水的键合力很脆弱，在反应或干燥过程中很容易因受热（75℃）而失去结晶水，变成一水或无水物磷酸氢钙（$CaHPO_4 \cdot H_2O$ 或 $CaHPO_4$）。磷酸氢钙一般是在干式法磷酸液或精制湿式法磷酸液中加入石灰乳或磷酸钙而制成，市售品中除含有无水磷酸二钙外，还含少量的磷酸一钙及未反应的磷酸钙。

磷酸氢钙是世界上产量最大、使用最普遍的饲料磷酸盐品种，在我国产量占饲料磷酸盐总量90%以上。磷酸氢钙同磷酸一钙、磷酸三钙相比，具有质优价廉的优势，其外观、流动性比磷酸一钙、磷酸三钙好。磷酸氢钙磷钙比为1∶1.29，与动物骨骼中磷钙比最为接近，同时又能全部溶解于动物胃酸中,其生物效价约比磷酸三钙高10%,钙、磷吸收率较骨粉高10%。在饲料中添加量为猪、禽2%,反刍动物(牛)2%~3%。

3. 脱氟磷酸钙

磷酸钙又称磷酸三钙,纯品为白色无臭粉末。饲料用常由磷酸废液制造,为灰色或褐色,并有臭味,分为一水盐[$Ca_3(PO_4)_2·H_2O$]和无水盐[$Ca_3(PO_4)_2$]两种,以后者居多。磷酸三钙经脱氟处理后,称脱氟磷酸钙,为灰白色或茶褐色粉末,含钙29%以上,含磷15%~18%以上,含氟0.12%以下。

该产品在国外主要用于家禽(肉鸡和火鸡)饲料。其作为饲料磷源对肉鸡的生长、成骨作用与磷酸氢钙相似,可以替代其他磷源应用于肉鸡饲料,从而降低饲料成本。磷酸三钙由于相对生物学价值较低,国内使用量很少。

脱氟磷酸钙与磷酸氢钙相比,还具有生产工艺简单、原料易得、投资较少、能耗和成本较低的优点。

4. 磷酸一二钙

磷酸一二钙[$CaHPO_4·2H_2O·Ca(H_2PO_4)_2·H_2O$]是磷酸二氢钙与磷酸氢钙的共晶结合物,是一种水溶性磷酸盐与枸溶性磷酸盐相结合的矿物质饲料,其中磷酸二氢钙是水溶性磷酸盐,约占60%。磷酸一二钙是20世纪90年代末期,由欧洲科学家研制的一种新磷源,用于取代传统的饲料磷酸盐。随着人们对环境保护意识的增强,很多厂家大力推广使用磷酸一二钙的粒状产品,其优点为:①总磷较高,与传统磷酸氢钙相比可减少添加量,增加饲料配方空间,便于提高饲料品质,降低饲料生产成本。②水溶性磷含量高,且颗粒在动物胃肠中停留时间较长,有利于吸收利用。③生物学价值较高(>75%),动物粪便中残留磷较少,在提高磷资源利用率的同时有利于环保。④粒状产品在使用中不易起尘,能减少物料在运输和加工过程中的损失,有利于改善加工环境。⑤产品密度为0.8~0.9g/cm^3,为多棱形晶体,在预混料时有较好的亲和力,不会产生沉淀或浮顶等不均现象。⑥产品呈微酸性,可改变动物口感,提高动物的采食量。

(二)磷酸钾类

1. 磷酸二氢钾

磷酸二氢钾又称磷酸一钾,分子式为KH_2PO_4,含磷22%以上,含钾28%以上,为无色四方晶系结晶或白色结晶性粉末,水溶性好,易被动物吸收利用,可同时提供磷和钾,适当使用有利于动物体内的电解质平衡,促进动物生长发育和生产性能的提高。磷酸二氢钾因有潮解性,宜保存于干燥处。

2. 磷酸氢二钾

磷酸氢二钾又称磷酸二钾,分子式为$K_2HPO_4·3H_2O$,呈白色结晶或无定型粉末。一般含磷13%以上,含钾34%以上,应用同磷酸一钾。

(三)磷酸钠类

1. 磷酸二氢钠

磷酸二氢钠又称磷酸一钠,有无水物(NaH_2PO_4)及二水物($NaH_2PO_4·2H_2O$)两种,均为白色结晶性粉末,因其有潮解性,宜保存于干燥处。无水物含磷约25%,含钠约19%。因其不含钙,在钙要求低的饲料中可充当磷源,在调整高钙、低磷配方时使用不会改变钙的比例。

2. 磷酸氢二钠

磷酸氢二钠又称磷酸二钠，分子式为 $Na_2HPO_4 \cdot xH_2O$，呈白色无味的细粒状，无水物一般含磷 18%~22%，含钠 27%~32.5%，应用同磷酸一钠。

（四）其他磷酸盐

1. 磷酸铵

磷酸铵为饲料级磷酸或湿式处理的脱氟磷酸中和后的产品，含氮 9% 以上，含磷 23% 以上，含氟量不可超过磷量的 1%，含砷量不可超过 25mg/kg，含铅等重金属应在 30mg/kg 以下。对于反刍动物，本品可用来补充磷和氮，但磷酸铵所含氮量换算成粗蛋白质量后，不可超过饲粮的 2%。对于非反刍动物，本品仅能当磷源使用，且要求其所提供的氮换算成粗蛋白质后，其量不可超过饲粮的 1.25%。

2. 磷酸液

磷酸液为磷酸的水溶液，一般以 H_3PO_4 表示，应保证最低含磷量，含氟量不可超过磷量的 1%。本品具有强酸性，使用不方便，可在青贮时喷加，也可以与尿素、糖蜜及微量元素混合制成牛用液体饲料。

3. 磷酸脲

磷酸脲分子式为 $H_3PO_4 \cdot CO(NH_2)_2$，由尿素与磷酸作用生成，呈白色结晶性粉末，易溶于水，其水溶液呈酸性。本品利用率较高，既可为动物供磷又能供非蛋白氮，是反刍动物良好的饲料添加剂。因其可在牛、羊瘤胃和血液中缓慢释氮，故比使用尿素更为安全。

4. 磷矿石粉

磷矿石粉为磷矿石粉碎后的产品，常含有超过允许量的氟和其他杂质如砷、铅、汞等。用作饲料时，必须脱氟处理使其合乎允许量标准。

（五）骨粉

骨粉是以家畜骨骼为原料加工而成的黄褐乃至灰白色的粉末。骨粉含有丰富的矿物质，主要是羟磷灰石晶体 $[Ca_{10}(PO_4)_6(OH)_2]$ 和无水型磷酸氢钙（$CaHPO_4$），在其表面吸附了 Ca^{2+}、Mg^{2+}、Na^+、Cl^-、HCO_3^-、F^- 及柠檬酸根等离子。骨粉除了含有钙和磷外，还含有少量粗蛋白质和动物必需的微量元素，如 Co、Cu、Fe、Mn、Si、Zn 等。

骨粉中钙磷比例为 2:1，是动物体内吸收钙磷的最佳比例。另外，骨粉中钙以羟磷灰石晶体的形式存在，该结晶与胶原纤维结合在一起，当胶原纤维被酶解后，羟磷灰石晶体部分被解离，钙转化为极易被动物吸收的氨基酸钙。因此，骨粉是补充家畜钙、磷需要的良好来源，被称为钙磷平衡调节剂。骨粉一般含氟量很低，但也有少数骨粉含氟量很高，必须脱氟。

1. 煮骨粉

原料骨经开放式锅炉煮沸，直至附着组织脱落，再经粉碎而制成。该方法制得的骨粉色泽发黄，骨胶溶出少，蛋白质和脂肪含量较高，但易吸湿腐败，适口性差，不宜久存。

2. 蒸制骨粉

原料骨在高压（2.03kPa）蒸汽条件下加热，除去大部分蛋白质及脂肪，使骨骼变脆，加以压榨、干燥粉碎而制成。一般含钙 24%，含磷 10% 左右，含粗蛋白质 10%。该骨粉含蛋白质较少，但其色泽洁白，易于消化，无特殊气味。

3. 脱胶骨粉

脱胶骨粉也称特级蒸制骨粉，制法与蒸制骨粉基本相同。用 40.5kPa 压力蒸制处理或利用抽出骨胶的骨骼经蒸制处理而得到，由于骨髓和脂肪几乎全部除去，故无异臭，色泽洁白，可长期贮存，是一种质量稳定可靠、卫生安全的优质钙磷饲料。

4. 焙烧骨粉（骨灰）

将骨骼堆放在金属容器中经烧制而成，这是利用经细菌污染可疑废弃骨骼的可靠方法，充分烧透既可灭菌又易粉碎。

骨粉是我国配合饲料中常用的磷源饲料，其含氟量较低，只要杀菌消毒彻底，便可安全使用。一般在猪、鸡饲料中添加量为 1%~3%。值得注意的是，用简易方法生产的骨粉，即不经脱脂、脱胶和热压灭菌而直接粉碎制成的生骨粉，因含有较多的脂肪和蛋白质，易腐败变质。尤其是品质低劣、有异臭、呈灰泥色的骨粉，常携带大量病菌，用于饲料易引发疾病传播。有的兽骨收购场地，为避免蝇蛆繁殖，喷洒敌敌畏等药剂而使骨粉带毒，这种骨粉绝对不能用作饲料。

欧洲一些国家因饲料安全问题已明令禁止在饲料中添加骨粉。我国禁止在反刍动物饲料中添加使用肉骨粉等动物源性原料。随着矿物质磷酸盐的逐步成熟，动物骨粉因质量不稳定、易传染疾病等原因，在饲料工业中的用量已呈现逐渐减少趋势。

三、钠源性饲料

（一）氯化钠

氯化钠一般称为食盐，包括海盐、井盐和岩盐 3 种。精制食盐含氯化钠 99% 以上，粗盐含氯化钠为 95%。纯净的食盐含氯 60.3%，钠 39.7%，此外尚有少量的钙、镁、硫等杂质。食用盐为白色细粒，工业用盐为粗粒结晶。相对湿度达 75% 以上时食盐开始潮解。

植物性饲料大都含钠和氯的数量较少，相反含钾丰富。因此，以植物性饲料为主的畜禽，应补饲食盐。食盐除了具有维持体液渗透压和酸碱平衡的作用外，还是一种良好的调味剂，可刺激唾液分泌，提高饲料适口性，增强动物食欲。

目前，生产上基本都使用加碘食盐，其碘含量在 70mg/kg 左右。食盐的供给量依动物种类、体重、生产能力、季节和饲粮组成等而异。一般食盐在风干饲粮中的用量为：牛、羊、马等草食家畜约为 1%，猪和家禽以 0.25%~0.5% 为宜。但实际使用中应注意：①最好用细盐均匀拌入饲料中。②添加食盐要保证充足的饮水。③夏季可适当提高食盐用量。④除日粮添加食盐外，还应充分考虑鱼粉、鱼干、地下水中的含盐量，准确计量，适量添加，谨防中毒。

草食家畜对钠和氯的需要较多，耐受量较大，很少发生食盐中毒。但是猪和家禽，尤其是家禽，因饲粮过量添加或混合不匀常引起食盐中毒。雏鸡饲料中若配合 0.7% 以上的食盐，则会出现生长受阻，甚至有死亡现象。产蛋鸡饲料中含盐超过 1% 时，可引起饮水增多，粪便变稀，产蛋率下降。猪一次采食超过约 1g/kg 体重的食盐，同时饮水不足，就会发生中毒。

补饲食盐时，除了直接拌在饲料中外，也可以以食盐为载体，制成微量元素添加剂预混料。在缺硒、铜、锌等地区，也可以分别制成含亚硒酸钠、硫酸铜、硫酸锌或氧化锌的食盐砖、食盐块供放牧家畜舔食。

我国饲用食盐的要求是：水分<0.5%，纯度>95%，粒径要求全部小于 0.65mm。

(二)碳酸氢钠

碳酸氢钠又称小苏打,分子式为 $NaHCO_3$,为白色粉末,或不透明单斜晶体,相对密度 2.159,无臭、味咸,略具潮解性,可溶于水,微溶于乙醇,其水溶液因水解而呈微碱性。碳酸氢钠受热易分解,65℃以上迅速分解,在270℃时完全分解而放出二氧化碳;在干燥空气中无变化,在潮湿空气中缓慢分解。碳酸氢钠含钠27%以上,生物利用率高,是优质的钠源性矿物质饲料之一。

碳酸氢钠不仅可以补充钠,更重要的是具有缓冲作用,能够调节饲粮电解质平衡和胃肠道pH,从而促进畜禽对饲料的消化吸收和利用,增强机体免疫力和抗应激能力。研究证实,奶牛和肉牛饲粮中添加碳酸氢钠可以调节瘤胃pH,给瘤胃微生物提供一个良好的生长和繁殖条件,防止精料型饲粮引起的代谢性疾病,提高增重、产奶量和乳脂率。一般添加量为0.5%~2.0%,与氧化镁配合使用效果更佳。蛋鸡饲粮中添加碳酸氢钠0.1%~1.0%,可提高产蛋量、改善蛋壳质量;种鸡饲粮添加0.4%碳酸氢钠,可提高受精率4%~5%;2周龄后的肉鸡饲粮中添加0.7%的碳酸氢钠,日增重提高5%左右;夏季在肉鸡、蛋鸡饲粮中添加0.5%的碳酸氢钠可减缓热应激,防止生产性能下降。在猪饲粮中添加0.5%~8%的碳酸氢钠,可加快育肥猪增重,提高仔猪成活率。

补充碳酸氢钠时应注意,为保持适宜电解质平衡,应适当减少食盐添加量;其很不稳定,不宜久置,最好随拌随喂。

(三)硫酸钠

硫酸钠又称芒硝,分子式为 Na_2SO_4,为白色粉末。含钠32%以上,含硫22%以上,生物利用率高,既可补钠又可补硫,特别是补钠时不会增加氯含量,是优良的钠、硫源之一。在蛋鸡饲粮中添加0.3%的硫酸钠,可提高产蛋率2.4%、蛋重3.7%;添加1%时,可有效控制啄羽、啄肛等恶癖。一般建议,高温季节的产蛋鸡和肉仔鸡饲粮中硫酸钠最大添加量为0.5%,其他时间鸡群可按饲粮0.3%~0.4%添加。在猪日粮中添加0.4%~0.6%,可使其食欲旺盛,被毛光亮。家兔饲粮中添加0.2%的硫酸钠,具有提高生产性能和毛皮质量的作用。在反刍动物饲粮中添加硫酸钠,对改善饲料中氮素及其他营养物质如粗纤维的消化吸收利用,促进体内蛋白质尤其是含硫氨基酸的生物合成和氧化还原过程作用明显。一般可按饲粮干物质质量的0.5%~0.8%添加含结晶水的硫酸钠,过量易引起硫的中毒。

生产上使用硫酸钠添加剂时应注意:①根据饲料和畜禽种类等选择适宜的添加量。②应在饲粮粗蛋白质含量稍低(1%~2%)而缺乏含硫氨基酸的情况下添加。③不要单独添加硫酸钠,应与甲硫氨酸同时添加,方可起协同作用,并注意二者的搭配比例。④添加硫酸钠时,需注意饲料中钠和氯的含量。⑤蛋鸡饲粮中添加硫酸钠,须注意钙含量要符合标准,否则会影响蛋壳质量。⑥必须混合均匀。⑦仔猪饲粮不宜添加。

四、镁与硫源性饲料

(一)镁源性饲料

饲料中含镁丰富,一般都在0.1%以上,因此不必另外添加。但早春牧草中镁的利用率很低,有时会使放牧家畜因缺镁而出现"草痉挛",故对放牧的牛、羊以及用玉米作为主要饲料并补加非蛋白氮饲喂的牛,常需要补加镁。据报道,在热应激和饲粮中添加不饱和脂肪酸的情况下，泌乳奶牛的饲粮镁浓度应提高。也有研究表明，为了提高饲粮中养分消化率和动物生产性能，额外添加镁离子是必要的。另外，为了防止饲喂奶牛高能量饲料时造成酸中毒，可在其饲粮中添加占干物质 0.8% 的碳酸氢钠和 0.4% 的氧化镁作为缓冲剂。兔对镁的需要量大，饲粮中也必须添加镁。

常供作镁源的有氧化镁、氯化镁、碳酸镁、硫酸镁和磷酸镁，以硫酸镁使用较多。

（二）硫源性饲料

一般认为动物所需的硫是有机硫，如蛋白质中的含硫氨基酸等。因此蛋白质饲料是动物的主要硫源，但其成本较高。有研究认为，无机硫如硫酸钠、硫酸钾、硫酸钙、硫酸镁等对动物也具有一定的营养意义。同位素实验表明，反刍动物瘤胃中的微生物能有效地利用无机含硫化合物合成含硫氨基酸和维生素。研究表明，适当增加饲粮中无机硫含量可减少雏鸡对含硫氨基酸的需要，并有利于合成生命活动所必需的牛磺酸，从而促进雏鸡生长。

补充硫的饲料有甲硫氨酸、胱氨酸、硫酸钠、硫酸钾、硫酸钙、硫酸镁等。不同硫源其硫的利用率不同。就反刍动物而言，甲硫氨酸硫利用率为 100%；硫酸钠中硫利用率为 68%~80%；元素硫的利用率为 30%~40%；硫酸钙、硫酸钾、硫酸铵均为 60%~80%；硫的补充量不宜超过饲粮干物质的 0.05%。对幼雏而言，硫酸钠、硫酸钾、硫酸镁均可充分利用，而硫酸钙利用率较差。实验证实，在硫酸盐中，硫酸钠的生物利用率最高，其硫元素能被单胃动物肠道迅速吸收，且大部分被利用，不仅能提高鸡的生产性能，还能节省一部分含硫氨基酸。许多国家都在广泛使用硫酸钠作为饲料蛋白质营养强化剂，用于畜禽生产，取得良好效果。

第二节　天然矿物质饲料

一、沸石

沸石是沸石族矿物的总称，是一种含碱金属或碱土金属的硅铝酸盐天然矿石。一般化学式为 $A_mX_pO_2P_n \cdot H_2O$（式中 A 代表钙、钠、钾、钡、锶）；其中硅铝酸盐分子式为 $Al_2Si_4O_{10}(OH)_2$，晶体呈架格状，内部具有许多大小均一的孔道和空腔，比表面积达 $500~1000m^2/g$。孔道和空腔二者的体积占沸石总体积的 50% 以上。通常这些孔道和空腔中吸附有可交换的阳离子和自由水分子，使其具有如下特性：①具有吸附、催化、离子交换等综合特性。②参与酶和激素的形成、活化和传递等。③维持钠、钙离子平衡和消化道酸碱平衡。④吸附代谢产物、重金属盐类和放射性物质。⑤对霉菌毒素、亚硝酸盐和有害微生物的毒性有解毒作用。

目前已知的沸石矿石有 40 余种，其中最有使用价值的是斜发沸石和丝光沸石。因种类和产地不同，其成分差异较大，如浙江宁海牛台等地的斜发沸石岩，经测定含 17 种矿物元素，沸石含量为 70%~90%，吸 NH_4^+ 量 $1.64~2.18mg/g$，吸 K^+ 量 $11.62~17.85mg/g$。

在畜牧生产中使用沸石的主要目的是利用沸石本身的结构特性，作某些饲料原料的吸附剂和稀释剂，以及防止氧化和吸潮。可用于某些微量元素的前处理和供作添加剂预混料的载体和稀释剂。在粪便中拌入一定量的沸石达到保氮去臭作用。而在肉鸡日粮中添加一定量的沸石，希望提高动物的生产性能，改善饲料利用率。

另外，沸石粉还可作为黄曲霉毒素的脱毒剂，降低黄曲霉毒素的有害影响。

随着水产养殖业研究的不断深入，沸石粉在水产养殖上被用于改良池塘水质，调节池塘水的pH；吸附水中有害、有毒物质和药物；以及作为水产饲料添加剂和载体。

在实际生产中应根据动物种类、生理阶段、饲粮营养水平和健康状况等确定沸石粉的添加量。一般用量为：猪5%~7%，以5%时效果最佳；鸡3%~6%，以3%时效果最佳；母牛8%左右；羔羊以5%为宜；鱼饲料3%~5%。

天然沸石粉本身是无毒无害的。饲料级沸石粉中砷含量<1mg/kg，铅含量<20mg/kg，氟含量<300mg/kg，均低于国家规定的食品卫生标准。

二、麦饭石

麦饭石又称中华麦饭石，主要产地是内蒙古、甘肃、吉林、黑龙江等。麦饭石因其外观似麦饭团而得名，是一种经过蚀变、风化或半风化，具有斑状或似斑状结构的中酸性岩浆岩矿物质，其主要化学成分是二氧化硅（SiO_2）和三氧化二铝（Al_2O_3），二者占70%~80%。麦饭石含有K、Na、Ca、Mg、Cu、Zn、Fe、Se等对动物有益的常量和微量元素，且由于具有多孔性海绵状结构，使这些元素的溶出性好。因此麦饭石有多种作用：①调节畜禽新陈代谢，促进生长发育。②调节胃肠功能，延长饲料在消化道中的滞留时间，有利于营养物质吸收，提高饲料转化率。③增加肉蛋奶中微量元素及氨基酸含量，提高畜产品品质。④清除动物体内有害气体（如NH_3、NH_2）和各金属离子及有害菌（如大肠埃希氏菌、痢疾杆菌、沙门氏菌），提高动物抗病能力。⑤提高肝脏功能，增加血清中的抗体，增强机体免疫能力等。

在畜牧生产中，麦饭石一般以其水浸液和细粉的方式用作饲料添加剂，添加量以0.5%~2.0%为宜。麦饭石还可用作微量元素及其他添加剂的载体或稀释剂，可减少活性成分损失。麦饭石还有降低饲料中棉籽饼毒素的作用。在水产养殖上，麦饭石可用来改良鱼塘水质，使水的化学耗氧量和生物耗氧量下降，溶解氧提高，提高鱼虾的成活率和生长速度。

麦饭石资源丰富，来源广泛，安全可靠，无毒无害，价格便宜，对动物组织器官、生理生化功能以及动物产品品质均无不良影响。

三、稀土元素

稀土元素是15种镧系元素和与其化学性质相似的钪、钇等17种元素的总称。化学组成一般为铈48%、镧25%、钕16%、钐2%、镨5%，此外还有4%的钷、铕、钆、铽、镝、钬、铒、铥、镱、镥、钪、钇12种元素。

稀土是一种有益的辅助性营养元素，一方面参与动物体内物质代谢，另一方面对酶有不同程度的激活作用。稀土和微量元素有互作关系，可提高血中Cu、Mn、Zn、Fe、Se等微量元素含量，间接影响动物机体的代谢，达到提高动物生产性能的目的。

研究表明，稀土作为饲料添加剂，在肉鸡饲粮中添加20~100mg/kg，可不同程度提高其增重和成活率，并降低料肉比。在蛋鸡饲粮中添加16~32mg/kg，可提高其全期成活率5%~10%，并使产蛋高峰延长4周以上，饲料消耗下降8.8%~12.6%。稀土还有提高鸡饲粮能量利用率、干物质和蛋白质消化率，抑制病菌（白痢杆菌、大肠埃希氏菌、葡萄球菌、痢疾杆菌），减少疾病的作用。

目前使用的稀土饲料添加剂有无机稀土和有机稀土两种。无机稀土主要有硝酸稀土、碳酸稀土、硫酸稀土和氯化稀土,目前常用的是硝酸稀土;有机稀土主要包括氨基酸稀土螯合剂、有机酸稀土(如柠檬稀土添加剂)、维生素 C 稀土、稀土酵母、稀土壳寡糖等。此外,根据添加剂中所含稀土元素的种类,还可以分为单一稀土饲料添加剂和复合稀土饲料添加剂。

稀土化合物无"三致"作用,放射性远低于国家标准,经消化道摄入的毒性很低,在饲料中添加适量稀土是安全可行的,使用微量稀土作为饲料添加剂,肉、蛋、鱼、虾等产品中稀土含量均未见增加。

四、膨润土

膨润土是由酸性火山凝灰岩变化而成的,俗称白黏土,又名班脱岩,是蒙脱石类黏土岩组成的一种含水的层状结构铝硅酸盐矿物。原土呈块状,淡黄色或灰白色。膨润土的主要化学成分为 SiO_2、Al_2O_3、H_2O 以及少量的 Fe_2O_3、FeO、MgO、CaO、Na_2O 和 TiO_2 等,其中含有磷、钾、钙、锌、铜、钒、钼、镍、钴、硅、镁等动物生长发育所必需的多种常量和微量元素,其成分含量为:硅 27.9%、铁 2.4%、钙 1.1%、镁 1.9%、钾 0.95%、钠 0.81%、硒 0.03mg/kg、汞 0.3mg/kg、氟 0.054%、钴 6×10^{-4}%、锰 498.1mg/kg、铜 6.4mg/kg、锶 98.4mg/kg、钼<10mg/kg、锌 88.5mg/kg、镍<10mg/kg、钡 40.8mg/kg、钒<20mg/kg。

膨润土的结构决定其具有高分散性、悬浮性、膨润性、黏结性、吸附性、阳离子交换性等许多优良特性。另外,由于膨润土无毒,对人、畜、植物等无害,因此其用于饲料添加剂,具有提高饲料混合均匀度,改进饲料的松散性,增进食欲,延缓饲料通过动物消化道的时间,吸附消化道内的重金属、有害气体和细菌等多种作用。

研究表明,在畜禽饲粮中添加 1%~3%的膨润土具有提高生产性能等方面的效果,在反刍动物饲粮中使用非蛋白氮时,膨润土作为凝固剂和稀释剂,可提高其使用安全性和利用率。饲喂奶牛高精料和青贮饲料时添加膨润土,可提高产奶量和钙、铁、铜、锰、锌的利用率。在肉鸡和蛋鸡日粮中添加膨润土,可提高平均日增重、成活率、产蛋率、蛋重,改善蛋壳品质,并使蛋中铁、铜、钴、锰含量提高。在猪饲粮中添加膨润土能提高生长速度,降低料肉比。在长毛兔饲粮中添加少许膨润土,可提高产毛量。饲料中添加膨润土,还具有吸附黄曲霉毒素、降低游离棉酚毒性、保护饲料热处理时植酸酶活性的作用。

五、海泡石

海泡石是一种纤维状富镁黏土矿物,属特种稀有金属矿石,含有丰富畜禽必需矿物元素。化学成分因质量不同而差异很大,一般以 SiO_2 为主,占 30%~60%,另外还含有 Al_2O_3 3.95%、CaO 9.56%、Fe_2O_3 1.35%、MgO 14.04%、P_2O_5 0.37%、K_2O 0.39%、Na_2O 0.085%等。海泡石可吸附自身重 200%~250%的水分。

海泡石呈灰白色,有滑感、无毒、无臭,具特殊层链状晶体结构,因此具有独特的吸附性、自由流动性、抗胶凝性和化学惰性,无毒性,对热稳定,被广泛用作微量元素载体或稀释剂、饲料抗结块剂、饲料黏合剂、吸附剂、环境除臭剂、动物生长促进剂等。

在颗粒饲料加工中,添加 2%~4%的海泡石可以增加各种成分间的黏合力,促进其凝聚成团。当加压时海泡石显示出较强的吸附性能和胶凝作用,有助于提高颗粒的硬度及耐久性。饲料中的脂类物质含量较高时,用海泡石作黏合剂最合适。海泡石还能显著减少非淀粉多糖的负面影响,改善空肠黏性,提高有机物质消化率以及阻碍胃肠道对黄曲霉毒素的吸收。在畜禽饲粮中添加1%~1.5%的海泡石，可以加快畜禽生长和肥育，提高肉、蛋、奶产量和饲料生物学价值，也可以防止氨引起的中毒和慢性疾病。

六、凹凸棒石

凹凸棒石是一种镁铝硅酸盐，呈三维立体全链结构及特殊的纤维状晶体体型，具有离子交换、胶体、吸附、催化等化学特性。凹凸棒石的主要成分除二氧化硅（约60%左右）外，尚含多种畜禽必需的微量元素：铜21mg/kg、铁1310mg/kg、锌21mg/kg、锰1382mg/kg、钴11mg/kg、钼0.9mg/kg、硒2mg/kg、氟361mg/kg、铬13mg/kg。

凹凸棒石可用作微量元素载体、稀释剂和畜禽舍净化剂等。在畜禽饲料中应用凹凸棒石，可提高畜禽抗病力和饲料利用率，改善动物生产性能和健康状况，降低生产成本。凹凸棒石还具有一定的提高机体抗氧化能力的作用，能显著提高血浆中SOD酶、GSH-PX酶活性和肝脏SOD酶活性，显著降低血浆中肝脏中丙二醛含量。

七、泥炭

泥炭又称草炭或草煤，是特有的有机矿床资源。它是在沼泽形成过程中由未被完全分解的植物残体在腐水和缺氧环境下腐解堆积保存而形成的天然有机沉积物，含有丰富营养成分（有机质94%~98%），其中木质素30%~40%，多糖类30%~33%，粗蛋白质4%~5%，腐植酸10%~40%等。另外，还含有钙、镁、硅、铁、锰、锌、硼等多种矿物元素。

我国泥炭资源储量丰富，主要分布在我国西部，占全国资源总量的79%。四川省阿坝州的若尔盖草原，集中而连片地分布着泥炭资源，是世界上最大的一片高原型裸露泥炭沼泽。

泥炭一般不直接用作饲料，需先进行分离与转化，才能成为畜禽可食的饲料。另外可对泥炭加工处理后，用泥炭腐植酸作为饲料添加剂；或利用泥炭中的水解物质作为培养基，制取饲料酵母和生产泥炭发酵饲料、泥炭糖化饲料等。用泥炭或加工成复合腐植酸饲料添加剂饲喂畜禽，具有调理胃肠机能和促进新陈代谢、提高生产性能和饲料利用率、减少疾病等作用。泥炭无毒、无害、方便、廉价，具有独特的理化性质，对于发展生态农业、改善生态环境、生产无公害畜产品具有重要的利用价值。

思考题

1. 常见钙、磷补充料有哪些？如何科学合理的使用这些饲料？
2. 如何根据动物的营养需要，科学合理补饲食盐？
3. 骨粉作为矿物质饲料有哪些优缺点？怎样合理使用？
4. 天然微量矿物质饲料有哪些？它们有什么用途？

第二十一章
饲料添加剂

[学习目标]

1. 理解饲料添加剂的基本概念。
2. 了解饲料添加剂分类方法。
3. 掌握饲料添加剂的特性、作用效果和使用注意事项。
4. 熟悉饲料添加剂对畜产品及其环境可能造成的危害。

饲料添加剂是指各种用于强化畜禽饲料效果和有利于配合饲料生产和储存的一类非营养性微量成分（或称功能性微量成分），如各种防霉剂、抗氧化剂、保健剂、黏结剂、分散剂、着色剂、增味剂、益生素与酶制剂等。但在畜禽实际生产中，常将氨基酸、微量元素、维生素等营养性的微量成分也作为添加剂使用。因此，广义的饲料添加剂是指为满足特殊需要而在饲料加工、制作、使用过程中，加入的各种微量物质的总称，包括营养性添加剂和非营养性添加剂两大类（图 21-1）。

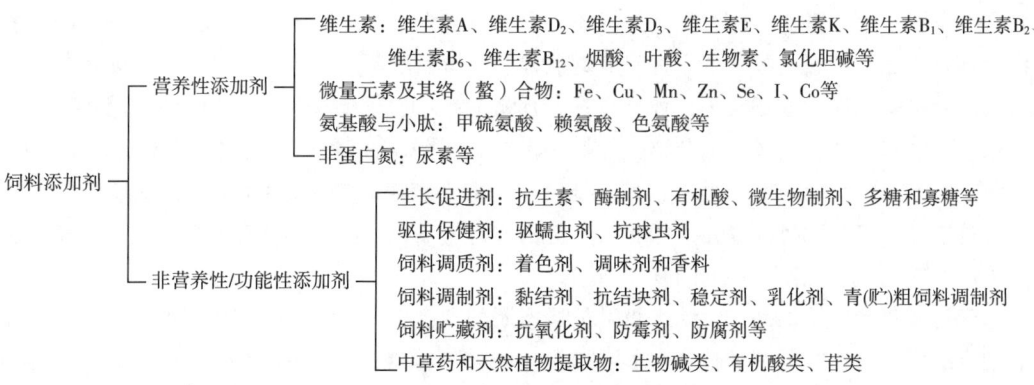

图 21-1 饲料添加剂分类

第一节 营养性添加剂

营养性添加剂是指能够平衡配合饲料养分、提高饲料利用效率、直接对动物发挥营养作用的少量或微量物质。

一、微量元素添加剂

饲料中常补充的微量元素有 Fe、Cu、Zn、Mn、I、Se 与 Co，共 7 种。猪、禽等主要单胃动物主要是前 6 种，Co 通常以维生素 B_{12} 的形式满足需要。这些微量元素作为动物生长发育必需的营养成分，在动物体内主要以酶的必需组成部分（辅酶、辅基等）或激活剂形式参与一系列生理、生化反应，并且在调节编码各种蛋白质，如酶、载体、受体和生物体结构成分的基因等方面发挥作用，从而影响动物的生理机能和物质代谢。

无机盐是第一代微量元素添加剂，其价格比较便宜，但适口性差，容易与饲料中植酸、纤维素等成分形成不溶性螯合物，导致其生物效价较低。我国当前生产和使用的微量元素添加剂品种大部分为硫酸盐、碳酸盐、氯化物及氧化物较少。硫酸盐的生物利用率较高，但因其含有结晶水，易使添加剂加工设备腐蚀。此外，饲料中微量元素的生物利用率也因其化学形式、产品类型、规格以及原料细度不同而存在很大差异。

微量元素添加剂的产品形态，已逐步从第一代无机微量元素产品向第二代有机酸-微量元素配位化合物发展。有机酸-微量元素配位化合物是指以微量元素离子为中心，通过配位键、共价键或离子键与有机酸结合的复合物，一般电荷呈中性。常用的有机酸有乙酸、乳酸、柠檬酸、丙酸、延胡索酸、琥珀酸、葡萄糖酸等。有机酸-微量元素配位化合物有：乙酸钴、乙酸锰、乙酸锌、葡萄糖锰、葡萄糖酸铁（锌）、葡聚糖铁、柠檬酸铁（锰）、乳酸铁等。这类有机盐的稳定性和溶解性比无机盐好，但消化吸收仍不理想。目前，第三代微量元素添加剂——氨基酸-金属元素配位化合物或以金属元素与部分水解蛋白质（包括二肽、三肽和多肽）螯合的复合物发展也十分迅速。这类微量元素添加剂的化学结构稳定，生物利用率和吸收率均高。常作为饲料添加剂的氨基酸盐主要有甲硫氨酸锌、甲硫氨酸锰、甲硫氨酸铁、甲硫氨酸铜、甲硫氨酸硒、赖氨酸铜、赖氨酸锌、甘氨酸铜、甘氨酸铁、胱氨酸硒等。蛋白质-金属螯合物包括二肽、三肽和多肽与金属的螯合物，如钴-蛋白化合物、铜-蛋白化合物、碘-蛋白化合物、锌-蛋白化合物和铬-蛋白化合物等。此外还有由可溶性金属盐与多糖溶液形成的络合物。

有机微量元素与无机微量元素相比虽然价格较为昂贵，但由于其具有更高的生物学价值而备受关注，成为微量元素添加剂的发展方向。

第四代微量元素添加剂——纳米级微量元素添加剂已于 20 世纪 80 年代末期诞生并迅速发展。纳米级微量元素添加剂的粒径在 $1\sim100\text{nm}$，可直接渗透进入动物体内。这类添加剂除具有自身营养促生长作用外，还能最大限度地提高动物对添加剂的吸收和利用率。纳米级微量元素添加剂具有小尺寸效应和表面活性效应，因此其溶解性和传输效率高于普通饲料添加剂。目前已开发出的纳米级微量元素添加剂主要有纳米硒、纳米铜、纳米锌和纳米铬，其中纳米硒研究较多。研究表明，纳米硒在吸收利用程度上与亚硒酸钠接近，但对超氧负离子和过氧化氢具有明显清除作用；具有明显免疫调节功能，急性毒性是亚硒酸钠的 1/7.2。

二、维生素添加剂

维生素是动物维持正常生理机能所必需的一类低分子有机化合物，其主要以辅酶或催化剂的形式参与体内的代谢活动。对单胃动物来说，大多数维生素不能或不完全能由体内合成而满足需要，必须由饲粮提供。反刍动物瘤胃微生物可合成 B 族维生素和维生素 K_2。

各种青绿饲料中富含维生素。在粗放饲养条件下，因给动物饲喂大量青绿饲料，一般动物不会缺乏维生素。但随着畜禽生产水平的大幅提高，工厂化、集约化饲养方式不断加强，动物对维生素的需要量明显增加；同时，由于动物脱离了阳光、土壤和青绿饲料等自然条件，仅仅依靠饲料中的天然来源已不能满足其对维生素的需要，必须另外补充。

维生素添加剂是根据畜牧生产使用要求，制成的维生素化合物或混合物质，如维生素 B_1 的盐酸盐或硝酸盐、泛酸钙、维生素 K 的甲萘醌重亚硫酸钠等。市场上出售的商品性维生素添加剂均加入了一定量的辅助成分，如吸附剂、稳定剂、抗氧化剂、流散剂、载体、稀释剂等，故维生素添加剂的有效活性成分含量一般不是 100%。

目前允许用于饲料添加剂的维生素有 26 种，即 β-胡萝卜素、维生素 A、维生素 A 乙酸酯、维生素 A 棕榈酸酯、维生素 D_3、维生素 E、维生素 E 乙酸酯、维生素 K_3（亚硫酸氢钠甲萘醌）、二甲基嘧啶醇亚硫酸甲萘醌、维生素 B_1（盐酸硫胺）、维生素 B_1（硝酸硫胺）、维生素 B_2（核黄素）、维生素 B_6、烟酸、烟酰胺、D-泛酸钙、DL-泛酸钙、叶酸、维生素 B_{12}（氰钴胺）、维生素 C（L-抗坏血酸）、L-抗坏血酸钙、L-抗坏血酸-2-磷酸酯、D-生物素、氯化胆碱、L-肉碱盐酸盐、肌醇。其中，氯化胆碱、维生素 A、维生素 E 及烟酸的使用量所占比例最大。在以玉米和豆粕为主饲粮中，通常需要添加维生素 A、维生素 D_3、维生素 E、维生素 K、维生素 B_2、烟酸、泛酸、氯化胆碱及维生素 B_{12}。对猪、禽而言，常用谷物及其副产品中烟酸几乎不能被利用，其需要量主要依靠外源维生素供给。

维生素添加剂种类很多，按其溶解性可分为脂溶性维生素和水溶性维生素制剂两类。维生素添加剂主要用于对天然饲料中某种维生素的营养补充、提高动物抗病或抗应激能力、促进生长以及改善畜产品的产量和质量等。维生素添加剂的规格要求见表 21-1。

表 21-1 维生素添加剂的规格要求

种类	外观	粒度/(个/g)	含量	容重/(g/mL)	水溶性	重金属（以 Pb 计）/(mg/kg)	砷盐/(mg/kg)	水分/%
维生素 A 乙酸酯	淡黄到红褐色球状颗粒	10 万~100 万	50 万 IU/g	0.6~0.8	在温水中弥散	<50	<4	<5.0
维生素 D_3	奶油色细粉	10 万~100 万	10 万~50 万 IU/g	0.4~0.7	可在温水中弥散	<50	<4	<7.0
维生素 E 乙酸酯	白色或淡黄色细粉或球状颗粒	100 万	50%	0.4~0.5	吸附制剂，不能在水中弥散	<50	<4	<7.0

续表

种类	外观	粒度/（个/g）	含量	容重/（g/mL）	水溶性	重金属（以 Pb 计）/（mg/kg）	砷盐/（mg/kg）	水分/%
维生素 K_3（亚硫酸氢钠维生素 K_1，MSB）	淡黄色粉末	100 万	50%甲萘醌	0.55	溶于水	<20	<4	—
维生素 K_3（亚硫酸氢钠维生素 K_1 复合物，MS-BC）	白色粉末	100 万	25%甲萘醌	0.65	可在温水中弥散	<20	<4	—
维生素 K_3（亚硫酸二甲嘧啶维生素 K_1，MPB）	灰色到浅褐色粉末	100 万	22.5%甲萘醌	0.45	溶于水的性能差	<20	<4	—
盐酸维生素 B_1	白色粉末	100 万	98%	0.35~0.4	易溶于水，有亲水性	<20	—	<1.0
硝酸维生素 B_1	白色粉末	100 万	98%	0.35~0.4	易溶于水，有亲水性	<20	—	—
维生素 B_2	橘黄色到褐色，细粉	100 万	96%	0.2	很少溶于水	—	—	<1.5
维生素 B_6	白色粉末	100 万	98%	0.6	溶于水	<30	—	<0.3
维生素 B_{12}	浅红色到浅黄色粉末	100 万	0.1%~1%	因载体不同而异	溶于水	—	—	—
泛酸钙	白色到浅黄色粉末	100 万	98%	0.6	易溶于水	—	—	<20mg/kg
叶酸	黄色到浅黄色粉末	100 万	97%	0.2	水溶性差	—	—	<8.5
烟酸	白色到浅黄色粉末	100 万	99%	0.5~0.7	水溶性差	<20	—	<0.5
生物素	白色到浅褐色粉末	100 万	2%	因载体不同而异	溶于水或在水中弥散	—	—	—

续表

种类	外观	粒度/(个/g)	含量	容重/(g/mL)	水溶性	重金属(以 Pb 计)/(mg/kg)	砷盐/(mg/kg)	水分/%
氯化胆碱（液态制剂）	无色液态	—	70%、75%、78%	含70%者为1:1	易溶于水	<20	—	—
氯化胆碱（固态制剂）	白色到褐色粉末	因载体不同而异	50%	因载体不同而异	部分易溶于水	<20	—	<30
维生素 C	无色结晶，白色到浅黄色粉末	因粒度不同而异	99%	0.5~0.9	溶于水	—	—	—

研究发现，虽然维生素的需要量，尤其是脂溶性维生素的用量，随畜禽品种、饲养方式和饲养目标的变化已经大大提高，但并非所有的研究都支持超大剂量使用维生素，其最适添加量和具体使用方法随饲养方式、饲粮类型（复杂性）、畜禽品种、生长阶段、拮抗物、维生素产品形式、环境因素的不同而不同。

三、氨基酸添加剂

氨基酸是构成蛋白质的基本单位。动物体内种类繁多的蛋白质，都是由 20 种氨基酸组成。动物从饲料中摄取蛋白质主要是为了获取动物体所需要的各种氨基酸，但单靠动植物饲料蛋白质中的氨基酸有时难以满足动物的需要。日粮中常需添加单体氨基酸以补充饲料中的不足，满足动物的需要，改善日粮氨基酸的平衡，提高饲料蛋白质的营养价值。单体氨基酸补充物习惯上又称为氨基酸添加剂。

目前应用于饲料的氨基酸有甲硫氨酸、赖氨酸、色氨酸、谷氨酸、甘氨酸、丙氨酸和苏氨酸。其中以甲硫氨酸、赖氨酸较为常用；色氨酸主要用于人工乳、代乳料和早期断奶中；谷氨酸钠用作调味剂；甘氨酸、丙氨酸主要用于鱼饵料；苏氨酸主要用于以麦类为主的饲料中。此外，异亮氨酸也受到关注。

氨基酸的工业化生产有微生物发酵法、化学合成法和酶法。一般用微生物发酵法和酶法生产的产品为 l 型（左旋）氨基酸；用化学合成法生产的为 dl 型（消旋）或 l 型氨基酸。由于动物体蛋白质都是由 l 型氨基酸组成，一般在肠内 d 型（右旋）不如 l 型氨基酸易吸收，吸收的 d 型氨基酸若不能转化为 l 型氨基酸，仍不能被动物体利用。有些动物体内存在着转化 d 型氨基酸为 l 型氨基酸的酶，从而使 d 型氨基酸也能被利用。人和动物主要是利用 l 型氨基酸（除甲硫氨酸外）。一般认为，对猪 d-甲硫氨酸与 l-甲硫氨酸有相同的活性，对雏鸡前者稍差。对生长猪，d-色氨酸的生物学活性为 l 型的 60%~70%，对雏鸡 d-色氨酸活性为 l 型的 15% 左右。

（一）甲硫氨酸

甲硫氨酸，是必需氨基酸中唯一含硫的氨基酸。与其他氨基酸不同，天然存在的 l-甲硫氨酸与人工合成的 dl-甲硫氨酸的生物利用率完全相同，营养价值相等，故 dl-甲硫氨酸可完全取代 l-甲硫氨酸使用。甲硫氨酸的使用可按畜禽营养需要量补充，一般添加量为 0.05%~0.2%，即 500~2000g/t。甲硫氨酸是家禽的第一限制性氨基酸，在家禽饲料中使用较为普遍。

目前用作甲硫氨酸添加剂的产品主要有 dl-甲硫氨酸、dl-甲硫氨酸羟基类似物（MHAFA）及其钙盐（MHA-Ca）和 N-羟甲基甲硫氨酸。此外还有甲硫氨酸金属络合物和用于反刍动物的保护性甲硫氨酸制剂。

（二）赖氨酸

赖氨酸是各种动物所必需的氨基酸，是猪的第一限制性氨基酸。赖氨酸的化学名为 2，6-二氨基己酸。饲料中添加的赖氨酸有两种，即 l-赖氨酸和 dl-赖氨酸。因动物只能利用 l-氨基酸，故主要产品为 l-氨基酸产品，dl-赖氨酸产品应标明 l-赖氨酸含量的保证值。

赖氨酸主要用于猪，其次是鸡和犊牛。一般应用于低蛋白质日粮和价格低廉的饲料，以节约蛋白质，促进畜禽增重和改善胴体品质，提高瘦肉率。

用作赖氨酸添加剂的主要有 l-赖氨酸盐酸盐（l-lysine monohydrochloride）及其发酵产物。在饲料中的具体添加量，应根据畜禽营养需要量确定。一般添加量为 0.05%~0.3%，即 500~3000g/t。

（三）色氨酸

色氨酸是继赖氨酸、甲硫氨酸后，动物饲料中最易缺乏的第三必需氨基酸。色氨酸的生产方法主要有发酵法、天然蛋白质水解法和化学合成法等。饲料级色氨酸主要是化学合成的 dl-色氨酸和发酵法生产的 l-色氨酸。l-色氨酸呈白色或类白色粉末，略有异味；dl-色氨酸产品外观为白色至淡黄色粉末，略有特异气味，难溶于水，消旋状态溶解度（30℃）为 2.5g/L，分解点 285~290℃，含氮量 13.7%。猪对 dl-色氨酸的相对活性是 l-色氨酸的 80%，鸡为 50%~60%。雏鸡及仔猪易缺乏色氨酸，所以色氨酸在仔猪人工乳中应用普遍。在低蛋白质饲料中添加色氨酸，对提高畜禽增重、改善饲料效率十分有效。另外，色氨酸的代谢产物 5-羟色氨在动物体内有抗高密度、断奶等应激，促进 γ-球蛋白的产生，增强畜体抗病力等作用。一般添加量为 0.02%~0.06%。

（四）甘氨酸

甘氨酸是所有氨基酸中结构最简单的一种氨基酸，是幼禽极易缺乏的必需氨基酸。甘氨酸产品外观为白色结晶或结晶性粉末，口味略甜，易溶于水。动物性饲料中富含甘氨酸，但植物性蛋白质中含量极少。甘氨酸在动物体内可转化成丝氨酸；其代谢与乙酸有关；可消除其他氨基酸过量造成的有害作用，也是芳香类化合物的解毒物质；在动物体内参与很多化合物合成；饲料中氨基酸的平衡与甘氨酸量呈反比。一般甘氨酸可由哺乳动物自行合成，但禽类合成甘氨酸的能力很差，合成量常不能满足需要，因此它被列为家禽的必需氨基酸。尤其在低蛋白质饲粮中添加甘氨酸，对雏鸡的生长发育有很好的促进作用。

（五）苏氨酸

苏氨酸是必需氨基酸，其共有 4 个异构体，常用的是 l-苏氨酸。产品外观为无色至微黄色晶体，有极弱的特别气味。分解点 253~257℃，在水中的溶解度（20℃）为 90g/L。含氮量 11.7%，纯度为 95%以上。在以小麦、大麦等谷物为主的饲粮中，苏氨酸的含量往往不能满足动物需要。在大多数以植物性蛋白质为基础的猪饲料中，苏氨酸与色氨酸均为第二限制性氨基酸，随着猪饲粮中赖氨酸含量的增加，苏氨酸与色氨酸则成为影响猪生产性能的限制性因子。

（六）精氨酸

精氨酸是一种碱性氨基酸，又名 2-氨基-5-胍基戊酸，白色晶体或晶体状粉末，是目前发现的动物细胞内功能最多的氨基酸。精氨酸主要有 l-精氨酸（l-arginine）和 d-精氨酸（d-arginine）两种异构体，动物体内主要是 l-精氨酸。精氨酸是幼年家畜和家禽的必需氨基酸，但在某些病理条件下会成为成年家畜的必需氨基酸，特别是在受伤、肠道受损等应激情况下，故被称为条件性必需氨基酸。精氨酸在动物机体内不仅是蛋白质合成的重要原料，同时也是多种重要物质的合成前体，在动物机体营养代谢与调控过程中发挥重要作用。

（七）谷氨酸

谷氨酸又名 α-氨基戊二酸，无色或白色结晶性粉末。虽然谷氨酸对猪、禽不是必需氨基酸，但在雏鸡、高产蛋鸡以及仔猪日粮中添加谷氨酸，可在动物体内转化为必需氨基酸。用作饲料添加剂的是 l-谷氨酸钠。谷氨酸钠可作为调味剂，按 0.1% 的量添加于动物饲粮中，以改善饲料适口性，增强动物食欲，增进动物采食；在人工乳、代乳料等中添加 0.2%，在加药饲料中添加 0.5%，对改善因添加抗生素或其他药物而损害的适口性很有效；在人工蚕饲料中添加谷氨酸钠，可提高结茧率和茧层质量。

四、生物活性肽

生物活性肽是一类由两个以上氨基酸残基组成，在构相上松散、具有多种生物学功能的多肽。其分子结构可从简单的二肽到环形大分子多肽，而且还可以通过磷酸化、糖基化或酰基化作用转换成多种其他形式的多肽。主要包括动物体内的腺细胞分泌的肽类；乳中的生物活性肽（初乳中的生长因子及酪蛋白水解物等）；从动物体组织中提取的活性肽（如胰多肽、肌肽、神经肽Y、抗菌肽、胸腺肽等）；饲料蛋白质经专一性蛋白酶水解而产生的肽类等。用于生产生物活性肽的蛋白质来源包括酪原蛋白、大豆蛋白、鱼肉蛋白、动物血液、屠宰副产品、羽毛等。

生物活性肽易被动物消化道肠细胞吸收，对动物体的生命活动有特定的生理功能，如免疫调节、螯合矿物质、抗菌、抗肿瘤、抗氧化、调味、改善食品或饲料味觉和蛋白质营养等。因此，生物活性肽又有功能肽和营养肽之分（图21-2）。

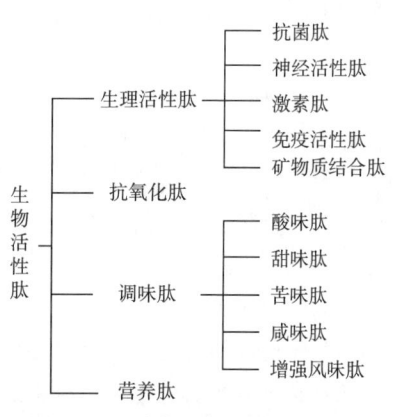

图21-2 生物活性肽的主要分类

第二节 非营养性添加剂

非营养性添加剂是一类为保持或改善饲料品质、促进动物生产、提高饲料利用率、保障动物健康或代谢而加入饲料的少量和微量非营养性物质。

一、生长促进剂

生长促进剂是可以促进细胞分裂、分化和伸长，或促进机体营养器官生长和发育的生长调节剂。

（一）抗生素

抗生素是一类由微生物（细菌、放射菌、真菌等）发酵产生的，能够特异性地抑制和杀灭其他微生物的代谢产物。抗生素饲料添加剂自20世纪中叶开始逐步在动物生产中广泛应用。尽管抗生素饲料添加剂在配合饲料中的添加量微乎其微（大多以 mg/kg 计），但长期使用会导致微生物产生耐药性；易造成畜禽内源性或二重性感染，使动物体内的正常微生物体系失衡；使动物体的免疫功能下降，抵抗力降低；超量使用会在畜产品中残留。随着科学技术的发展，人们对环境质量及对食品安全的认识与要求越来越高，很多国家已禁止在畜禽饲料中使用多种抗生素和抗菌类化学制剂，以防止其在畜禽产品中的残留及不良效应。我国自2020年1月1日起，退出除中药外的所有促生长类药物饲料添加剂品种。自2020年7月1日起，饲料生产企业停止生产含有促生长类药物饲料添加剂（中药类除外）的商品饲料，以减少滥用抗生素造成的危害，维护动物源食品安全和公共卫生安全。

（二）益生菌

益生菌是一类有益的活菌制剂。益生菌是利用动物消化道内存在的正常有益微生物群落，通过人工分离、鉴定、筛选、培养和干燥等系列工艺制成的活菌制剂。这类产品已在国内外被广泛使用。

我国允许使用的饲料微生物添加剂有34种：地衣芽孢杆菌、枯草芽孢杆菌、两歧双歧杆菌、粪肠球菌、屎肠球菌、乳酸肠球菌、嗜酸乳杆菌、干酪乳杆菌、德式乳杆菌乳酸亚种（原名：乳酸乳杆菌）、植物乳杆菌、乳酸片球菌、戊糖片球菌、产朊假丝酵母、酿酒酵母、沼泽红假单胞菌、婴儿双歧杆菌、长双歧杆菌、短双歧杆菌、青春双歧杆菌、嗜热链球菌、罗伊氏乳杆菌、动物双歧杆菌、黑曲霉、米曲霉、迟缓芽孢杆菌、短小芽孢杆菌、纤维二糖乳杆菌、发酵乳杆菌、德氏乳杆菌保加利亚亚种（原名：保加利亚乳杆菌）、产丙酸丙酸杆菌、布氏乳杆菌、副干酪乳杆菌、凝结芽孢杆菌、侧孢短芽孢杆菌（原名：侧孢芽孢杆菌）。这类活菌制剂可调节动物胃肠道正常微生物区系的平衡，直接或间接抑制肠道有害微生物繁殖，促进营养物质的吸收。正常的消化道微生物区系对动物具有营养、免疫、刺激生长等作用，消化道有益菌群对病原微生物有生物拮抗作用，这对保证动物的健康具有重要意义。活菌益生素以对酸、碱、热等变化抗性强的孢子活菌作为有效成分。除了对有害微生物生长拮抗和竞争性排斥外，活菌体还含有多种酶及维生素，对刺激动物生长、降低仔畜下痢等均有一定作用。

大量实验结果表明，在畜禽饲粮中添加益生菌，可使畜禽发病率和死亡率分别降低5%~10%和10%~15%。在肉用仔鸡饲粮中添加益生菌，可提高增重5%左右；蛋鸡饲粮中添加益生菌，可使产蛋率明显提高，蛋重略有提高；犊牛饲粮中使用益生菌可提高犊牛日增重，降低牛的腹泻发病率和病死率，且使病情减轻；用乳酸杆菌饲养奶牛，产奶量提高20%~26%；益生菌应用于水产养殖中，可使鱼、虾、蟹等水产品的产量提高10%~30%，改善水产品的质量，且有预防抗病的功能，能提高鱼种成活率5%~20%。一般添加量为0.02~0.2%。

作为益生菌添加剂的活菌，多为厌氧菌，发酵生产的难度较大，产品质量标准也难以统一；储运过程中氧气、高温等条件均使其大量失活；动物胃酸对其有灭活作用，且外源性活菌制剂生存、增殖所需要的营养、微环境条件与动物肠道所提供的并不完全一致，因而肠道定植能力不强；颗粒饲料制粒过程易导致益生菌失活等。为克服普通益生菌活菌不耐高温、对抗生素敏感、不耐酸性环境等缺点，目前，已有耐较高温的益生菌产品（多为芽孢杆菌）和灭活益生菌产品（多由经热灭活的嗜酸乳酸菌的菌体细胞及其培养过程所分泌的代谢产物组成）

等的应用。这些益生菌产品具有耐高温、耐抗生素等特点，使用效果较为稳定。

（三）益生元

益生元是一类新型饲料添加剂，为消化道已有的有益细菌直接提供可发酵底物，作为有益菌——双歧杆菌的增殖因子，促进双歧杆菌的大量增加，以调节消化道的微生态平衡。益生元又称为化学益生素、益生素原等，是一种非消化性食物成分，到达后肠后可选择性的被大肠内有益菌降解利用，却不为有害菌利用，包括多种物质，如含氮多糖或寡糖、辅酶、某些氨基酸和维生素，甚至包括半纤维素和果胶等。目前研究应用较多的寡糖类物质，如果寡糖、甘露寡糖、异麦芽寡糖、乳寡糖以及寡木糖。作用机理可概括为：选择性充当有益菌发酵的基质；吸附和清除后肠病原菌及其毒素；调节机体免疫系统功能，增强机体免疫力。

寡糖也称低聚糖，是由 2~10 个单糖单位通过糖苷键连接而成的小聚合体，介于单体单糖和高度聚合的多糖之间。主要有寡木糖（xylooligosaccharide）、α-寡葡萄糖（α-glucoolicosaccharide，α-GOS）、β-寡葡萄糖（β-glucoolicosaccharide，β-GOS）、寡果糖（fructooligosaccharide，FOS）、寡乳糖（galactooligosaccharide，GAS）和寡甘露糖（manoligosaccjaride，MOS）。甘露寡糖和寡果糖已批准作为饲料添加剂直接应用于畜牧生产。

（四）酸化剂

酸化剂是一类广泛使用的饲料添加剂，可分为单一酸化剂（包括有机酸化剂和无机酸化剂）和复合酸化剂两大类。有机酸化剂在消化道内解离产生氢离子，有助于降低 pH。多数有机酸化剂具有良好的风味，故被广泛应用。常用的有机酸包括柠檬酸胡索酸（富马酸）、乳酸、丙酸、甲酸等，其中使用较广泛的是柠檬酸和延胡索酸。柠檬酸的适宜添加量为 1%~2%，可使日增重提高 2.9%，饲料效率提高 3.2%。延胡索酸的适宜添加量为 1.5%~2%，可使日增重平均提高 9.7%，饲料效率提高 4.4%。酸化剂的主要功能是：补充幼年动物胃酸的分泌不足，降低胃肠道 pH，促进无活性的胃蛋白酶原转化为有活性的胃蛋白酶；减缓饲料通过胃的速度，延长蛋白质在胃中的消化时间，有助于营养物质的消化吸收；杀灭肠道内有害微生物或抑制有害微生物的生长与繁殖，改善肠道内微生物菌群，减少疾病的发生；改善饲料适口性，刺激物唾液分泌，增进食欲，提高采食量，促进增重；同时某些酸根阴离子是能量代谢中的重要中间产物，可直接参与能量代谢供能。酸化剂是取代抗生素作为动物促生长剂的重要选择之一。

目前商品酸化剂有以下几种：①纯酸化学品，如延胡索酸和柠檬酸；②以磷酸为基础的产品；③以乳酸为基础的产品。一般有机酸化剂与复合酸化剂效果相当，但有机酸化剂添加量是复合酸化剂的 3~5 倍，二者均优于无机酸化剂，如盐酸。目前多以复合产品为主，其一般由两种或两种以上的有机酸复合而成，能迅速降低 pH，保持良好的缓冲值和生物性能，其添加量为 0.1%~0.5%。

（五）中草药及植物提取物

中草药一般泛指草本植物的根茎叶和籽实，也包括一些乔木和灌木的花和果，兼有营养和药用两种作用。营养作用主要是为动物提供一定的营养物质，药用功能主要是调节动物机体的代谢机能，健脾健胃，增强机体的免疫力；中草药还具有抑菌杀菌功能，可促进动物生长，提高饲料利用率。中草药中有效成分绝大多数呈有机态，如寡糖、多糖、生物碱、多酚和黄酮等，通过动物机体消化吸收再分布，病原菌和寄生虫不易对其产生抗药性，动物机体内无药物残留，可长时间连续使用，无需停药期。目前可开发和利用作为饲料添加剂的中草药已超过

200种，应用于鸡、鸭、鹅、鸽、猪、羊、牛、鹿、兔、鱼、虾等10多种动物。研究表明，以淫羊藿、女贞子为基础，辅以黄芪、麦芽、神曲制成蛋鸡的中草药饲料添加剂，经饲喂伊沙蛋鸡，其产蛋率提高9%，饲料转化率提高7%。与抗生素相比，中草药制剂可以使猪日增重提高5%，饲料利用率提高10%，而对肉质无不良影响。中草药制剂也可用于水产动物，具有诱食、提高摄食率和营养物质的利用率、促进生长、提高产品品质和防治疾病的作用。但其应用也应注意：中草药成分复杂多样，其作为添加剂需根据不同动物的不同生长阶段特点，科学设计配方；必须确定、提取与浓缩有效成分，方可提高添加剂的效果；对有毒性或副作用的中草药成分，应通过安全实验，充分证明其安全有效后方能使用。

植物提取物是以植物为原料，经物理化学方法提取分离，获取植物中的某一种或多种有效成分，而不改变其有效成分结构的中间体。植物提取物自20世纪90年代末以来越来越受到国内外食品、饲料行业的关注，已成为发展前景较好的新兴产业之一。

植物提取物和中草药在概念的内涵上存在着交叉性，互相包含着彼此的部分内容。中草药在很大程度上是以提取物为基础的，植物提取物是中草药的主要原料和组成部分，而有些植物提取物品种则被直接作为药用。目前世界范围内对植物药还没有统一的定义。植物提取物中含有丰富而复杂的有机成分，其中许多有机成分都具有抗菌、抑菌、抗氧化和双向调节机体免疫功能等生物活性。目前研究报道较多的天然植物提取物主要有皂苷、生物碱、多糖、茶多酚、黄酮类和挥发油等。

植物固醇是植物细胞的重要组分，我国农业部于2008年批准其为饲料添加剂产品，已在畜牧业生产中推广应用。20世纪50年代以来，在大量临床和动物实验中，植物固醇及其制品在拮抗胆固醇、预防心血管疾病等方面均表现出良好的效果，并具有极高的安全性。目前已开发出多种含有植物固醇的功能性食品，美国食品与药物管理局也已批准添加植物固醇或固烷醇酯的食品为可使用"有益健康"的标签。特别是近年来的研究发现，植物固醇还具有抗氧化、抗癌、促进生长等作用。因此，深入研究与探讨植物固醇的作用机理和相关功能已引起广泛关注。

二、驱虫保健剂

驱虫保健剂是指添加于饲料中，能防治畜禽寄生虫病，促进畜禽生长和提高饲料利用率的饲料添加剂。根据药物性质可分为化学合成药物、抗生素类药物和中草药制剂；按寄生虫类型又可分为驱虫药（即驱蠕虫药）、抗原虫药（主要指抗球虫药）和杀虫药。现今世界各国批准作为饲料添加剂使用的驱虫保健剂只有两类。一类是驱虫性添加剂，另一类是抗球虫剂。我国农业农村部公告（第194号）改变抗球虫和中药类药物饲料添加剂管理方式，不再核发"兽药添字"批准文号，改为"兽药字"批准文号，可在商品饲料和养殖过程中使用。

（一）驱蠕虫剂

蠕虫种类很多，驱虫药也很多。目前世界各国批准使用的驱蠕虫药仅有2种，均为氨基糖苷类抗生素，即潮霉素B（hygromycin B）和越霉素A（destomycin A）。

潮霉素B预混剂的商品名为"效高素"，为白色或黄色小片或细粒。它除了具有破坏猪蛔虫和结节虫以及鸡蛔虫的雌虫生殖机能，切断这类蠕虫的生活周期的作用外，还有抗菌作用和促生长作用。在动物体内的吸收量少，残留低，不易产生抗药性。不影响饲料的适口性，驱虫时不会发生应激反应，安全性较高。在饲料中的添加量：猪10~13mg/kg，育成猪连用8周，母猪产前8周至分娩；鸡8~12mg/kg，连用8周，蛋鸡产蛋期禁用。避免与人皮肤、眼睛接触。休药期：猪 15d，鸡 3d。

越霉素 A 预混剂的商品名为"得利肥素"，也兼有以上作用。可用于 4 月龄的猪、肉鸡及产蛋前母鸡。不易被肠道吸收，在组织中残留几乎为零。其为动物专用抗生素，无副作用或应激反应，是一种安全性高的驱虫药。饲料中的添加量：5~10mg/kg，连用 8 周；蛋鸡产蛋期禁用。休药期：猪 15d，鸡 3d。

（二）抗球虫剂

抗球虫剂主要是通过作用于球虫生活史的不同阶段而达到抑制和杀灭球虫的目的。其作用原理主要包括三方面，一是影响虫体的正常功能；二是竞争性对抗体代谢；三是抑制核酸合成。

抗球虫剂是最主要的驱虫保健添加剂，主要用于家禽和家兔。抗球虫剂有两大类，一类是聚醚类抗生素，一类是化学合成的抗球虫药。球虫是寄生性原虫，种类很多，侵害家畜家禽，尤其对家禽危害大，家禽饲养业普遍采用抗球虫添加剂。由于抗球虫药剂存在着耐药虫株问题，所以不可长期使用一种抗虫药，必须交替轮换使用，才能达到良好的防治效果。

1. 聚醚类抗生素

聚醚类抗生素主要有盐霉素（salinomycin）、莫能霉素（monensin）及马杜拉霉素（moduramicin ammonium）。它们主要通过选择性地与金属离子结合，扰乱球虫体内的离子平衡，达到预防球虫的目的。

盐霉素和莫能霉素在饲料中用量均为：鸡 50~70mg/kg、羔羊 10~25mg/kg、犊牛 20~50mg/kg。使用注意事项均为蛋鸡产蛋期禁用；马属动物禁用；禁止与泰妙菌素、竹桃霉素并用；休药期 5d。

马杜拉霉素在鸡饲料中用量为 0.5mg/kg。使用注意事项：蛋鸡产蛋期禁用；不得用于其他动物；休药期 5d。

2. 化学合成的抗球虫药

常用的化学合成类抗球虫药有磺胺喹噁啉（salfaquinoxaline）、磺胺嘧啶（sulfadimethoxine）、氨丙啉（amprolium）、氯羟吡啶（clopidolum）、尼卡巴嗪（nicarbazinum）、氯苯胍（robeaidinum）等。较为新型的合成类抗球虫药有地克珠利（diclazuril）及氢溴酸常山酮（halofuginone hydrobromide）等。

地克珠利对鸡、火鸡、鸭、鹅、孔雀、鹌鹑、兔等的各种球虫具有良好的防治效果。每吨饲料中添加 1g，能完全控制球虫的爆发。该药属于非离子型抗球虫药，它与莫能菌素、盐霉素、马杜拉霉素类离子型聚醚类抗生素的抗球虫药及其他合成的抗球虫药均无交叉抗药性，是用量小、抗球虫谱广、屠宰前不需要停药、使用安全的一种新型抗球虫药。饲料中添加量为 1mg/kg。注意事项：蛋鸡产蛋期禁用。

常山酮原是从植物常山中提取的一种生物碱，杀球虫性能很强，3mg/kg 用量就可杀灭全部球虫卵囊。但适口性较差，易影响动物的采食，对鸭、鹅等水禽及鱼类具有毒性。饲料中添加量：用于 16 周龄内的鸡，建议为 3mg/kg；蛋鸡产蛋期禁用；休药期 5d。

三、饲料保存剂

（一）抗氧化剂

抗氧化剂主要用于含有高脂肪的饲料，以防止脂肪氧化酸败变质。也常用于含维生素的预混料中，防止维生素的氧化失效。饲料抗氧化剂要求毒性低、使用剂量低、成本低、动物摄入后易排出体外、不会蓄积、使用方便安全。

1. 乙氧基喹啉

乙氧基喹啉又称抗氧喹，简称乙氧喹，是黄色或黄褐色黏稠液体。乙氧基喹啉是一种人工合成的抗氧化剂，被国内外认为是首选的饲料抗氧化剂，它可从生产、运输、储存直到动物体内消化全过程中发挥抗氧化作用，尤其对脂溶性维生素的保护优于其他抗氧化剂。乙氧喹一般以喷雾法喷于饲料后有效防止饲料中油脂酸败和蛋白质氧化。在鱼粉、脂肪类饲料中的添加量一般为 0.05%~0.1%；在维生素 A、维生素 D 等饲料添加剂中的使用量为 0.1%~0.2%；在全价配合饲料中的添加量为 50~150mg/kg；苜蓿干粉添加 200mg/kg。美国食品与药物管理局规定配合饲料中乙氧基喹啉的最高用量为 150mg/kg。

2. 二丁基羟基甲苯

二丁基羟基甲苯通常为白色微黄、块状或粉状晶体，对动物无害，是一种应用较广的脂溶性酚型抗氧化剂，主要用于猪、鸡、反刍动物以及鱼类饲料中。对饲料中的叶绿素、维生素、胡萝卜素、脂肪和蛋白质的氧化具有保护作用，对蛋黄和酮体的色素沉着、家禽体脂碘价提高和猪肉香味的保护具有促进作用。在奶牛日粮中添加不仅可以防止饲料营养物质氧化变质，还可以提高奶的抗氧化能力。

二丁基羟基甲苯在猪、鸡、反刍动物及鱼类饲料中的用量一般为 60~120mg/kg；在鱼类及油脂中用量为 100~1000mg/kg。二丁基羟基甲苯抗氧化作用强，耐热性能好。它与丁二基羟基茴香醚或有机酸（常用柠檬酸）合并使用具有良好的协同效果。美国食品与药物管理局规定，二丁基羟基甲苯用量不得超过饲料中脂肪含量的 0.2%。国家标准中规定配合饲料中的用量为 150mg/kg。二丁基羟基甲苯经口投喂，对小鼠的半数致死量（LD_{50}）为 1390mg/kg。

3. 丁基羟基茴香醚

丁基羟基茴香醚常温下为白色或微黄色结晶状粉末，其作用与乙氧喹作用相似，一般不在动物体内蓄积。丁基羟基茴香醚是油脂的抗氧化剂。除了抗氧化作用外，还有较强的抗菌力。0.025%丁基羟基茴香醚可抑制黄曲霉生长；0.02%丁基羟基茴香醚可完全抑制食品及饲料中如毒霉、黑曲霉等的孢子生长。丁基羟基茴香醚与柠檬酸、抗坏血酸等合用有较好的协同效应，也可与二丁基羟基甲苯合用于动植物油脂饲料中。使用时，以适量乙醇和丙二醇作溶剂能提高其抗氧化能力。

丁基羟基茴香醚在饲料中的添加量一般为 60~120mg/kg；在鱼类及油脂中用量为 100~1000mg/kg。

除以上 3 种饲料抗氧化剂外，没食子酸丙酯、叔丁基二酚及维生素类抗氧化剂（如维生素 E、维生素 C 等），也常用于饲料中，用于防止饲料脂肪的氧化酸败。

（二）防霉剂

防霉剂指具有抑制微生物繁殖、防止饲料发霉变质和延长储存时间的饲料添加剂，包括丙酸盐及其盐类、山梨酸及其盐类、柠檬酸和柠檬酸钠、乳酸、富马酸及其酯类、双乙酸钠、脱氢乙酸等。主要使用的是丙酸及其盐类、山梨酸及其盐类、苯甲酸及苯甲酸钠。由于苯甲酸存在着叠加性中毒，一些国家和地区已禁用。丙酸及其盐类都是酸性防霉剂，具有较广的抗菌谱，对霉菌、酵母菌等都有一定的抑制作用，其毒性很低，是动物正常代谢的中间产物，各种动物均可使用，是公认的经济而有效的防霉剂。为了克服单一型防霉剂的腐蚀性与刺激性，防霉剂的发展趋势已由单一型转向复合型，如 mold-x 就是以丙酸为主要成分，同时添加乙酸、山梨酸、苯甲酸,再均匀地分布在硅酸钙载体上,各种防霉剂的协同作用使该产品具有较高的抗真菌活性;adofeed 由丙酸包含于油悬浊液制成,抑菌活性明显优于相应的粉状防霉剂。

(三) 青贮添加剂

常用作青贮添加剂的是有机酸,如丙酸及其盐类、甲酸及其盐类、苯甲酸及其盐类、甲醛或甲醛溶液等。这类添加剂能抑制青贮饲料中有害微生物的活动,防止霉烂和腐败。使用青贮添加剂可充分利用微生物发酵优势,对秸秆等粗饲料进行处理,从而提高秸秆的营养价值和利用率。

四、酶制剂

饲用酶制剂是采用微生物发酵技术制得的或从动物体内提取的一种饲料添加剂。饲用酶制剂按其特性及作用主要分为两大类:一类是外源性消化酶,包括蛋白酶、脂肪酶和淀粉酶等,畜禽消化道能够合成与分泌这类酶,但因种种原因需要补充和强化。其主要功能是补充幼年动物如仔猪、犊牛、雏禽、幼鱼等体内消化酶分泌不足,促进饲料中营养物质的消化与吸收。另一类是外源性降解酶,包括纤维素酶、半纤维素酶、β-葡聚糖酶、果胶酶、木聚糖酶、α,β-半乳糖苷酶和植酸酶等。动物组织细胞不能合成与分泌,但饲料中又有相应的底物存在(多数为抗营养因子)。这类酶的主要功能是充分利用并节约饲料资源,增加各种非常规饲料资源的可利用性,并提高现有常规资源的可利用率,转化或消除饲料中的抗营养因子,提高饲料转化率;降低畜禽粪便中有机物、氮和磷等的排放,减缓发展畜牧业与保护生态环境间的矛盾;酶是微生物天然发酵的产物,许多是动物体内产生的酶或其类似物,不存在化学添加剂的各种弊端,无毒害、无残留、可降解,被称为天然或绿色饲料添加剂。

农业部公告(第 2045 号)批准溶菌酶可以作为饲料添加剂。溶菌酶又称胞壁质酶或 N-乙酰胞壁质聚糖水解酶,是一种能水解致病菌中黏多糖的碱性酶。主要通过破坏细胞壁中的 N-乙酰胞壁酸和 N-乙酰氨基葡萄糖之间的 β-1,4-糖苷键,使细胞壁不溶性黏多糖分解成可溶性糖肽,导致细胞壁破裂,内容物逸出而使细菌溶解。溶菌酶还可与带负电荷的病毒蛋白质直接结合,与 DNA、RNA、脱辅基蛋白形成复盐,使病毒失活。先进的酶制剂生产工艺和基因重组技术的进步使快速、低成本生产优质高效产品成为可能,开发应用前景广阔。

谷物饲料中存在含量较高、黏性很强的非淀粉多糖,可通过添加相应的非淀粉多糖酶来解决难以被吸收和利用的难题。小麦和黑麦中含有大量的水溶性阿拉伯木聚糖,而高粱、玉米中的则多为不溶于水的阿拉伯木聚糖,大麦和燕麦中主要含有水溶性 β-葡聚糖。在饲料中添加外源性的 β-葡聚糖酶和木聚糖酶,可水解相应的非淀粉多糖,减轻其对动物生产的负效应和动物排泄物对环境的污染。一些饼粕类饲料中的果胶含量较高,如豆饼中果胶占其干物质的 14% 左右,应用果胶酶则可明显降低其负面作用,提高饲料的利用率。果胶酶是分解果胶质的水解酶。天然的果胶质在果胶酶作用下,被转化为可溶性果胶,果胶被果胶甲酯水解酶催化去掉甲酯基团,生成果胶酸(聚半乳糖醛酸),果胶酸酶切断果胶酸中 α-1,4-糖苷键,生成半乳糖醛酸,半乳糖醛酸进入糖代谢途径被分解放出能量。

植酸酶又称肌醇六磷酸水解酶,是生产中用量最多的单一酶制剂。磷在植物性饲料中含量不一,但大部分以植酸及植酸盐的形式存在,植酸磷占植物性饲料中总磷的 70% 以上,难以被单胃动物消化利用,未被利用的磷随动物的粪便排出体外而污染环境。因此,植酸及植酸盐是一种天然抗营养因子。在植物性饲粮中添加植酸酶可显著提高磷的利用率,促进动物生长和提高饲料营养物质转化率。另外,植酸还通过螯合作用降低动物对锌、锰、铁、钙等矿物元素和蛋白质的利用率。据报道,猪饲粮中添加植酸酶能使锌、铜和铁的表观利用率分别提高13%、7%和9%,猪回肠氮消化率从55%提高到68%。以植酸酶替代部分或全部无机磷,可降低饲料中总磷含量,降低饲料成本,提高经济效益,同时可减少30%~50%的粪磷排放量,防止磷对环境的污染。

复合酶制剂是由两种或两种以上的酶复合而成,包括以蛋白酶、淀粉酶为主,以β-葡聚糖酶和木聚糖酶为主,以纤维素酶、果胶酶为主的饲用复合酶,以及纤维素酶、蛋白酶、淀粉酶、糖化酶、葡聚糖酶、果胶酶等复合得到的酶制剂,由于综合了各酶系的共同作用,故饲用效果更佳。实验表明,添加复合酶能提高饲粮代谢能5%以上、蛋白质消化率10%左右,有效改善饲料转化率。

由于酶对底物选择的专一性,酶制剂的应用效果与饲料组分、动物消化生理特点等有密切关系,故使用酶制剂应根据特定的饲料和特定的畜种及其年龄阶段而定,并在加工及使用过程中尽可能避免高温及高温处理。

五、畜禽产品品质改良剂

畜禽产品品质改良剂主要是着色剂。为了提高动物产品的美观性和商品价值,满足广大消费者的需要,有些饲料应添加着色剂。着色剂可以改善饲料颜色,刺激动物食欲。通常用在饲料添加剂中的有两种,一种是天然色素,主要是胡萝卜素及叶黄素类,另一种是人工合成的色素如胡萝卜素醇。前者有松针粉、苜蓿、蓝藻、辣椒、黄玉米、万寿菊、虾蟹壳粉、紫菜、橘皮等,后者有β-阿朴-8-胡萝卜素、斑蝥黄、茜草色素、路康定和柠檬黄等。

六、诱食剂

诱食剂又称引诱剂、食欲增进剂,是一类为了改善饲料适口性、增强动物食欲、提高动物采食量、促进饲料消化吸收利用而添加于饲料中的特殊添加物。

(一)香味剂

饲用香味剂是指能够通过刺激嗅觉,诱导动物增加采食,改善饲料适口性的一类添加剂,不仅适用于猪、牛、禽、鱼、虾,还适用于各种宠物、经济动物。香味剂可使饲料产生动物喜欢的气味,刺激消化道腺体分泌,增加动物食欲,促进动物生长。

饲料香味剂不是由一种物质产生的,而是由多种香料调配而成。饲料香味剂有天然香料和合成香料两种来源。天然香料有葱油、大蒜油、橄榄油、茴香油、椰子油等,合成香料有酯类、醚类、酮类、脂肪酸类、脂肪族高级醇类、脂肪级高级醛类、脂肪族高级烃类、酚醚类、酚类、芳香族醇类、芳香族醛类及内酯类等中的一种或两种以上化合物所构成的芳香物质。如香草醛(3-甲氧基-4-羟基苯丙醛)、丁香醛(丁香子醛)和茴香醛(对甲氧基苯甲醛)等。适宜做饲料香味剂的原料很多,国际上认定能安全食用的香料有1700多种,凡国家批准作为食品添加剂而动物喜爱的香料物质均可选用。

(二)调味剂

动物有味觉,调味剂就是通过调味物质改变饲料风味,改善饲料适口性,使畜禽产生良好的味觉。通常所说的味道指酸、甜、苦、辣、咸、鲜。因此,调味剂包括甜味剂、辣味剂、鲜味剂、酸味剂和咸味剂等。

1. 甜味剂

甜味剂的主要作用是增强饲料的甜味，掩盖饲料中原有的不良气味，提高动物的采食量。甜味剂主要由含羟基的脂肪族化合物生成。

甜味剂按其来源可分为天然和人工合成甜味剂；按其化学结构和性质可分为糖类和非糖类甜味剂；按营养价值可分为营养型和非营养型甜味剂。天然甜味剂有甘草和甘草酸二钠等；人工合成的甜味剂有糖精、糖山梨醇、甘素、麦芽糖醇等，目前使用最多的是糖精钠。甜味剂主要用于雏鸡、仔猪、犊牛饲料中。

2. 辣味剂

辣味剂具有增强动物食欲、提高消化能力、加速血液循环、改善机体代谢、促进生长的功能。在饲料中最常用的是大蒜素和辣椒粉。在鸡、猪、牛饲料中添加大蒜素都有增强食欲、抗菌消炎、促进生长的作用。在蛋鸡饲料中添加1%的辣椒粉可提高产蛋率；在泌乳母猪料中添加0.05%的辣椒粉，可使母猪采食量增加，仔猪发病率降低。

3. 鲜味剂

我国饲料中允许使用的鲜味剂主要有谷氨酸钠、5′-肌苷酸二钠及5′-鸟苷酸二钠，其中应用最广泛的是谷氨酸钠，俗称味精。谷氨酸钠为无色至白色结晶性粉末，无臭、味鲜。常用作鱼及仔猪的风味促进剂，可增进动物食欲，从而促进生长。在体内经肠道吸收进入血液后被代谢，大脑细胞消耗谷氨酸钠的量最多。本品作为鱼类和乳猪饲料鲜味剂，在饲料中添加量为0.1%~0.2%。与食盐同用可得到特异鲜味，与肌苷酸钠或鸟苷酸钠混用，鲜味增加数倍。

4. 酸味剂

酸味剂可提高饲料的适口性，促进采食，降低饲料及畜禽胃肠道 pH，减少胃肠道中有害微生物的数量，促进有益菌生长，提高消化吸收能力。在饲料中最常用的酸味剂有柠檬酸和乳酸。在鸡饲料中添加柠檬酸可促进雏鸡生长，降低脂肪肝的发病率，增加血磷含量，提高蛋重及产蛋量。但柠檬酸的添加量应低于1.5%，否则会引起尿酸沉淀和生长缓慢。猪饲料中添加酸味剂可提高仔猪成活率，加快其生长发育；在仔猪日粮中添加1%柠檬酸，能提高饲料干物质、粗蛋白质的消化率和氮的利用率。在牛料中添加柠檬酸可减少犊牛下痢；添加柠檬酸钠可改进牛乳品质；添加苹果酸可提高奶牛的产奶量及繁殖率。

5. 咸味剂

咸味剂主要有食盐和碳酸氢钠。猪饲料中添加食盐，可改善适口性，增强食欲。鸡料中添加碳酸氢钠可减少肌胃糜烂症。

（三）水产诱食剂

水产诱食剂通称诱引剂，主要是为改善鱼类配合饲料或人工饵料的适口性，诱引和促进鱼、虾摄食而添加于饲料中的特殊添加剂。它刺激动物的嗅觉、味觉和视觉等，使它们聚集在饲料周围，加快摄食。一般而言，肉食性鱼类喜欢腥味和肉味的香料，而草食性鱼类喜欢具有草香、酒香等植物芳香的香味。据报道，阿魏和辟汉草提取物对淡水虾、小杂鱼、黄鳝有诱食效果；墨香对虾有诱食效果；用于幼鳗的饲料香料主要有哈仔香料、虾香料、海扇香料等；大蒜素的强烈气味可刺激鱼类的嗅觉。鱼类一般对氨基酸、甜菜碱、核苷酸及某些挥发性物质反应明显。实验表明，能引起鱼反应的氨基酸浓度非常低，如许多氨基酸和甜菜碱混合使用，浓度在 10^{-6} mol/L 就可取得良好效果，比单独使用效果更佳。多数研究结果表明，鱼类诱食剂都是两种以上化合物协同作用的效果，诱食物质大致分为：两种以上氨基酸、氨基酸与核苷、氨基酸和三甲基胺内酯、氨基酸与色素或荧光物质等的稳定结合物。

七、黏结剂

黏结剂又称黏合剂或颗粒饲料制粒剂，是饲料生产过程中，为了使饲料成形而加入的一类物质。黏结剂主要用于畜禽及水产的颗粒饲料生产中，在反刍动物饲料舔砖生产中也常应用。黏结剂的主要作用是改善饲料的黏结性，提高颗粒成形率，增加颗粒质度。使用黏结剂可以减少饲料的崩解及营养成分的散失，减少饲料的浪费和水质的污染；使饲料成形，提高适口性，促进鱼和畜禽的采食；还能减少饲料生产过程中产生的粉尘和粉化现象；减少饲料中活性微量组分在加工、储存过程中的损失。

可作为黏结剂的物质很多。凡无毒、无不良气味、具有较强黏结作用的天然物质和化学合成或半合成物质都可作黏结剂。天然黏结剂有α-淀粉、植物胶、动物胶、鱼浆、糖蜜、膨润土、海藻酸钠、木质素磺酸钠、酪蛋白酸钠等。人工合成的黏结剂有羟甲基纤维素（钠盐）、聚丙烯酸钠、聚丙烯醇等。

各种鱼虾对饵料的要求不同，所使用的黏结剂也不同。如鳗鱼的饵料不仅要求在水中不松散，还要求有一定的弹性；虾类摄食是先抱住饵料再咬食，而且多为夜间摄食，故要求饵料在投放后至少4h不松散，并有一定的硬度；虹鳟、鲶鱼的饵料则只要求在水中稳定较短时间即可。此外，饵料的类型、投饵方法不同，对黏结剂的要求也不同。

不同国家使用黏结剂的种类不同，如日本常用的黏结剂为聚丙烯酸钠、酪蛋白酸钠；美国常用膨润土和木质素磺酸钠。研究发现，猪饲料中添加聚丙烯酸钠做黏结剂时，饲料在胃内滞留时间延长，促进猪生长，提高饲料利用率。

八、流散剂

流散剂又称流动剂或抗结块剂，是在饲料添加剂和配合饲料生产中添加的，使饲料和添加剂保持较好的流动性，有利于混合和运输，防止结块的物质。除防止结块以外，这类物质的作用还包括防止原料在配料仓中结拱，有利于配合饲料的准确性和饲料的混合均匀。常见的流散剂多为无水硅酸盐和脂肪酸类，如硬脂酸钙、硬脂酸钾、硬脂酸钠、硅藻土、脱水硅酸、硅酸钙等，用量在0.5%~2%。

第三节　饲料添加剂的科学合理应用

当今社会，食品安全问题已成为世界性的热门话题，畜产品作为食品的一个重要来源，其安全性受到广大消费者和各国政府的极大关注。因饲料安全因素和非正确使用造成的畜产品质量问题直接危害消费者的健康和生命。饲料安全即食品安全的概念已在世界范围内成为共识。因此，遵守法规，科学合理，正确应用安全、低残留、高效以及环境友好型新型饲料添加剂是十分有必要的。

一、遵守国家法规，科学合理使用饲料添加剂

营养性饲料添加剂必须按中华人民共和国农业部公告第2045号《饲料添加剂品种目录

（2013）》、农业部公告第1282号《停止缩二脲作为饲料添加剂生产和使用》、农业部公告第1224号《饲料添加剂安全使用规范》等规定应用，在畜牧生产中不能过量添加。超量使用某些营养性饲料添加剂，将导致畜禽中毒，如铜中毒。大量铜随粪便排出，还会严重污染环境，并通过食物链最后转移到人类食物链中，危害人类健康。除超量使用外，使用营养性饲料添加剂还应关注其制剂的品质，应使用饲料级或食品级产品，不能使用工业级原料，防止产品中含有毒有害成分或被掺假。

使用非营养性饲料添加剂也必须按照中华人民共和国农业部公告第2045号《饲料添加剂品种目录（2013）》，凡列入该目录中的产品才能应用于畜牧生产；同时还应按中华人民共和国农业部公告第176号《禁止在饲料和动物饮水中使用的药物品种目录》，严禁在饲料和饲料添加剂以及饲养过程中使用该目录中列出的产品，我国在2020年后的饲料产品中不能使用药物饲料添加剂。

二、注意使用对象，重视生物学价值

饲料添加剂的应用效果受动物的种类、饲料加工方法及使用方法等因素影响。如益生菌，单胃动物应用的微生态制剂所用菌株一般为乳酸菌、芽孢杆菌、酵母等，而反刍动物则是真菌酵母等。在动物处于出生、断乳、转群、外界环境变化等应激时，活菌制剂能保持较高的生物学活性，发挥最佳的饲用效果。而在制粒或膨化过程中，高温高压蒸汽明显地影响微生物的活性，制粒过程可使10%~30%芽孢失活，90%的肠杆菌损失。在60℃或更高温度下，乳酸菌几乎全部被杀死，酵母菌在70℃的制粒过程中活细胞损失达90%以上。选择添加剂时还应关注其可利用性，选用生物效价好的添加剂。

三、注意理化特性，考虑配伍与拮抗

（1）常量元素与微量元素间的拮抗作用。①高钙会阻碍锌的吸收，进而增加锌的需要量。二者适宜比例为锌∶钙>1∶100。②高钙会抑制锰的吸收；高锰会抑制铁的吸收，也会引起钙和磷的负平衡，提高饲粮中钙、磷含量会增加仔猪对锰的需要量。③高钙会引起体内铜的不平衡。④高锌和铁可以消除铜的中毒症状，铜、锌适宜比例为1∶10。⑤饲料中钼和硫不足可增加反刍动物铜的吸收，引起铜中毒；过量的钼会增加尿中铜的排出，铜、钼的适宜比例为4∶1。⑥提高铁含量会增加仔猪对磷的需要。⑦锰和镁有拮抗作用，锰能减轻镁元素过剩时的不良作用。镁在饲粮中过多时，可在消化道中形成磷酸镁，从而阻碍磷的吸收。⑧高磷会增加铜的排泄和干扰锌的吸收。磷、铜的适宜比例为1000∶1，磷、锌为100∶1；同样，高磷也会增加钼的排泄，磷、钼的适宜比例为≥7000∶1。

（2）微量元素之间有拮抗作用。锌和镉有拮抗作用，锌能拮抗镉的毒性；锌与铁，氟与碘，铜与铁、钼，硒与镉有拮抗。铜与锌、锰也有拮抗作用。所以饲喂高铜日粮时，相应要适当提高铁、锌、锰、硒的水平，否则会引起铁、锌、锰、硒缺乏症。肠道中钴与铁具有共同的载体物质，两元素通过竞争载体而对对方的吸收产生拮抗。

（3）饲料蛋白质全价性差时会影响铁的吸收，缺锌将导致动物对蛋白质的利用率下降，氨基酸是动物消化道中潜在的具有络合性质的物质，可影响微量元素的吸收。

（4）用含锰量低的玉米、豆饼组成的饲粮饲喂雏鸡时，烟酸利用率下降，易发生脱腱症；硒和维生素E均具抗氧化作用，维生素E在一定条件下可替代部分硒的作用，但硒不能代替维生素 E；饲粮中维生素缺乏时能阻碍动物体对碘的吸收，血清铜离子浓度随维生素缺乏症发生而降低；铜和维生素 A 能促进动物体对锌的吸收和利用；维生素 C 有促进铁在肠道内吸收的作用。如饲粮中铜过量，补喂维生素 C 能减轻因饲粮内铜过量而引起的疾病。

（5）益生素的生物学活性受到 pH、抗生素、磺胺类药物、不饱和脂肪酸、矿物质等因素影响。抗生素与化学合成的抗菌剂对益生菌有较强的杀灭作用，一般不能与这类物质同时使用。

四、加强生产管理，防止过程感染

1. 均匀度和交叉污染

饲料均匀度是指饲料颗粒相对于平均值的离散程度，饲料污染是指在饲料产品中出现配方中没有的成分。如果某种添加剂被使用在一个配方中，而没有在后续生产的产品配方中使用但却在该产品中被发现，则称为交叉感染。导致交叉感染的添加剂可能对使用被污染饲料的动物或通过畜产品对消费者构成危害。

2. 外源性污染

经饲料和饲料添加剂进入动物体的有毒有害物质是危害动物健康的主要途径之一，也是影响畜产品使用安全性的重要隐患。二噁英是污染饲料的一种剧毒性物质，其致癌性比黄曲霉毒素高 1000 多倍。二噁英可污染动物生产的各个环节，如通过污染饲料、饲料添加剂而被动物采食后在肉产品中残留，或在肉产品加工生产的某个环节直接污染肉产品，最终危害人体健康。农药残留也是不容忽视的畜产品安全问题之一。据报道，有机氯杀虫剂，如二氯二苯三氯乙烷（dichloro-diphenyl-trichloroethane，DDT）、γ-BHC（含氯农药六六六、六氯化苯）、硫丹等可在动物体脂肪组织中大量沉积。三聚氰胺是近年来报道的一种污染饲料的有害物质，在饲料生产中应加强质量控制，防止劣质原料进入饲料加工程序。

五、注意储运条件，及时使用添加剂

大多添加剂有吸湿性，不耐久储，在运输及储存过程中要防潮避光，防止产品结块，并在产品的保质期限内使用。有些化合物不稳定，易氧化，有些化合物间会发生化学反应，添加剂的生物学价值或有效物质含量常常随储存时间的延长而下降，因此储存超期的产品不宜使用。如维生素添加剂的稳定性受多种因素的影响，商品维生素制剂对氧化、还原、水分、热、光、金属离子、酸碱度等因素具有不同程度的敏感性。维生素添加剂应在避光、干燥、阴凉、低温环境条件下分类储存。维生素在全价配合饲料中的稳定性也取决于储存条件。有高剂量矿物元素、氯化胆碱及高水分存在时，维生素添加剂易受破坏。

思考题

1. 什么是饲料添加剂？作为饲料添加剂必须具备哪些条件？
2. 在畜禽养殖实践中，饲料添加剂有哪些作用？
3. 什么是营养性饲料添加剂？什么是非营养性饲料添加剂？其各自有什么特点？
4. 在生产实践中，怎样科学合理地应用饲料添加剂？

第四篇

饲料配方设计

第二十二章 饲料配方设计的基础知识

[学习目标]

1. 掌握配合饲料、日粮和饲粮的概念。
2. 了解配合饲料的种类。
3. 理解动物配合饲料的特点。

第一节 配合饲料概述

单一的饲料原料往往存在营养不平衡、不能满足动物的营养需要和饲养效果差等问题。为了合理利用各种饲料原料，提高饲料的利用效率和营养价值以及饲料产品的综合性能、加工性能和储存时间等，有必要将各种饲料原料进行科学合理搭配，取长补短，以便充分发挥各种单一饲料的优点，弥补其中的不足。因此，配合饲料便成为集约化养殖、饲料工业化生产的必然选择，已成为现代养殖业中的重要组成部分。

一、有关概念

1. 配合饲料

配合饲料是指将两种以上的饲料原料，根据畜禽的营养需要，按照一定的饲料配方，经工业生产的，成分平衡、齐全、混合均匀的商品性饲料。

2. 日粮

满足一头动物一昼夜所需各种营养物质而采食的各种饲料总量称为日粮。

3. 饲粮

动物饲养中，将按百分比配合用于自由采食的配合饲料称为饲粮。

4. 饲料配方

依据营养需要量所确定的饲粮中各饲料原料组成的百分比构成，称为饲料配方。

二、配合饲料种类和组成

配合饲料分类方法很多。按饲料形状分为粉料、颗粒料、破碎料、膨化饲料、压扁饲料、漂浮饲料、块状饲料和液体饲料等;按饲喂对象分为猪用饲料、禽用饲料、反刍和草食动物饲料、水产动物饲料、实验动物饲料、特种经济动物饲料、伴侣和观赏动物饲料等;按营养成分和用途分为全价配合饲料、浓缩饲料、精料补充料和预混料等。

配合饲料原料组成见表22-1。

表22-1　　　　　　　　　　配合饲料原料组成

配合饲料类型	所含饲料原料	备注
草食动物全价饲粮	粗饲料+青饲料+青贮饲料+能量饲料+蛋白质饲料+矿物质饲料+维生素饲料+饲料添加剂+载体或稀释剂	精、青、粗混合饲喂,用量:100%
单胃动物全价饲料	能量饲料+蛋白质饲料+矿物质饲料+维生素饲料+饲料添加剂+载体或稀释剂	用量:100%,有的畜禽搭配少量青粗饲料
混合饲料	青饲料+能量饲料+蛋白质饲料+矿物质饲料	用量:100%
精料补充料	能量饲料+蛋白质饲料+矿物质饲料+维生素饲料+饲料添加剂+载体或稀释剂	用量占全饲粮干物质的15%~40%
浓缩饲料	蛋白质饲料+矿物质饲料+维生素饲料+饲料添加剂+载体或稀释剂	用量:20%~40%
超级浓缩料	少量蛋白质饲料+矿物质饲料+维生素饲料+饲料添加剂+氨基酸+载体或稀释剂	用量:10%~20%
复合预混料	矿物质饲料+维生素饲料+饲料添加剂+氨基酸+载体或稀释剂	用量:≤6%
添加剂预混料	微量矿物质元素+维生素饲料+饲料添加剂+载体或稀释剂	用量:≤1%

(一)全价配合饲料

全价配合饲料又称全日粮配合饲料,是根据饲养动物的营养需要,按照动物饲养标准,将多种饲料原料和添加剂按饲料配方经工业化加工的饲料,其可根据动物种类、年龄、生产用途等划分为各种型号。此种饲料可以全面满足饲喂对象的营养需要,用户不必另外添加任何营养性饲用物质而直接饲喂动物,但必须注意选择与饲喂对象相符合的全价配合饲料。

(二)混合饲料

混合饲料由某些饲料原料经过简单加工混合而成,为初级配合饲料,主要考虑能量、蛋白质、钙、磷等营养指标,在养殖业不发达地区常见,可以直接饲喂畜禽,但饲养效果不理想,用户在使用时往往还要搭配一定的青粗饲料,才可能满足畜禽的全面的营养需要。

(三)浓缩饲料

浓缩饲料又称平衡用配合料。它是由蛋白质饲料、矿物质饲料和饲料添加剂按照一定比例混合而成，一般为全价饲料中去除能量饲料之后剩余的其余部分。

浓缩饲料不能直接饲喂动物，必须按照使用说明添加一定比例的玉米或其他能量饲料原料组成全价饲料后才能饲喂。浓缩饲料一般占全价配合饲料的20%~40%。这类饲料使用方便，能减少能量饲料的运输，弥补养殖户蛋白质饲料不足的问题。

市场上将使用量在10%~20%的产品称为超级浓缩料或料精，其基本成分为部分蛋白质、添加剂预混料及具有特殊功能的物质，使用时还需要搭配能量饲料和部分蛋白质饲料。

（四）精料补充料

精料补充料指为补充以饲喂粗饲料、青绿饲料、青贮饲料等为主的草食动物营养，而用多种饲料原料和添加剂按一定比例配制的均匀混合物，由能量饲料、蛋白质饲料、矿物质饲料及饲料添加剂组成。精料补充料是为草食动物配制生产的，它不单独构成饲粮，主要是用以补充采食饲草不足的那一部分营养。即草食动物在所采食的青、粗饲草及青贮饲料外，给予适量的精料补充料，可全面满足饲喂对象的各种营养需要。在变换基础饲草时，应根据动物生产反应及时调整给量。

（五）预混合饲料

预混合饲料指由矿物质饲料、氨基酸、微量元素、维生素、非营养性饲料添加剂等中的一种（类）或多种（类）与载体或稀释剂按一定比例配制的均匀混合物，简称预混料。预混合饲料有利于微量的原料均匀分散于大量的配合饲料中。预混合饲料不能直接饲喂动物，它在畜禽全价饲料中的添加比例一般为0.01%~5%，添加剂预混料是配合饲料的核心，其含有的微量活性成分常决定配合饲料的饲喂效果，故预混合饲料可视为配合饲料的核心。

预混合饲料包括单一预混合饲料、复合预混合饲料、添加剂预混合饲料、微量元素预混合饲料和维生素预混合饲料。单一预混合饲料是由单一添加剂原料或同一种类的多种饲料添加剂与载体或稀释剂配制而成的匀质混合物，主要是由于某种或某类添加剂使用量非常少，需要初级预混才能更均匀分布到大宗饲料中。生产中常将单一的维生素、单一的微量元素（硒、碘、钴等）、多种维生素、多种微量元素各自先进行初级预混分别制成单项预混料等。复合预混合饲料是按配方和实际要求将各种不同种类的饲料添加剂与载体或稀释剂混合制成的匀质混合物。如微量元素、维生素及其他成分混合在一起的预混料。

三、配合饲料的特点

（一）提高饲料报酬和养殖经济效益

配合饲料是根据动物的营养需要、动物消化生理特点及饲料的营养特点，应用动物营养学、饲料学等最新现代科技成果，运用科学配方设计技术制定饲料配方，并采用先进加工工艺生产。它避免了单一饲料营养物质不平衡而造成的饲料浪费，使饲料中各种营养物质比例适当，能够充分满足不同种类动物的营养需要，同时，也能够科学合理地选用各种饲料添加剂，减少了动物各类疾病的发生，从而最大限度地发挥动物的生产潜力，使动物生长快，产品产量高，饲料成本低，饲料消耗少，饲养周期短，提高饲料转化率和经济效益。

（二）扩大饲料资源，节约粮食

工业化生产配合饲料能充分利用人类可食用的谷物或人类不能直接利用的农副产品、牧草及其他饲料资源，可以大批量购入或直接进口质优价廉的饲料原料，促进饲料资源的开发，节约粮食，降低饲料成本，同时有助于维持生态平衡，保护环境。

（三）对动物健康和生长具有促进作用，保证饲用安全

配合饲料通常是采用现代化的成套设备，经过特定的加工工艺生产的，由于机械的强力搅拌，能把配合饲料中的微量成分混合均匀，加之完善的原料和成品检测手段及质量控制体系，能够保证饲用的安全性，具有预防疾病、保健助长的作用。

（四）节省养殖业的劳动和设备投入，使用方便

由专门的生产企业集中生产配合饲料，节省了养殖企业或养殖户的大量设备和劳动支出。

（五）工业化生产的配合饲料产品，有质量保证

配合饲料应用面广，商品性强，规格明确，能够保证质量。

第二节　饲料配方设计的原则与步骤

饲养标准中规定了动物在一定条件（生长阶段、生理状况、生产水平等）下对各种营养物质的需要量。其表达方式或以每日每头动物所需供给的各种营养物质的量表示，或以各种营养物质在单位质量（常为 kg）中的用量表示。在饲料成分表中列出的是不同种类饲用原料中各种营养物质的含量。为了保证动物采食的饲料含有饲养标准中所规定的全部营养物质量，就必须对饲用原料进行相应的选择和搭配，即配合日粮或饲粮。

一、饲料配方设计的原则

（一）科学性

饲料配合的理论基础是现代动物营养与饲料学，而饲养标准则概括了其基本内容，列出了动物在不同生长阶段和生产水平下对各种营养物质的需要量，是设计饲料配方的科学依据。

因此，经济合理的饲料配方需根据饲养标准所规定的营养物质需要量的指标进行设计。然而，饲养标准又有一定的局限性，设计饲料配方时，必须选择适当的饲养标准，并结合当地的饲料资源和饲养管理状况（如动物膘情或季节变化等条件）进行适当调整，使确定的营养需要量更符合动物的实际。

饲料营养成分及营养价值表也是设计饲料配方的主要依据，是选择饲料种类的重要参考。设计饲料配方时，必须根据饲料营养价值、动物种类及消化生理特点、饲料原料适口性及体积、畜禽随意采食量等因素合理确定各种饲料的用量和配合比例。

（二）经济性

动物生产中饲料成本通常占生产总成本的 60%~70%。因此在设计饲料配方时，必须注意经济性原则，使配方既能满足动物的营养需要，又必须尽可能地降低成本，防止片面追求高质量发展。这就要求在设计饲料配方时，原料选择要因时、因地制宜，尽量选择当地生产量较大、价格又低廉的饲料，而少用或不用价格昂贵的饲料。目前，新的配方设计方法和饲料配方软件的应用，已使设计最低成本配方成为可能。

（三）市场性

配合饲料是一种商品，所以设计饲料配方时必须以市场需求为目标。设计饲料配方前，应

对市场进行调查研究，了解市场的需求，才能明确产品的定位。例如，应明确产品的档次、销售价格、客户范围、市场认可度及销售前景等。这样才能做到有的放矢，提高产品的市场竞争力。

（四）可行性

可行性即生产上的可操作性。因为一个合理的配方必须选择特定的原料通过一定的生产工艺，才能生产出合格的产品。所以设计配方时必须考虑其可操作性。设计的饲料配方必须与企业的生产条件配套，必须满足生产工艺及设备的要求，所用原料来源稳定，各种原料的用量或比例尽量不带小数。此外，产品的种类与阶段划分也应符合养殖业的生产需要。

（五）安全性

设计饲料配方选用的原料，尤其是饲料添加剂，必须以安全当先。为了保障人类健康，我国饲料安全工程已经启动。禁止使用发霉、变质、酸败、含污染毒素等的不合格饲料原料。对于某些含有毒害物质的饲料原料，应脱毒使用或限量使用。必须遵守某些添加剂停药期的规定，对于国家明令禁止使用的某些添加剂，特别是抗生素、激素、瘦肉精等决不能使用。总之，设计制作饲料配方必须保证配合饲料在饲喂时的安全可靠，以保障动物和人类的健康。

安全性有两层基本含义，其一是配合饲料对动物本身是安全的；其二是配合饲料生产出的产品对人体是安全的。作为安全性评价包括"三致"，即致畸、致癌、致突变。

（六）合法性

合法性即配方设计应符合国家有关规定，如营养指标、感官指标和卫生指标等。设计饲料配方不仅要符合饲养标准的要求，还要符合饲料标准和有关饲料法规的要求。国家为了规范企业的生产和市场行为而制定了一系列标准和法规。有的饲料生产企业为了提高产品质量，还制定了企业标准，但企业标准制定后，必须通过合法途径进行注册登记并在生产中严格执行。

二、设计饲料配方注意的问题

（一）计算标准或执行标准的确定

饲养标准是进行饲料配合的重要依据，但它又有局限性。目前，世界上许多国家都建立了自己的饲养标准（如美国 NRC、英国 ARC、法国 AEC 及我国国家标准等）。许多著名动物育种公司的饲养管理手册上，又有自己的标准（如 AA 肉鸡、迪卡种猪等）。设计饲料配方时应注意以下几个方面。

（1）对已有品种标准的动物（如 AA 肉鸡、迪卡种猪及我国京白鸡等），应尽量以其品种标准为参考。

（2）对未有品种标准者，可参考国家标准及美国 NRC、英国 ARC 等标准，但这些标准多为最低需要量。在进行饲料配合时，应根据动物品种、饲养方式及水平、饲料生产及加工条件等因素予以适当修正。如设计猪的各个阶段全价饲料配方时，若采用我国国家标准，在能量、蛋白质和氨基酸方面一般需加 10% 的安全量。磷不应低于饲养标准，盐应稍高，维生素和微量元素可外加 20%~50%。

（3）应考虑环境因素对标准的影响。多数饲养标准都是以一个近似的采食量为基础的，而环境因素尤其是温度对采食量有很大影响。因此，配方设计者必须依据采食量水平设计饲料中营养成分的水平，其一般原则是寒冷季节营养水平可适当下降，而高温季节则应予以提高。对此，在蛋鸡方面已有完整可靠的数学计算公式。一些育种公司也有计算好的数据表格，均可作为参考。

(4) 营养指标的确定。由于饲养标准中规定的指标数量很多，而且不同品种之间指标量差异很大。因而，确定饲料的营养水平时不可能满足全部指标，应有重点地进行筛选。①能量：能量指标是最基本的指标之一。不论动物处于维持状态或生产状态，耗用最大的养分是能量。不同畜禽，使用能量单位的表示方法不同。通常猪用消化能（DE 或 ME），禽用代谢能（ME），羊用消化能（DE），牛用净能（NE）。②蛋白质和氨基酸：饲料中蛋白质供应对畜禽生产具有重要作用，在饲养标准中已成为不可缺少的重要指标。对猪、鸡蛋白质、氨基酸需要的认识是从对蛋白质的需要开始，到必需氨基酸和非必需氨基酸的需要，以至可利用氨基酸需要和理想蛋白质的概念，最终到理想氨基酸模式理论的建立。动物对蛋白质的需要实质是对氨基酸的需要。③钙、磷、有效磷及食盐：这是动物所需的最基本常量矿物质。由于它们在体内数量多、分布广，使之成为饲养标准中必须考虑的指标。

（二）家畜营养需要量的表示方法

家畜营养需要量的表示方法通常有两种，营养物质数量和家畜每日的营养物质需要量。如对于上市家畜，一般采用自由采食饲料以获得最大的生产性能，所以以营养物质浓度为基础平衡日粮是最常见的；对于成年家畜或后备母畜，如果想限制饲料采食量以防止家畜过肥，最简单的方法是以每日所需的营养物质量来表示需要量。

以 NRC 后备母猪的营养需要量为例，在表 22-2 中，如果家畜采食了 3.1kg 含 13.64MJ/kg 代谢能和粗蛋白质为 15% 的日粮干物质，那么家畜就采食了 42.28MJ（3.1×13.64）的代谢能和 465g 的粗蛋白质（3.1×0.15×1000）。这个量与表 22-3 中推荐的量相一致。因此，两种表示需要量的方法相关，且可以为特定目的的日粮配合带来方便。很明显，准确估计预期饲料采食量是必需的。

表 22-2　　　　　后备母猪的营养需要量（日粮干物质营养数量）

体重/kg	日干物质采食量/kg	代谢能/(MJ/kg)	粗蛋白质/%
50～110	3.1	13.64	15

表 22-3　　　　　后备母猪的每日营养需要量（100%干物质基础）

体重/kg	日干物质采食量/kg	代谢能/(MJ/kg)	粗蛋白质/g
50～110	3.1	42.28	465

（三）饲料成分值

由于日粮中饲料成分的干物质含量可能差异很大，所以我们通常以干物质基础（DM）平衡日粮。饲料的营养价值以"喂时状态"（风干）为基础，或者以干物质为基础表示。当使用某一饲料成分表计算饲料中的营养物质含量时，我们必须首先计算饲料中干物质的量。

【例 22-1】20kg 干物质含量为 3.2% 的玉米青贮，8% 的粗蛋白质（DM 基础）：

$$20×3.2\% = 6.4\text{kg 干物质}$$
$$6.4×8\% = 0.51\text{kg 粗蛋白质}$$

另一方法是首先将粗蛋白质含量变换成饲喂时状态基础：

$$8\%\text{粗蛋白质（DM 基础）} ×3.2\%\text{（DM 基础）} = 2.56\%\text{粗蛋白质（喂时状态基础）}$$

$$20kg\ 青贮玉米 \times 2.56\% = 0.51kg\ 粗蛋白质$$

因此，在计算营养物质含量时单位必须一致。通常在配制日粮时首先以干物质为基础，在最后一步将这些量转化为喂时状态基础更为方便。

（四）饲料配方和转换

在配制一个特定日粮时，有以下几类基本的数据处理。

1. 干物质的量转化为喂时状态基础的量

【例22-2】需要10kg干物质，并且饲料干物质含量为30%：

$$10kg\ 干物质/30\% = 33.3kg（喂时状态基础）$$

2. 喂时状态的量转换为干物质的量

【例22-3】30kg喂时状态的青贮玉米，干物质含量为35%：

$$30 \times 35\% = 10.5kg\ 干物质$$

3. 混合日粮配方

我们已知干物质成分，并想将其转换成喂时状态基础的配方（表22-4）。

表22-4　将干物质基础的混合日粮配方转化为饲喂状态的混合日粮配方

饲料	日粮干物质 （1）/%	饲料的干物质 （2）/kg	喂时状态基础 （3）/kg （3）=（1）÷（2）	喂时状态基础 （4）/% （4）=（3）÷225.3
玉米青贮	60	0.35	171.4	76.1
高水分玉米	30	0.70	42.8	19.0
补充饲料	10	0.90	11.1	4.9
总计	100		225.3	100.0

请注意，混合日粮干物质含量是100kg干物质÷225.3（喂时状态基础总量）=44.4%干物质基础。

4. 混合日粮

知道喂时状态的组成并想转换成干物质基础的配方（表22-5）。

表22-5　将饲喂状态混合日粮配方转化为干物质基础的混合日粮配方

饲料	喂时状态基础 （1）/%	饲料的干物质 （2）/kg	干物质基础 （3）/kg （3）=（1）×（2）	日粮干物质 （4）/% （4）=（3）÷44.35
玉米青贮	76.1	0.35	26.64	60.1
高水分玉米	19.0	0.70	13.30	30.0
补充饲料	4.9	0.90	4.41	9.9
总计	100.0		44.35	100.0

5. 喂时状态基础的饲料营养物质采食量（表22-6）

请注意，日粮（干物质基础）中 CP 是 2.26/19.3×100% = 11.7%。

表22-6 将喂时状态基础饲料中营养物质（CP）转化为日采食量的营养物质（CP）

饲料	喂时状态基础（1）/（kg/d）	饲料的干物质（2）/kg	干物质基础（3）/kg（3）=（1）×（2）	CP（DM 基础）（4）	日粮 CP（5）/kg（5）=（3）×（4）
玉米青贮	30	0.35	10.5	0.08	0.84
高水分玉米	10	0.70	7.0	0.10	0.70
补充饲料	2	0.90	1.8	0.40	0.72
总计			19.3		2.26

三、饲料配方设计的基本步骤

（一）明确配方目标

饲料配方设计的第一步是明确目标，不同的目标对配方要求有所差别。目标可以包括整个产业的目标、整个产业中养殖场的目标和养殖场中某批动物的目标等不同层次。主要目标含以下方面：①单位面积收益最大；②每头上市动物收益最大；③使动物达到最佳生产性能；④使整个集团收益最大；⑤对环境的影响最小；⑥生产含某种特定品质的畜产品。

随养殖目标的不同，配方设计也必须作相应的调整，只有这样才能实现各种层次的需求。

（二）确定营养水平

饲养标准是进行配方设计时确定饲料中营养水平的科学依据。但饲养标准的种类繁多，不同国家有各自的饲养标准。应结合自身的特点合理选用。确定饲料的营养水平时，主要考虑营养指标、饲养方式、日粮组成、环境因素等。任一条件的改变都有可能引起动物对营养需要的改变。因而在某些特定条件下（如季节、气温、生长阶段等），适当调整某些营养指标是十分必要的。

（三）选择饲料原料

选择饲料原料，即根据当地条件，因地制宜，选择可利用的原料并确定其养分含量和对动物的利用率。原料的选择应适合动物的习性并考虑其生物学价值（或效率），要综合考虑营养价值、抗营养因子含量和组成、适口性、价格等因素，合理选择和搭配。

（四）设计饲料配方

营养水平和饲料原料确定以后，就可以利用手工计算或计算机优化配方软件优化形成配方，再结合生产工艺特性适当调整制作成生产用配方，用于配合饲料生产。

（五）配方质量评定

饲料配制出来以后，其配制的饲粮质量如何必须取样进行化学分析，并将分析结果和预期值进行对比。如果所得结果在允许误差范围内，说明达到饲料配制的目的；反之，说明存在问题。问题可能出在饲料原料成分变化、加工过程、取样混合或配方，也可能出在实验室。为此，送往实验室的样品应保存好，供以后参考用。

配方产品的实际饲养效果是评价配制质量的最好尺度，条件较好的企业均以实际饲养效果、生产的畜产品品质作为配方质量的最终评价手段。随着社会的进步，配方产品的安全性、环境和生态效应也将作为衡量配方质量的重要尺度。

四、配合饲粮时必须掌握的资料

设计饲料配方必须具备下述几种资料，才能着手进行计算。

（1）动物的品种、生产阶段及相应的营养需要量（饲养标准）。

（2）拥有的饲料原料种类、质量规格，所用饲料的营养物质含量（饲料成分及营养价值表）及其用量限制。

（3）饲料的价格与成本，在满足动物营养需要的前提下，应选择质优价廉的饲料以降低成本。

（4）饲喂方式、饲粮的类型和预期采食量。饲粮类型与其组成和养分的含量有关。即所设计的配方是全价配合饲料，还是浓缩饲料、精饲料、预混合饲料等。如果是全价配合饲料，它是用于限制饲喂还是自由采食？故应了解所配产品的类型。

在设计配方时，应使动物能够摄食所需要的数量，因为饲粮中各种养分所需浓度取决于采食量。

> **思考题**
>
> 1. 什么是配合饲料、日粮和饲粮？
> 2. 配合饲料的种类有哪些？
> 3. 饲料配方设计的基本步骤是什么？

第二十三章 全价饲料配方设计

[学习目标]

1. 掌握用试差法设计全价饲料配方的方法步骤。
2. 了解对角线法、代数法和计算机软件辅助设计饲料配方的方法步骤。

饲料配方的设计方法主要有手工计算法和计算机软件辅助设计法两种。手工计算法主要有试差法、交叉法、公式法等，可借助计算器或办公软件 Excel 表格进行计算。计算机软件辅助设计法要根据有关数学模型编制专门程序软件进行饲料配方的优化设计，涉及的数学模型主要包括线性规划、多目标规划、模糊规划等。

一、手工计算法

（一）试差法

试差法又称凑数法、增减法、平衡法，是目前进行全价饲料配方设计时最常用的一种方法，该法是根据畜禽的饲养标准、所选用的饲料原料和以往设计的饲料配方经验，先草拟出所使用的各种饲料原料的大致比例，然后用各个饲料原料的配比去乘该原料中各种营养物质的含量，再将各种饲料原料中的同种营养成分上述计算的积相加，就得到草拟配方的每种营养成分的总量；之后，将得到的每种营养成分总量与饲养标准中列出的营养成分标准相比较，如果某种营养成分总量超过或少于饲养标准时，可调整上述草拟配方中的相应饲料原料配比并重新计算，直至所有营养指标含量都符合或接近饲养标准为止。这种方法简单易学，可用于各种配料技术，应用面广，但计算量大，十分烦琐，盲目性大，不能筛选出最佳饲料配方，相对成本可能较高。

步骤如下：

（1）先查相应动物的饲养标准，然后列出饲养对象对各种营养物质的需要量。

（2）根据当地饲料资源及动物的具体情况，确定所选用饲料原料种类，并查饲料原料的营养成分、营养价值表（也可实测）及单价，列出各种原料的营养成分及含量。

（3）参照表 23-1 所列不同动物常用饲料配方的比例范围，或根据自己经验，草拟出各种饲料原料在配方中的大致比例。

表 23-1　　不同动物常用饲料配方比例范围　　　　　　　　　　单位：%

饲料		猪	肥育猪	奶牛	兔
能量饲料	谷实类	35~65	50~60	45~60	30~40
	糠麸类	10~35	15~20	25~35	40~45
植物性蛋白质饲料	大豆饼/粕	5~20	5~10	10~30	15~25
	杂饼类	—	5~8	2~3	5~10
动物性蛋白质饲料	鱼粉、肉骨粉	2~5	2~3	2~5	2~3
	血粉、羽毛粉	2~3	2~3	—	—
矿物质饲料	贝壳粉	1~2	1~2	1~2	1~2
	骨粉	1~2	1~2	1~2	0.2~0.5
	食盐	0.1~0.5	0.1~0.3	0.3~1.0	0.2~1.0
	添加剂	1~2	1~2	1~2	1~2

草拟配方时，先确定能量饲料原料和蛋白质饲料原料在全价饲料中所占的大致比例，对于生长肥育的畜禽，这两类饲料原料一般应占全价饲料的97%~98%，对于产蛋的家禽应占90%左右，剩下2%~3%或10%的比例用来添加矿物质和其他饲料添加剂等，调整全价饲料配方中的能量和粗蛋白质时就在这97%~98%或90%的范围内进行调整。

草拟配方之后，比较草拟配方和饲养标准中能量和粗蛋白质这两种营养指标相符合的程度，符合程度差距较大时要反复调整草拟饲料配方中相应原料的配比，直至计算结果与饲养标准相符合或接近。

（4）按照饲养标准指标补充矿物质。在补充矿物质时，一般先补充磷再补充钙。满足了饲养标准中磷的要求之后，再用单纯的含钙饲料原料补充钙元素。全价饲料中食盐的添加量一般按饲养标准的要求添加即可。

（5）按照饲养标准要求补充氨基酸添加剂。在为猪和禽配制全价饲料时，赖氨酸和甲硫氨酸常会缺乏，所以还需要根据配方中这两种氨基酸与饲养标准的差距选用商品性氨基酸添加剂来补充。

（6）按照饲养标准要求补充微量元素和维生素等添加剂。

【例23-1】用玉米、小麦麸、豆粕、棉籽粕、磷酸氢钙、石粉、食盐、氨基酸添加剂和1%预混料为60~90kg的瘦肉型生长肥育猪制定饲料配方。

第一步，查饲养标准。从我国农业部2004年颁布的NY/T 65—2004《猪饲养标准》中查出60~90kg瘦肉型生长肥育猪每千克饲粮养分含量，见表23-2。

表 23-2　　60~90kg 瘦肉型生长肥育猪每千克饲粮养分含量

消化能/MJ	粗蛋白质/%	钙/%	磷/%	食盐/%	赖氨酸/%	甲硫氨酸+胱氨酸/%
13.39	14.5	0.49	0.43	0.30	0.70	0.40

第二步，根据饲料原料的营养价值表，查出配制全价饲料配方所使用的饲料原料的营养价值，见表23-3。

表 23-3　　　　　　　　　　　　　　　饲料原料的营养价值表

原料	消化能/MJ	粗蛋白质/%	钙/%	磷/%	赖氨酸/%	甲硫氨酸+胱氨酸/%
玉米	14.18	7.8	0.02	0.27	0.23	0.30
小麦麸	9.37	15.7	0.11	0.92	0.63	0.55
豆粕	14.26	44.2	0.33	0.62	2.68	1.24
菜籽饼	12.05	35.7	0.59	0.96	1.33	1.42
磷酸氢钙	—	—	23.29	18.00	—	—
石粉	—	—	38.42	—	—	—

第三步，草拟配方。根据所用各饲料原料大致使用范围或以往设计饲料配方的经验，先草拟出能量饲料原料和蛋白质饲料原料的使用比例，并计算出草拟配方中能量和粗蛋白质的含量。方法见表 23-4。

表 23-4　　　　　　　　　　　配方中消化能和粗蛋白质含量的计算

原料	饲粮组成/%	消化能/MJ	粗蛋白质/%
玉米	65	14.18×0.65=9.217	7.8×0.65=5.07
小麦麸	14	9.37×0.14=1.3118	15.7×0.14=2.198
豆粕	15	14.26×0.15=2.139	44.2×0.15=6.63
菜籽饼	3	12.05×0.03=0.3615	35.7×0.03=1.071
合计	97	13.03	14.97
饲养标准		13.39	14.5
与标准比较		-0.36	+0.47

第四步，调整配方。表 23-4 中草拟配方结果与饲养标准相比，消化能偏低，粗蛋白质含量偏高。需要把能量提高，同时把粗蛋白质含量降低，故可以提高能量水平较高的玉米的配比，同时降低能量水平较低的麸皮的配比。配方调整见表 23-5。

表 23-5　　　　　　　　　　调整配方中消化能和粗蛋白质含量的计算

原料	饲粮组成/%	消化能/MJ	粗蛋白质/%
玉米	70	14.18×0.70=9.926	7.8×0.70=5.46
小麦麸	9	9.37×0.09=0.8433	15.7×0.09=1.413
豆粕	15	14.26×0.15=2.139	44.2×0.15=6.63
菜籽饼	3	12.05×0.03=0.3615	35.7×0.03=1.071
合计	97	13.27	14.57
饲养标准		13.39	14.5
与标准比较		-0.12	+0.07

由表23-5可见，调整草拟配方中相应饲料原料的配比后，配方中消化能和粗蛋白质含量与饲养标准相比都较接近了。

第五步，补充矿物质饲料，使用矿物质饲料原料磷酸氢钙、石粉和食盐补充饲料配方中钙、磷和食盐的不足。草拟配方调整之后配方中已有的钙、磷水平见表23-6。

表23-6　　　　　　　　　配方中已有的钙和磷含量的计算

原料	饲粮组成/%	钙含量/%	磷含量/%
玉米	70	0.02×0.70=0.014	0.27×0.70=0.189
小麦麸	9	0.11×0.09=0.0099	0.92×0.09=0.0828
豆粕	15	0.33×0.15=0.0495	0.62×0.15=0.093
菜籽饼	3	0.59×0.03=0.0177	0.96×0.03=0.0288
合计	97	0.0911	0.3936
饲养标准		0.49	0.43
与标准比较		−0.3989	−0.0364

由表23-6可见，配方中钙和磷含量与饲养标准相比，均还不足，需要用含钙和含磷饲料原料补充。先用磷酸氢钙补充磷，磷酸氢钙的用量为：（0.43%−0.3936%）÷18.00%×100%=0.20%，需要注意的是，在补充含磷饲料原料的同时又补充了一部分钙，添加0.20%的磷酸氢钙之后配方中钙的含量为：0.0911+23.29%×0.20%=0.13768%，此时配方中钙含量与饲养标准相比还有差距，需要用含钙的矿物质饲料原料石粉补充，石粉的用量为：（0.49%−0.13768%）÷38.42%×100%=0.92%，即再补充0.92%的石粉，配方中的钙含量也能达到饲养标准的定额。

另外，对于饲养标准中食盐的需要，按需要量直接添加0.3%的食盐即可。

第六步，补充氨基酸添加剂，根据饲料配方中计算的已有的赖氨酸和甲硫氨酸+胱氨酸与饲养标准中相应氨基酸含量的差额，使用商品性的氨基酸添加剂来进行补充。配方中已经含有的赖氨酸和甲硫氨酸+胱氨酸的水平计算方法见表23-7。

表23-7　　　　配方中已经有的赖氨酸和甲硫氨酸+胱氨酸含量的计算

原料	饲粮组成/%	赖氨酸含量/%	甲硫氨酸+胱氨酸含量/%
玉米	70	0.23×0.70=0.161	0.30×0.70=0.21
小麦麸	9	0.63×0.09=0.0567	0.55×0.09=0.0495
豆粕	15	2.68×0.15=0.402	1.24×0.15=0.186
菜籽饼	3	1.33×0.03=0.0399	1.42×0.03=0.0426
合计	97	0.6596	0.4881
饲养标准		0.70	0.40
与标准比较		−0.0404	+0.0881

由表 23-7 可见，与饲养标准相比，配方中赖氨酸含量不足，需要用商品性赖氨酸制剂 L-赖氨酸盐酸盐补充，L-赖氨酸盐酸盐中赖氨酸的实际含量为 78.8%。所以还需要补充商品赖氨酸的量为：（0.70%-0.6596%）÷78.8%×100%=0.05%。

第七步，列出最终的饲料配方和配方营养指标含量。

设计配方时能量饲料和蛋白质饲料原料配比之和为 97%，在随后为满足矿物质和氨基酸等的需要又添加了 0.20% 的磷酸氢钙、0.92% 的石粉、0.3% 的食盐、0.05% 的 L-赖氨酸盐酸盐和 1% 的预混料，后来添加的这部分饲料原料配比之和为：0.20%+0.92%+0.3%+0.05%+1%=2.47%，不足 3%，所以可以把能量饲料原料中的小麦麸再增加 0.53%，以便把饲料配方配成 100%，对已经设计出的饲料配方并无大的影响。饲料配方和营养指标见表 23-8。

表 23-8　　　　　　　　　60~90kg 瘦肉型生长肥育猪饲料配方

饲料原料	配比/%	营养成分	指标
玉米	70.00	消化能/(MJ/kg)	13.27
小麦麸	9.53	粗蛋白质/%	14.57
大豆粕	15.00	钙/%	0.49
菜籽饼	3.00	磷/%	0.43
磷酸氢钙	0.20	赖氨酸/%	0.70
石粉	0.92	甲硫氨酸+胱氨酸/%	0.49
食盐	0.30	食盐/%	0.30
L-赖氨酸盐酸盐	0.05		
1%大猪预混料	1.00		
合计	100.00		

（二）交叉法

交叉法又称四角法、方形法、对角线法或图解法。在饲料种类不多及营养指标少的情况下，采用此法，较为简便。特别是用户购买了蛋白质浓缩料，只需要用能量饲料原料配合成全价饲料时比较适合。还适用于计算两种、三种或三种以上饲料的混合比例，并使其达到某种营养成分的指标。具体方法和步骤如下。

（1）查动物饲养标准表，列出饲养对象的营养需要。

（2）查饲料营养成分和营养价值表，列出饲料原料的营养成分及含量。

（3）画一个长方形，在长方形中央写出预混饲料的营养含量或能量价值，在长方形的左上角和左下角分别写上饲料原料的营养含量或能量价值。

（4）顺对角线方向，以大数减小数，求出其差值，将该差值写在对角线的另一端。

（5）用两个差值分别除以它们的和，即可得出混合饲料中原料的百分比和饲料的营养浓度。

交叉法的缺点是在配制饲料时不能同时考虑多项营养指标，而且在饲料种类较多时，用此法计算既烦琐又复杂。因此，此法通常用于简单的能量混合料、蛋白质补充料的配制计算及饲料营养浓度计算。

1. 两种饲料配合

例如，以玉米、豆粕为主，给体重 60~80kg 的生长肥育猪配制混合饲料。

第一步，查猪饲养标准，得知混合饲料粗蛋白质为13%，消化能为14.28MJ/kg。

第二步，查猪常用饲料营养成分及营养价值表，得知玉米的粗蛋白质含量为8.72，消化能为14.32MJ/kg；豆粕的粗蛋白质含量为44.14，消化能为13.78MJ/kg。

第三步，画一个长方形图，并作对角线，在图中央写上所要配制饲料的粗蛋白质含量为13%，在图的左上角和左下角分别写上玉米和豆粕的粗蛋白质含量8.72%和44.14%。

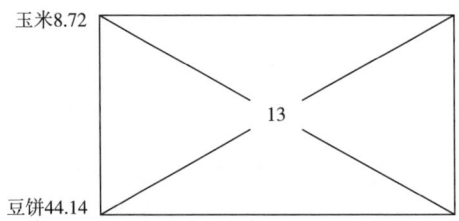

第四步，以长方形的对角线进行计算（均以大数减小数），所得的数分别记在右上角和右下角。

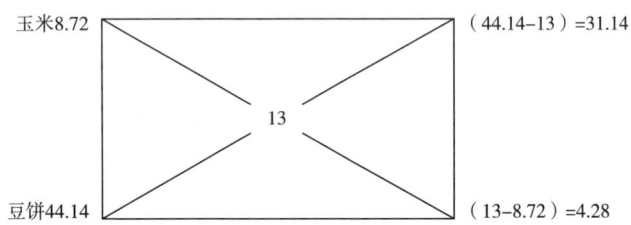

右上角的31.14和右下角的4.28分别代表玉米和豆粕在混合饲料中所占的份数。

第五步，计算各种饲料在混合饲料中的百分比。

玉米 = 31.14/（31.14+4.28）×100% = 87.92%

豆饼 = 4.28/（31.14+4.28）×100% = 12.08%

因此，60~80kg体重生长肥育猪的混合饲料，由87.92%玉米与12.08%豆饼组成。

第六步，检验粗蛋白质。该配合饲料的粗蛋白质水平为：

87.92%×8.72 + 12.08% × 44.14 = 7.7%+5.3% = 13%

因此，该配合饲料中粗蛋白质是达标的。

注意，用此法时，应使两种饲料养分含量必须分别高于和低于相应的饲养标准数值。

2. 两种以上饲料配合

例如，要用玉米、高粱、小麦麸、豆粕、棉籽粕、菜籽粕和矿物质饲料（骨粉和食盐）为体重35~60kg的生长肥育猪配成含粗蛋白质为14%、消化能为12.81MJ/kg的混合饲料。

第一步，根据经验和养分含量把以上饲料分成比例已定好的三组饲料。即混合能量饲料、混合蛋白质饲料和矿物质饲料。把混合能量饲料和混合蛋白质饲料当作两种饲料做交叉配合。

第二步，先明确所用玉米、高粱、小麦麸、豆粕、棉籽粕、菜籽粕和矿物质饲料粗蛋白质含量，一般玉米为8.0%、高粱8.5%、小麦麸13.5%、豆粕45.0%、棉籽粕41.5%、菜籽粕36.5%和矿物质饲料（骨粉和食盐）0%。

第三步，将能量饲料类和蛋白质类饲料分别组合，按类分别算出能量和蛋白质饲料组粗蛋白质的平均含量。设能量饲料组由60%玉米、20%高粱、20%麦麸组成，蛋白质饲料组由70%

豆粕、20%棉籽粕、10%菜籽粕构成。则：

能量饲料组的蛋白质含量为 60%×8.0%+20%×8.5%+20%×13.5%＝9.2%

蛋白质饲料组的蛋白质含量为 70%×45.0%+20%×41.5%+10%×36.5%＝43.45%

矿物质饲料，一般占混合料的 2%，其成分为骨粉和食盐。按饲养标准食盐宜占混合料的 0.3%，骨粉则占混合料的 1.7%。

第四步，算出未加矿物质饲料前混合料中粗蛋白质的应有含量。

因为配好的混合料再掺入矿物质饲料，等于变稀，其中粗蛋白质含量就不足 14% 了。所以要先将矿物质饲料用量从总量中扣除，以便按 2% 添加后混合料的粗蛋白质含量仍为 14%。即未加矿物质饲料前混合料的总量为 100%−2%＝98%，那么，未加矿物质饲料前混合料的粗蛋白质含量应为 14÷98×100%＝14.3%。

第五步，将混合能量饲料和混合蛋白质饲料当作两种料做交叉。即：

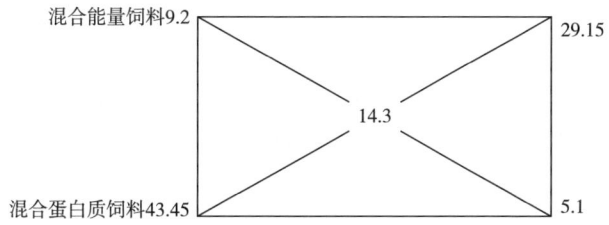

混合能量饲料应占比例为 29.15/（29.15+5.1）×100＝85.1%

混合蛋白质饲料应占比例为 5.1/（29.15+5.1）×100＝14.9%

第六步，计算出混合饲料中各成分应占的比例。即：

玉米应占 60%×0.851×0.98≈50.0%，以此类推，高粱占 16.7%、小麦麸 16.7%、豆粕 10.2%、棉籽粕 2.9%、菜籽粕 1.5%、骨粉 1.7%、食盐 0.3%，合计 100%。

第七步，验算粗蛋白质。该配合饲料的粗蛋白质水平为：

50.0%×8.0%+16.7%×8.5%+16.7%×13.5%+10.2%×45.0%+2.9%×41.5%+1.5%×36.5%＝14%

因此，该配合饲料中粗蛋白质是达标的。

3. 蛋白质混合料配方连续计算

例如，要求配一粗蛋白质含量为 40.0% 的蛋白质混合料，其原料有亚麻仁粕（含蛋白质 33.8%）、豆粕（含蛋白质 45.0%）和菜籽粕（含蛋白质 36.5%）。各种饲料配比如下：

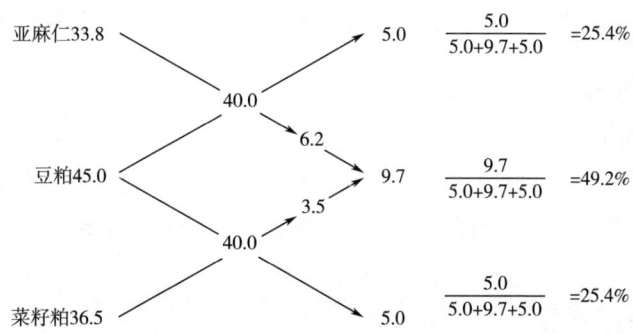

用此法计算时，同一四角两种饲料的养分含量必须分别高于和低于所求数值，即左列饲料的养分含量按间隔大于和小于所求数值排列。

（三）联立方程法

联立方程法也称公式法、代数法。此法是利用数学上联立方程求解法来计算饲料配方。优点是条理清晰，方法简单；缺点是饲料种类多时，计算较复杂。

例如，某猪场要配制含15%粗蛋白质的混合饲料。现有含粗蛋白质9%的能量饲料（其中玉米占80%，大麦占20%）和含粗蛋白质40%的蛋白质补充料，其方法如下。

（1）设混合饲料中能量饲料占$x\%$，蛋白质补充料占$y\%$。得：

$$x+y=100$$

（2）能量混合料的粗蛋白质含量为9%，补充饲料粗蛋白质含量为40%，要求配合饲料粗蛋白质含量为15%。得：

$$0.09x+0.40y=15$$

（3）列联立方程，得出：

$$\begin{cases} x+y=100 \\ 0.09x+0.40y=15 \end{cases}$$

（4）解联立方程，得出：

$$x=80.65$$
$$y=19.35$$

（5）求玉米、大麦在配合饲料中所占的比例：

$$玉米占比例（\%）=80.65\%\times80\%=64.52\%$$
$$大麦占比例（\%）=80.65\%\times20\%=16.13\%$$

因此，配合饲料中玉米、大麦和蛋白质补充料各占64.52%、16.13%及19.35%。

二、计算机软件辅助设计

（一）计算机软件辅助设计优点

利用计算机软件辅助设计饲料配方，首先，可以降低饲料配方设计人员的劳动强度，提高饲料配方设计的效率；其次，可以克服手工设计饲料配方时指标选择的局限性，全面考虑饲料营养、成本和效益的关系，降低饲料配方成本，提高饲料生产的经济效益；再次，能达到饲料原料资源的优化配置，提高资源利用率；最后，提供多方面有效信息，科学的指导饲料生产决策和经营。

（二）计算机软件辅助设计注意事项

1. 正确选择饲料配方软件

饲料配方软件众多，使用方法也各不相同，行业新的从业人员要从简单易学的饲料配方软件学起，深刻领会和掌握所用饲料配方软件的操作使用手册，多学多练，不断积累配方软件使用经验。

2. 建立科学的数学模型

建立科学的数学模型是利用计算机进行饲料配方运算的先决条件，建立数学模型之前要掌握动物营养学的基本原理，弄清楚饲料配方设计的目的，正确合理的制定出数学模型的目标方程和约束条件。

3. 分析设计过程中出现的问题

初学者利用饲料配方软件设计配方时，饲料配方软件经常会出现"计算错误"提示，出现这种情况的原因如下：首先，可能是选择的饲料原料相应营养物质含量较低，不足以满足所使用的较高的饲养标准；其次，可能是在设计的约束条件之下，配方中的营养物质含量达不到或超过饲养标准的相应营养物质含量，在计算过程中产生矛盾；再次，配方中选择使用的饲料原料太多或太少；最后，可能是选择的饲料原料营养物质含量之间有矛盾条件。

4. 做好饲料配方设计后的调整和分析工作

利用饲料配方软件设计出饲料配方后，还要细致分析饲料配方，并根据实际情况进行合理的适时调整，以便使设计的饲料配方更加适合本地饲料生产的实际情况，生产出充分考虑饲料企业和养殖企业经济效益的符合市场要求的饲料产品。

（三）计算机软件辅助设计方法

1. 线性规划法

线性规划法（linear programming）又简称 LP 法，是最早采用运筹学有关数学原理来进行饲料配方优化设计的一种方法。它将饲料配方中的有关因素和限制条件转化为线性数学函数，求解一定约束条件下的目标值（最小值或最大值）。线性规划是数学规划中最重要的一个分支，目前它在世界饲料工业中广为应用，以此优化饲料原料以满足畜禽日粮营养需要。此法最大的优点是可以求满足条件的最低成本配方。

线性规划是一项较新的应用数学方法。在线性规划的一些实际问题中，都可以用线性方程组或线性不等式组来表示，而目标函数也是用线性方程表示的。所以从数学角度来说，线性规划问题是某一目标函数在一定约束条件下的最大值（或最小值）的问题。

（1）用线性规划法解决配方设计时的假设

①目标函数为最终饲粮成本最低值，可以是吨粮成本或饲粮成本最小化。该目标函数是决策变量的线性函数。

②决策变量是配方中相应原料的用量，可设定为质量分数（%）或 kg。

③约束条件包括三部分：a. 满足参与优化的一组营养需要量的约束条件，每一线性条件可转化为决策变量的线性函数，而每个决策变量的系数为该原料对应的该项成分含量。b. 原料用量约束条件，直接由用量限制的决策变量构成的不等式。c. 配料质量约束，可表达为配比之和或配料质量为某一给定值，如 100%或 1000kg。上述三方面的约束条件，共同构成设计配方的多维约束空间。

④最优解。如果存在最优解，意味着存在一组原料配比（即配方），既能满足所有的约束条件，同时成本又是最低的。所以最优解等同于最低成本的最优配方。

（2）线性规划法设计优化饲料配方的数学模型　设 x_j（x_1，x_2，x_3，…，x_n）为参与配方配制过程的各种原料相应的用量，x_j 在线性规划中是决策变量，要求为非负，即 $x_j \geq 0$；设 w_0 为所有饲料原料用量之和（1、100%、100 或 1000 等）；n 为原料个数；m 为约束条件数，a_{ij}（$i=1$，2，…，m；$j=1$，2，…，n）为各种原料所含相应的营养成分，b_i（b_1，b_2，b_3，…，b_m）为配方中应满足的各项营养指标或质量指标的预定值，c_j（c_1，c_2，c_3，…，c_n）为每种原料相应的价格系数，Z 为目标值，则下列模型成立：

目标函数

$$Z_{\min} = c_1x_1 + c_2x_2 + \cdots + c_nx_n \tag{23-1}$$

满足约束条件

$$\begin{cases} a_{11}x_1 + a_{12}x_2 + \cdots + a_{1n}x_n \geqslant (=, \leqslant) b_1 \\ a_{21}x_1 + a_{22}x_2 + \cdots + a_{2n}x_n \geqslant (=, \leqslant) b_2 \\ \cdots\cdots\cdots\cdots\cdots \\ a_{m1}x_1 + a_{m2}x_2 + \cdots + a_{mn}x_n \geqslant (=, \leqslant) b_m \\ x_1 + x_2 + \cdots + x_n = w_0 \\ x_1, x_2, \cdots, x_n \geqslant 0 \end{cases} \tag{23-2}$$

即求满足约束条件下的最低成本配方。

如果求解最大收益，可将目标设定为求解饲料转换效率与饲料价格之乘积最低值，利用饲料转化随代谢能变化的回归关系，筛选最大收益配方，由于最大收益配方涉及因素多，编制模型和计算机软件均有一定难度，目前多用的仍是最低成本配方。

（3）线性规划问题的解法　上述线性规划饲料配方计算模型由于含有多个不等式，实际计算时不太方便，如果将所建立的线性规划模型转化为标准型，则可通过单纯形法或改进单纯形法来求解。

引入松弛变量 x_{n+i}（$x_{n+1}, x_{n+2}, \cdots, x_{n+m}$），则可将约束条件下的不等式转化为等式，得到线性规划的标准型。

目标函数

$$Z_{\min} = c_1x_1 + c_2x_2 + \cdots + c_nx_n$$

满足约束条件

$$\begin{cases} a_{11}x_1 + a_{12}x_2 + \cdots + a_{1n}x_n + x_{n+1} = b_1 \\ a_{21}x_1 + a_{22}x_2 + \cdots + a_{2n}x_n + x_{n+2} = b_2 \\ \cdots\cdots\cdots\cdots\cdots \\ a_{m1}x_1 + a_{m2}x_2 + \cdots + a_{mn}x_n + x_{n+m} = b_m \\ x_1 + x_2 + \cdots + x_n = w_0 \\ x_j \geqslant 0 \end{cases}$$

则上述标准型可简化表示如下：

目标函数

$$Z_{\min} = \sum_{j=1}^{n} c_j x_j \tag{23-3}$$

满足约束条件

$$\begin{cases} \sum_{j=1}^{n} a_{ij}x_j + x_{n+i} = b_i \\ x_1 + x_2 + \cdots + x_n = w_0 \\ x_j \geqslant 0 \end{cases} \tag{23-4}$$

①单纯形法：适用于任意多个变量和约束条件的线性规划求解问题。单纯形法是一个迭代过程，它是根据规划问题的标准型，从可行域中的基本可行解开始，转移到下一个基本可行解，若转移后目标函数值不变小，则要继续转移。如有最优解存在，就转移到求得最优解

为止。

② 改进单纯形法：是单纯形法的改进算法。其优点是中间变量少，运算量小，适宜解决变量多、约束多的饲料配方计算问题。一般线性规划的计算机程序大部分采用改进单纯形法设计。

（4）线性规划最低成本配方设计的一般步骤

①建立和维护饲料原料数据库和饲养标准库。

②制作数学模型数据库。

③某些配方程序需要手工记录相应的原料品种数、条件数等参数值，大多数配方程序能自动统计。

④由计算机计算饲料配方并显示结果。

⑤对配方结果进行分析判断是否符合要求。

⑥配出较理想配方。

（5）线性规划最低成本配方设计实例　以设计生长蛋鸡配合饲料为例，介绍线性规划在饲料配方设计上的应用。步骤如下。

①从原料库选择玉米、麦麸、豆粕、棉籽粕、菜籽粕、鱼粉、石粉、磷酸氢钙、赖氨酸、甲硫氨酸、食盐、1%添加剂复合预混料，并修改完善饲料价格、营养成分等数据。如果原料库中没有某种饲料原料，则增加一条记录，填入相应数据，并保存。所选原料的营养成分和价格见表23-9。

表23-9　　　　　　　　　　　　饲料原料营养成分和价格表

项目	玉米	麦麸	豆粕	棉籽粕	菜籽粕	鱼粉	石粉	磷酸氢钙	甲硫氨酸	赖氨酸	食盐	预混料
代谢能/(MJ/kg)	13.47	6.82	9.83	8.49	7.41	12.18	0	0	15.9	15.9	0	0
粗蛋白质/%	7.8	15.7	44	43.5	38.6	62.5	0	0	98	78	0	0
钙/%	0.02	0.11	0.33	0.28	0.65	3.96	36	23.3	0	0	0	0
磷/%	0.27	0.92	0.62	1.04	1.02	3.05	0	18	0	0	0	0
赖氨酸/%	0.23	0.58	2.66	1.97	1.3	5.12	0	0	0	78	0	0
甲硫氨酸+胱氨酸/%	0.3	0.39	1.4	1.26	1.5	2.21	0	0	98	0	0	0
钠/%	0.02	0.07	0.03	0.04	0.09	0.78	0	0	0	0	39.5	0
价格/(元/kg)	1.20	1.10	1.65	1.40	1.35	5.5	0.10	1.6	24	18	0.80	10

②从饲养标准库中选择蛋鸡生长期营养标准，修改和完善营养需要数据。也可增加一条记录，自行建立相应的营养标准，并保存。本例蛋鸡生长期营养需要为代谢能11.92MJ/kg，粗蛋白质含量19%，钙含量0.9%，总磷含量0.7%，赖氨酸含量0.85%，甲硫氨酸+胱氨酸含量0.60%，钠含量0.15%。

③建立饲料配方的数学模型，设置原料的用量限制和营养需要量的上下限，各原料用量变量设置见表23-10。

表 23-10　　原料用量与变量 X 的关系

原料	玉米	麦麸	豆粕	棉籽粕	菜籽粕	鱼粉	石粉	磷酸氢钙	甲硫氨酸	赖氨酸	食盐	预混料
变量	X_1	X_2	X_3	X_4	X_5	X_6	X_7	X_8	X_9	X_{10}	X_{11}	X_{12}

根据实践经验，可人为设置玉米用量不低于40%，麦麸用量不高于10%，棉籽粕、菜籽粕用量不高于5%，食盐用量不高于0.35%，构建的线性规划数学模型表示如下。

$$\begin{cases} 13.47x_1+6.82x_2+9.83x_3+8.49x_4+7.41x_5+12.18x_6+15.9x_9+15.9x_{10} \geq 11.92\times100 \\ 7.8x_1+15.7x_2+44.0x_3+43.5x_4+38.6x_5+62.5x_6+98x_9+78x_{10} \geq 19\times100 \\ 0.02x_1+0.11x_2+0.33x_3+0.28x_4+0.65x_5+3.96x_6+36x_7+23.3x_8 \geq 0.9\times100 \\ 0.27x_1+0.92x_2+0.62x_3+1.04x_4+1.02x_5+3.05x_6+18x_8 \geq 0.7\times100 \\ 0.23x_1+0.58x_2+2.66x_3+1.97x_4+1.30x_5+5.12x_6+78x_{10} \geq 0.85\times100 \\ 0.3x_1+0.39x_2+1.40x_3+1.26x_4+1.50x_5+2.21x_6+98x_9 \geq 0.6\times100 \\ 0.02x_1+0.07x_2+0.03x_3+0.04x_4+0.09x_5+0.78x_6+39.5x_{11} \geq 0.15\times100 \\ x_1 \geq 40 \\ 0 \leq x_2 \leq 10 \\ x_3 \geq 0 \\ 0 \leq x_4 \leq 5 \\ x_5 \geq 0 \\ 1 \leq x_6 \leq 5 \\ x_7 \geq 0 \\ x_8 \geq 0 \\ x_9 \geq 0 \\ x_{10} \geq 0 \\ 0 \leq x_{11} \leq 0.35 \\ x_{12} = 1 \\ x_1+x_2+x_3+x_4+x_5+x_6+x_7+x_8+x_9+x_{10}+x_{11}+x_{12} = 100 \end{cases}$$

目标函数

$Z_{\min}$（元/kg）$= 1.20x_1+1.10x_2+1.65x_3+1.40x_4+1.35x_5+5.5x_6+0.1x_7+1.6x_8+24x_9+18x_{10}+0.8x_{11}+10x_{12}$

上列数字模型制成专用表格，见表23-11。

表 23-11　　生长蛋鸡饲料原料及配方约束条件

原料	玉米	麦麸	豆粕	棉籽粕	菜籽粕	鱼粉	石粉	磷酸氢钙	甲硫氨酸	赖氨酸	食盐	预混料	约束方式	约束值（b）
变量	X_1	X_2	X_3	X_4	X_5	X_6	X_7	X_8	X_9	X_{10}	X_{11}	X_{12}		
代谢能/(MJ/kg)	13.47	6.82	9.83	8.49	7.41	12.18	0	0	15.9	15.9	0	0	$\geq$	11.92

续表

原料	玉米	麦麸	豆粕	棉籽粕	菜籽粕	鱼粉	石粉	磷酸氢钙	甲硫氨酸	赖氨酸	食盐	预混料	约束方式	约束值(b)
粗蛋白质/%	7.8	15.7	44.0	43.5	38.6	62.5	0	0	98	78	0	0	≥	19
钙/%	0.02	0.11	0.33	0.28	0.65	3.96	36	23.3	0	0	0	0	≥	0.9
磷/%	0.27	0.92	0.62	1.04	1.02	3.05	0	18	0	0	0	0	≥	0.7
赖氨酸/%	0.23	0.58	2.66	1.97	1.30	5.12	0	0	0	78	0	0	≥	0.85
甲硫氨酸+胱氨酸/%	0.3	0.39	1.40	1.26	1.50	2.21	0	0	98	0	0	0	≥	0.60
钠/%	0.02	0.07	0.03	0.04	0.09	0.78	0	0	0	0	39.5	0	≥	0.15
价格/(元/kg)	1.2	1.1	1.65	1.4	1.35	5.5	0.10	1.60	24	18	0.80	10	≥	
用量控制(b)	≥40	≤10		≤5		≥1					=1		min	$Z_{\min}$
						≤5					≤0.35			

④用单纯形法求解,或运行优化配方程序计算配方,结果见表23-12。

表23-12　　　　　　　　　线性规划配方及其营养指标

原料	配比/%	营养成分	指标
玉米	65.2	代谢能/(MJ/kg)	11.92
小麦麸	—	粗蛋白质/%	19.00
豆粕	29.28	钙/%	0.90
鱼粉	1.65	磷/%	0.70
棉籽粕	—	赖氨酸/%	1.01
菜籽粕	—	甲硫氨酸+胱氨酸/%	0.64
磷酸氢钙	1.61	钠/%	0.15
石粉	0.97	价格/(元/kg)	1.385
食盐	0.29		
赖氨酸	—		
甲硫氨酸	—		
预混料	1		
合计	100		

2. 多目标规划法

用线性规划设计饲料配方时，只能以配方成本最低为单一的优化目标，并以严格满足硬性约束条件为其先决条件，而每一约束条件都是平行关系，而且必须严格满足。一旦约束条件之间发生矛盾冲突，便会造成现有配方模型无解。当可用原料种类越少、约束条件数目越多时，发生无最优解的概率也就越大。在线性规划的概念框架下，我们只能修改该配方问题的基本模型，如再增加其他一些被选的原料，或去除对某营养指标的考虑，则给配方设计人员增加了许多麻烦，并且花费较多的时间。

多目标规划法克服了线性规划法中存在的某些局限性，可把所有约束条件均作为处理目标，目标之间可以采用权重设置其重要程度。多目标规划将根据目标重要性程度的不同对所有的目标分别进行优化，尽量满足要求。多目标规划的这一特性与畜禽饲料配方的特点相符合，可以有效地应用于畜禽饲料配方的优化技术。

（1）建立目标规划数学模型的附加条件

①引入正、负偏差变量（d^+、d^-）：正偏差变量（d^+）表示决策值超过目标值的部分，负偏差变量（d^-）表示决策值未达到目标值的部分。因决策值不可能既超过目标值同时又未达到目标值，所以恒有 $d^+ \times d^- = 0$，即 d^+ 与 d^- 之间至少有一个为零，并规定 $d^+ \geq 0$，$d^- \geq 0$。

②绝对约束与目标约束的转化：绝对约束指必须严格满足的等式约束和不等式约束，如线性规划问题的所有约束条件，不能满足这些条件的解称为非可行解，所以它们是硬约束。目标约束为目标规划所特有，可把约束右端项看作要追求的目标值。在达到此目标值时允许发生正或负偏差，因此在这些约束条件中加入正、负偏差变量，它们是软约束。线性规划问题的目标函数在给定值和加入正、负偏差变量后可转换为目标约束。也可根据问题的需要将绝对约束变换为目标约束。

③优先因子（优先等级）与权重系数的引入：设有 L 个决策目标，根据 L 个目标的优先程度，把它们分成 K 个优先等级 P_k，凡要求第一位达到的目标赋予优先因子 P_1，次位的目标赋予优先因子 P_2，…，并规定 $P_k \geq P_{k+1}$，$k = 1, 2, \cdots, K$，表示 P_k 比 P_{k+1} 有更大的优先权。即首先保证 P_1 级目标的实现，这时可不考虑次级目标，而 P_2 级目标是在实现 P_1 级目标的基础上考虑的，以此类推。在同一个优先级别中的不同目标，它们的正、负偏差变量的重要程度还可以有差别。这时还可以给同一优先级别的正、负偏差变量赋予不同的权重系数 w_{kl}^+ 和 w_{kl}^-。

（2）多目标规划饲料配方数学模型　饲料配方多目标规划的数学表达式可为：

约束条件

$$\begin{cases} \sum_{j=1}^{n} c_{ij} x_j + d_0^- - d_0^+ = b_0 & (i = 1, 2, \cdots, m; j = 1, 2, \cdots, n) \\ \sum_{j=1}^{n} a_{ij} x_j + d_i^- - d_i^+ = b_i \\ x_1 + x_2 + \cdots + x_n = w_0 \\ x_j \geq 0 \\ d_l^+ \times d_l^- = 0 & (l = 0, 1, 2, \cdots, m) \\ d_l^+, d_l^- \geq 0 \end{cases} \quad (23-5)$$

目标函数

$$Z_{\min} = \sum_{k=1}^{K} P_k \sum_{l=0}^{m} (w_{kl}^- d_1^- + w_{kl}^+ d_1^+) \tag{23-6}$$

多目标规划法求解过程可采用改进单纯形法。

(3) 多目标规划模型的优点

①线性规划只能处理一个目标；多目标规划能统筹兼顾处理多种目标的关系，求得更切合实际的解。

②线性规划立足于满足所有约束条件的可行解；多目标规划可以在相互矛盾的约束条件下找到满意解，即满意答案，多目标规划的最优解是指尽可能地达到或接近一个或若干个指标值。

③线性规划的约束条件是不分主次地同等对待；在多目标规划中，配方人员可通过对多目标设置优先级和权重，观察目标间的相互影响，确定各目标的达成情况，从而获得满足多方要求的优化配方。

总之，饲料配方计算的多目标规划模型有着坚实的数学理论基础与行之有效的计算方法，用于各种动物饲料配方计算是可行的。它不再把价格作为唯一的目标绝对优先地考虑，可以在规定配方价格的基础上求最优解。

(4) 多目标规划饲料配方设计的一般步骤

①根据产品设计方案，确定其营养水平。

②选定饲料原料的种类、价格和营养成分值。

③确定各种优化指标（价格、营养水平）及其优化形态。

④确定应限量的原料种类及其限量值与优化形态。

⑤根据各目标的重要性程度设置目标的优先级或权重。

⑥生成配方计算的系数矩阵和目标值。

⑦配方的多目标规划优化计算。

⑧对优化结果进行分析，确定是否需要重新优化。

⑨修改系数矩阵和目标值、目标的优先级或权重，进行重新优化。

(5) 多目标规划计算饲料配方的示例　要求以玉米、麦麸、豆粕、棉籽粕、菜籽粕、鱼粉、石粉、磷酸氢钙、赖氨酸、甲硫氨酸、食盐、1%添加剂复合预混料为原料，为生长蛋用鸡设计几个可供选择的配方。配方的营养水平为：代谢能 11.92MJ/kg，粗蛋白质 19%，钙 0.9%，磷 0.7%，赖氨酸 0.85%，甲硫氨酸+胱氨酸 0.6%，钠 0.15%，并要求配方中鱼粉用量不低于 3%，棉籽粕不高于 8%。

具体步骤如下。

第一步，从系统原料数据库中选择拟采用的 12 种原料，调用其营养成分及价格数据（参见表 23-9）。

第二步，确定限制饲料的种类、限量值及优化形态。根据设计方案，鱼粉用量范围定为 1%~5%，棉籽粕、菜籽粕在配方中的上限量均设为 5%，预混料用量为 1%。

第三步，确定优化目标及其优化形态。价格目标的优化形态为 ≤，代谢能、粗蛋白质、钙、磷、赖氨酸、甲硫氨酸的优化形态均为 ≥。干物质指标优化形态为 =，目标值为 1。

第四步，根据各目标的重要性程度不同，设置各目标的优先级和权重。此处将所有优化目标放在同一优先级，按重要程度给予不同的权重（以数字表示，数字越大，权重越大，越先被优化）。干物质最大，设定为9，鱼粉和棉籽粕均为4，价格目标为3，其余为2。

第五步，生成配方所需的系数矩阵。在上述几步工作的基础上，由计算机自动生成配方所需的系数矩阵。

第六步，从动物营养需要数据库中将相应蛋鸡的营养需要调出，生成配方的目标值。

第七步，根据配方设计方案，修改系数矩阵和目标值，调整原料或修改配方营养水平及价格。

第八步，在利用线性规划得到的最低成本配方的基础上任意设定目标价格，由计算机完成多目标优化，计算饲料配方。

第九步，对每一次多目标规划计算结果进行分析，确定是否需重新优化。如结果满意，将配方保存或打印；如结果不满意，则重复第四步和第六步，修改目标权重设置、系数矩阵等。

第十步，对多目标规划的结果进行分析比较。根据上述条件，采用线性规划获得了一个最低成本配方，配方价格为1385.4352元/t。采用多目标规划，设置目标价格分别为≤1385.43元/t、1380.00元/t、1375.00元/t、1370.00元/t和1350.00元/t，所得出的配方和营养成分见表23-13、表23-14。

表23-13　　　　　　　　　　蛋用雏鸡优化配方及价格

项目	线性规划	不同目标价格设置下的目标规划优化配方				
	（1）	（2）	（3）	（4）	（5）	（6）
目标价格/(元/t)	—	≤1385.43	≤1380.00	≤1375.00	≤1370.00	≤1350.00
实际价格/(元/t)	1385.4352	1385.43	1380.00	1375.00	1370.00	1350.00
玉米/kg	651.9795	651.9785	650.9076	649.9215	648.9354	647.1535
麦麸/kg	—	—	—	—	—	—
豆粕/kg	292.7540	292.7563	295.1025	297.263	299.4234	259.0634
棉籽粕/kg	—	—	—	—	—	44.3313
菜籽粕/kg	—	—	—	—	—	—
鱼粉/kg	16.1101	16.5327	15.0146	13.6167	12.2188	10.0000
石粉/kg	9.7086	9.7087	9.7300	9.7497	9.7694	10.5368
磷酸氢钙/kg	16.8890	16.1103	16.303	16.4804	16.6578	15.8896
赖氨酸/kg	—	—	—	—	—	—
甲硫氨酸/kg	—	—	—	—	—	—
食盐/kg	2.9136	2.9136	2.9423	2.9688	2.9953	3.0253
预混料/kg	10.0000	10.0000	10.0000	10.0000	10.0000	10.0000
合计/kg	1000	1000	1000	1000	1000	1000

表 23-14　　　　　　　　　　　　　　　　优化配方营养指标

项目	线性规划	不同目标价格设置下的目标规划优化配方				
	（1）	（2）	（3）	（4）	（5）	（6）
目标价格/（元/t）	—	≤1385.43	≤1380.00	≤1375.00	≤1370.00	≤1350.00
实际价格/（元/t）	1385.4352	1385.43	1380.00	1375.00	1370.00	1350.00
代谢能/（MJ/kg）	11.9200	11.9200	11.9100	11.9009	11.8917	11.8202
粗蛋白质/%	19.0000	19.0000	19.0000	19.0000	19.0000	19.0000
钙/%	0.9000	0.9000	0.9000	0.9000	0.9000	0.9000
磷/%	0.7000	0.7000	0.7000	0.7000	0.7000	0.7000
赖氨酸/%	1.0133	1.0133	1.0116	1.0099	1.0083	0.9765
甲硫氨酸+胱氨酸/%	0.6420	0.6420	0.6416	0.6412	0.6409	0.6348
钠/%	0.1500	0.1500	0.1500	0.1500	0.1500	0.1500

因此，采用多目标规划可以获得多个配方供设计人员选择，这些配方的营养成分均达到或接近要求，其价格甚至低于最低成本配方，在配方设计上有较大的灵活性。

3. 计算机软件辅助设计实例

（1）常见饲料配方软件　饲料配方软件较多，目前国内常见的饲料配方软件有资源配方师 Refs 系列软件、金牧饲料配方软件 VF123、BRILL 饲料配方软件、三新智能配方系统和畜禽配方优化系统等。在这些饲料配方软件中，资源配方师 Refs 系列软件特别是其高版本的软件，优点和功能相对较多，是一款受到关注较多的软件产品。

（2）计算机饲料配方软件辅助设计实例　饲料配方软件不同，使用方法也存在差异，操作前要仔细阅读使用说明，按照使用说明进行操作。在利用饲料配方软件制作饲料配方时要不断积累经验，特别是某些饲料原料使用时的限量问题和非常规饲料原料的使用方面尤其要注意。下面就以资源配方师 Refs 饲料配方软件为 5~15kg 的乳猪设计全价饲料配方为例，介绍饲料配方软件的使用。

第一步，查乳猪的饲养标准，确定乳猪的营养需要。营养指标主要有消化能、粗蛋白质、钙、总磷、赖氨酸、甲硫氨酸+胱氨酸、食盐等，见表 23-15。

表 23-15　　　　　　　　　　　　　　　　乳猪饲养标准

消化能/（kcal/kg）	粗蛋白质/%	钙/%	总磷/%	赖氨酸/%	甲硫氨酸+胱氨酸/%	食盐/%
3300	20	0.90	0.70	1.15	0.59	0.37

第二步，选择饲料原料，并输入所用饲料原料的价格和使用的限量。使用的饲料原料有玉米、次粉、乳清粉、植物油、大豆粕、白鱼粉、石粉、磷酸氢钙、食盐、赖氨酸、甲硫氨酸、1%乳猪预混料，饲料原料价格和营养价值见表 23-16，饲料原料使用限量见表 23-17。

表23-16　饲料原料价格和营养价值

原料	价格/（元/t）	消化能（kcal/kg）	粗蛋白质/%	钙/%	总磷/%	赖氨酸/%	甲硫氨酸+胱氨酸/%	食盐/%
玉米	2200	3410	8.7	0.02	0.27	0.24	0.38	0.02
次粉	1300	3210	13.6	0.08	0.52	0.52	0.49	0.15
乳清粉	12000	3440	12	0.87	0.79	1.1	0.5	6.3
植物油	9200	9500	0	0	0	0	0	0
大豆粕	3400	3280	46.8	0.31	0.61	2.81	1.16	0.07
白鱼粉	9200	3150	64.5	3.81	2.8	5.22	2.29	2.4
石粉	120	0	0	35	0.02	0	0	0
磷酸氢钙	2700	0	0	21	16	0	0	0
食盐	600	0	0	0	0	0	0	97.5
赖氨酸	17000	0	0	0	0	78.8	0	0
甲硫氨酸	35000	0	0	0	0	0	83.8	0
1%乳猪预混料	25000	0	0	0	1	0	0	0

表23-17　饲料原料使用限量　　　　　　　　　　　单位：%

原料	下限	上限
玉米	0	100
次粉	0	4
乳清粉	5	100
植物油	1	100
大豆粕	0	100
白鱼粉	4	6
石粉	0	100
磷酸氢钙	0	100
食盐	0	100
赖氨酸	0	100
甲硫氨酸	0	100
1%乳猪预混料	1	1

第三步，进行饲料配方运算。在饲料配方运算界面中有"线性方案计算"和"目标方案计算"两种计算方法按钮，点击相应按钮，并"清除上次运算结果"，配方运算即完成，并显示配方结果输出报表。当然，配方运算完成后，也可点击左上方窗口中的"配方结果"一栏中"原料组成图""营养素含量图"和"报表"按钮，即可看到相应内容的配方结果，并能输

出饲料配方结果报表。饲料配方结果输出见表 23-18，饲料配方营养指标见表 23-19。

表 23-18　　　　　　　　　　　乳猪饲料配方

原料名称	原料价格/（元/t）	用量下限/%	用量上限/%	含量/%
玉米	2200.00	0.0000	100.0000	58.49
大豆粕	3400.00	0.0000	100.0000	23.90
乳清粉	12000.00	5.0000	100.0000	5.00
次粉	1300.00	0.0000	4.0000	4.00
白鱼粉	9200.00	4.0000	6.0000	4.00
磷酸氢钙	2700.00	0.0000	100.0000	1.40
石粉	120.00	0.0000	100.0000	1.14
植物油	9200.00	1.0000	100.0000	1.00
1%乳猪预混料	25000.00	1.0000	1.0000	1.00
赖氨酸	17000.00	0.0000	100.0000	0.07
配方成本：	3512.16		配比和：	100.00%

表 23-19　　　　　　　　　乳猪饲料配方营养指标

营养素名称	营养含量	标准下限	标准上限
猪消化能/（kcal/kg）	3300	3300	3600
粗蛋白质/%	20.0	20.0	22.0
钙/%	0.98	0.90	1.00
总磷/%	0.70	0.70	1.30
食盐/%	0.45	0.37	0.45
赖氨酸/%	1.15	1.15	2.00
甲硫氨酸+胱氨酸/%	0.64	0.59	0.80

以上是利用资源配方师 Refs 饲料配方软件进行的自动饲料配方设计。在进行饲料配方设计时，配方中饲养标准、原料、原料限量标准等除了可在"配方工厂数据维护"菜单下修改外，还可以在配方方案处点击"营养标准"和"原料限量"进行修改，存储后运算。

三、Excel 在配方设计中的应用

手工进行饲料配方设计优点是简单易行，应用较为广泛，但存在计算量大、计算盲目并且不能筛选出最佳饲料配方的缺点。利用计算器的记忆和存储功能进行饲料配方设计可提高饲料配方设计的效率，但这种设计方法要熟悉计算器相应按键的功能和遵守相应的计算规程，对初学者有一定困难。随着个人计算机的普及，大多数大中型饲料厂为了节约饲料生产成本、提高配方设计的效率与准确性，都配备了计算机和专门用于设计饲料配方的软件，但这些饲料配方

软件相对来讲价格较贵,并且要真正熟练掌握它也需要有一个过程,小型饲料企业或养殖场购置和使用有一定困难。而 Excel 软件具有强大的数据处理功能,在该软件中用代数法、试差法进行饲料配方设计较为方便,更重要的是通过加载 Excel 分析工具库中的"规划求解",就能利用线性规划进行饲料配方设计,从而设计出符合饲养标准且成本最低的饲料配方。这里通过实例介绍如何利用 Excel 的线性规划求解最佳饲料配方。

(一) Excel 线性规划求解畜禽最佳饲料配方的数学模型

线性规划饲料配方的数学模型主要由目标函数和约束方程组组成,这里的目标函数就是饲料配方的成本,由原料用量和原料价格组成,它受饲料原料的营养成分、动物的饲养标准、原料价格和原料的使用限量四方面的影响。饲料原料用量、动物的饲养标准中相应营养指标和饲料原料的营养成分组成线性规划模型的约束方程组。最低成本配方的数学原理就是在满足约束方程组的条件下,求解目标函数最小值。线性规划饲料配方的数学模型表示如下。

目标函数:
$$\min(S) = C_1X_1 + C_2X_2 + \cdots + C_nX_n \tag{23-7}$$

约束方程:
$$\begin{cases} A_{11}X_1 + A_{12}X_2 + \cdots + A_{1n}X_n \geq B_1 \\ A_{2l}X_l + A_{22}X_2 + \cdots + A_{2n}X_n \geq B_2 \\ \cdots \cdots \\ A_{n1}X_1 + A_{n2}X_2 + \cdots + A_{nn}X_n \geq B_n \\ X_1, X_2, \cdots, X_n \geq 0 \end{cases} \tag{23-8}$$

式中: C_1, C_2, $\cdots$, C_n 为每种原料的价格; X_1, X_2, $\cdots$, X_n 为每种原料的用量; A_{ij} (i = 1, 2, 3, $\cdots$, n; j = l, 2, 3, $\cdots$, n)为每种饲料原料的营养成分; B_1, B_2, $\cdots$, B_n 为动物饲养标准中相应的营养指标。

(二) Excel 线性规划求解畜禽最佳饲料配方的方法和步骤

1. 加载 Excel 的"规划求解"功能

"规划求解"是 Office2000 及其高级版本中 Excel 提供的一个加载宏。依次选择 Excel "工具"菜单,"加载宏"命令,在"加载宏"对话框中选中"规划求解"复选框,然后单击"确定"按钮,就可以使用 Excel 的"规划求解"功能了。加载宏对话框见图 23-1。

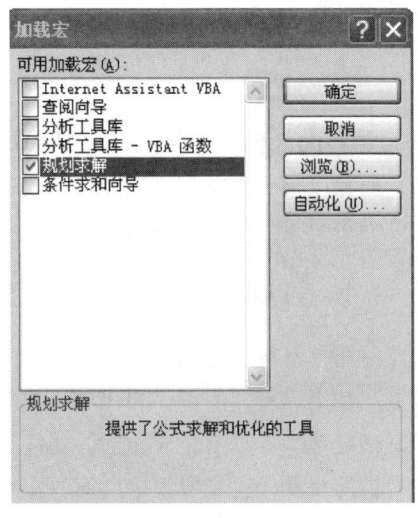

图 23-1 加载宏对话框

2. 运用 Excel "规划求解"功能设计饲料配方实例

用玉米、小麦麸、豆粕、菜籽饼、磷酸氢钙、石粉、食盐、赖氨酸、甲硫氨酸、肥育猪1%预混料为60~90kg瘦肉型生长肥育猪设计饲料配方。

（1）查60~90kg瘦肉型生长肥育猪饲养标准以及所用的饲料原料价格和养分含量，见图23-2。

	A	B	C	D	E	F	G	H	I
2		饲养标准	60~90kg瘦肉型生长肥育猪每千克饲粮养分含量						
3			消化能（MJ）	粗蛋白质（%）	钙（%）	磷（%）	赖氨酸（%）	甲硫氨酸+胱氨酸（%）	食盐（%）
4			13.39	14.5	0.49	0.43	0.7	0.4	0.3
5		饲料原料价格和养分含量							
6	原料	价格（元/kg）	消化能（MJ）	粗蛋白质（%）	钙（%）	磷（%）	赖氨酸（%）	甲硫氨酸+胱氨酸（%）	食盐（%）
7	玉米	2.2	14.18	7.8	0.02	0.27	0.23	0.3	0
8	小麦麸	1.8	9.37	15.7	0.11	0.92	0.63	0.55	0
9	豆粕	3.4	14.26	44.2	0.33	0.62	2.68	1.24	0
10	菜籽饼	2.2	12.05	35.7	0.59	0.96	1.33	1.42	0
11	磷酸氢钙	2.7	0	0	23.29	18	0	0	0
12	石粉	0.12	0	0	38.42	0	0	0	0
13	食盐	0.6	0	0	0	0	0	0	98
14	赖氨酸	17	0	0	0	0	78.8	0	0
15	甲硫氨酸	35	0	0	0	0	0	98	0
16	肥育猪1%预混料	9	0	0	0	0	0	0	0

图23-2 60~90kg瘦肉型生长肥育猪饲养标准以及所用的饲料原料价格和养分含量

（2）进行饲料配方规划求解设计 进行饲料配方规划求解设计，就是通过线性规划饲料配方的数学模型，求出使目标函数值最小时的饲料配方，饲料原料用量、动物的饲养标准中相应营养指标和饲料原料的营养成分组成了线性规划模型的约束方程组。

Excel 表格中饲料配方规划求解设计的函数关系，即目标函数单元格、可变单元格和约束条件间的数量对应关系的建立，可以通过在 Excel 表格中相应单元格内输入计算公式来实现，见图23-3。其方法步骤如下。

①先在 B19 到 B28 单元格中输入一个经验配方；

②在 C19 单元格内输入"=C7*B19"，这样玉米这种饲料原料的用量和提供的能量就与饲料配方建立了函数关系，自动填充 C20 到 C28 内的计算公式；

③D19：I28 单元格内计算公式的输入，与 C19 单元格类似；

④在 J19 单元格内输入公式"=B7*B19"，J19 是配制100kg全价料中玉米这种饲料原料的成本，自动填充 J20 到 J28 内的计算公式；

⑤29 行是合计行，利用自动求和或函数计算功能，把饲料配方配比、各营养物质含量以及饲料配方成本分别合计到 29 行相应单元格内；

⑥为了方便与饲养标准中各项养分含量比较，需把 29 行内的 100kg 全价料各养分含量折算成 1kg 全价料的养分含量。计算方法是把 29 行内每个单元格的数据都除 B29，即 B30=B29/B29，C30=C29/B29……依次类推。通过以上设计，Excel 表格中已经列出了饲料配方规划求解设计的函数关系，即目标函数单元格、可变单元格和约束条件间的数量对应关系，见图23-3。本例中目标函数（配方成本）单元格是 J29，即100kg全价饲料的成本。B19 到 B28 是可变单

元格即各种饲料原料的配比。C4 到 I4 为饲养标准中各营养物质的含量,也是饲料配方线性规划模型的约束方程组中相应的约束条件。

	A	B	C	D	E	F	G	H	I	J
17		饲料配方规划设计								
18	原料	配比(kg)	消化能(MJ)	粗蛋白质(%)	钙(%)	磷(%)	赖氨酸(%)	甲硫氨酸+胱氨酸(%)	食盐(%)	成本(元)
19	玉米	70	992.6	546	1.4	18.9	16.1	21	0	154
20	小麦麸	9.53	89.2961	149.621	1.0483	8.7676	6.0039	5.2415	0	17.154
21	豆粕	15	213.9	663	4.95	9.3	40.2	18.6	0	51
22	菜籽饼	3	36.15	107.1	1.77	2.88	3.99	4.26	0	6.6
23	磷酸氢钙	0.2	0	0	4.658	3.6	0	0	0	0.54
24	石粉	0.92	0	0	35.346	0	0	0	0	0.1104
25	食盐	0.3	0	0	0	0	0	0	29.4	0.18
26	赖氨酸	0.05	0	0	0	0	3.94	0	0	0.85
27	甲硫氨酸	0	0	0	0	0	0	0	0	0
28	肥育猪1%预混料	1	0	0	0	0	0	0	0	9
29	合计	100	1331.9461	1465.721	49.173	43.448	70.2339	49.1015	29.4	239.4344
30	每kg全价料	1	13.319461	14.65721	0.4917	0.4345	0.702339	0.491015	0.294	2.394344
31	与标准的差		−0.070539	0.15721	0.0017	0.0045	0.002339	0.091015	−0.006	

图 23-3 饲料配方规划设计

⑦输入规划求解参数,即线性规划模型中的约束方程。方法是依次选择 Excel "工具"菜单、"规划求解"选项,进入"规划求解参数"对话框,见图 23-4。

图 23-4 规划求解参数对话框

在"设置目标单元格"后的框内输入目标函数所在的单元格,本例中为 J29;在"等于"项中,选择最小值,因为目标单元格内是饲料配方的总成本,成本达最小值时即为该配方设计的最佳方案;在"可变单元格"框内输入本例的可变单元格的名称,即 B19:B27(因添加剂预混料一般都是按商品规格添加,所以不参与优化,故可变单元格可以不包括 B28);在"约束"选项中单击"添加"按钮,屏幕弹出"添加约束"对话框,见图 23-5。

图 23-5 添加约束对话框

因为各种饲料原料的配比都必须大于或等于零,所以在"添加约束"对话框中的"单元格引用位置"栏中输入"B19:B27",在中间栏内选择">=",最后在"约束值"栏中输入"0",见图23-6。

图23-6 添加约束对话框中输入使各种饲料原料的添加量都大于或等于零

单击"添加"按钮;输入配方总质量约束条件,和上一步类似,在"单元格引用位置"框中输入"B29",在中间栏内选择"=","约束值"框中输入"100",再单击"添加";输入设计配方各营养物质含量的约束条件,即设计配方各营养物质含量要大于或等于饲养标准中的相应营养物质含量,在"单元格引用位置"框中输入"C30:I24",在中间栏内选择">=","约束值"框中输入"C4:I4",再单击"添加"按钮,同理输入饲料原料限量的约束条件,输入参数完毕后"规划求解参数"对话框显示见图23-7。

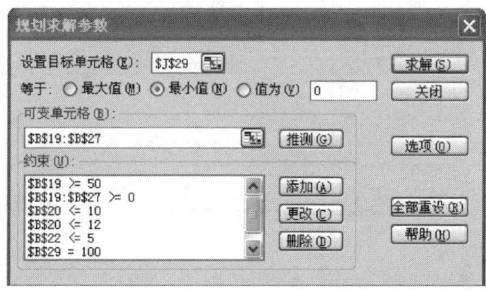

图23-7 规划求解参数输入完毕后对话框显示

⑧设置规划求解选项。在图23-7"规划求解参数"对话框中单击"选项"按钮,即进入"规划求解选项"对话框。在"规划求解选项"对话框中,勾选"采用线性模型"和"假定非负"两个项目,见图23-8。

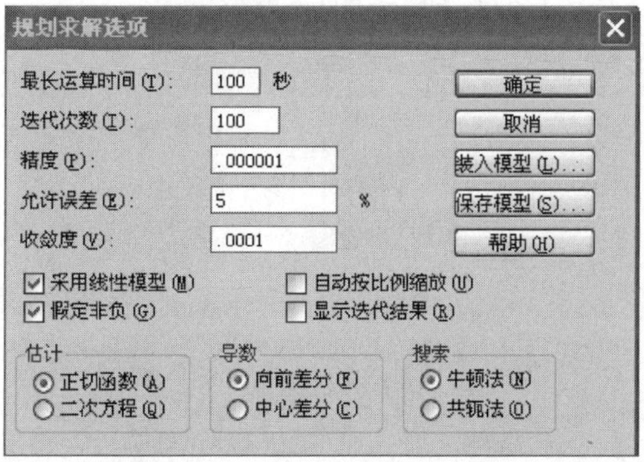

图23-8 规划求解选项对话框

之后单击"确定"按钮，返回到"规划求解参数"对话框。

⑨利用"规划求解"工具优化饲料配方。单击图 23-7 "规划求解参数"中的"求解"按钮。Excel 便开始自动运算，随后弹出"规划求解结果"对话框，见图 23-9。

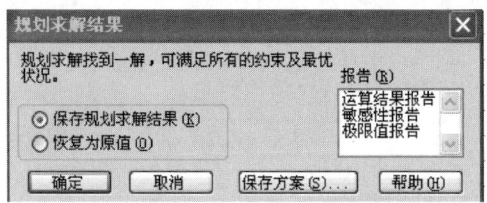

图 23-9 "规划求解结果"对话框

在"规划求解结果"对话框中，选中"保存规划求解结果"，单击"确定"按钮。在 Excel 表格中显示出求解结果，见图 23-10。至此，运用 Excel "规划求解"功能为 60~90kg 瘦肉型生长肥育猪设计饲料配方就已经完成，得到的求解结果即为成本最低的饲料配方。

	A	B	C	D	E	F	G	H	I	J
17		饲料配方规划设计								
18	原料	配比（kg）	消化能（MJ）	粗蛋白质（%）	钙（%）	磷（%）	赖氨酸（%）	甲硫氨酸+胱氨酸（%）	食盐（%）	成本（元）
19	玉米	71.84818852	1018.807313	560.41587	1.437	19.399	16.5250834	21.55445656	0	158.066015
20	小麦麸	7.091995398	66.45199688	111.344328	0.7801	6.5246	4.4679571	3.900597469	0	12.7655917
21	豆粕	13.56877211	193.4906902	599.739727	4.4777	8.4126	36.3643092	16.82527741	0	46.1338252
22	菜籽饼	5	60.25	178.5	2.95	4.8	6.65	7.1	0	11
23	磷酸氢钙	0.2146508	0	0	4.9992	3.8637	0	0	0	0.57955716
24	石粉	0.894221878	0	0	34.356	0	0	0	0	0.10730663
25	食盐	0.306122448	0	0	0	0	0	0	30	0.18367347
26	赖氨酸	0.07604885	0	0	0	0	5.99264935	0	0	1.29283044
27	甲硫氨酸	0	0	0	0	0	0	0	0	0
28	肥育猪1%预混料	1	0	0	0	0	0	0	0	9
29	合计	100	1339	1449.99993	49	43	69.999999	49.38033144	30	239.128799
30	每kg全价料	1	13.39	14.4999993	0.49	0.43	0.69999999	0.493803314	0.3	2.39128799
31	与标准的差		3.23671E-09	-7.474E-07	-2E-09	-2E-09	-9.517E-09	0.093803314	-1E-09	

图 23-10 规划求解结果

（3）列出设计出的成本最低的优化饲料配方 优化饲料配方和饲料营养指标见表 23-20。

表 23-20 优化饲料配方和饲料营养指标

原料	配比/kg	营养指标	养分含量
玉米	71.85	消化能/MJ	13.39
小麦麸	7.09	粗蛋白质/%	14.50
豆粕	13.57	钙/%	0.49
菜籽饼	5.00	磷/%	0.43
磷酸氢钙	0.21	赖氨酸/%	0.70
石粉	0.89	甲硫氨酸+胱氨酸/%	0.49
食盐	0.31	食盐/%	0.30

续表

原料	配比/kg	营养指标	养分含量
赖氨酸	0.08		
甲硫氨酸	0.00		
肥育猪1%预混料	1.00		
合计	100.00		

由以上用 Excel 线性规划求解畜禽最佳饲料配方实例可见，使用该方法设计优化畜禽饲料配方既能很方便的修改饲养标准、饲料原料营养价值和配方中各原料的配比等数据，又能快捷的进行计算，并可以得到使配方成本最低的优化饲料配方，这种方法为小型饲料企业和养殖户优化设计饲料配方提供了极大的便利。

🔍 思考题

1. 什么是试差法？试差法设计畜禽全价饲料配方的方法步骤是什么？
2. 对角线法、代数法和计算机软件辅助设计饲料配方分别是怎么进行设计的？
3. 线性规划饲料配方的数学模型中目标函数和约束方程代表的意义是什么？
4. 如何利用 Excel 分析工具库中的"规划求解"功能，设计出符合饲养标准且成本最低的饲料配方？

CHAPTER 24

第二十四章
浓缩饲料配方设计

[学习目标]

1. 掌握单胃动物和反刍动物浓缩饲料的配方设计方法。
2. 了解使用浓缩饲料时的注意事项。

浓缩饲料为全价饲料中去除能量饲料之后剩余的部分，一般由蛋白质饲料（占40%~80%，其中动物性蛋白质15%~20%）、矿物质饲料（占15%~20%）、添加剂预混料（占5%~10%）组成。其优点是：首先，使用浓缩饲料能弥补养殖户蛋白质饲料不足的问题，充分利用当地能量饲料原料资源，减少能量饲料的运输，降低运输成本；其次，在使用时把浓缩饲料配制成全价料较为方便，只需要按照浓缩饲料的说明按比例添加到能量饲料中后，利用混合机混合均匀即可，对设备要求也不高，适合小型饲料厂和养殖场等使用；最后，完善养殖业饲料加工环节的分工与合作，能充分利用大型饲料企业技术和加工设备先进的优势，弥补养殖场和养殖户技术和设备落后和不足的缺点，提高饲料利用率和畜禽生产水平。

一、浓缩饲料配制的基本原则

（一）满足或接近标准

即按设计比例加入能量饲料乃至蛋白质饲料或麸皮、秸秆等之后，总的营养水平应达到或接近畜禽的营养需要量，或是主要指标达到营养标准的要求。例如，能量、粗蛋白质、第一和第二限制性氨基酸、钙、磷、维生素、微量元素及食盐等。

（二）依据动物特点

依据动物品种、生长阶段、生理特点和生产产品的要求设计不同的浓缩饲料。

（三）质量保护

浓缩饲料的质量保护，除使用低水分含量的优质原料外，防霉剂、抗氧化剂的使用及良好的包装必不可少，水分含量应低于12.5%。

（四）适宜比例

猪与禽类的浓缩饲料在全价料中所占比例以20%~40%为宜。而且为方便使用，最好使用整数，如 20%、40%，而避免如 25.8%之类小数的出现。

所占比例与应用的蛋白质原料、矿物质及维生素等添加剂的量有关。当比例太低时，需要用户配合的原料种类增加，浓缩饲料生产厂家对终产品的质量控制范围减小。而比例太高时，如 50%以上，又失去了浓缩的意义。

建议的浓缩比例：仔猪（15~35kg）30%~45%，种猪（35~60kg）30%，肥育猪（60kg以上）20%~30%；育成鸡（7~20周）30%~40%，产蛋鸡 40%（含贝壳粉或石粉）或 30%（不含贝壳粉或石粉），肉鸡 40%（肉鸡很少用浓缩饲料，因需要压粒，但北欧也有压粒的浓缩饲料，再加整粒或破碎小麦的做法）；牛、羊精料或混合料，占全饲粮干物质的 15%~40%。

（五）注意外观

一些感官指标应受用户的欢迎，如粒度、气味、颜色、包装等都应考虑周全。

二、单胃动物浓缩饲料配方设计

单胃动物浓缩饲料配方设计方法有两种。第一种方法是先根据畜禽的饲养标准、饲料原料的营养价值和价格等设计出全价配合饲料配方，然后把能量饲料从全价饲料中抽去，余下的再折合成质量分数即为浓缩饲料配方；第二种方法是根据用量比例或浓缩饲料标准单独设计浓缩饲料配方。

（一）由全价饲料配方推算出浓缩饲料配方

这种方法比较常见，而且直观简单，即先设计相应的全价饲料配方，再根据产品要求，去除全部或部分能量饲料，将剩余的各原料重新计算百分比，即可得到浓缩饲料配方。在换算中应注意浓缩饲料和能量饲料的比例，最好为一个整数，以方便使用。

现以肉用仔鸡前期浓缩饲料配方设计为例（表 24-1），介绍如下。

第一步：先设计出肉用仔鸡前期全价饲料配方。

第二步：扣除全价饲料中能量饲料，推算浓缩饲料在全价饲料中的比例（即 30%）。

第三步：分别用组成浓缩饲料的饲料原料在全价饲料中的配比去除浓缩饲料在全价饲料中的比例，得到浓缩饲料的配方。

表 24-1　　5 周龄肉用仔鸡全价饲料配方和浓缩饲料配方　　单位:%

饲料组成（风干基础）	全价饲料配方	浓缩饲料配方
黄玉米	70.0	—
大豆粕	18.8	62.67
进口鱼粉	8.80	29.33
石粉	0.40	1.34
脱氟磷酸氢钙	0.60	2.00
盐酸 L-赖氨酸	0.12	0.40
DL-甲硫氨酸	0.08	0.27
食盐	0.20	0.66
添加剂预混料	1.00	3.33
合计	100.0	100.00

（二）直接设计浓缩饲料配方

对于专门生产浓缩饲料的厂家，可直接采取设计浓缩饲料配方的方法。该方法又包括两种情况，一种情况是厂家根据蛋白质、矿物质饲料的供应情况和价格，自行决定浓缩饲料的营养水平，即确定粗蛋白质、氨基酸、钙和磷等指标后，像计算配合饲料配方一样设计出最低成本浓缩料配方，用户买到浓缩饲料后再根据其各营养成分的含量选择能量饲料的种类和配合数量。第二种情况是厂家根据用户所有的能量饲料种类和数量，确定浓缩饲料与能量饲料的比例，结合动物饲养标准确定浓缩饲料各养分所应达到的水平，最后设计浓缩饲料的配方。

现以设计 0~4 周龄肉用仔鸡浓缩饲料配方为例，按第二种情况具体计算如下。

(1) 查动物饲养标准　代谢能 12.13MJ/kg，粗蛋白质 21.0%，钙 1.0%，有效磷 0.45%，赖氨酸 1.09%，甲硫氨酸 0.45%。

(2) 确定能量饲料与浓缩饲料的比例　假定用户的能量饲料为玉米和高粱，蛋白质含量较低，浓缩饲料在配合饲粮中所占比例初定为 30%，即浓缩饲料与能量饲料的比例 30∶70。

(3) 计算能量饲料所能达到的营养水平　见表 24-2。

表 24-2　　能量饲料所能达到的营养水平

饲料	在配合料中的比例/%	代谢能/(MJ/kg)	粗蛋白质/%	钙/%	有效磷/%	赖氨酸/%	甲硫氨酸/%
玉米	60	14.06	8.60	0.04	0.06	0.27	0.13
高粱	10	13.01	8.70	0.09	0.08	0.22	0.08
合计	70	9.74	6.03	0.03	0.04	0.18	0.09

(4) 计算浓缩饲料各营养成分所能达到的水平　例如，已知能量饲料所能提供的粗蛋白质水平为 6.03%，要使全价日粮粗蛋白质达 21%，则 30% 浓缩饲料的粗蛋白质含量为：

$$(0.21 - 0.0603) \div 0.3 \times 100\% = 49.90\%$$

同法可计算出其他养分在浓缩饲料中的含量，代谢能 7.97MJ/kg，粗蛋白质 49.90%，钙 3.23%，有效磷 1.37%，赖氨酸 3.3%，甲硫氨酸 1.20%。

(5) 选择浓缩饲料原料并确定其配比　原料的选择要因地制宜，根据来源、价格、营养价值等方面综合考虑而定。各原料在浓缩饲料中所应占的比例，可采用与配合饲粮相同的设计方法。重点考虑的营养指标是粗蛋白质、必需氨基酸和常量矿物元素钙和磷。至于食盐、维生素和微量元素等的添加量只要用在全价饲粮中的配比除以浓缩料在全价饲粮中的百分比即可求得（表 24-3）。

表 24-3　　0~4 周龄肉用仔鸡浓缩饲料配方

饲料组成	配比/%	营养成分	含量
大豆粕	58.4	代谢能/(MJ/kg)	9.75
鱼粉	34.6	粗蛋白质/%	49.00
石粉	3.7	钙/%	3.28

续表

饲料组成	配比/%	营养成分	含量
磷酸氢钙	1.9	有效磷/%	1.44
盐酸赖氨酸	0.25	赖氨酸/%	3.31
DL-甲硫氨酸	0.45	甲硫氨酸/%	1.26
食盐	0.3		
多种维生素	0.07		
微量元素	0.33		
药物添加剂	0.30		

三、反刍动物浓缩饲料配方设计

反刍动物消化道容积大，在设计饲料配方时，一方面要满足它们的营养需要，另一方面还要使它们获得饱感。青粗饲料是这类动物的主要日粮，但对高产的反刍动物而言仅仅饲喂青粗饲料很难满足其生产需要，所以还要补充一定量的精饲料以弥补饲喂青粗饲料时的能量、蛋白质和矿物质等营养物质的不足。在现代反刍动物养殖中，往往是先配制成反刍动物浓缩饲料，再根据生产实际需要添加一定量的能量饲料、青粗饲料和多汁饲料等，就组成了反刍动物的日粮。

（一）以常规蛋白质饲料制作反刍动物浓缩饲料

以常规蛋白质饲料制作反刍动物浓缩饲料时，其配方组成基本与单胃动物相同。为了保证瘤胃的正常活动，浓缩饲料中应含有常量元素和微量元素，还应含有维生素 A 和维生素 D 等。常量元素如钙、磷、钠、钾、氯、镁、硫等，微量元素如铁、铜、锰、锌、碘、硒、钴、钼等。由于瘤胃对高铜饲料较敏感，故不考虑像单胃生长动物那样使用高铜。

某牛场牛用 10% 浓缩饲料确定的规格见表 24-4。

表 24-4　　　　　　　　　　　牛用 10% 浓缩饲料规格

营养指标	含量	营养指标	含量
粗蛋白质/%	≥40	磷/%	≥2.3
脂肪/%	≥8	食盐/%	≥7.5
粗纤维/%	≥2.5	维生素 A（1000IU/100kg 料）	≥10.0
消化能（MJ/kg）	≥8.5	维生素 D（1000IU/100kg 料）	≥2.0
钙/%	≥7.5		

注：微量元素含锰、锌、铁、铜、碘、硒、钼、钴。饲料中加少量抗氧化剂。

按照表 24-4 所示规格，可选用豆粕（或饼）、鱼粉、棉籽粕、菜籽粕等蛋白质饲料作为氮源饲料，加上其他常用的石粉、磷酸氢钙、食盐、微量元素等物质配合即可成为浓缩饲料。浓缩饲料以 10% 的配比用在牛的精料混合料内，则可形成牛配合饲料（表 24-5）。

表 24-5　　　　　　　　　　浓缩饲料配成精料混合料的方法

		奶牛用		肉牛用	
饲料	浓缩饲料/kg	100	100	100	100
	大豆粕/kg	70	150	70	—
	玉米/kg	—	500	580	—
	大麦/kg	580	—	—	600
	小麦麸/kg	250	250	250	300
	共计/kg	1000	1000	1000	1000
营养指标	粗蛋白质/%	16	18	15.2	14
	粗纤维/%	6.3	5	4.7	6.5
	粗脂肪/%	2.5	3.6	3.7	2.6
	消化能/(MJ/kg)	10.9	11.3	11.4	10.8

（二）非蛋白氮化合物浓缩饲料

当使用非蛋白氮化合物来配制反刍动物浓缩饲料时，应考虑把这类化合物的含氮量折算成粗蛋白质的量，还应考虑其进入瘤胃后分解释放出氨的速度，应与其他原料（包括浓缩料本身或精料混合料中原料）相匹配，即考虑提供合成氨基酸的碳架的化合物组成。

使用非蛋白氮化合物主要是借助于瘤胃内微生物的作用来进行氨基酸和蛋白质的合成，因此在饲料配合时应首先考虑增强微生物活动所需的条件，并适当补充必需的营养素，如硫、磷、钙、维生素 A、维生素 D 等。

这里介绍一种不用谷粒饲料作载体，相当于含粗蛋白质量为 64% 的高尿素浓缩饲料（表 24-6）。浓缩饲料的用量可占到精料混合料的 10%，按蛋白质当量计算，约占整个蛋白质量的 1/3，可安全饲喂。

表 24-6　　　　　　反刍动物浓缩饲料配方示例（含粗蛋白质 64%）

原料	用量/kg	原料	用量/kg
饲用尿素（含氮 45%）	200	碘化食盐	35
玉米糖蜜	140	添加剂预混料	10
脱水苜蓿粉（粗蛋白质 17%）	510	共计	1000
脱氟磷酸氢钙	105		

注：添加剂预混料 10kg，其中含有维生素 A 4400 万 IU，氧化锌 2756g，碳酸钴 8.5g，脱水苜蓿粉 7kg。

🔍 思考题

1. 如何为单胃动物和反刍动物设计浓缩饲料的配方？
2. 使用浓缩饲料时应该注意哪些事项？

第二十五章
精料补充料配方设计

[学习目标]

1. 理解草食动物精料补充料的概念。
2. 掌握草食动物精料补充料配方设计的方法步骤。

草食动物精料补充料主要用于补充饲草供应不足的那部分营养，属于半饲粮。对于不同的饲草背景、用户的饲养方式、饲草成分及青贮饲料等情况具有更强的针对性，随季节性变化也更加显著。

一、草食动物精料补充料配方设计的一般步骤

（1）调查和了解具体地区的青粗、青贮饲料的品种、供应及其他背景资料，如动物的生产状况及季节，青绿饲料、粗饲料、青贮饲料等的饲喂量，精料与粗料比例，饲料的营养组成等情况。
（2）根据动物生理阶段或生产水平确定营养物质需要量。
（3）明确草食动物从青绿饲料、粗饲料、青贮饲料等获得的营养量。
（4）从动物特定状态下营养需要总量中扣除青绿饲料、粗饲料、青贮饲料等获得的营养量，作为精料补充料需要提供的营养量。
（5）用试差法计算精料补充料中各种原料的配比，用计算机规划法或 Excel 表格设计优化配方。

二、例题介绍

为体重 500kg、妊娠初期、日泌乳量 15kg、乳脂率为 4% 的成年奶牛配合精料补充料。试差法设计过程如下。

第一步，查饲养标准得奶牛营养需要量（表 25-1）。

表 25-1　　　　　　　　　　　奶牛营养需要量

营养需要	饲料单位（NND）	粗蛋白质/g	钙/g	磷/g
维持	11.97	488	30.0	22

续表

营养需要	饲料单位（NND）	粗蛋白质/g	钙/g	磷/g
产奶	15.00	1275	67.5	45
合计	26.97	1763	97.5	67

注：NND 为奶牛能量单位，以 1kg 标准乳所含能量即 3138kJ 能量作为一个能量单位。

第二步，先以干草和青贮饲料（或其他多汁饲料）来满足，它们的给量可按每 100kg 体重喂优质干草 2kg 计，3kg 青贮可代替 1kg 干草，通常每 100kg 体重喂给 1kg 干草和 3kg 青贮。则 500kg 体重的泌乳牛可给干草 5kg，玉米青贮 15kg。二者可供给养分见表 25-2。

表 25-2　　　　　　　　　干草和青贮饲料提供的营养量

饲料	饲料单位（NND）	粗蛋白质/g	钙/g	磷/g
秋白草 5kg	5.35	340	20.5	15.5
青贮 15kg	5.40	240	15	9
合计	10.75	580	35.5	24.5
与标准比较	-16.22	-1183	-62	-42.5

第三步，计算能量饲料和蛋白质饲料的用量，满足能量和蛋白质需要量。可以预先配合好两个混合料。

如能量饲料由 33% 玉米、33% 高粱、32% 大麦和 2% 骨粉组成，经计算每千克能量饲料中含 NND2.35、粗蛋白质 91.4g、钙 6.54g、磷 5.70g。

蛋白质补充饲料由 50% 豆饼、48% 麸皮和 2% 骨粉组成，则每千克蛋白质补充饲料中含 NND2.55、粗蛋白质 284g、钙 8.46g、磷 9.40g。

根据两种混合料的总营养价值，可用联立方程式计算其用量。

设需能量饲料 x（kg），蛋白质补充料 y（kg）

则：

$$\begin{cases} 2.35x + 2.55y = 16.22 \\ 91.4x + 284y = 1183 \end{cases}$$

解之得：　　　　$x = 3.59$（kg）　　　$y = 3.01$（kg）

由 x、y 值求出玉米、高粱、大麦、豆饼和骨粉的用量。

第四步，计算精料中钙、磷含量和需补量（表 25-3）。

表 25-3　　　　　　　　　精饲料中钙、磷含量和需补量计算

饲料	用量/kg	钙/g	磷/g
能量饲料	3.59	23.5（6.54×3.59）	20.5（5.7×3.59）
蛋白质补充饲料	3.01	25.5（8.46×3.01）	28.3（9.4×3.01）
合计		49	48.8
应该补加量		62	42.5
差值		-13	+6.2

可见，磷已满足需要，钙尚差13g，可另补石粉0.04kg（13÷1000÷36%）。

第五步，列出精料补充料的配方。本例配方为：玉米1.18kg，高粱1.18kg，大麦1.15kg，豆饼1.51kg，麦麸1.44kg，骨粉0.13kg，石粉0.04kg。

另外，食盐一般在精料中补加1%，也可在奶牛饮水槽设食盐砖或食盐槽，供自由采食。

> 🔍 思考题
>
> 草食动物精料补充料配方设计的一般步骤是什么？

第二十六章
添加剂预混料配方设计

[学习目标]

1. 掌握维生素添加剂预混料、微量元素添加剂预混料和复合添加剂预混料配方设计方法。
2. 了解预混料的概念、分类、其中非活性成分以及添加剂预混料配方设计中应注意的问题。

饲料添加剂预混料是将一种或多种微量饲料添加剂原料与载体或稀释剂按配方制作而成的均匀混合物，是配合饲料的重要组成部分，在饲料工业中又称小料。合理配制和使用饲料添加剂，对促进畜禽生长发育、改善健康状况、提高饲料利用效率具有明显效果。

饲料添加剂预混料包含营养性和非营养性成分，主要针对需要与载体（或稀释剂）进行预混合后用于全价料配制的物质，包括矿物质饲料、维生素饲料、工业化生产的氨基酸及所有非营养性添加物。

一、概述

（一）载体、稀释剂和吸附剂的概念及其质量要求

1. 载体

载体是一种能接受和承载微量活性成分的可饲用物质，它是一种非活性的、近乎中性的物质，有良好的化学稳定性和吸附能力。常用的载体有无机载体和有机载体两类。无机载体有碳酸钙、沸石粉、磷酸钙等，多用于微量元素预混料的生产；有机载体常见的如麸皮、豆粕粉、玉米芯粉等，含粗纤维少的淀粉和乳糖等也可作为有机载体，多用于维生素预混料和药物添加剂的生产。

2. 稀释剂

稀释剂是指混合于一种或多种微量添加剂并起稀释作用的可饲用物质。它可降低活性微量组分的浓度，将微量活性成分均匀的分散开，扩大微量成分所占的体积，减少活性成分之间的相互反应，以增加活性成分稳定性。稀释剂要求与微量成分的粒度和相对密度尽可能接近。

稀释剂可分为有机物与无机物两大类。有机物常用的有去胚的玉米粉、右旋糖（葡萄

糖)、蔗糖、豆粕粉、烘烤过的大豆粉、带有麸皮的粗小麦粉等，这类稀释剂要求在粉碎之前经干燥处理，水分含量低于10%。无机物类主要指石粉、碳酸钙、贝壳粉、高岭土（白陶土）等，这类稀释剂要求在无水状态下使用。

3. 吸附剂

吸附剂也称吸收剂。它可使活性成分附着在其表面，使液态微量化合物添加剂变为固态化合物，有利于实施均匀混合。其特性是吸附性强，化学性质稳定。

吸附剂一般也分为有机物和无机物两类，有机物类如小麦胚粉、脱脂的玉米胚粉、玉米芯碎片、粗麸皮、大豆细粉以及吸水性强的谷物类等。无机物类则包括二氧化硅、蛭石、硅酸钙等。

实际上载体、吸附剂、稀释剂大多是相互混用的，但从制作预混合饲料工艺的角度出发来区别它们，对于正确选用载体、稀释剂、吸附剂是有必要的。

可作为载体和稀释剂的物料很多，性质各异。对添加剂预混料的载体和稀释剂的要求可参照表26-1。

表26-1　对载体和稀释剂的要求

项目	水分含量	粒度/mm	容重	表面特性	吸湿结块	流动性	pH	静电
载体	<10%	0.18~0.60	接近承载或被稀释物料	粗糙吸附性好	不易吸湿	差	接近中性	低
稀释剂	<10%	0.075~0.18	接近承载或被稀释物料	光滑流动性好	防结块	好	接近中性	低

（二）预混料制作原则与要求

制作预混合饲料的规格要求和影响因素很多，但均要遵循三个原则，即必须保证微量活性组分的稳定性、均匀一致性以及对人和动物的安全性。

在预混料中，除了添加剂外，还有载体与稀释剂。因此，作为预混料产品均要符合如下几项要求，方能保证产品质量。

(1) 产品配方设计合理，产品与产品配方基本一致。

(2) 混合均匀，防止分级。

(3) 稳定性良好，便于贮存和加工。

(4) 浓度适宜，包装良好，使用方便。

（三）预混料配方设计注意事项

1. 配方设计应以饲养标准为依据

饲养标准是不同饲养目的下动物的营养需要量。它是依据科学实验结果制定的，完全可以作为添加剂预混料配方设计的依据。但饲养标准中的营养需要量是在实验条件下，满足动物正常生长发育的最低需要量，而实际生产条件远远超出实验控制条件。因此，在确定添加剂预混料配方中各种原料用量时，要加上一个适宜的量，即保险系数或称安全系数，以保证满足动物在生产条件下对营养物质的正常需要。

2. 正确使用添加剂原料

要清楚掌握添加剂原料的品质，这对保证制成添加剂预混料质量至关重要。添加剂原料使用前，要对其活性成分进行实际测定，以实际测定值作为确定配方中实际用量的依据。

在使用药物添加剂时,除注意实际效用外,要特别注意安全性。在配方设计时,要充分考虑实际使用条件,对含药添加剂的使用期、停药期及其他有关注意事项,要在使用说明中给予详细的注释。

3. 注意添加剂间的配伍性

添加剂预混料是一种或多种饲料添加剂与载体或稀释剂按一定比例配混而成的。因此,在设计配方时必须清楚了解和注意它们之间的可配伍性和配伍禁忌。

(四)预混料配方设计的一般方法和步骤

饲料添加剂的使用量一般相对固定,预混料配方的设计过程比全价料简单,一般方法和步骤如下。

(1)确定各种饲料添加剂原料用量 各种饲料添加剂原料用量的确定要根据饲养标准和饲料添加剂使用指南进行。饲养标准是确定动物营养需要的基本依据,为计算方便,通常以饲养标准中规定的微量元素和维生素需要量作为添加量,还可参考确实可靠的研究和使用实践进行权衡,修订添加的种类和数量。

氨基酸的添加量需按下式计算:

某种氨基酸添加量=某种氨基酸需要量-非氨基酸添加剂物和其他饲料提供的某种氨基酸量

(2)选择原料 综合原料的生物效价、价格和加工工艺的要求选择微量元素原料。主要查明微量元素含量,同时查明杂质及其他元素含量,以备应用。

(3)计算商品原料量 根据原料中微量元素、维生素及有效成分含量或效价、在预混料中的比例等计算在预混料中所需商品原料量。其计算方法为:

纯原料量=某微量元素需要量÷纯品中元素含量(%)

商品原料量=纯原料量÷商品原料有效含量(或纯度)

(4)确定载体用量 根据预混料在配合饲料中的比例,计算载体用量。一般认为预混料占全价配合饲料的 0.1%~0.5%为宜。载体用量为预混料量与商品添加剂原料量之差。

(5)列出饲料添加剂预混料的生产配方。

二、微量元素预混料配方设计

以产蛋鸡微量元素预混料的配方为例说明配方设计过程。

1. 根据饲养标准确定微量元素用量

通过蛋鸡饲养标准查出产蛋鸡微量元素需要量,即每 1kg 饲粮中的添加量为铜 3mg、碘 0.3mg、铁 50mg、锰 25mg、硒 0.1mg、锌 50mg。

2. 微量元素原料选择

实际生产中有许多微量元素饲料添加剂,其相应的化学结构、分子式、元素含量、纯度等均有差别,可根据实际情况进行选择。表 26-2 列出了常用的微量元素饲料添加剂无机盐的规格。

表26-2 商品微量元素盐的规格

商品微量元素盐	分子式	纯品中元素含量/%	商品原料纯度/%
硫酸铜	$CuSO_4 \cdot H_2O$	Cu:25.5	96
碘化钾	KI	I:76.4	98

续表

商品微量元素盐	分子式	纯品中元素含量/%	商品原料纯度/%
硫酸亚铁	$FeSO_4 \cdot 7H_2O$	Fe：20.1	98.5
硫酸锰	$MnSO_4 \cdot H_2O$	Mn：32.5	98
亚硒酸钠	$Na_2SeO_3 \cdot 5H_2O$	Se：30.0	95
硫酸锌	$ZnSO_4 \cdot 7H_2O$	Zn：22.7	99

3. 计算商品原料量

将需要添加的各微量元素折合为每 1kg 风干全价配合饲料中的商品原料量。即：

商品原料量＝某微量元素需要量÷纯品中该元素含量÷商品原料纯度

同法算得以上 6 种商品原料在每 1kg 全价配合饲料中的添加量，见表 26-3。

表 26-3　　　　　　　　每 1kg 全价配合饲料中微量元素盐商品原料用量

商品原料	计算式	商品原料量/（mg/kg）
硫酸铜	3÷25.5%÷96%	12.3
碘化钾	0.3÷76.4%÷98%	0.4
硫酸亚铁	50÷20.1%÷98.5%	252.5
硫酸锰	25÷32.5%÷98%	78.5
亚硒酸钠	0.1÷30%÷95%	0.35
硫酸锌	50÷22.7%÷99%	222.5
合计		566.55

4. 计算载体用量

若预混料在全价配合料中占 0.2%（即每吨全价配合饲料中含预混料 2kg）时，则预混料中载体用量等于预混料量与微量元素盐商品原料量之差。即：2kg-0.56655kg=1.43345kg。

5. 给出生产配方

微量元素添加剂预混料配方见表 26-4。

表 26-4　　　　　　　　微量元素添加剂预混料配方

原料	每吨全价料中用量/g	预混料配方/%	每吨预混料中用量/kg
五水硫酸铜	12.3	0.615	6.15
碘化钾	0.4	0.02	0.2
七水硫酸亚铁	252.5	12.625	126.25
五水硫酸锰	78.5	3.925	39.25
亚硒酸钠	0.35	0.0175	0.175

续表

原料	每吨全价料中用量/g	预混料配方/%	每吨预混料中用量/kg
七水硫酸锌	222.5	11.125	111.25
载体	1433.45	71.6725	716.725
合计	2000	100	1000

三、维生素预混料配方设计

为 20~50kg 生长猪设计维生素添加剂预混料配方，过程如下。

1. 需要量和添加量的确定

查猪的饲养标准，可得 20~50kg 生长猪在自由采食情况下对维生素的需要量，同时根据饲养管理水平、工作经验等进行调整，给出添加量。维生素 C 的添加量根据经验可设为 100mg/kg。具体见表 26-5。

表 26-5　　20~50kg 生长猪每 1kg 饲粮维生素需要量及添加量

维生素	需要量	添加量
维生素 A/IU	1300	2500
维生素 D/IU	150	200
维生素 E/IU	11	20
维生素 K/mg	0.50	1.30
生物素/mg	0.05	0.10
胆碱/g	0.30	0.55
叶酸/mg	0.30	0.50
可利用烟酸/mg	10.00	15.00
泛酸/mg	8.00	12.00
核黄素/mg	2.50	4.00
维生素 B_1/mg	1.00	4.00
维生素 B_6/mg	1.00	2.00
维生素 B_{12}/μg	10.00	20.00
维生素 C/mg	—	100.00

2. 根据维生素商品原料的有效成分含量计算原料用量

从市场上选择适宜的维生素原料并确定其有效成分含量，按下列计算式折算：

商品维生素原料用量 = 某维生素添加量 ÷ 原料中某维生素有效含量

计算结果见表 26-6。

表 26-6　20~50kg 生长猪每 1kg 饲粮维生素添加量及商品原料用量

维生素	添加量	原料中有效成分含量	商品维生素原料用量*/g
维生素 A	2500IU	500000IU/g	2500÷500000=0.0050
维生素 D	200IU	500000IU/g	200÷500000=0.0004
维生素 E	20IU	50%	20÷50%÷1000=0.0400
维生素 K	1.30mg	47%	1.3÷47%÷1000=0.00277
生物素	0.1mg	2%	0.1÷2%÷1000=0.005
叶酸	0.5mg	98%	0.5÷98%÷1000=0.00051
烟酸	15.00mg	95%	15÷95%÷1000=0.015789
泛酸	12.00mg	80%	12÷80%÷1000=0.015
核黄素	4.0mg	96%	4÷96%÷1000=0.00417
维生素 B_1	4.00mg	98%	4÷98%÷1000=0.00408
维生素 B_6	2.00mg	98%	2÷98%÷1000=0.00204
维生素 B_{12}	20.00ug	1%	20÷1%÷1000000=0.002
维生素 C	100.0mg	96%	100÷96%÷1000=0.10417

注：*在维生素 E 原料用量计算公式中，1000 为 IU 和 g 的换算系数。

3. 计算载体用量并列出生产配方

载体用量根据设定的维生素添加剂预混料（多维）在全价料中的用量确定，在此设多维用量为 400g/t，配方结果见表 26-7。

表 26-7　维生素预混料生产配方

商品维生素原料	全价料中用量/(g/kg)	全价料中用量/(g/t)	预混料配比/%	维生素预混料中用量/(kg/t)
维生素 A	0.0050	5.00	1.25	12.5
维生素 D	0.0004	0.40	0.10	1
维生素 E	0.0400	40.00	10.00	100
维生素 K	0.00277	2.77	0.6925	6.925
生物素	0.005	5.00	1.25	12.5
叶酸	0.00051	0.51	0.1275	1.275
烟酸	0.015789	15.789	3.94725	39.4725
泛酸	0.015	15	3.75	37.5
核黄素	0.00417	4.17	1.0425	10.425
维生素 B_1	0.00408	4.08	1.02	10.2

续表

商品维生素原料	全价料中用量/（g/kg）	全价料中用量/（g/t）	预混料配比/%	维生素预混料中用量/（kg/t）
维生素 B_6	0.00204	2.04	0.51	5.1
维生素 B_{12}	0.002	2	0.50	5.0
维生素 C	0.10417	104.17	26.0425	260.425
小计	—	200.929	50.23225	502.3225
抗氧化剂 BHT	—	0.80	0.20	2.0
载体	—	198.271	49.56775	495.6775
合计	—	400	100	1000

四、复合预混料配方设计

复合预混料配方设计步骤与设计微量元素或维生素预混料配方时基本相似，即确定添加量、选择原料、并确定其中有效成分含量、计算各原料和载体用量及百分比（表26-8）。

表26-8　　　　　1%生长肥育猪复合预混料配方设计

原料	有效成分含量	添加量/每 kg 全价料	有效成分含量/每 kg 预混料	百分比/%	原料批次用量/批量 1000kg
维生素部分					
维生素 A 乙酸酯	50 万 IU/g	5000IU	50 万 IU	0.10	1000g
维生素 D_3	50 万 IU/g	1000IU	10 万 IU	0.02	200g
维生素 E 乙酸酯	50%	10mg	1000mg	0.2	2000g
维生素 K_3	50%	2mg	200mg	0.04	400g
维生素 B_1	98%	1mg	100mg	0.0102	102g
维生素 B_2	96%	2mg	200mg	0.0208	208g
维生素 B_{12}	1%	0.01mg	1mg	0.01	100g
叶酸	80%	0.10mg	10mg	0.00125	12.5g
烟酸	98%	20mg	2000mg	0.204	2 040g
泛酸钙	98%	10mg	1000mg	0.102	1020g
小计				0.708	7082.5g

在上述原料加入一定量的载体，先进行预混合，再与下面的原料混合

续表

原料	有效成分含量	添加量/每kg全价料	有效成分含量/每kg预混料	百分比/%	原料批次用量/批量1000kg
微量元素部分					
$FeSO_4 \cdot 7H_2O$	20.1%×98%	100mg	10 000mg	5.07	50.7kg
$MnSO_4 \cdot 5H_2O$	22.8%×98%	69mg	6000mg	2.686	26.86kg
$CuSO_4 \cdot 5H_2O$	25.5%×98%	6mg	600mg	0.24	2.4kg
$ZnSO_4 \cdot 7H_2O$	22.7%×99%	145mg	14 500mg	6.52	65.2kg
1%碘化钾	1%×76.4%	0.5mg	50mg	0.6544	6.544kg
1%亚硒酸钠	1%×45.65%	0.3mg	30mg	0.6592	6.592kg
小计				15.83	158.3kg
氯化胆碱	50%	250mg	25000mg	5	50kg
黄霉素	4%	5mg	500mg	1.25	12.5kg
赖氨酸	78%	700mg	70 000mg	8.88	88.8kg
BHT	50%		250mg	0.05	0.50kg
小计				15.18	151.8kg
累计				31.718	317.18kg
载体				66.282	662.82kg
油脂				2	20kg
总计				100	1000kg

🔍 **思考题**

1. 怎样进行维生素、微量元素添加剂预混料的配方设计?
2. 怎样进行复合添加剂预混料的配方设计?

参考文献

［1］张子仪．中国现行饲料分类编码系统说明［J］．中国饲料．1994：19-21．
［2］韩友文．饲料与饲养学［M］．北京：中国农业出版社，1998．
［3］胡坚．动物饲养学［M］．长春：吉林科学技术出版社，1996．
［4］李爱杰．水产动物营养与饲料学［M］．北京：中国农业出版社，2000．
［5］王成章．饲料学［M］．北京：中国农业出版社，2013．
［6］姜懋武、孙秉忠．配合饲料原料使用手册［M］．北京：辽宁科学技术出版社，2000．
［7］李德发．中国饲料大全［M］．北京：中国农业出版社，2001．
［8］李德发，范石军．饲料工业手册［M］．北京：中国农业大学出版社，2002．
［9］贾慎修．中国饲用植物志（1~4卷）［M］．北京：中国农业出版社，1992．
［10］贾慎修．中国饲用植物志（5~6卷）［M］．北京：中国农业出版社，1997．
［11］陈默君等．牧草与粗饲料［M］．北京：中国农业大学出版社，1999．
［12］Mcdonald P．，R. A. Edwards，J. F. D Greendalgn．Animal Nutrition［M］．Fourth edition．Longman Scientific & Technical．1988．
［13］杨孝列．动物营养与饲料［M］．北京：中国农业大学出版社，2015．
［14］李克广．动物营养与饲料加工［M］．武汉：华中科技大学出版社，2022．
［15］王恬．饲料学［M］．3版．北京：中国农业出版社，2018．
［16］彭健．饲料学［M］．2版．北京：科学出版社，2008．
［17］饶应昌，庞声海，等．非谷物饲料生产技术［M］．北京：科学技术文献出版社，2000．
［18］王康宁．畜禽配合饲料手册［M］．成都：四川科学技术出版，1997．
［19］杨凤．动物营养学［M］．3版．北京：中国农业出版社，2014．
［20］姚军虎．动物营养与饲料［M］．北京：中国农业出版社，2001．
［21］刘德芳．配合饲料学［M］．北京：北京农业大学出版社，1993．
［22］周明．饲料学［M］．安徽：安徽科学技术出版社出版，2007．
［23］梁祖铎．饲料生产学［M］．北京：中国农业出版社，1980．
［24］黄大器．饲料手册（上）［M］．北京：科学技术出版社，1986．
［25］沈萍．微生物学［M］．北京：高等教育出版社，2000．
［26］王和民，叶浴浚．配合饲料配制技术［M］．北京：农业出版社，1995．
［27］洪平．饲料原料要览［M］．北京：海洋出版社，1990．12．
［28］日本配合饲料讲座编纂委员会．配合饲料讲座（上卷）［M］．刘丙吉等译．北京：农业出版社，1988．
［29］（日）森本宏著．饲料学［M］．常瀛生译．北京：农业出版社，1981．
［30］梁业森，刘以连，周旭英．非常规饲料资源开发与利用［M］．北京：中国农业出版

社，1996.

[31] 钱颂迪. 运筹学（修订版）[M]. 北京：清华大学出版社，1990.

[32] 李复兴，李希沛. 配合饲料大全 [M]. 青岛：中国海洋大学出版社，1994.

[33] 杨云贵. 计算机在动物科学中的应用 [M]. 北京：中国农业出版社，2001.

[34] 许万根. 计算机优化饲料配方的原理及其应用 [M]. 北京：北京农业大学出版社，1993.

[35] 张卫宪. 动物营养与饲料 [M]. 北京：中国轻工业出版社，2013.

[36] 张卫宪. 动物营养与饲料实训教程 [M]. 北京：中国轻工业出版社，2015.

[37] 陈代文. 动物营养学 [M]. 4版. 北京：中国农业出版社，2020.

[38] 陈代文. 动物营养与饲料学 [M]. 2版. 北京：中国农业出版社，2015.

[39] 计成. 动物营养学 [M]. 北京：高等教育出版社，2008.

[40] 李梦云，张成，臧长江. 动物营养学 [M]. 北京：中国农业大学出版社，2022.

[41] 伍国耀（美）. 动物营养学原理 [M]. 北京：科学出版社，2019.

[42] 周安国，陈代文. 动物营养学 [M]. 3版. 北京：中国农业出版社，1993.

[43] 冯定远. 配合饲料学 [M]. 北京：中国农业出版社，2003.

[44] 吴丹. 胰高血糖素样肽-1受体与C14orf166蛋白相互作用的分析 [D]. 太原：山西大学，2023.

[45] 陈明. 动物营养与饲料 [M]. 北京：中国农业出版社，2019.

[46] 刘庆华，刘延贺. 畜禽营养与饲料 [M]. 郑州：河南科学技术出版社，2008.